U0226157

国家自然科学基金云南联合基金项目（U1802231）
第二次青藏高原综合科学考察研究项目（2019QZKK0503）
云南省院士专家工作站项目（202205AF150014）

云南木材腐朽真菌资源和多样性

戴玉成　主编

科学出版社

北　京

内 容 简 介

木材腐朽真菌是指生长在活立木和死木上的大型担子菌，该类真菌在森林生态系统的能量循环过程中起着不可替代的分解还原作用，具有重要的生态功能。木材腐朽真菌的部分种类是重要的食药真菌，还有相当一部分种类能够引起森林病害，因此该类真菌也具有重要的经济意义。作者在过去 10 余年对我国云南省的木材腐朽真菌进行了系统考察、采集、拍照和鉴定研究，共发现木材腐朽真菌 550 种，其中 405 种为多孔菌，92 种为革菌或齿菌，30 种为胶质真菌，23 种为伞菌；452 种引起木材白色腐朽，87 种引起木材褐色腐朽，11 种腐朽类型未知；43 种为食用菌，124 种为药用菌，25 种同时为食药用菌；24 种为濒危种。本书说明了每种在云南的分布、寄主、腐朽类型和食药用功能等，并根据云南的材料对每种进行了描述，提供了基于云南或中国其他省份材料的 ITS 和 nLSU 序列，少数种类只有 ITS 或 nLSU 序列。书中绝大部分种类附有彩色生境照片，个别种类没有生境照片而提供了干标本照片。所有种类的研究标本均保藏在北京林业大学微生物研究所标本馆。

本书可供菌物学研究人员、林业工作者和大专院校森林保护等相关专业师生参考。

图书在版编目（CIP）数据

云南木材腐朽真菌资源和多样性/戴玉成主编. —北京：科学出版社，
2022.6
    ISBN 978-7-03-072519-6

    Ⅰ.①云… Ⅱ.①戴… Ⅲ.①木材腐朽真菌－种质资源－多样性－
云南 Ⅳ.① Q949.320.8

中国版本图书馆 CIP 数据核字（2022）第 099367 号

责任编辑：韩学哲　孙　青　刘新新/责任校对：郑金红
责任印制：吴兆东/封面设计：刘新新

科 学 出 版 社 出版
北京东黄城根北街 16 号
邮政编码：100717
http://www.sciencep.com
北京建宏印刷有限公司 印刷
科学出版社发行　各地新华书店经销

*

2022 年 6 月第 一 版　开本：787×1092　1/16
2022 年 6 月第一次印刷　印张：37 3/4
字数：893 000
定价：528.00 元
（如有印装质量问题，我社负责调换）

《云南木材腐朽真菌资源和多样性》
编辑委员会名单

主　　编：戴玉成

副 主 编：刘鸿高　吴　芳　司　静　员　瑗
　　　　　何双辉　崔宝凯　周　萌　赵　琪

参编人员（按姓氏汉语拼音排序）：
　　　　　阿布来提·托合提热结甫　陈　芊
　　　　　陈佳佳　陈圆圆　崔宝凯　戴玉成
　　　　　何双辉　李杰庆　连亚萍　刘　顺
　　　　　刘鸿高　刘世良　刘展博　茆卫琳
　　　　　司　静　孙一翡　王朝格　王雅蓉
　　　　　吴　芳　徐蕴琳　袁海生　员　瑗
　　　　　张秋月　赵　琪　赵长林　周　萌
　　　　　周洪敏

前　　言

　　生物多样性和资源是人类生存和发展的基础，然而人类活动范围的扩大和活动强度的加剧，引起全球气候发生明显变化，从而使生物多样性面临前所未有的威胁，生物资源也在逐年减少。与动植物研究相比，真菌的多样性和资源研究相对滞后，很多种类和资源还没被认识就消失了。动物园和植物园分别为动物和植物的保护提供了重要场所，但到目前为止全球范围内还没有专门的真菌保护场所，真菌资源保育基本上基于对生态系统的保护。因此，真菌多样性的保护和资源持续利用就更加急迫和突出。

　　木材腐朽真菌（wood-decaying fungi）是子实体为革质、木栓质或木质，生长在活立木、死树、倒木、落枝、腐朽木、树桩、树根部或地上但与根部相连的大型真菌，传统上属于非褶菌目 Aphyllophorales，按照现代分类体系，木材腐朽真菌分属于 14 个目（伞菌目 Agaricales，淀粉质伏革菌目 Amylocorticiales，阿太菌目 Atheliales，牛肝菌目 Boletales，木耳目 Auriculariales，鸡油菌目 Cantharellales，伏革菌目 Corticiales，褐褶菌目 Gloeophyllales，锈革孔菌目 Hymenochaetales，珈皮菌目 Jaapiales，多孔菌目 Polyporales，红菇目 Russulales，革菌目 Thelephorales，糙孢菌目 Trechisporales），36 个科，200 多个属（Kirk et al. 2008；Binder et al. 2010；Garcia-Sandoval et al. 2011；Dai 2011，2012）。目前世界范围内被认识的木材腐朽真菌约有 3000 种。该类真菌具有重要经济价值，仅中国就包括了 160 种药用真菌和 78 种食用真菌（戴玉成和杨祝良 2008；Hall et al. 2011，2016；Wu et al. 2019；王向华 2020；Li et al. 2021），广泛熟知的灵芝属 *Ganoderma* 和桑黄属 *Sanghuangporus* 都是木材腐朽真菌，目前商业栽培的多数食用菌也是木材腐朽真菌。此外，还有 152 种木材腐朽真菌在中国可引起林木病害（戴玉成 2012），其中全球范围内最重要的林木病原菌——蜜环菌 *Armillaria* spp. 和异担子菌 *Heterobasidion* spp. 也是木材腐朽真菌（Schulze and Bahnweg 1998；Cleary et al. 2021；Yuan et al. 2021）。生态学上，由于木材腐朽真菌具有其他生物不可替代的分解还原作用（Baldrian and Lindahl 2011；Ryvarden and Melo 2017；Fukasawa et al. 2020；Štursová et al. 2020），因此它们在森林的更新、应对全球气候变化、碳达峰和碳中和中发挥重要作用（Purhonen et al. 2020；Hobbie et al. 2021）。

　　全球范围内对木材腐朽真菌研究比较深入的国家是芬兰、瑞典、挪威、丹麦、美国、加拿大、日本和中国，以瑞典为代表的北欧地区经过 200 多年的研究发现木材腐朽真菌 1250 种（Hansen and Knudsen 1997；Kotiranta et al. 2009；Ryvarden and Melo 2014；Niemelä 2016），北美地区经过 160 余年的研究发现该地区木材腐朽真菌 1150 种（Ginns and Lefebvre 1993；Ginns 1998；Farr et al. 2007；Zhou et al. 2016）。欧美国家不但对木材腐朽真菌的物种多样性进行了系统研究，还对子实层体为孔状的木材腐朽真菌在北半球的区系进行了论述，发现并阐述了 13 个区系成分（Ryvarden 1991）。此外，基于分子系统学研究，由欧美国家科学家牵头对包括木材腐朽真菌在内的真菌目级以上分类单元进行了重新定义（Hibbett et al. 2007，2014；Garcia-Sandoval et al. 2011），并对木材腐朽真菌的起源进行了推测（Floudas et al. 2012；Nagy et al. 2016），还建立了木材腐朽真菌大量属级和科级分类单元以及系统发育的新支系（clade）（Jülich 1982；Hjortstam 1998；Niemelä et al. 2007；Tomšovský 2008；Miettinen and Larsson 2011；Miettinen and Rajchenberg 2012；Miettinen et al. 2012；Ortiz-Santana et al. 2013；Parmasto et al. 2014；Ryvarden and Tutka 2014；Spirin et al. 2015；Ryvarden 2016）。

近 30 年来，中国木材腐朽真菌多样性和资源的研究取得了重大进展，中国的木材腐朽真菌种类已经达到 1400 余种（Dai 2011，2012；Chen et al. 2020；Yuan et al. 2020，2021；Zhou et al. 2021；戴玉成等 2021）。中国是目前发现木材腐朽真菌种类最多的国家，基于中国的标本材料，发现木材腐朽真菌新科 2 个、新属 52 个、新种 600 余个（戴玉成等 2021）。中国真菌学家除了研究中国的木材腐朽真菌多样性外，还对世界范围内一些重要的木材腐朽真菌类群进行了系统研究（Chen et al. 2016a，2016b，2020；Ji et al. 2017；Liu et al. 2021；Yuan et al. 2021；Zhou et al. 2021），中国真菌学家对木材腐朽真菌和药用大型真菌种类和系统发育等的研究均位于世界前列。

近 20 年来，分子生物学技术的发展，特别是多基因序列分析方法应用于木材腐朽真菌的系统学研究，使该方面的研究取得了重大突破。以前主要依靠形态解剖学性状，很难反映出木材腐朽真菌各个类群在系统发育中的关系。多基因序列分析为木材腐朽真菌新分类单元的建立和亲缘关系的分析提供了有力支撑，现代分类学技术证明过去基于形态学鉴定的种类实际上包括了诸多隐形种，如过去认为异担子菌属 *Heterobasidion* 只有 2 个种，但到现在已经发现了 15 个种（Yuan et al. 2021）；棱孔菌属 *Favolus* 以前被认为只有 1 个种，但系统发育研究发现该属存在 5 个种（Palacio et al. 2021）。因此，木材腐朽真菌种类的界定越来越趋于基于形态学和分子系统学相结合的结果。

对木材腐朽真菌资源的研究主要是对药用木材腐朽真菌的开发，最成功的范例之一是对广叶绣球菌 *Sparassis latifolia* Y.C. Dai & Zheng Wang 和杨树桑黄 *Sanghuangporus vaninii* (Ljub.) L.W. Zhou & Y.C. Dai 的栽培，目前已经形成商业化栽培和市场（Wu et al. 2019）。对药用木材腐朽真菌的功能、活性成分和药理作用特别是抗肿瘤等方面的研究报道较多（Balandaykin and Zmitrovich 2015；Vunduk et al. 2015；Bhardwaj et al. 2016；Badalyan and Gharibyan 2016；Keong et al. 2016；Kim et al. 2016；Ohiri and Bassey 2016；Sommerkamp et al. 2016）。此外，由于木材腐朽真菌具有很强的生物降解功能，对该类真菌酶系和降解功能的研究一直是国际研究的热点，其中对黄孢原毛平革菌 *Phanerochaete chrysosporium*、鲑色波斯特孔菌 *Postia placenta* 和虫孢拟蜡孔菌 *Ceriporiopsis subvermispora* = *Gelatoporia subvermispora* 的研究最为深入（Camarero et al. 2014；Kim 2014；Coconi-Linares et al. 2015）。

对病原木材腐朽真菌的研究主要集中在蜜环菌属 *Armillaria*（Brazee et al. 2012）、异担子菌属 *Heterobasidion*（Yuan et al. 2021）、硫磺菌属 *Laetiporus*（Song et al. 2014）和昂氏孔菌属 *Onnia*（Ji et al. 2017）。

一个地区木材腐朽真菌种类与该地区植物种类的丰富度紧密相关。云南省植被区系复杂，包括寒温带、温带、暖温带、亚热带和热带等植被，即几乎包括了北半球的所有植物区系成分。云南作为世界上最重要的 10 个生物多样性热点地区之一，是我国生物多样性最丰富的省份，其独特的地理结构和复杂的植被类型，孕育了丰富的木材腐朽真菌资源。在国家自然科学基金云南联合基金项目"云南木材腐朽真菌资源及其重要类群的评估和保护"、科技部第二次青藏高原综合科学考察研究项目专题"生物多样性保护与可持续利用"和云南省院士专家工作站项目的支持下，我们对云南木材腐朽真菌多样性和资源进行了系统调查和研究，本书是对该研究结果中资源和多样性部分的总结。

本研究对云南全境范围内不同区域、不同植被和不同地理结构森林中的木材腐朽真菌进行系统采集，其主要采集点如下所述。

昭通市：昭通凤凰山，大关县黄连河森林公园，水富市铜锣坝国家森林公园，威信县大雪山自然保护区，镇雄县乌峰山，巧家县药山风景区，永善县细沙乡三江口林场。

迪庆州：德钦县梅里雪山地质公园，德钦县白马雪山自然保护区，香格里拉市普达措国家公园，香格里拉市千湖山，维西县老君山自然保护区，维西县攀天阁乡。

怒江州：贡山县丙中洛镇，兰坪县长岩山自然保护区，兰坪县老君山自然保护区，兰坪县罗古箐自然保护区，兰坪县箭杆场，泸水市高黎贡山自然保护区。

丽江市：丽江市黑龙潭公园，丽江市白水河，丽江市玉水寨景区，玉龙县玉龙雪山自然保护区，玉龙县黎明老君山国家公园，玉龙县九河乡老君山九十九龙潭景区，丽江市三道河镇，宁蒗县泸沽湖自然保护区。

大理市：大理苍山洱海国家级自然保护区，宾川县鸡足山风景区，永平县宝台山森林公园，剑川县老君山自然保护区，剑川县石宝山，剑川县金华山，剑川县华从山，漾濞县石门景区，云龙天池国家级自然保护区，巍山县巍宝山国家森林公园，南涧县灵宝山国家森林公园，大理市蝴蝶泉景区。

楚雄市：楚雄市紫溪山森林公园，南华县雨露乡，南华县大中山自然保护区，牟定县化佛山自然保护区，武定县狮子山自然保护区，双柏县爱尼山乡。

昆明市：昆明市筇竹寺公园，昆明市黑龙潭公园，昆明市西山森林公园，昆明市野鸭湖森林公园，昆明市金殿公园，昆明市小哨林场，石林县圭山国家森林公园，禄劝县转龙镇，云南轿子山国家级自然保护区。

曲靖市：沾益区珠江源自然保护区，富源县十八连山自然保护区，师宗县菌子山风景区。

保山市：腾冲市高黎贡山自然保护区，腾冲火山地热国家地质公园，腾冲市樱花谷，腾冲市曲石镇双河村，腾冲市来凤山森林公园，龙陵县小黑山自然保护区。

德宏州：盈江县铜壁关自然保护区，盈江县大盈江风景区，瑞丽市莫里热带雨林景区，陇川县章凤森林公园。

临沧市：临沧市临翔区小道河林场，永德大雪山国家级自然保护区，耿马县南滚河国家级自然保护区。

普洱市：普洱市太阳河森林公园，景东县无量山自然保护区，景东县哀牢山自然保护区，镇沅县哀牢山，镇沅县竭气坡森林公园，澜沧县上允镇，沧源县班老乡。

玉溪市：新平县石门峡森林公园，新平县磨盘山森林公园，新平县金山原始森林公园，云南元江国家级自然保护区，华宁县华溪镇。

红河州：弥勒市锦屏山风景区，个旧市清水河热带雨林，绿春县黄连山国家级自然保护区，金平县分水岭自然保护区，金平县金河镇板桥村，屏边县大围山自然保护区，屏边县南溪河，河口县花渔洞森林公园。

文山市：丘北县普者黑风景区，马关县古林箐自然保护区，西畴县小桥沟自然保护区，西畴县莲花塘乡，广南县八宝镇，文山市老君山自然保护区，文山市平坝镇。

景洪市：景洪市西双版纳自然保护区三岔河，西双版纳纳板河自然保护区，西双版纳原始森林公园，西双版纳自然保护区曼搞，勐腊县雨林谷，勐腊县勐腊自然保护区，西双版纳自然保护区尚勇，勐腊县中国科学院西双版纳热带植物园（绿石林和热带雨林），勐腊县望天树景区。

本研究主要基于近年云南采集的材料，同时也包括编者 10 余年来积累的云南标本，种类鉴定基于形态学和分子系统学相结合的方法，共发现云南木材腐朽真菌 550 种，其中包括近年来发表的新种 124 个、中国新记录种 102 个、云南省新记录种 125 个（Yuan and Dai 2008；Dai 2010；Dai et al. 2011，2014；Cui and Dai 2012；Si and Dai 2016；李玉等 2016；崔宝凯和戴玉成 2021），本研究结果显著提高了对云南木材腐朽真菌多样性的认识。为了使读者系统地了解和查阅云南木材腐朽真菌的多样性，本书对在云南发现的 550 种木材腐朽真菌进行了详细的形态描述，多数种类提供了彩色生境照片。云南的 550 种木材腐朽真菌中有多孔菌 405 种，革菌或齿菌 92 种，胶质真菌 30 种，伞菌 23 种；其中 452 种引起木材白色腐朽，87 种引起木材褐色腐朽，11 种腐朽类型未知；43 种为食用菌，124 种为药用菌，25 种为食药用菌。其中常见的食用种类有如下 27 种：

1. 蜜环菌 *Armillaria mellea* (Vahl) P. Kumm.

2. 毛木耳 *Auricularia cornea* Ehrenb.

3. 脆木耳 *Auricularia fibrillifera* Kobayasi

4. 黑木耳 *Auricularia heimuer* F. Wu, B.K. Cui & Y.C. Dai

5. 中国皱木耳 *Auricularia sinodelicata* Y.C. Dai & F. Wu

6. 西藏木耳 *Auricularia tibetica* Y.C. Dai & F. Wu

7. 短毛木耳 *Auricularia villosula* Malysheva

8. 亚东黑耳 *Exidia yadongensis* F. Wu, Qi Zhao, Zhu L. Yang & Y.C. Dai

9. 亚牛排菌 *Fistulina subhepatica* B.K. Cui & J. Song

10. 金针菇 *Flammulina filiformis* (Z.W. Ge et al.) P.M. Wang et al.

11. 淡色冬菇 *Flammulina rossica* Redhead & R.H. Petersen

12. 云南冬菇 *Flammulina yunnanensis* Z.W. Ge & Zhu L. Yang

13. 毛腿库恩菇 *Kuehneromyces mutabilis* (Schaeff.) Singer & A.H. Sm.

14. 香菇 *Lentinula edodes* (Berk.) Pegler

15. 金耳 *Naematelia aurantialba* (Bandoni & M. Zang) Millanes & Wedin

16. 拟黏小奥德蘑 *Oudemansiella submucida* Corner

17. 叶状暗色银耳 *Phaeotremella frondosa* (Fr.) Spirin & V. Malysheva

18. 蔷薇暗色银耳 *Phaeotremella roseotincta* (Lloyd) V. Malysheva

19. 云南暗色银耳 *Phaeotremella yunnanensis* L.F. Fan, F. Wu & Y.C. Dai

20. 糙皮侧耳 *Pleurotus ostreatus* (Jacq.) P. Kumm.

21. 肺形侧耳 *Pleurotus pulmonarius* (Fr.) Quél.

22. 囊状体绣球菌扇片变形 *Sparassis cystidiosa* f. *flabelliformis* Q. Zhao, Zhu L. Yang & Y.C. Dai

23. 广叶绣球菌 *Sparassis latifolia* Y.C. Dai & Zheng Wang

24. 亚高山绣球菌 *Sparassis subalpina* Q. Zhao, Zhu L. Yang & Y.C. Dai

25. 黄色银耳 *Tremella flava* Chee J. Chen

26. 银耳 *Tremella fuciformis* Berk.

27. 茯苓孔菌 *Wolfiporia hoelen* (Rumph.) Y.C. Dai & V. Papp

基于调查结果，并参照欧洲真菌保护协会（http://www.wsl.ch/eccf/）近年来关于濒危和稀有真菌的研究方法，我们对云南 550 种木材腐朽真菌的发生频次进行了总结，根据木材腐朽真菌的生态习性、寄主、分布区域和发生频次等，在一个调查地点或一个保护区发现 1–2 次的种类确定为广义稀有种。其中根据广义稀有种的生境是否受到威胁或破坏，又将其分为濒危种和稀有种，由于稀有种数量较多，本书中不做专门论述，下列 24 种（按属名字母顺序列出）为云南省濒危木材腐朽真菌：

1. 亚黄淀粉伏孔菌 *Amyloporia subxantha* (Y.C. Dai & X.S. He) B.K. Cui & Y.C. Dai

2. 厚薄孔菌 *Antrodia crassa* (P. Karst.) Ryvarden

3. 浅黄圆柱孢孔菌 *Cylindrosporus flavidus* (Berk.) L.W. Zhou

4. 硬二丝孔菌 *Diplomitoporus crustulinus* (Bres.) Domański

5. 垫形黄伏孔菌 *Flavidoporia pulvinascens* (Pilát) Audet

6. 异丝灵芝 *Ganoderma mutabile* Y. Cao & H.S. Yuan

7. 古彩孔菌 *Hapalopilus priscus* (Niemelä et al.) Melo & Ryvarden

8. 日本容氏孔菌 *Junghuhnia japonica* Núñez & Ryvarden

9. 盘形黑壳孔菌 *Melanoderma disciforme* H.S. Yuan

10. 厚皮小黄孔菌 *Ochrosporellus pachyphloeus* (Pat.) Y.C. Dai & F. Wu

11. 云杉多年卧孔菌 *Perenniporia piceicola* Y.C. Dai

12. 黑线亚木层孔菌 *Phellopilus nigrolimitatus* (Romell) Niemelä et al.

13. 浅黄射脉孔菌 *Phlebiporia bubalina* Jia J. Chen et al.

14. 玫瑰变色卧孔菌 *Physisporinus roseus* Jia J. Chen & Y.C. Dai

15. 哀牢山具柄干朽菌 *Podoserpula ailaoshanensis* J.L. Zhou & B.K. Cui

16. 粉软卧孔菌 *Poriodontia subvinosa* Parmasto

17. 西藏假纤孔菌 *Pseudoinonotus tibeticus* (Y.C. Dai & M. Zang) Y.C. Dai et al.

18. 光亮小红孔菌 *Pycnoporellus fulgens* (Fr.) Donk

19. 斜管玫瑰孔菌 *Rhodonia obliqua* (Y.L. Wei & W.M. Qin) B.K. Cui et al.

20. 桑黄 *Sanghuangporus sanghuang* (Sheng H. Wu et al.) Sheng H. Wu et al.

21. 莲蓬稀管菌 *Sparsitubus nelumbiformis* L.W. Xu & J.D. Zhao

22. 多年附毛孔菌 *Trichaptum perenne* Y.C. Dai & H.S. Yuan

23. 锥拟沃菲孔菌 *Wolfiporiopsis castanopsidis* (Y.C. Dai) B.K. Cui & Shun Liu

24. 淀粉丝拟赖特孔菌 *Wrightoporiopsis amylohypha* Y.C. Dai et al.

基于云南木材腐朽真菌多样性的研究结果，发现云南木材腐朽真菌区系多样且复杂，包括了寒温带、温带、暖温带、亚热带和热带等木材腐朽真菌区系特征。例如，厚薄孔菌 *Antrodia crassa* (P. Karst.) Ryvarden、柔软灰孔菌 *Cinereomyces lenis* (P. Karst.) Spirin 和黑线亚木层孔菌 *Phellopilus nigrolimitatus* (Romell) Niemelä et al. 等为典型的寒温带种类；

硬毛粗毛盖孔菌 *Funalia trogii* (Berk.) Bondartsev & Singer、欧洲灵芝 *Ganoderma lucidum* (Curtis) P. Karst. 和宽鳞多孔菌 *Polyporus squamosus* (Huds.) Fr. 等为温带种类；云芝栓孔菌 *Trametes versicolor* (L.) Lloyd、裂皮干酪菌 *Tyromyces fissilis* (Berk. & M.A. Curtis) Donk 和白蜡范氏孔菌 *Vanderbylia fraxinea* (Bull.) D.A. Reid 等为暖温带种类；灰孔多年卧孔菌 *Perenniporia tephropora* (Mont.) Ryvarden、东方栓孔菌 *Trametes orientalis* (Yasuda) Imazeki 和白赭截孢孔菌 *Truncospora ochroleuca* (Berk.) Pilát 等为亚热带种类；热带灵芝 *Ganoderma tropicum* (Jungh.) Bres.、黄褐小孔菌 *Microporus xanthopus* (F.) Pat. 和泛热带孔菌 *Tropicoporus detonsus* (Fr.) Y.C. Dai & F. Wu 等为热带种类。云南木材腐朽真菌的上述分布特征与云南植物区系具有相似性，但云南木材腐朽真菌区系成分特征与云南植物区系成分不同。例如，云南木本植物没有一个种类在全球、北半球或全国均有分布，但云南的木材腐朽真菌有几乎世界所有区系成分，包括北半球温带广布、亚洲-北美、亚洲-欧洲、泛热带、旧世界热带、热带亚洲、亚洲-大洋洲、东亚特有、中国特有和云南特有等成分。例如，黑烟管孔菌 *Bjerkandera adusta* (Willd.) P. Karst.、变色蜡孔菌 *Ceriporia viridans* (Berk. & Broome) Donk 和杨硬孔菌 *Rigidoporus populinus* (Schumach.) Pouzar 等种类为温带广布种；椭圆孢多年卧孔菌 *Perenniporia ellipsospora* Ryvarden & Gilb.、红木色孔菌 *Tinctoporellus epimiltinus* (Berk. & Broome) Ryvarden 和谦逊迷孔菌 *Daedalea modesta* (Kunze ex Fr.) Aoshima 等种类为亚洲-北美成分；蔓储小薄孔菌 *Antrodiella mentschulensis* (Pilát ex Pilát) Melo & Ryvarden、橘黄蜡孔菌 *Ceriporia aurantiocarnescens* (Henn.) M. Pieri & B. Rivoire 和古彩孔菌 *Hapalopilus priscus* (Niemelä et al.) Melo & Ryvarden 等种类为亚洲-欧洲成分；红贝俄氏孔菌 *Earliella scabrosa* (Pers.) Gilb. & Ryvarden、小孔硬孔菌 *Rigidoporus microporus* (Sw.) Overeem 和泛热带孔菌 *Tropicoporus detonsus* (Fr.) Y.C. Dai & F. Wu 等种类为泛热带成分；乌血芝 *Sanguinoderma rugosum* (Blume & T. Nees) Y.F. Sun et al.、近缘小孔菌 *Microporus affinis* (Blume & Nees) Kuntze 和黄褐小孔菌 *Microporus xanthopus* (F.) Pat. 等种类为旧世界热带成分；橘黄小薄孔菌 *Antrodiella aurantilaeta* (Corner) T. Hatt. & Ryvarden、灰孔新层孔菌 *Neofomitella fumosipora* (Corner) Y.C. Dai et al. 和苎麻热带孔菌 *Tropicoporus boehmeriae* L.W. Zhou & F. Wu 等种类为热带亚洲成分；环带小薄孔菌 *Antrodiella zonata* (Berk.) Ryvarden 和长矛锈革菌 *Hymenochaete contiformis* G. Cunn. 等种类为亚洲-大洋洲成分；黑木耳 *Auricularia heimuer* F. Wu, B.K. Cui & Y.C. Dai、灵芝 *Ganoderma lingzhi* Sheng H. Wu et al. 和硬毛褐卧孔菌 *Fuscoporia setifer* (T. Hatt.) Y.C. Dai 等种类为东亚特有成分；中国锈迷孔菌 *Porodaedalea chinensis* S.J. Dai & F. Wu、中国小嗜蓝孢孔菌 *Fomitiporella sinica* Y.C. Dai, X.H. Ji & Vlasák 和西藏假纤孔菌 *Pseudoinonotus tibeticus* (Y.C. Dai & M. Zang) Y.C. Dai et al. 等种类为中国特有种；云南褐卧孔菌 *Fuscoporia yunnanensis* Y.C. Dai、云南锈革菌 *Hymenochaete yunnanensis* S.H. He & Hai J. Li 和云南红皮孔菌 *Pyrrhoderma yunnanense* L.W. Zhou & Y.C. Dai 等种类为云南特有种。此外，云南木材腐朽真菌还包括如毛木耳 *Auricularia cornea* Ehrenb. 和裂褶菌 *Schizophyllum commune* Fr. 等世界广布种。因此，云南木材腐朽真菌的区系成分和特征比云南木本植物多样性更丰富，复杂度更高。

本书研究标本保存在北京林业大学微生物研究所标本馆。显微研究方法主要利用 Melzer 试剂（1.5 g 碘化钾、0.5 g 结晶碘、22 g 水合三氯乙醛和 20 ml 蒸馏水配成溶液，简写为 IKI)、棉蓝试剂（0.1 g 苯胺蓝和 60 g 乳酸配成溶液，简写为 CB)、磺基苯甲醛试剂（2 g 结晶香草醛、16 ml 浓硫酸和 6 ml 蒸馏水配成溶液，简写为 SA）和 5% 的氢氧化钾（KOH）试剂作为切片浮载剂，显微测量在棉蓝试剂的切片中进行，所有显微研究均在 Nikon 80i 和 Nikon E600 显微镜下进行。显微结构中的担孢子、菌丝、囊状体等在 Melzer 试剂中如果变深蓝色至黑色称为淀粉质反应，简写为 IKI+；如果变黄褐色称为拟糊精反应，简写为 IKI[+]；如果不变色称为负反应，简写为 IKI–。菌丝壁或孢子壁在棉蓝试剂中如果变为蓝色称为嗜蓝反应，简写为 CB+；如果菌丝壁或孢子壁部分变蓝或浅蓝称为弱嗜蓝反应，简写为 CB(+)；如果不变色称为负反应，简写为 CB–。胶化囊状体如果在磺基苯甲醛试剂中变黑色称为正反应，简写为 SA+；如果无变化称为负反应，简写为 SA–。担孢子的平均长用 L 表示，即所有测量孢子长度的平均值；担孢子的平均宽用 W 表示，即所有测量孢子宽度的平均值；担孢子的长和宽比值用 Q 表示，即每个标本的平均长和平均宽比值，如果只有一个标本，Q 值只有一个，如果多于一个标本，Q 值有变化范围。n 值表示所测量的担孢子总数和标本数量，即如果在一个标本中测量 30 个孢子时，表示为 "n=30/1"，两个标本中测量 60 个孢子时，表示为 "n = 60/2"，以此类推。少数种类由于所研究的材料孢子很少或不育，其孢子只测量了几个，其中一个种显趋木革菌 *Xylobolus princeps* (Jungh.) Boidin 在以前的文献中没有担孢子的记载，我们也没有在云南和中国其他地方的材料中发现孢子，暂时空缺。

本书中所涉种类按多孔菌、革菌和齿菌、胶质真菌和伞菌 4 组排列，每组种类按其拉丁属名字母顺序排列，同属的种类按种加词字母顺序排列；真菌定名人名称的缩写基于国际缩写标准 *Authors of Plant Names*（Brummitt and Powell 1992）；有关子实体的颜色术语根据 Petersen（1996）和 Rayner（1970）的真菌颜色图谱。

本研究得到了国家自然科学基金云南联合基金项目、科技部第二次青藏高原综合科学考察研究项目和云南省院士专家工作站项目的支持，戴玉成、刘鸿高、吴芳、司静、员瑗、何双辉、崔宝凯和周萌等参加了野外考察和室内显微研究工作。此外，阿布来提·托合提热结甫、陈佳佳、陈芊、陈圆圆、李杰庆、连亚萍、刘世良、刘顺、刘展博、茆卫琳、孙一翡、王朝格、王雅蓉、徐蕴琳、袁海生、张秋月、赵长林、赵琪和周洪敏等参加了部分野外考察、室内形态鉴定以及分子数据的获取。本书形态学描述部分主要由戴玉成和吴芳完成，戴玉成对全书进行统稿，照片主要由戴玉成、崔宝凯和何双辉拍摄。研究过程中得到了中国科学院昆明植物研究所杨祝良、王向华、吴刚和蔡箐，云南农业大学王力和赵麒鸣，云南省农业科学院赵永昌、李树红和王元忠，大理大学苏鸿雁和罗宗龙，吉林农业大学图力古尔，中国科学院微生物研究所周丽伟，中国科学院西双版纳热带植物园陈吉岳和邵士成等的大力协助和支持，在此一并致谢。

目　　录

多孔菌种类论述

革菌和齿菌种类论述

胶质真菌种类论述

伞菌种类论述

多孔菌种类论述

二年残孔菌

Abortiporus biennis (Bull.) Singer

子实体：担子果一年生，盖形或具侧生短柄，覆瓦状叠生，干后木栓质；菌盖扇形至圆形，外伸可达 8 cm，宽可达 9 cm，基部厚可达 10 mm，上表面具细绒毛，干后灰褐色；边缘锐，干后内卷；孔口表面新鲜时浅黄色至酒红褐色，手触后变暗褐色，干后浅灰褐色；孔口多角形至迷宫状或褶状，每毫米 1–3 个；孔口边缘薄，撕裂状；菌肉异质，靠近菌盖浅咖啡色，海绵状，靠近菌管木栓质，浅木材色，厚可达 5 mm；菌管浅木材色，长可达 5 mm。

显微结构：菌丝系统二体系；生殖菌丝具锁状联合；菌管生殖菌丝占少数，无色，薄壁，频繁分枝，直径 2–4 μm；骨架菌丝占多数，无色，厚壁至近实心，不分枝，疏松交织排列，IKI–，CB+，直径 2–4 μm；子实层具胶化囊状体，棍棒形至圆柱形，偶尔膨大或稍缢缩，大小为 35–58×8–11 μm；担子棍棒形，大小为 25–30×5–6 μm；担孢子宽椭圆形，无色，稍厚壁，光滑，IKI–，CB–，大小为 4.5–5.6×3.2–4.1 μm，平均长 L = 5.18 μm，平均宽 W = 3.72 μm，长宽比 Q = 1.37–1.42 (n = 60/2)；厚垣孢子存在于菌肉中，近球形，无色，厚壁，光滑，直径 7–10 μm。

代表序列：OL473602。

分布、习性和功能：宾川县鸡足山风景区，腾冲市高黎贡山自然保护区，大理市蝴蝶泉景区，景东县哀牢山自然保护区，南华县大中山自然保护区，昆明市野鸭湖森林公园，金平县分水岭自然保护区；生长在阔叶树活立木和倒木上；引起木材白色腐朽；药用。

 ## 紫褐多孢孔菌

Abundisporus fuscopurpureus (Pers.) Ryvarden

子实体：担子果多年生，盖形，通常单生，干后硬木栓质；菌盖扁平舌形至半圆形，外伸可达 5 cm，宽可达 9 cm，基部厚可达 20 mm，上表面光滑，干后暗褐色至黑褐色，具不明显同心环；边缘锐，白色至浅红褐色；孔口表面新鲜时浅粉色，干后橘黄褐色；孔口圆形，每毫米 7–9 个；孔口边缘薄，全缘；菌肉木栓质，土黄色，厚可达 2 mm；菌管与孔口表面同色，木栓质，长可达 18 mm。

显微结构：菌丝系统二体系；生殖菌丝具锁状联合；菌管生殖菌丝占少数，无色，薄壁，频繁分枝，直径 2–2.5 μm；骨架菌丝占多数，黄褐色，厚壁，偶尔分枝，弯曲，疏松交织排列，IKI[+]，CB+，直径 2–3.5 μm；子实层中无囊状体；具拟囊状体，大小为 10–16×3–5 μm；担子桶状或梨形，大小为 12–17×6–10 μm；担孢子椭圆形，浅黄色，稍厚壁，光滑，IKI–，CB+，大小为 2.5–3.3×1.7–2 μm，平均长 L = 2.82 μm，平均宽 W = 1.87 μm，长宽比 Q = 1.47–1.55 (n = 120/4)。

代表序列：KC456255，KC456257。

分布、习性和功能：勐腊县望天树景区；生长在阔叶树活倒木上；引起木材白色腐朽。

图1　二年残孔菌 *Abortiporus biennis*

图2　紫褐多孢孔菌 *Abundisporus fuscopurpureus*

软多孢孔菌

***Abundisporus mollissimus* B.K. Cui & C.L. Zhao**

子实体：担子果多年生，平伏反卷至盖形，通常单生，软木栓质；菌盖贝壳形至半圆形，外伸可达 1 cm，宽可达 3.5 cm，基部厚可达 3 mm，上表面黄褐色至暗褐色，具微绒毛和同心环区；孔口表面新鲜时白色至浅黄色，干后黄色；孔口圆形，每毫米 7–8 个；孔口边缘薄，全缘；菌肉软木栓质，暗褐色，厚可达 1 mm；菌管与孔口表面同色，软木栓质，长可达 2 mm。

显微结构：菌丝系统二体系；生殖菌丝具锁状联合；菌丝组织在 KOH 试剂中变暗褐色；菌管生殖菌丝占少数，无色，薄壁，频繁分枝，直径 1–1.5 μm；骨架菌丝占多数，黄褐色，厚壁，偶尔分枝，弯曲，疏松交织排列，IKI[+]，CB+，直径 2–3 μm；子实层中无囊状体；具拟囊状体，大小为 10–12×5–5.5 μm；担子桶状或梨形，大小为 11–13×6–7 μm；担孢子椭圆形，浅黄色，稍厚壁，光滑，IKI–，CB+，大小为 (3.5–)4–4.5(–5)×(2.5–)3–3.5 μm，平均长 L = 4.3 μm，平均宽 W = 3.3 μm，长宽比 Q = 1.4–1.42 (n = 60/2)。

代表序列：JX141451，JX141461。

分布、习性和功能：勐腊县中国科学院西双版纳热带植物园热带雨林；生长在阔叶树腐朽木上；引起木材白色腐朽。

 粉多孢孔菌

***Abundisporus pubertatis* (Lloyd) Parmasto**

子实体：担子果多年生，平伏或平伏至反卷，干后木栓质；平伏时长可达 8 cm，宽可达 3 cm，中部厚可达 8 mm；菌盖扇形至半圆形，外伸可达 2 cm，宽可达 4 cm，基部厚可达 10 mm，上表面光滑，干后浅褐色，具不明显同心环；边缘钝；孔口表面新鲜时粉紫色，干后深棕色，具折光反应；孔口近圆形，每毫米 5–7 个；孔口边缘厚，全缘；菌肉深棕褐色，软木栓质，无环区，厚可达 6 mm；菌管比菌肉颜色稍浅，干后木栓质，长可达 4 mm。

显微结构：菌丝系统二体系；生殖菌丝具锁状联合；菌丝组织在 KOH 试剂中变暗褐色；菌管生殖菌丝占少数，无色，薄壁，频繁分枝，直径 2.5–3.5 μm；骨架菌丝占多数，浅黄褐色，厚壁，偶尔分枝，弯曲，疏松交织排列，IKI[+]，CB+，直径 3–4 μm；子实层中无囊状体；具拟囊状体，大小为 11–15×2–3 μm；担子桶状，大小为 15–18×8–10 μm；担孢子椭圆形，浅黄色，稍厚壁，光滑，IKI–，CB+，大小为 (3.9–)4–4.8(–5)×(2.2–)2.4–3.2(–4) μm，平均长 L = 4.25 μm，平均宽 W = 2.88 μm，长宽比 Q = 1.48–1.59 (n = 120/4)。

代表序列：KC787568，KC787575。

分布、习性和功能：腾冲市高黎贡山自然保护区，勐腊县望天树景区；生长在阔叶树倒木上；引起木材白色腐朽。

图 3 软多孢孔菌 *Abundisporus mollissimus*

图 4 粉多孢孔菌 *Abundisporus pubertatis*

栎生多孢孔菌

***Abundisporus quercicola* Y.C. Dai**

子实体：担子果多年生，盖形，单生，新鲜时木栓质，干后木质；菌盖蹄形，外伸可达 5 cm，宽可达 7 cm，基部厚可达 50 mm，上表面黑灰色至黑色，从基部向边缘颜色渐浅，光滑，具明显同心环区；边缘钝；孔口表面新鲜时乳白色，干后浅棕黄色；孔口近圆形，每毫米 5–7 个；孔口边缘厚，全缘；菌肉黑褐色，新鲜时木栓质，干后硬木栓质至木质，厚可达 30 mm；菌管多层，分层明显，比菌肉颜色浅，长可达 20 mm，菌管层间具一薄菌肉层。

显微结构：菌丝系统二体系；生殖菌丝具锁状联合；菌丝组织在 KOH 试剂中变暗褐色；菌管生殖菌丝占少数，无色，薄壁，频繁分枝，直径 2–3.5 μm；骨架菌丝占多数，金黄色，厚壁，具窄内腔，偶尔分枝，IKI[+]，CB+，直径 2–4 μm；子实层中无囊状体和拟囊状体；担子桶状，大小为 14–19×9–12 μm；担孢子窄卵圆形，不平截，向顶部渐窄，黄色，光滑，厚壁，IKI–，CB+，大小为 (6.2–)6.8–8.8(–9)×(4–)4.2–5(–5.2) μm，平均长 L = 7.62 μm，平均宽 W = 4.69 μm，长宽比 Q = 1.63 (n = 30/1)。

代表序列：KC415907，KC415909。

分布、习性和功能：丽江市三道河镇，腾冲市高黎贡山自然保护区；生长在栎属树干部和基部；引起木材白色腐朽。

 ## 浅粉多孢孔菌

***Abundisporus roseoalbus* (Jungh.) Ryvarden**

子实体：担子果多年生，盖形，覆瓦状叠生，新鲜时木栓质，干后木质；菌盖半圆形，外伸可达 5 cm，宽可达 9 cm，基部厚可达 9 mm，上表面深褐色至黑褐色，光滑，具同心环区；孔口表面新鲜时灰白色，干后葡萄酒灰色；不育边缘明显，约 2 mm 宽；孔口近圆形，每毫米 8–9 个；孔口边缘厚，全缘；菌肉深褐色，干后木质，厚可达 5 mm；菌管暗褐色，分层明显，菌管层间具一薄菌肉层，长可达 4 mm。

显微结构：菌丝系统二体系；生殖菌丝具锁状联合；菌丝组织在 KOH 试剂中变黑色；菌管生殖菌丝少见，无色，薄壁，频繁分枝，直径 1.8–2 μm；骨架菌丝占多数，褐色，厚壁，具窄内腔至近实心，不分枝，稍弯曲，交织排列，IKI+，CB+，直径 2.8–3.5 μm；子实层中无囊状体和拟囊状体；担子长桶状，大小为 8–11×4–5 μm；担孢子宽椭圆形至卵圆形，浅褐色，厚壁，光滑，通常塌陷，IKI–，CB–，大小为 (2.8–)2.9–3.2×(2–)2.1–2.5(–2.6) μm，平均长 L = 3.6 μm，平均宽 W = 2.31 μm，长宽比 Q = 1.32 (n = 30/1)。

代表序列：KC415908，KC415910。

分布、习性和功能：景东县哀牢山自然保护区，勐腊县望天树景区，景洪市西双版纳自然保护区三岔河；生长在阔叶树倒木或腐朽木上；引起木材白色腐朽。

图 5　栎生多孢孔菌 *Abundisporus quercicola*

图 6　浅粉多孢孔菌 *Abundisporus roseoalbus*

斜孔焦灰孔菌

***Adustoporia sinuosa* (Fr.) Audet**

子实体: 担子果一年生，平伏至反卷，与基质不易分离；平伏时长可达 25 cm，宽可达 6 cm，中部厚可达 2 mm；孔口表面奶油色，成熟后浅褐色；不育边缘明显，宽可达 1.5 mm；孔口圆形至多角形或弯曲形，每毫米 1–4 个；孔口边缘薄，全缘至撕裂状；菌肉奶油色至深黄色或浅黄色，木栓质，厚可达 0.5 mm；菌管与菌肉同色，长可达 1.5 mm。

显微结构: 菌丝系统二体系；生殖菌丝具锁状联合；菌管生殖菌丝无色，薄壁，频繁分枝，直径 1.5–3 μm；骨架菌丝占多数，厚壁至近实心，不分枝，与菌管近平行排列，IKI–，CB–，直径 2–3 μm；子实层中无囊状体；具纺锤形拟囊状体，大小为 12–16×3.5–4.5 μm；担子棍棒形，大小为 14–25×4–5 μm；担孢子腊肠形，无色，薄壁，光滑，IKI–，CB–，大小为 4–6×1–2 μm，平均长 L = 4.69 μm，平均宽 W = 1.28 μm，长宽比 Q = 3.35–3.93 (n = 90/3)。

代表序列: MG787573，MG787610。

分布、习性和功能: 兰坪县罗古箐自然保护区，兰坪县长岩山自然保护区，维西县老君山自然保护区；生长在松树过火木上；引起木材褐色腐朽。

 柄生苦味波斯特孔菌

***Amaropostia stiptica* (Pers.) B.K. Cui, L.L. Shen & Y.C. Dai**

子实体: 担子果一年生，盖形，偶尔具收缩基部，单生或数个叠生，干后硬骨质，具苦味；菌盖半圆形，外伸可达 10 cm，宽可达 6 cm，基部厚可达 20 mm，上表面干后变乳黄色，无环带，粗糙；孔口表面干后乳黄色至污黄色；不育边缘明显，宽可达 4 mm；孔口圆形，每毫米 4–6 个；孔口边缘薄，全缘；菌肉奶油色，干后硬纤维质至硬骨质，具环区，厚可达 15 mm；菌管干后乳黄色，纤维质，长可达 5 mm。

显微结构: 菌丝系统一体系；生殖菌丝具锁状联合；菌管生殖菌丝无色，薄壁至厚壁，偶尔分枝，交织排列，IKI–，CB–，直径 2.5–4.5 μm；子实层中无囊状体；具纺锤形拟囊状体，大小为 13–15×3.5–4.5 μm；担子棍棒形，大小为 14–21×4.5–5 μm；担孢子椭圆形，偶尔略弯曲，无色，薄壁，光滑，IKI–，CB–，大小为 3.8–4.7×1.7–2 μm，平均长 L = 4.16 μm，平均宽 W = 1.9 μm，长宽比 Q = 2.19 (n = 30/1)。

代表序列: KX900906，KX900976。

分布、习性和功能: 剑川县石宝山，武定县狮子山森林公园，屏边县大围山自然保护区；生长在松树倒木和树桩上；引起木材褐色腐朽；药用。

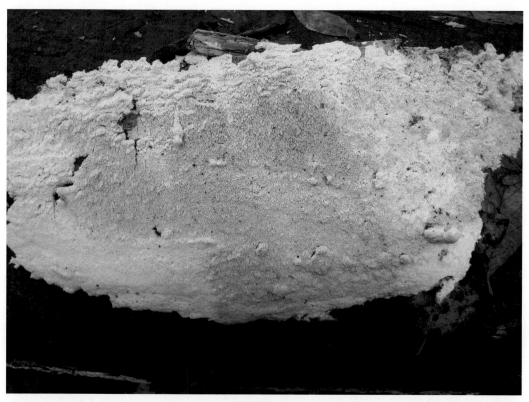

图 7 斜孔焦灰孔菌 *Adustoporia sinuosa*

图 8 柄生苦味波斯特孔菌 *Amaropostia stiptica*

迷孔淀粉孔菌

Amylonotus labyrinthinus (T. Hatt.) Y.C. Dai, Jia J. Chen & B.K. Cui

子实体：担子果一年生，平伏，长可达 6 cm，宽可达 4 cm，中部厚可达 2 mm；孔口表面浅橘黄色至灰黄色；不育边缘明显，无菌索，宽可达 2 mm；孔口不规则至迷宫状，每毫米 1–2 个；孔口边缘厚，全缘至撕裂状；菌肉黄褐色，膜质，厚可达 0.5 mm；菌管黄褐色，革质，长可达 1.5 mm。

显微结构：菌丝系统二体系；生殖菌丝具锁状联合；菌丝组织在 KOH 试剂中变灰褐色；菌管生殖菌丝常见，无色，薄壁，频繁分枝，直径 1.5–2.5 μm；骨架菌丝占多数，浅黄色，中度厚壁至近实心，不分枝，交织排列，IKI– 至 IKI[+]，CB+，直径 2–4.5 μm；胶化菌丝存在，弯曲，直径 4–8 μm；子实层中无囊状体；具梭形拟囊状体，大小为 8–12×2.5–3.5 μm；担子棍棒形，具 4 小梗，基部具一锁状联合，大小为 12–15×3–4 μm；担孢子椭圆形至宽椭圆形，无色，稍厚壁，具小刺，IKI+，CB+，大小为 3.6–4×2.8–3 μm，平均长 L = 3.89 mm，平均宽 W = 2.92 mm，长宽比 Q = 1.33 (n = 30/1)。

代表序列：KM107860，KM107878。

分布、习性和功能：西双版纳自然保护区曼搞；生长在阔叶树落枝上；引起木材白色腐朽。

 ## 亚黄淀粉伏孔菌

Amyloporia subxantha (Y.C. Dai & X.S. He) B.K. Cui & Y.C. Dai

子实体：担子果多年生，平伏，与基质不易分离，长可达 7 cm，宽可达 3.5 cm，中部厚可达 12 mm；孔口表面新鲜时黄色，干后浅黄色至柠檬黄色；孔口多角形，每毫米 5–8 个；孔口边缘薄，全缘至略撕裂状；菌肉奶油色至浅黄色，脆而易碎，厚可达 10 mm；菌管与菌肉同色，软木栓质，长可达 2 mm。

显微结构：菌丝系统二体系；生殖菌丝具锁状联合；菌管生殖菌丝无色，薄壁，频繁分枝，直径 1.7–5 μm；骨架菌丝占多数，厚壁，近实心，频繁分枝，交织排列，IKI+，CB–，直径 1.8–6.2 μm；子实层中无囊状体；具纺锤形拟囊状体，大小为 11–21×3–4 μm；担子棍棒形，大小为 11–16×3.6–5 μm；担孢子圆柱形至宽椭圆形，无色，薄壁，光滑，IKI–，CB–，大小为 3–4×1.6–2.2 μm，平均长 L = 3.47 μm，平均宽 W = 1.89 μm，长宽比 Q = 1.66–1.96 (n = 120/4)。

代表序列：MG787576，MG787614。

分布、习性和功能：昆明市西山森林公园；生长在针叶树活立木或倒木上；引起木材褐色腐朽。

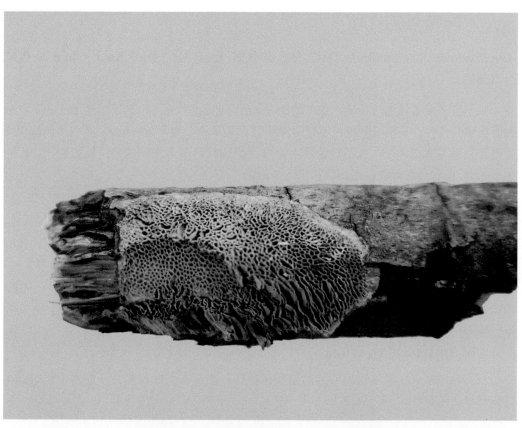

图 9 迷孔淀粉孔菌 *Amylonotus labyrinthinus*

图 10 亚黄淀粉伏孔菌 *Amyloporia subxantha*

木麻黄黑孢孔菌

Amylosporus casuarinicola (Y.C. Dai & B.K. Cui) Y.C. Dai, Jia J. Chen & B.K. Cui

子实体：担子果多年生，平伏，长可达 35 cm，宽可达 10 cm，中部厚可达 10 mm；孔口表面新鲜时紫色，干后褐紫色；不育边缘明显，无菌索，宽可达 5 mm；孔口多角形至不规则形，每毫米 2–4 个；孔口边缘厚，全缘至撕裂状；菌肉肉桂褐色，软木栓质，厚可达 2 mm；菌管酒红褐色，革质，长可达 8 mm。

显微结构：菌丝系统二体系；生殖菌丝具简单分隔；菌丝组织在 KOH 试剂中变褐色；菌管生殖菌丝少见，无色，薄壁，频繁分枝，直径 2–4 μm；骨架菌丝占多数，浅黄色，厚壁，不分枝，交织排列，IKI[+]，CB(+)，直径 3–7 μm；胶化菌丝存在，弯曲，直径 4–8 μm；子实层中无囊状体和拟囊状体；担子棍棒形，具 4 小梗，基部具一简单分隔，大小为 12–17×5–7 μm；担孢子宽椭圆形至近球形，无色，厚壁，具小刺，IKI+，CB–，大小为 3.5–3.9×2.7–3.2 μm，平均长 L = 3.7 μm，平均宽 W = 3 μm，长宽比 Q = 1.2 (n = 30/1)。

代表序列：OL473603，OL473616。

分布、习性和功能：景洪市西双版纳自然保护区；生长在阔叶树和竹子倒木上；引起木材和竹材白色腐朽。

 ## 厚薄孔菌

Antrodia crassa (P. Karst.) Ryvarden

子实体：担子果多年生，平伏，紧贴于基物上，不易与基物剥离，新鲜时木栓质，干后白垩质，易碎；长可达 100 cm，宽可达 10 cm，中部厚可达 10 mm；不育边缘较窄至几乎无；孔口表面新鲜时乳白色，干后淡黄色；孔口圆形或近圆形，每毫米 4–6 个；孔口边缘薄，全缘；菌肉白色至浅黄色，干后白垩质，厚不到 1 mm；菌管多层，分层明显，与孔口表面同色或略浅，干后木栓质，长可达 9 mm。

显微结构：菌丝系统二体系；生殖菌丝具锁状联合；菌丝组织在 KOH 试剂中消解；菌管生殖菌丝无色，薄壁，偶尔分枝，直径 1.8–4.8 μm；骨架菌丝占多数，厚壁至近实心，不分枝，交织排列，直径 2–6.5 μm；子实层中无囊状体；具纺锤形拟囊状体，大小为 8.7–21.8×5.7–7.1 μm；担子棍棒形，大小为 13.6–26.8×5.6–7.3 μm；担孢子宽圆柱形至椭圆形，无色，薄壁，光滑，IKI–，CB–，大小为 (5.3–)5.5–7(–7.2)×(2.5–)2.7–3.3(–3.5) μm，平均长 L = 6.40 μm，平均宽 W = 2.94 μm，长宽比 Q = 2.18 (n = 30/1)。

代表序列：OL547627，OL547628。

分布、习性和功能：兰坪县罗古菁自然保护区；生长在松树过火木倒木上；引起木材褐色腐朽。

图 11　木麻黄黑孢孔菌 *Amylosporus casuarinicola*

图 12　厚薄孔菌 *Antrodia crassa*

异形薄孔菌

Antrodia heteromorpha (Fr.) Donk

子实体：担子果一年生，平伏或平伏至反卷，干后木栓质；平伏时长可达 15 cm，宽可达 10 cm，中部厚可达 10 mm；菌盖扇形至半圆形，外伸可达 1.8 cm，宽可达 5 cm，基部厚可达 10 mm；菌盖表面被软绒毛，偶尔具条纹或环纹，奶油色至灰色；边缘钝；孔口表面白色、奶油色或浅赭色；孔口多角形或拉长至撕裂状，每毫米 1–2 个；孔口边缘厚至薄，全缘至锯齿状；菌肉白色至奶油色，木栓质，厚可达 2 mm；菌管比菌肉颜色稍浅，软木栓质，长可达 8 mm。

显微结构：菌丝系统二体系；生殖菌丝具锁状联合；菌管生殖菌丝占少数，无色，薄壁，不分枝，直径 2.1–3.3 μm；骨架菌丝占多数，无色，厚壁，偶尔分枝，与菌管近平行排列，IKI–，CB–，直径 1.9–4.8 μm；子实层中无囊状体；具拟囊状体，大小为 21–42×5–6 μm；担子棍棒形，大小为 22–36×6–8.5 μm；担孢子窄椭圆形至宽椭圆形，无色，薄壁，光滑，IKI–，CB–，大小为 7.6–12.6×3.6–5.4 μm，平均长 L = 10.06 μm，平均宽 W = 4.45 μm，长宽比 Q = 2.12–2.25 (n = 60/2)。

代表序列：KP715306，KP715322。

分布、习性和功能：大理苍山洱海国家级自然保护区，丽江市白水河，南华县雨露，维西县老君山自然保护区，香格里拉市普达措国家公园；生长在针叶树落枝、死枝、倒木上和树桩上；引起木材褐色腐朽；药用。

 ## 亚蛇薄孔菌

Antrodia subserpens B.K. Cui & Yuan Y. Chen

子实体：担子果一年生，平伏或平伏至反卷；平伏时长可达 1 cm，宽可达 2.5 cm，中部厚可达 4 mm；菌盖扇形，外伸可达 1 cm，宽可达 2 cm，基部厚可达 5 mm，上表面光滑，白色至灰白色；孔口表面白色、奶油色至浅赭色；孔口多角形，每毫米 1–2 个；孔口边缘薄，全缘；菌肉白色至奶油色，木栓质，厚可达 2 mm；菌管比菌肉颜色稍浅，干后木栓质，长可达 3 mm。

显微结构：菌丝系统二体系；生殖菌丝具锁状联合；菌管生殖菌丝占少数，无色，薄壁，偶尔分枝，直径 1.6–3 μm；骨架菌丝占多数，浅黄褐色，厚壁，少分枝，弯曲，交织排列，IKI–，CB–，直径 1.4–3.7 μm；子实层中无囊状体；具拟囊状体，大小为 16–28×5–6 μm；担子棍棒形，大小为 22–38×5.6–9 μm；担孢子椭圆形，无色，薄壁，光滑，IKI–，CB–，大小为 6.6–9×3.6–4.9 μm，平均长 L = 7.7 μm，平均宽 W = 4.2 μm，长宽比 Q = 1.75–1.94 (n = 60/2)。

代表序列：KP715309，KP715325。

分布、习性和功能：腾冲市樱花谷，景东县哀牢山自然保护区；生长在阔叶树桩上；引起木材褐色腐朽；药用。

图 13 异形薄孔菌 *Antrodia heteromorpha*

图 14 亚蛇薄孔菌 *Antrodia subserpens*

田中薄孔菌

Antrodia tanakae (Murrill) Spirin & Miettinen

子实体：担子果一年生，盖形至平伏反卷，覆瓦状叠生；菌盖扇形至半圆形，外伸可达 2 cm，宽可达 4 cm，基部厚可达 5 mm，上表面白色、奶油色至浅灰色，具微绒毛至光滑；孔口表面白色、浅灰黄色或浅黄色；不育边缘不明显；孔口多角形，每毫米 1–2 个；孔口边缘厚，全缘至撕裂状；菌肉白色，木栓质，厚可达 2 mm；菌管比菌肉颜色浅，长可达 3 mm。

显微结构：菌丝系统二体系；生殖菌丝具锁状联合；菌管生殖菌丝占少数，无色，薄壁，不分枝，直径 2–3.2 μm；骨架菌丝占多数，无色，厚壁，具窄内腔，不分枝，IKI–，CB–，直径 2–5 μm；子实层中无囊状体；具拟囊状体，大小为 24.8–44.8×5–6 μm；担子棍棒形，大小为 25–33×5–7.5 μm；担孢子圆柱形至窄椭圆形，无色，薄壁，光滑，IKI–，CB–，大小为 6.4–10.4×2.7–4.3 μm，平均长 L = 8.36 μm，平均宽 W = 3.46 μm，长宽比 Q = 2.32–2.46 (n = 60/2)。

代表序列：KR605814，KR605753。

分布、习性和功能：大理苍山洱海国家级自然保护区，兰坪县罗古箐自然保护区，丽江市白水河，丽江市玉水寨景区，贡山县丙中洛，南涧县灵宝山森林公园，武定县狮子山森林公园；生长在松树倒木或落枝上；引起木材褐色腐朽；药用。

 热带薄孔菌

Antrodia tropica B.K. Cui

子实体：担子果一年生，平伏，与基质不易分离，长可达 5 cm，宽可达 3 cm，中部厚可达 2.7 mm；孔口表面新鲜时浅紫色至紫罗兰色，干后浅灰色至黄粉色；孔口多角形，每毫米 3–4 个；孔口边缘薄，全缘或稍撕裂状；菌肉奶油色至浅黄色，木栓质，厚可达 1 mm；菌管与菌肉同色，木栓质，长可达 1.7 mm。

显微结构：菌丝系统二体系；生殖菌丝具锁状联合；菌丝组织在 KOH 试剂中无变化；菌管生殖菌丝无色，薄壁，偶尔分枝，直径 2–4.7 μm；骨架菌丝占多数，厚壁，偶尔分枝，交织排列，IKI–，CB–，直径 2.7–5 μm；子实层中无囊状体和拟囊状体；担子棍棒形，大小为 17–25×4.4–6.5 μm；担孢子圆柱形至拟纺锤形，无色，薄壁，光滑，IKI–，CB–，大小为 8.3–10×2.4–3 μm，平均长 L = 9.13 μm，平均宽 W = 2.86 μm，长宽比 Q = 3.2 (n = 30/1)。

代表序列：MG787605，MG787652。

分布、习性和功能：宾川县鸡足山风景区，屏边县大围山自然保护区；生长在阔叶树倒木和落枝上；引起木材褐色腐朽。

图 15　田中薄孔菌 *Antrodia tanakae*

图 16　热带薄孔菌 *Antrodia tropica*

云南薄孔菌

***Antrodia yunnanensis* M.L. Han & Q. An**

子实体：担子果一年生，平伏，与基质不易分离，长可达 11 cm，宽可达 3.3 cm，中部厚可达 4.3 mm；孔口表面新鲜时浅紫色至葡萄色，干后灰蓝色至暗灰蓝色；孔口多角形，每毫米 2–3 个；孔口边缘薄，全缘；菌肉奶油色，木栓质，厚可达 3.5 mm；菌管与孔口表面同色，木栓质，长可达 0.8 mm。

显微结构：菌丝系统二体系；生殖菌丝具锁状联合；菌丝组织在 KOH 试剂中无变化；菌管生殖菌丝无色，薄壁，偶尔分枝，直径 2–3 μm；骨架菌丝占多数，厚壁，偶尔分枝，交织排列，IKI–、CB–，直径 2–4 μm；子实层中无囊状体；具拟囊状体，大小为 12–50×2–4 μm；担子棍棒形，大小为 18–20×4–6 μm；担孢子圆柱形，无色，薄壁，光滑，IKI–、CB–，大小为 7–9.9×2.5–3.1 μm，平均长 L = 8.17 μm，平均宽 W = 2.9 μm，长宽比 Q = 2.82 (n = 20/1)。

代表序列：MT497886，MT497884。

分布、习性和功能：景东县无量山自然保护区，腾冲市高黎贡山自然保护区；生长在阔叶树活立木、倒木和落枝上；引起木材褐色腐朽。

 ## 白黄小薄孔菌

***Antrodiella albocinnamomea* Y.C. Dai & Niemelä**

子实体：担子果一年生，平伏，易与基质分离，革质至木栓质，长可达 50 cm，宽可达 8 cm，中部厚可达 10 mm；孔口表面初期雪白色，后期奶油色至浅肉桂色，成熟后橘黄色至肉桂色；边缘棉絮状至绒毛状；孔口多角形至圆形，每毫米 3–5 个；孔口边缘薄，全缘或略撕裂状；菌肉奶油色，厚可达 0.5 mm，菌肉与基质间具一薄皮层；菌管奶油色至浅肉桂色，木栓质，长可达 9.5 mm。

显微结构：菌丝系统二体系；生殖菌丝具锁状联合；菌管生殖菌丝无色，薄壁，频繁分枝，直径 2–2.6 μm；骨架菌丝占多数，厚壁，具窄内腔，不分枝，IKI–、CB+，直径 2.8–3.2 μm；子实层具骨架囊状体，厚壁，光滑，由菌髓中骨架菌丝突出子实层形成，大小为 20–40×3–4 μm；担子短棍棒形，大小为 8–10×3.6–4.5 μm；担孢子窄椭圆形至短圆柱形，无色，薄壁，光滑，IKI–、CB–，大小为 (3–)3.7–5(–5.5)×(2–)2.1–2.9(–3.3) μm，平均长 L = 4.18 μm，平均宽 W = 2.38 μm，长宽比 Q = 1.61–1.84 (n = 183/6)。

代表序列：KC485522，KC485539。

分布、习性和功能：大理苍山洱海国家级自然保护区，腾冲市高黎贡山自然保护区，永平县宝台山森林公园；生长在阔叶树倒木、树桩和腐朽木上；引起木材白色腐朽。

图 17　云南薄孔菌 *Antrodia yunnanensis*

图 18　白黄小薄孔菌 *Antrodiella albocinnamomea*

橘黄小薄孔菌

***Antrodiella aurantilaeta* (Corner) T. Hatt. & Ryvarden**

子实体：担子果一年生，平伏至反卷，新鲜时肉质至革质，干后木栓质；菌盖半圆形，外伸可达 1 cm，宽可达 3 cm，基部厚可达 5 mm，上表面新鲜时橘红色，后期橙黄色，具同心环纹；平伏时长可达 7 cm，宽可达 4 cm，中部厚可达 5 mm；孔口表面深橘红色，干后橘红色；孔口初期多角形，后期不规则形或迷宫状，每毫米 1–3 个；孔口边缘薄，撕裂状；菌肉浅米黄色，异质，具一褐线区，厚可达 1 mm；菌管与菌肉层同色，长可达 4 mm。

显微结构：菌丝系统二体系；生殖菌丝具锁状联合；菌管生殖菌丝无色，薄壁，频繁分枝，直径 2–3 μm；骨架菌丝无色，厚壁至近实心，不分枝，疏松交织排列，IKI–，CB+，直径 2–5 μm；子实层中无囊状体；偶尔具纺锤形拟囊状体；担子棍棒形，大小为 10–15×3–4 μm；担孢子短圆柱形至椭圆形，无色，薄壁，光滑，IKI–，CB–，大小为 3–3.5×1.5–2 μm，平均长 L = 3.15 μm，平均宽 W = 1.78 μm，长宽比 Q = 1.77 (n = 30/1)。

代表序列：KC485523，KC485540。

分布、习性和功能：兰坪县长岩山自然保护区，维西县老君山自然保护区，绿春县黄连山国家级自然保护区；生长在阔叶树倒木和树桩上；引起木材白色腐朽。

 黄盖小薄孔菌

***Antrodiella citripileata* H.S. Yuan**

子实体：担子果一年生，平伏反卷至盖形，单生至覆瓦状叠生，革质至软木栓质；菌盖扇形，外伸可达 2 cm，宽可达 3 cm，基部厚可达 3.5 mm，上表面新鲜时柠檬黄色，干后硫磺色，具同心环区，皱褶状；孔口表面新鲜时稻草色，干后浅黄色；不育边缘明显；孔口圆形至多角形，每毫米 9–12 个；孔口边缘薄，全缘；菌肉浅黄色，厚可达 0.5 mm；菌管与孔口表面同色，长可达 3 mm。

显微结构：菌丝系统二体系；生殖菌丝具锁状联合；菌管生殖菌丝无色，薄壁，中度分枝，直径 2–3 μm；骨架菌丝占多数，无色，厚壁，具宽内腔，偶尔分枝，弯曲，交织排列，IKI–，CB+，直径 2.5–3.5 μm；子实层中无囊状体和拟囊状体；担子棍棒形，大小为 10–12×4–5 μm；担孢子椭圆形，无色，薄壁，光滑，IKI–，CB–，大小为 (2.4–)2.6–3(–3.3)×(1.6–)1.7–2.1(–2.2) μm，平均长 L = 2.81 μm，平均宽 W = 1.89 μm，长宽比 Q = 1.47–1.51 (n = 60/2)。

代表序列：JN710526。

分布、习性和功能：景洪市西双版纳自然保护区；生长在阔叶树倒木上；引起木材白色腐朽。

图 19　橘黄小薄孔菌 *Antrodiella aurantilaeta*

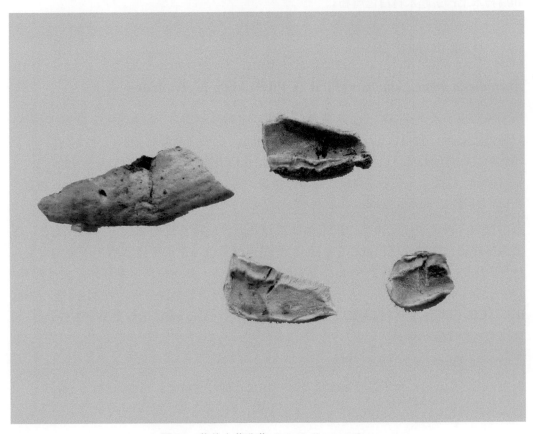

图 20　黄盖小薄孔菌 *Antrodiella citripileata*

柔韧小薄孔菌

Antrodiella duracina (Pat.) I. Lindblad & Ryvarden

子实体：担子果一年生，具侧生柄，革质至木栓质；菌盖匙形至半圆形，外伸可达 4 cm，宽可达 5 cm，基部厚可达 2 mm，上表面中部呈稻草色至黄褐色，具同心环纹；孔口表面新鲜时奶油色，干后稻草色至浅黄灰色，具折光反应；不育边缘明显；孔口多角形，每毫米 7–8 个；孔口边缘薄，全缘；菌肉奶油色，厚可达 1 mm；菌管浅黄色，长可达 1 mm；菌柄圆柱形或稍扁平，长可达 1 cm，直径可达 3 mm。

显微结构：菌丝系统二体系；生殖菌丝具锁状联合；菌管生殖菌丝无色，薄壁，中度分枝，直径 2–3.5 μm；骨架菌丝占多数，无色，厚壁具明显内腔，少分枝，弯曲，交织排列，IKI–，CB+，直径 2–3 μm；子实层中无囊状体和拟囊状体；担子短棍棒形，大小为 8–10×4–5 μm；担孢子圆柱形至腊肠形，无色，薄壁，光滑，IKI–，CB–，大小为 (4–)4.1–5.2×(1.5–)1.7–2(–2.1) μm，平均长 L = 4.63 μm，平均宽 W = 1.86 μm，长宽比 Q = 2.41–2.56 (n = 60/2)。

代表序列：OL437266，OL434415。

分布、习性和功能：新平县龙泉公园，盈江县铜壁关自然保护区，普洱市太阳河森林公园，勐腊县中国科学院西双版纳热带植物园，勐腊县望天树景区；生长在阔叶树倒木、树桩和腐朽木上；引起木材白色腐朽。

 蔓储小薄孔菌

Antrodiella mentschulensis (Pilát ex Pilát) Melo & Ryvarden

子实体：担子果一年生，盖形，覆瓦状叠生，新鲜时革质，干后木栓质；菌盖半圆形，外伸可达 1 cm，宽可达 2 cm，基部厚可达 3 mm，上表面新鲜时奶油色至浅黄色，干后浅黄褐色，具同心环区；边缘锐，干后内卷；孔口表面新鲜时奶油色，干后浅黄色；孔口近圆形，每毫米 7–8 个；孔口边缘薄，全缘；菌肉干后木栓质，厚可达 1 mm；菌管与孔口表面同色，长可达 2 mm。

显微结构：菌丝系统二体系；生殖菌丝具锁状联合；菌管生殖菌丝占多数，无色，薄壁至略厚壁，偶尔分枝，直径 2–3 μm；骨架菌丝无色，厚壁至近实心，不分枝，交织排列，IKI–，CB+，直径 2–5 μm；子实层中无囊状体；具纺锤形拟囊状体，大小为 10–14×3.5–4 μm；担子棍棒形，大小为 8–17×4–5 μm；担孢子窄椭圆形，无色，薄壁，光滑，IKI–，CB–，大小为 3–3.8(–4)×1.8–2 μm，平均长 L = 3.46 μm，平均宽 W = 1.89 μm，长宽比 Q = 1.83 (n = 30/1)。

代表序列：OL457962，OL457433。

分布、习性和功能：宾川县鸡足山风景区；生长在阔叶树桩上；引起木材白色腐朽。

图 21　柔韧小薄孔菌 *Antrodiella duracina*

图 22　蔓储小薄孔菌 *Antrodiella mentschulensis*

环带小薄孔菌

***Antrodiella zonata* (Berk.) Ryvarden**

子实体：担子果一年生，平伏反卷至盖形，覆瓦状叠生，革质至硬革质；菌盖半圆形，外伸可达 3 cm，宽可达 5 cm，基部厚可达 8 mm，上表面新鲜时为橘黄色至黄褐色，手触后变为暗褐色，具同心环带；孔口表面橘黄褐色至黄褐色；孔口近圆形，每毫米 2–3 个；孔口边缘薄，撕裂状至裂齿状，每毫米 2–4 个；菌肉木栓质，厚可达 2 mm；菌管或菌齿黄褐色，硬纤维质，长可达 6 mm。

显微结构：菌丝系统二体系；生殖菌丝具锁状联合；菌管生殖菌丝无色，薄壁，频繁分枝，直径 2.2–3.8 μm；骨架菌丝占多数，无色至浅黄色，厚壁至近实心，不分枝，弯曲，交织排列，IKI–，CB+，直径 3–4 μm；子实层中无囊状体和拟囊状体；担子棍棒形，大小为 18–24×4–5.5 μm；担孢子宽椭圆形，无色，薄壁，光滑，IKI–，CB–，大小为 4.4–6×3–4 μm，平均长 L = 5.14 μm，平均宽 W = 3.39 μm，长宽比 Q = 1.44–1.59 (n = 60/2)。

代表序列：KC485529，KC485547。

分布、习性和功能：大理苍山洱海国家级自然保护区，剑川县石宝山，腾冲市高黎贡山自然保护区，腾冲火山地热国家地质公园，兰坪县罗古箐自然保护区，大理市蝴蝶泉景区，沧源县班老乡，西双版纳自然保护区曼搞；生长在阔叶树活立木、死树和倒木上；引起木材白色腐朽；药用。

 ## 亚斑点澳大利亚波斯特孔菌

***Austropostia subpunctata* B.K. Cui & Shun Liu**

子实体：担子果一年生，盖形，覆瓦状叠生，新鲜时木栓质，干后硬木质；菌盖扇形，外伸可达 4.5 cm，宽可达 8 cm，基部厚可达 12 mm，上表面新鲜时鼠灰色至灰棕色，干后浅灰色，光滑，略具波状条纹；孔口表面奶油色至浅黄色；孔口多角形，每毫米 3–5 个；孔口边缘薄，全缘至稍撕裂状；菌肉白色，硬木质，厚可达 10 mm；菌管白色至奶油色，木栓质，长可达 2 mm。

显微结构：菌丝系统一体系；生殖菌丝具锁状联合；菌管生殖菌丝无色，薄壁至稍厚壁，偶尔分枝，IKI–，CB–，直径 1.9–9.8 μm；子实层中无囊状体；具拟囊状体，大小为 9.7–24.5×2.9–4.5 μm；担子棍棒形，大小为 9–24×2–5 μm；担孢子长椭圆形至椭圆形，无色，薄壁，光滑，IKI–，CB–，大小为 5.2–6.2×3–3.4 μm，平均长 L = 5.77 μm，平均宽 W = 3.12 μm，长宽比 Q = 1.72–1.88 (n = 150/5)。

代表序列：MW377273，MW377353。

分布、习性和功能：武定县狮子山森林公园，金平县分水岭自然保护区，屏边县大围山自然保护区，西畴县小桥沟自然保护区；生长在阔叶树活立木、倒木和树桩上；引起木材褐色腐朽。

图 23　环带小薄孔菌 *Antrodiella zonata*

图 24　亚斑点澳大利亚波斯特孔菌 *Austropostia subpunctata*

黑烟管孔菌

Bjerkandera adusta (Willd.) P. Karst.

子实体：担子果一年生，盖形，覆瓦状叠生，革质至软木栓质；菌盖外伸可达 3 cm，宽可达 5 cm，基部厚可达 7 mm，上表面奶油色至浅黄色，具绒毛，后期光滑；孔口表面烟灰色至黑灰色；孔口多角形，每毫米 5–7 个；孔口边缘薄，全缘；菌肉浅黄色，厚可达 6 mm；菌管烟灰色，明显浅于菌肉，长可达 1 mm；菌肉与菌管之间具一条明显的黑线。

显微结构：菌丝系统一体系；生殖菌丝具锁状联合；菌丝组织在 KOH 试剂中变黑；菌管生殖菌丝无色至浅黄色，薄至稍厚壁，偶尔分枝，松散交织排列，IKI–，CB+，直径 3–5 μm；子实层中无囊状体和拟囊状体；担子棍棒形，大小为 10–14×4–5 μm；担孢子短圆柱形至窄椭圆形，无色，薄壁，光滑，IKI–，CB–，大小为 3.5–5×2–3 μm，平均长 L = 4.11 μm，平均宽 W = 2.36 μm，长宽比 Q = 1.74 (n = 30/1)。

代表序列：MW507097，MW520204。

分布、习性和功能：兰坪县长岩山自然保护区，腾冲市高黎贡山自然保护区，香格里拉市普达措国家公园，玉龙县黎明老君山国家公园，永德大雪山国家级自然保护区；生长在阔叶树倒木和树桩上；引起木材白色腐朽；药用。

 折光烟管孔菌

Bjerkandera fulgida Y.C. Dai & Chao G. Wang

子实体：担子果一年生，平伏至反卷，木栓质；平伏长可达 5.5 cm，宽可达 3 cm，中部厚可达 1.3 mm；菌盖扇形，外伸可达 0.6 cm，宽可达 2.3 cm，厚可达 1.3 mm，上表面浅黄粉色至浅土黄色；孔口表面浅土黄色至浅棕色，具折光反应；孔口圆形，每毫米 6–8 个；孔口边缘薄，全缘；菌肉浅奶油色，厚可达 0.5 mm；菌管比菌肉颜色暗，长可达 0.8 mm；菌肉与菌管之间具一条黑线。

显微结构：菌丝系统一体系；生殖菌丝具锁状联合；菌丝组织在 KOH 试剂中变黑；菌管生殖菌丝厚壁，具宽内腔，偶尔分枝，疏松交织排列，IKI–，CB+，直径 3–5 μm；子实层中无囊状体和拟囊状体；担子棍棒形，大小为 10–12×4–5.5 μm；担孢子椭圆形至宽椭圆形，无色，薄壁，光滑，IKI–，CB–，大小为 3.9–4.5×2.8–3.3 μm，平均长 L = 4.21 μm，平均宽 W = 3.02 μm，长宽比 Q = 1.37–1.43 (n = 90/3)。

代表序列：MW507106，MW520209。

分布、习性和功能：勐腊县中国科学院西双版纳热带植物园热带雨林，景洪市西双版纳自然保护区三岔河；生长在阔叶树倒木上；引起木材白色腐朽。

图 25　黑烟管孔菌 *Bjerkandera adusta*

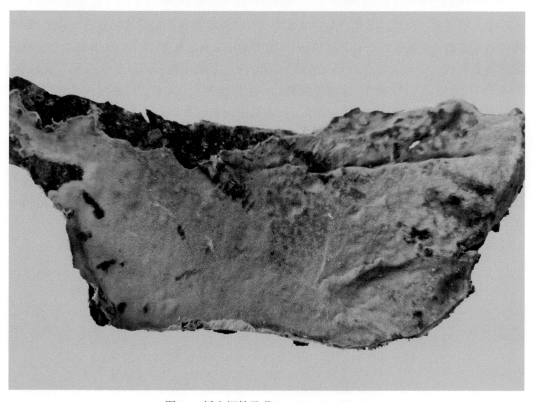

图 26　折光烟管孔菌 *Bjerkandera fulgida*

平伏烟管孔菌

***Bjerkandera resupinata* Y.C. Dai & Chao G. Wang**

子实体：担子果一年生，平伏，与基质不易分离，软木栓质，长可达 6 cm，宽可达 2 cm，中部厚可达 0.5 mm；孔口表面浅黄粉色至深灰色；孔口圆形至多角形，每毫米 4–6 个；孔口边缘薄，全缘至撕裂状；菌肉浅奶油色，厚可达 0.2 mm；菌管比菌肉颜色深，长可达 0.3 mm；菌肉与菌管之间具一条黑线。

显微结构：菌丝系统一体系；生殖菌丝具锁状联合；菌丝组织在 KOH 试剂中变黑；菌管生殖菌丝无色至浅黄色，厚壁，具明显内腔，少分枝，疏松交织排列，IKI–，CB+，直径 4–5 μm；子实层中无囊状体和拟囊状体；担子棍棒形，大小为 14–16×5–6.5 μm；担孢子椭圆形至宽椭圆形，无色，薄壁，光滑，IKI–，CB–，大小为 4.5–6×3.2–4.1 μm，平均长 L = 5.23 μm，平均宽 W = 3.71 μm，长宽比 Q = 1.40–1.42 (n = 60/2)。

代表序列：MW507117，MW520216。

分布、习性和功能：腾冲市高黎贡山自然保护区；生长在阔叶树落枝上；引起木材白色腐朽。

 ## 拟欧洲邦氏孔菌

***Bondarzewia submesenterica* Jia J. Chen, B.K. Cui & Y.C. Dai**

子实体：担子果一年生，具柄，单生或数个聚生，初期肉质，成熟后干酪质至软木栓质；菌盖通常扇形至半圆形，外伸可达 9 cm，宽可达 10 cm，基部厚可达 10 mm，上表面新鲜时浅黄褐色，干后砖红色；孔口表面新鲜时白色至奶油色；孔口多角形至不规则形，每毫米 1–2 个；孔口边缘薄，全缘至撕裂状；菌肉浅黄色，木栓质，厚可达 4 mm；菌管层与孔口表面同色，长达 6 mm；菌柄与菌盖同色，长可达 7 cm，直径可达 1 cm。

显微结构：菌肉菌丝系统二体系，菌管菌丝系统一体系；生殖菌丝具简单分隔；菌管生殖菌丝无色，薄壁，频繁分枝，疏松交织排列，直径 2–3 μm；子实层中无囊状体；具纺锤形拟囊状体，大小为 22–36×4–7 μm；担子棍棒形，大小为 20–40×8–10 μm；担孢子近球形，无色，厚壁，具脊，IKI+，CB+，大小为 5.2–6.8(–7.2)×(4.6–)4.8–6(–6.4) μm，平均长 L = 6.5 μm，平均宽 W = 5.45 μm，长宽比 Q = 1.09–1.12 (n = 60/2)。

代表序列：KJ583203，KJ583217。

分布、习性和功能：泸水市高黎贡山自然保护区，兰坪县老君山自然保护区，香格里拉市普达措国家公园；生长在针叶树倒木上或根部；引起木材白色腐朽；食药用。

图 27　平伏烟管孔菌 *Bjerkandera resupinata*

图 28　拟欧洲邦氏孔菌 *Bondarzewia submesenterica*

苹果褐伏孔菌

***Brunneoporus malicolus* (Berk. & M.A. Curtis) Audet**

子实体：担子果一年生，平伏反卷至盖形；平伏时长可达 2 cm，宽可达 3 cm，中部厚可达 10 mm；菌盖扇形至半圆形，外伸可达 1.8 cm，宽可达 3 cm，基部厚可达 12 mm，上表面具绒毛至光滑，浅赭色至浅褐色；孔口表面奶油色至浅赭色或褐色；孔口多角形，每毫米 3–4 个；孔口边缘薄，全缘至撕裂状；菌肉浅赭色至褐色，厚可达 5 mm；菌管比菌肉颜色稍浅，长可达 7 mm。

显微结构：菌丝系统二体系；生殖菌丝具锁状联合；菌管生殖菌丝占少数，无色，薄壁，偶尔分枝，直径 2–3.4 μm；骨架菌丝占多数，无色，厚壁，偶尔分枝，弯曲，交织紧密排列，IKI–，CB–，直径 2.6–4.7 μm；子实层中无囊状体；具拟囊状体，大小为 13–25×2.8–4.5 μm；担子棍棒形，大小为 15–31×5.3–7 μm；担孢子圆柱形至窄椭圆形，无色，薄壁，光滑，IKI–，CB–，大小为 6.2–10.2×2.7–4 μm，平均长 L = 8.01 μm，平均宽 W = 3.19 μm，长宽比 Q = 2.29–2.65 (n = 90/3)。

代表序列：MG787585，MG787630。

分布、习性和功能：大关县黄连河森林公园，腾冲市高黎贡山自然保护区，大理市蝴蝶泉景区，宾川县鸡足山风景区，兰坪县长岩山自然保护区，丽江市白水河，南华县大中山自然保护区，腾冲火山地热国家地质公园，维西县老君山自然保护区，勐腊县中国科学院西双版纳热带植物园；生长在阔叶树或针叶树活立木、倒木和树桩上；引起木材褐色腐朽。

 油斑钙质波斯特孔菌

***Calcipostia guttulata* (Sacc.) B.K. Cui, L.L. Shen & Y.C. Dai**

子实体：担子果一年生，盖形，新鲜时软而多汁，干后石灰质至硬纤维质；菌盖半圆形，外伸可达 10 cm，宽可达 14 cm，基部厚可达 30 mm，上表面新鲜时白色，具沟纹及圆油斑，干后浅黄色至浅褐色，粗糙，具油斑凹陷；孔口表面新鲜时白色，干后浅褐色；孔口圆形至角形，每毫米 3–6 个；孔口边缘薄，全缘至撕裂状；菌肉浅褐色，硬纤维质，厚可达 25 mm；菌管深褐色，石灰质，长可达 5 mm。

显微结构：菌丝系统一体系；生殖菌丝具锁状联合；菌管生殖菌丝无色，薄壁至稍厚壁，频繁分枝，IKI–，CB–，直径 2–4 μm；子实层中无囊状体；具拟囊状体，大小为 16–19×3–4 μm；担子棍棒形，大小为 14–16.5×4–5 μm；担孢子短圆柱形，无色，薄壁，光滑，IKI–，CB–，大小为 3–4×1.8–2.3 μm，平均长 L = 3.81 μm，平均宽 W = 1.96 μm，长宽比 Q = 1.75–1.83 (n = 60/2)。

代表序列：KF727432，KJ684978。

分布、习性和功能：兰坪县罗古箐自然保护区，维西县老君山自然保护区；生长在针叶树桩和倒木上；引起木材褐色腐朽；药用。

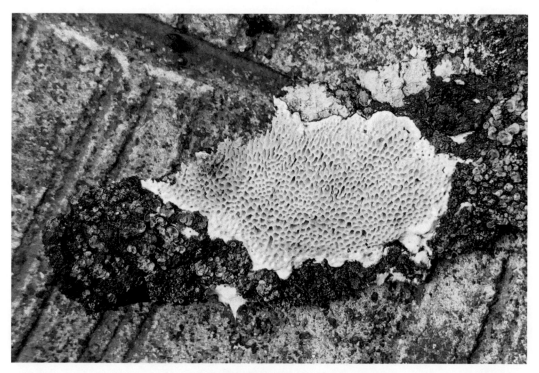

图 29 苹果褐伏孔菌 *Brunneoporus malicolus*

图 30 油斑钙质波斯特孔菌 *Calcipostia guttulata*

贴生软体孔菌

Cartilosoma ramentaceum (Berk. & Broome) Teixeira

子实体：担子果多年生，平伏或平伏至反卷，木栓质；平伏时长可达 7 cm，宽可达 3 cm，中部厚可达 6 mm；菌盖扇形至半圆形，外伸可达 2 cm，宽可达 3 cm，基部厚可达 8 mm，上表面白色至奶油色，光滑；孔口表面白色至奶油色，干后奶油色至浅黄色；孔口近圆形，每毫米 1–3 个；孔口边缘薄，全缘至撕裂状；菌肉奶油色，厚可达 2 mm；菌管比菌肉颜色稍浅，长可达 6 mm。

显微结构：菌丝系统二体系；生殖菌丝具锁状联合；菌管生殖菌丝占少数，无色、薄壁，偶尔分枝，直径 1.7–4.8 μm；骨架菌丝占多数，无色，厚壁，偶尔分枝，稍直至弯曲，疏松交织排列，IKI–，CB–，直径 2.2–5 μm；子实层中无囊状体和拟囊状体；担子棍棒形，大小为 14.3–19.6×4–6 μm；担孢子圆柱形至窄椭圆形，无色，薄壁，光滑，IKI–，CB–，大小为 5.1–6.6×1.7–2 μm，平均长 L = 5.64 μm，平均宽 W = 1.84 μm，长宽比 Q = 2.95–3.26 (n = 90/3)。

代表序列：MG787595，MG787640。

分布、习性和功能：兰坪县罗古箐自然保护区，云龙天池国家级自然保护区，维西县赖石坎村；生长在松树落枝和倒木上；引起木材褐色腐朽。

 ## 褐栗孔菌

Castanoporus castaneus (Lloyd) Ryvarden

子实体：担子果一年生，平伏，革质至软木拴质，干后纤维质，不易与基质分离，长可达 20 cm，宽可达 3.5 cm，中部厚可达 2 mm；孔口表面新鲜时肉桂色、黄褐色、红褐色、暗褐色，触摸后变为深褐色，干后棕褐色；不育边缘明显，宽可达 1.5 mm；孔口近圆形至多角形、不规则形或裂齿状，每毫米 1–2 个；孔口边缘薄至厚，撕裂状；菌肉与孔口表面同色，厚可达 1 mm；菌管与孔口表面同色，长可达 1 mm。

显微结构：菌丝系统一体系；生殖菌丝具简单分隔；菌丝组织在 KOH 试剂中变黑；菌管生殖菌丝无色至黄色，厚壁，偶尔分枝，紧密交织排列，直径 2–5 μm；子实层具大量囊状体，圆锥形，厚壁，由菌髓中伸出子实层，具结晶，大小为 36–57×8–12 μm；担子棍棒形，大小为 19–22×5–6 μm；担孢子腊肠形，无色，薄壁，光滑，IKI–、CB–，大小为 6.4–8.9×2.3–3 μm，平均长 L = 7.61 μm，平均宽 W = 2.7 μm，长宽比 Q = 2.82 (n = 30/1)。

代表序列：OL470312，OL462827。

分布、习性和功能：宾川县鸡足山风景区，兰坪县罗古箐自然保护区，香格里拉市普达措国家公园，剑川县华从山；生长在云南松落枝上；引起木材白色腐朽；药用。

图 31　贴生软体孔菌 *Cartilosoma ramentaceum*

图 32　褐栗孔菌 *Castanoporus castaneus*

阿拉华蜡孔菌

***Ceriporia alachuana* (Murrill) Hallenb.**

子实体：担子果一年生，平伏，不易与基质分离，新鲜时软革质，干后易碎，长可达 10 cm，宽可达 2.2 cm，中部厚可达 0.5 mm；孔口表面新鲜时乳白色，干后奶油色、浅黄色至黄褐色；孔口圆形至多角形，每毫米 3–5 个；孔口边缘厚，全缘至略撕裂状；不育边缘薄，奶油色，棉絮状，宽可达 1.2 mm；菌肉奶油色，棉絮状，厚可达 0.4 mm；菌管与孔口表面同色，易碎，长可达 0.1 mm。

显微结构：菌丝系统一体系；生殖菌丝具简单分隔；菌丝组织在 KOH 试剂中无变化；菌管生殖菌丝无色，薄壁至稍厚壁，频繁分隔和分枝，交织排列，具浅黄色结晶，IKI–，CB+，直径 2.5–5.2 μm；子实层中无囊状体和拟囊状体；担子棍棒形，大小为 11–14.6×4–5.2 μm；担孢子长椭圆形，无色，薄壁，光滑，IKI–，CB–，大小为 (3–)3.3–4.1(–4.2)×2–2.2(–2.3) μm，平均长 L = 3.79 μm，平均宽 W = 2.1 μm，长宽比 Q = 1.8 (n = 30/1)。

代表序列：JX623898，JX644047。

分布、习性和功能：勐腊县中国科学院西双版纳热带植物园绿石林；生长在阔叶树腐朽木上；引起木材白色腐朽。

 ## 橘黄蜡孔菌

***Ceriporia aurantiocarnescens* (Henn.) M. Pieri & B. Rivoire**

子实体：担子果一年生，平伏，不易与基质分离，新鲜时软，干后易碎，长可达 12 cm，宽可达 3.5 cm，中部厚可达 0.8 mm；孔口表面干后浅橙色、土粉色至浅红褐色；孔口圆形至多角形，每毫米 5–8 个；孔口边缘薄至厚，全缘至略撕裂状；不育边缘棉絮状；菌肉奶油色，棉絮状，厚可达 0.5 mm；菌管与孔口表面同色，易碎，长可达 0.3 mm。

显微结构：菌丝系统一体系；生殖菌丝具简单分隔；菌丝组织在 KOH 试剂中无变化；菌管生殖菌丝无色，薄壁至稍厚壁，频繁分枝，分枝多为"H"形，与菌管平行排列，具大量浅黄色结晶，IKI–，CB+，直径 3–5 μm；子实层中无囊状体和拟囊状体；担子棍棒形，大小为 8.3–13×3.6–4.5 μm；担孢子腊肠形，无色，薄壁，光滑，IKI–，CB–，大小为 (3.1–)3.3–4.2(–4.3)×(1.6–)1.7–1.9 μm，平均长 L = 3.82 μm，平均宽 W = 1.78 μm，长宽比 Q = 2.15 (n = 30/1)。

代表序列：JX623904，JX644043。

分布、习性和功能：香格里拉市千湖山；生长在阔叶树倒木或腐朽木上；引起木材白色腐朽。

图 33　阿拉华蜡孔菌 *Ceriporia alachuana*

图 34　橘黄蜡孔菌 *Ceriporia aurantiocarnescens*

蜜蜡孔菌

Ceriporia mellea (Berk. & Broome) Ryvarden

子实体：担子果一年生，平伏，不易与基质分离，新鲜时软，干后易碎，长可达 16 cm，宽可达 5 cm，中部厚可达 0.5 mm；孔口表面新鲜时白色至奶油色、浅黄色、草黄色至蜜色，干后浅黄色、柠檬黄色、浅黄褐色至浅桃黄色；不育边缘蛛网状；孔口多角形至不规则形，每毫米 1–2 个；孔口边缘薄，撕裂状；菌肉奶油色至浅黄色，厚可达 0.1 mm；菌管与孔口表面同色，长可达 0.4 mm。

显微结构：菌丝系统一体系；生殖菌丝具简单分隔，偶尔具锁状联合；菌丝组织在 KOH 试剂中无变化；菌管生殖菌丝无色，薄壁至稍厚壁，频繁分枝，交织排列，具大量无色至浅黄色小结晶，IKI–，CB+，直径 3–4.5 μm；菌管基部具细棒形囊状体，大小为 49.2–70×4–7 μm；担子棍棒形，大小为 16.6–30×4–7 μm；担孢子圆柱形至长椭圆形，无色，薄壁，光滑，IKI–，CB–，大小为 6–7.5(–8)×2.9–3.5(–3.7) μm，平均长 L = 6.76 μm，平均宽 W = 3.11 μm，长宽比 Q = 2.16–2.19 (n = 60/2)。

代表序列：JX623933，JX644058。

分布、习性和功能：景洪市西双版纳自然保护区；生长在阔叶树倒木或腐朽木上；引起木材白色腐朽。

 ## 南岭蜡孔菌

Ceriporia nanlingensis B.K. Cui & B.S. Jia

子实体：担子果一年生，平伏，新鲜时软，干后软木质或易碎，长可达 9.5 cm，宽可达 2.4 cm，中部厚可达 0.4 mm；孔口表面新鲜时白色至浅粉色，干后肉粉色、土粉色、粉黄色、土黄色至浅红褐色；孔口圆形至不规则形，每毫米 3–5 个；孔口边缘薄至厚，全缘；不育边缘明显，逐渐变薄，奶油色至浅黄色，棉絮状，宽可达 5 mm；菌肉奶油色至橄榄黄色，干后软木质，厚可达 0.3 mm；菌管与孔口表面同色，长可达 0.1 mm。

显微结构：菌丝系统一体系；生殖菌丝具简单分隔；菌丝组织在 KOH 试剂中无变化；菌管生殖菌丝无色，薄壁至稍厚壁，频繁分枝，交织排列，具大量浅黄色小结晶，IKI–，CB+，直径 2–6.2 μm；子实层具细棍棒形囊状体，大小为 25–36×3–6 μm；担子棍棒形，大小为 11–21×3.4–4.5 μm；担孢子长椭圆形，无色，薄壁，光滑，IKI–，CB–，大小为 (3.4–)3.7–4.6(–4.7)×(1.6–)1.7–2 μm，平均长 L = 4.08 μm，平均宽 W = 1.85 μm，长宽比 Q = 2.18–2.24 (n = 60/2)。

代表序列：JX623938，JX644052。

分布、习性和功能：楚雄市紫溪山森林公园；生长在阔叶树腐朽木上；引起木材白色腐朽。

图 35 蜜蜡孔菌 *Ceriporia mellea*

图 36 南岭蜡孔菌 *Ceriporia nanlingensis*

紫蜡孔菌

***Ceriporia purpurea* (Fr.) Donk**

子实体：担子果一年生，平伏，不易与基质分离，新鲜时软，干后易碎，长可达 16 cm，宽可达 2.8 cm，中部厚可达 1 mm；孔口表面新鲜时紫色至浅灰黄色，干后黄褐色、灰棕色、红褐色至深褐色；孔口圆形至多角形，每毫米 3–5 个；孔口边缘薄，略撕裂状；不育边缘棉絮状；菌肉奶油色，干后易碎，厚可达 0.6 mm；菌管与孔口表面同色，易碎，长可达 0.4 mm。

显微结构：菌丝系统一体系；生殖菌丝具简单分隔；菌丝组织在 KOH 试剂中无变化；菌管生殖菌丝无色，薄壁至稍厚壁，频繁分枝和分隔，交织排列，具棕黄色结晶，IKI–，CB+，直径 2.8–4.5 μm；子实层中具细棒形和梭形囊状体，无色，薄壁，光滑，大小为 22–30×6–9 μm；担子棍棒形，大小为 15–18×4–5 μm；担孢子腊肠形，无色，薄壁，光滑，IKI–，CB–，大小为 5.2–6.7(–7)×1.5–1.9(–2) μm，平均长 L = 5.93 μm，平均宽 W = 1.73 μm，长宽比 Q = 3.43 (n = 30/1)。

代表序列：JX623951，JX644046。

分布、习性和功能：水富市铜锣坝国家森林公园；生长在阔叶树腐朽木上；引起木材白色腐朽。

 紧密蜡孔菌

***Ceriporia spissa* (Schwein. ex Fr.) Rajchenb.**

子实体：担子果一年生，平伏，不易与基质分离，新鲜时软，干后易碎，长可达 9 cm，宽可达 5 cm，中部厚可达 0.6 mm；孔口表面红褐色、土黄色、黄褐色、灰褐色、橙褐色至红褐色；不育边缘薄，奶油色，棉絮状；孔口圆形至多角形，每毫米 4–7 个；孔口边缘薄，全缘至略撕裂状；菌肉奶油色，棉絮状，厚可达 0.4 mm；菌管与孔口表面同色，易碎，长可达 0.2 mm。

显微结构：菌丝系统一体系；生殖菌丝具简单分隔；菌丝组织在 KOH 试剂中变暗褐色；菌管生殖菌丝无色，薄壁至稍厚壁，频繁分枝，与菌管平行排列，具浅黄色至黄褐色结晶，IKI–，CB+，直径 2–3.8 μm；子实层中无囊状体和拟囊状体；担子棍棒形，大小为 11.2–17.3×4.1–4.8 μm；担孢子腊肠形，无色，薄壁，光滑，IKI–，CB–，大小为 (4.8–)5–5.6(–6.2)×(1.4–)1.5–1.9(–2) μm，平均长 L = 5.21 μm，平均宽 W = 1.75 μm，长宽比 Q = 2.98 (n = 30/1)。

代表序列：KC182769，KC182781。

分布、习性和功能：宾川县鸡足山风景区；生长在阔叶树腐朽木上；引起木材白色腐朽。

图 37　紫蜡孔菌 *Ceriporia purpurea*

图 38　紧密蜡孔菌 *Ceriporia spissa*

变囊蜡孔菌

***Ceriporia variegata* Y.C. Dai & B.S. Jia**

子实体：担子果一年生，平伏，新鲜时软，干后易碎，长可达 7.5 cm，宽可达 5 cm，中部厚可达 1 mm；孔口表面新鲜时白色，干后奶油色；不育边缘棉絮状；孔口浅，圆形至椭圆形，每毫米 4–6 个；孔口边缘厚，全缘；菌肉奶油色，棉絮状，厚可达 0.7 mm；菌管与孔口表面同色，易碎，长可达 0.3 mm。

显微结构：菌丝系统一体系；生殖菌丝具简单分隔；菌丝组织在 KOH 试剂中无变化；菌管生殖菌丝无色，薄壁至厚壁，偶尔分枝，交织排列，具小结晶，IKI–，CB+，直径 3–5.8 μm；子实层具多种形状囊状体，棍棒形、纺锤形、矛尖形，部分具一至两个分隔，有时末端端处收缩，大小为 25–60×4.8–8 μm；担子棍棒形，大小为 12.5–20.6×4.2–5.8 μm；担孢子圆柱形至长椭圆形，无色，薄壁，光滑，IKI–，CB–，大小为 3–4(–4.1)×(1.4–)1.6–2 μm，平均长 L = 3.56 μm，平均宽 W = 1.86 μm，长宽比 Q = 1.91 (n = 30/1)。

代表序列：JX623936，JX644065。

分布、习性和功能：屏边县大围山自然保护区；生长在阔叶树腐朽木上；引起木材白色腐朽。

 变色蜡孔菌

***Ceriporia viridans* (Berk. & Broome) Donk**

子实体：担子果一年生，平伏，新鲜时软，干后易碎，长可达 9.6 cm，宽可达 5.4 cm，中部厚可达 0.6 mm；孔口表面新鲜时白色、奶油色、浅灰色、浅黄色、翠绿色、苹果绿色、橘红色、橙色、浅红色、玫瑰色、靛蓝色、深紫红色，干后浅黄色、蜜色、土黄色至橄榄黄色；不育边缘薄，棉絮状；孔口圆形至多角形，每毫米 3–6 个；孔口薄壁至厚壁，全缘至略撕裂状；菌肉奶油色至浅黄色，棉絮状，厚可达 0.2 mm；菌管与孔口表面同色，易碎，长可达 0.4 mm。

显微结构：菌丝系统一体系；生殖菌丝具简单分隔；菌丝组织在 KOH 试剂中无变化；菌管生殖菌丝无色，薄壁，频繁分枝，平行排列，具浅黄色结晶，IKI–，CB+，直径 2.3–4 μm；子实层中无囊状体和拟囊状体；担子棍棒形，大小为 9–12.8×4.3–5.5 μm；担孢子腊肠形，无色，薄壁，光滑，IKI–，CB–，大小为 4–4.9(–5)×(1.6–)1.7–2(–2.1) μm，平均长 L = 4.36 μm，平均宽 W = 1.84 μm，长宽比 Q = 2.37 (n = 30/1)。

代表序列：KC182776。

分布、习性和功能：香格里拉市千湖山，腾冲市高黎贡山自然保护区；生长在阔叶树腐朽木上；引起木材白色腐朽。

图 39　变囊蜡孔菌 *Ceriporia variegata*

图 40　变色蜡孔菌 *Ceriporia viridans*

巴拉尼拟蜡孔菌

Ceriporiopsis balaenae **Niemelä**

子实体：担子果一年生，平伏，新鲜时软，蜡质，干后脆质，长可达 5 cm，宽可达 4 cm，中部厚可达 3 mm；孔口表面新鲜时奶油色至粉黄色，干后黄色至稻草色；孔口多角形，每毫米 2–3 个；孔口边缘薄，撕裂状；菌肉奶油色，厚可达 0.5 mm；菌管白色至奶油色，长可达 2.5 mm。

显微结构：菌丝系统一体系；生殖菌丝具锁状联合；菌丝组织在 KOH 试剂中无变化；菌管生殖菌丝无色，薄壁，频繁分枝，交织排列，IKI–，CB–，直径 3–4.5 μm；子实层中无囊状体；具纺锤形拟囊状体，无色，薄壁，大小为 6–7×1.5–2.5 μm；担子棍棒形，大小为 7–10×5–6 μm；担孢子椭圆形，无色，薄壁，光滑，IKI–，CB–，大小为 (3.8–)4–5.1(–5.4)×(2.3–)2.5–3.3(–3.5) μm，平均长 L = 4.6 μm，平均宽 W = 2.9 μm，长宽比 Q = 1.5–1.61 (n = 90/3)。

代表序列：KU509531，KX081183。

分布、习性和功能：勐腊县中国科学院西双版纳热带植物园；生长在阔叶树倒木上；引起木材白色腐朽。

 仙人掌拟蜡孔菌

Ceriporiopsis carnegieae **(D.V. Baxter) Gilb. & Ryvarden**

子实体：担子果一年生，平伏，不易与基质分离，新鲜时软，蜡质，干后脆质，长可达 8.5 cm，宽可达 4.5 cm，中部厚可达 3 mm；孔口表面新鲜时乳白色至浅黄色，干后呈浅黄色；不育边缘奶油色，宽可达 1 mm；具白色至奶油色菌索；孔口多角形，每毫米 2–3 个；孔口边缘薄，撕裂状；菌肉奶油色，厚可达 0.5 mm；菌管白色至奶油色，长可达 2.5 mm。

显微结构：菌丝系统一体系；生殖菌丝具锁状联合；菌丝组织在 KOH 试剂中无变化；菌管生殖菌丝无色，薄壁，频繁分枝，交织排列，IKI–，CB–，直径 2.5–4.5 μm；子实层中无囊状体；具纺锤形拟囊状体，无色，薄壁，大小为 16–21×3–4 μm；担子棍棒形，大小为 18–26×5–6 μm；担孢子长椭圆形，无色，薄壁，光滑，IKI–，CB–，大小为 (4.3–)4.6–5.4(–5.6)×(2–)2.2–2.5(–2.7) μm，平均长 L = 5.02 μm，平均宽 W = 2.32 μm，长宽比 Q = 2.05–2.22 (n = 90/3)。

代表序列：MG751258，KY948854。

分布、习性和功能：勐腊县中国科学院西双版纳热带植物园；生长在仙人掌枯干或阔叶树倒木上；引起木材白色腐朽。

图 41　巴拉尼拟蜡孔菌 *Ceriporiopsis balaenae*

图 42　仙人掌拟蜡孔菌 *Ceriporiopsis carnegieae*

浅黄拟蜡孔菌

Ceriporiopsis gilvescens (Bres.) Domański

子实体：担子果一年生，平伏，不易与基质分离，新鲜时软，蜡质，干后脆质，长可达 8 cm，宽可达 6 cm，中部厚可达 5 mm；孔口表面新鲜时乳白色至浅粉色，干后浅黄色至橙褐色；不育边缘明显，白色，宽可达 2 mm；孔口圆形至多角形，每毫米 4–6 个；孔口边缘薄，全缘；菌肉浅褐色，厚可达 0.5 mm；菌管浅黄色，长可达 4.5 mm。

显微结构：菌丝系统一体系；生殖菌丝具锁状联合；菌丝组织在 KOH 试剂中无变化；菌管生殖菌丝无色，薄壁，不分枝，交织排列，IKI–，CB–，直径 3–4.5 μm；子实层中无囊状体；具纺锤形拟囊状体，无色，薄壁，大小为 6–8×1.5–2 μm；担子棍棒形，大小为 12–18×5–6 μm；担孢子圆柱形，无色，薄壁，光滑，IKI–，CB–，大小为 (3.3–)3.5–4.7(–5.2)×1.5–2 μm，平均长 L = 4.1 μm，平均宽 W = 1.7 μm，长宽比 Q = 2.4–2.5 (n = 120/4)。

代表序列：DQ144618，KF845946。

分布、习性和功能：兰坪县罗古箐自然保护区；生长在阔叶树倒木上；引起木材白色腐朽。

 ## 昆明拟蜡孔菌

Ceriporiopsis kunmingensis C.L. Zhao

子实体：担子果一年生，不易与基质分离，平伏至反卷，新鲜时蜡质，干后软木质；平伏时长可达 12 cm，宽可达 3 cm，中部厚可达 2 mm；孔口表面新鲜时浅黄色至赭色，干后浅黄色至浅褐色；不育边缘明显，宽可达 2 mm；孔口多角形，每毫米 4–5 个；孔口边缘薄，略撕裂状；菌肉浅黄色，厚可达 0.5 mm；菌管与孔口表面同色，长可达 1.5 mm。

显微结构：菌丝系统一体系；生殖菌丝具锁状联合；菌丝组织在 KOH 试剂中无变化；菌管生殖菌丝无色，薄壁，不分枝，平行排列，IKI–，CB+，直径 2–4 μm；子实层中无囊状体；具纺锤形拟囊状体，大小为 9–11×2–2.5 μm；担子棍棒形至梨形，大小为 11–16×4–5 μm；担孢子腊肠形，无色，薄壁，光滑，IKI–，CB–，大小为 (4–)4.5–5(–5.5)×1.5–2 μm，平均长 L = 4.88 μm，平均宽 W = 1.87 μm，长宽比 Q = 2.56–2.67 (n = 60/2)。

代表序列：KX081072，KX081073。

分布、习性和功能：昆明市野鸭湖森林公园；生长在栎树腐朽木上；引起木材白色腐朽。

图 43 浅黄拟蜡孔菌 *Ceriporiopsis gilvescens*

图 44 昆明拟蜡孔菌 *Ceriporiopsis kunmingensis*

玫瑰拟蜡孔菌

Ceriporiopsis rosea C.L. Zhao & Y.C. Dai

子实体：担子果一年生，平伏，不易与基质分离，新鲜时软，蜡质，干后脆质，长可达 12 cm，宽可达 5 cm，中部厚可达 8.5 mm；不育边缘褐色，宽约 1 mm；孔口表面新鲜时玫瑰色，干后红褐色；孔口多角形，每毫米 2–3 个；孔口边缘薄，撕裂状；菌肉玫瑰色至橙褐色，厚可达 3.5 mm；菌管红褐色，长可达 5 mm。

显微结构：菌丝系统一体系；生殖菌丝具锁状联合；菌丝组织在 KOH 试剂中变黑色；菌管生殖菌丝无色，薄壁至厚壁，不分枝，具亮黄色不规则结晶，交织排列，IKI–，CB–，直径 2.5–4 μm；子实层中无囊状体；具纺锤形拟囊状体，大小为 15–19×4–5 μm；担子棍棒形，大小为 18–22×6–7 μm；担孢子宽椭圆形，无色，薄壁，光滑，IKI–，CB–，大小为 (3.8–)4–5.2(–5.4)×(2.9–)3.2–3.8(–4) μm，平均长 L = 4.5 μm，平均宽 W = 3.51 μm，长宽比 Q = 1.24–1.34 (n = 60/2)。

代表序列：KJ698636，KJ698639。

分布、习性和功能：景东县哀牢山自然保护区；生长在阔叶树倒木上；引起木材白色腐朽。

 ## 反卷拟蜡孔菌

Ceriporiopsis semisupina C.L. Zhao, B.K. Cui & Y.C. Dai

子实体：担子果一年生，平伏至平伏反卷，覆瓦状叠生，新鲜时软且多汁，蜡质，干后脆质；菌盖半圆形至扇形，外伸可达 0.6 cm，宽可达 1.5 cm，基部厚可达 2 mm，上表面奶油色至浅黄色，具明显绒毛；平伏时长可达 6 cm，宽可达 4 cm，中部厚可达 3 mm；孔口表面新鲜时奶油色，干后红褐色；孔口圆形至多角形，每毫米 6–7 个；孔口边缘薄，全缘至撕裂状；菌肉浅黄色，厚可达 0.5 mm；菌管干后浅褐色，长可达 2.5 mm。

显微结构：菌丝系统一体系；生殖菌丝具锁状联合；菌丝组织在 KOH 试剂中无变化；菌管生殖菌丝无色，厚壁，不分枝，与菌管近平行排列，具亮黄色不规则结晶，IKI–，CB–，直径 3–5 μm；子实层中无囊状体；具纺锤形拟囊状体，大小为 17–19×5–6.5 μm；担子棍棒形，大小为 26–32×5.5–8 μm；担孢子椭圆形，无色，薄壁，光滑，IKI–，CB–，大小为 4–4.5(–4.8)×3–3.3(–3.5) μm，平均长 L = 4.25 μm，平均宽 W = 3.14 μm，长宽比 Q = 1.32–1.38 (n = 60/2)。

代表序列：MZ636937，KF845951。

分布、习性和功能：昆明市筇竹寺公园，景东县哀牢山自然保护区，南华县大中山自然保护区，牟定县化佛山自然保护区；生长在阔叶树死树或倒木上；引起木材白色腐朽。

图 45　玫瑰拟蜡孔菌 *Ceriporiopsis rosea*

图 46　反卷拟蜡孔菌 *Ceriporiopsis semisupina*

一色齿毛菌

Cerrena unicolor (Bull.) Murrill

子实体：担子果一年生，盖形，覆瓦状叠生，新鲜时革质，干后木栓质；菌盖半圆形、贝壳形或扇形，外伸可达 8 cm，宽可达 30 cm，基部厚可达 5 mm，上表面浅黄色、棕黄色、灰黄色、灰褐色，具粗毛或绒毛和不同颜色同心环带；孔口表面浅黄色、棕黄色至污褐色；孔口近圆形、迷宫状或齿裂状，每毫米 3–4 个；孔口边缘厚，撕裂状；菌肉异质，层间具一黑线区，厚可达 3 mm；菌管与孔口表面同色，长可达 2 mm。

显微结构：菌丝系统三体系；生殖菌丝具锁状联合；菌丝组织在 KOH 试剂中变黑；菌管生殖菌丝少见，无色，薄壁，频繁分枝，直径 1.5–3.4 μm；骨架菌丝占多数，无色，厚壁并具宽至窄内腔，频繁分枝，IKI–、CB+，直径 2.4–4.8 μm；缠绕菌丝在菌髓基部常见；子实层中无囊状体；具拟囊状体，棍棒形，大小为 35–45×3.5–4.5 μm；担子圆柱形，大小为 13–17×4–5 μm；担孢子椭圆形，无色，薄壁，光滑，IKI–、CB–，大小为 3.7–4.7×2.6–3.1 μm，平均长 L = 4.16 μm，平均宽 W = 2.91 μm，长宽比 Q = 1.43 (n = 30/1)。

代表序列：OL472336，OL472339。

分布、习性和功能：腾冲市高黎贡山自然保护区百花岭，巍山县巍宝山国家森林公园，勐腊县中国科学院西双版纳热带植物园；生长在阔叶树活立木、死树、倒木和树桩上；引起木材白色腐朽；药用。

 柔软灰孔菌

Cinereomyces lenis (P. Karst.) Spirin

子实体：担子果多年生，平伏，新鲜时软，干后软木栓质，长可达 20 cm，宽可达 5 cm，中部厚可达 5 mm；孔口表面新鲜时白色至奶油色，干后奶油色，具折光反应；不育边缘明显，毛缘状，渐薄；孔口近圆形，每毫米 4–6 个；孔口边缘薄，全缘；菌肉极薄至几乎无；菌管浅黄色，长可达 5 mm。

显微结构：菌丝系统二体系；生殖菌丝具锁状联合；菌丝在 KOH 试剂中膨胀；菌管生殖菌丝常见，无色，薄壁，频繁分枝，具莲花状结晶，直径 1.8–2.3 μm；骨架菌丝无色，厚壁，具宽内腔，频繁分枝，IKI–、CB–，直径 2.8–3.6 μm；子实层中无囊状体；具菌丝状拟囊状体，末端具星形结晶；担子桶状，大小为 10–14×4.5–5.5 μm；担孢子腊肠形，无色，薄壁，光滑，IKI–、CB–，大小为 (3.5–)3.9–4.9(–5)×(1.2–)1.5–2(–2.1) μm，平均长 L = 4.35 μm，平均宽 W = 1.76 μm，长宽比 Q = 2.29–2.74 (n = 360/12)。

代表序列：OL470313，OL462828。

分布、习性和功能：普洱市太阳河森林公园；生长在阔叶树腐朽木上；引起木材白色腐朽。

图 47　一色齿毛菌 *Cerrena unicolor*

图 48　柔软灰孔菌 *Cinereomyces lenis*

49

林氏灰孔菌

Cinereomyces lindbladii (Berk.) Jülich

子实体：担子果一年生，平伏，不易与基物分离，新鲜时革质，干后软木栓质，长可达 18 cm，宽可达 6 cm，中部厚可达 6 mm；孔口表面初期白色至奶油色，后期灰色、浅灰褐色、蓝灰色，有时近黄色，具折光反应；不育边缘不明显；孔口圆形或近圆形，每毫米 3–5 个；管口边缘薄或略厚，全缘或略撕裂状；菌肉奶油色至灰黄色，软木栓质，厚可达 1 mm；菌管与孔口表面同色或略浅，木栓质，长可达 5 mm。

显微结构：菌丝系统二体系；生殖菌丝具锁状联合；菌丝在 KOH 试剂中膨胀或消解；菌管生殖菌丝无色，薄壁，偶尔分枝，直径 1.6–5 μm；骨架菌丝占多数，厚壁，偶尔分枝，具宽内腔，弯曲，交织排列，在 KOH 试剂中菌丝壁明显膨胀，直径 2–6.8 μm；子实层中无囊状体和拟囊状体；担子棍棒形，大小为 15–23×4–6.7 μm；担孢子香肠形，无色，薄壁，光滑，IKI–，CB–，大小为 4–5×1.5–2 μm，平均长 L = 4.46 μm，平均宽 W = 1.78 μm，长宽比 Q = 2.51 (n = 20/1)。

代表序列：OL423520，OL423530。

分布、习性和功能：香格里拉市普达措国家公园；生长在云杉倒木上；引起木材白色腐朽。

 常见灰孔菌

Cinereomyces vulgaris (Fr.) Spirin

子实体：担子果一年生，平伏，不易与基物分离，干后软木栓质，长可达 9 cm，宽可达 4 cm，中部厚可达 0.5 mm；孔口表面新鲜时白色至乳白色，干后奶油色至浅黄色，无折光反应；不育边缘明显，偶尔菌索状，宽可达 2 mm；孔口近圆形，每毫米 6–8 个；孔口边缘薄，全缘；菌肉极薄至几乎无；菌管浅黄色，长可达 0.5 mm。

显微结构：菌丝系统二体系；生殖菌丝具锁状联合；菌丝组织在 KOH 试剂中无变化；菌管生殖菌丝常见，无色，薄壁，频繁分枝，具莲花状结晶，直径 2–2.2 μm；骨架菌丝无色，厚壁，具宽内腔，频繁分枝，IKI–，CB–，直径 2–2.8 μm；子实层中无囊状体；具菌丝状拟囊状体，末端具星形结晶；担子桶状，大小为 6.5–8.5×3.8–4.7 μm；担孢子腊肠形，无色，薄壁，光滑，IKI–，CB–，大小为 3–4(–4.2)×(0.9–)1–1.1(–1.2) μm，平均长 L = 3.52 μm，平均宽 W = 1.02 μm，长宽比 Q = 3.45 (n = 30/1)。

代表序列：MW477794，MW474965。

分布、习性和功能：巍山县巍宝山国家森林公园；生长在阔叶树腐朽木上；引起木材白色腐朽。

图 49　林氏灰孔菌 *Cinereomyces lindbladii*

图 50　常见灰孔菌 *Cinereomyces vulgaris*

北方囊孔菌

***Climacocystis borealis* (Fr.) Kotl. & Pouzar**

子实体：担子果一年生，盖形，偶尔具侧生短柄，覆瓦状叠生，初期肉质，后期肉革质，干后硬骨质；菌盖半圆形或扇形，从基部向边缘逐渐变薄，外伸可达 5 cm，宽达 8 cm，基部厚达 5 mm；上表面新鲜时奶油色至乳黄色，具放射状条纹，粗糙；孔口表面新鲜时乳白色，干后黄褐色；孔口多角形至不规则形，每毫米 1–2 个；管口边缘薄，撕裂状；菌肉奶油色，厚可达 2 mm；菌管与孔口表面同色，干后硬纤维质，长可达 3 mm。

显微结构：菌丝系统一体系；生殖菌丝具锁状联合；菌丝组织在 KOH 试剂中无变化；菌管生殖菌丝无色，薄壁至稍厚壁，频繁分枝，弯曲，交织排列，直径 3–4.1 μm；子实层具囊状体，腹鼓状，无色，厚壁，无结晶，大小为 30–35×10–12 μm；担子近棍棒形，大小为 15–20×6–8 μm；担孢子椭圆形，无色，薄壁，光滑，IKI–，CB–，大小为 (4.9–)5.3–6.5(–6.8)×(3.6–)3.8–4.5(–4.6) μm，平均长 L = 5.85 μm，平均宽 W = 4.09 μm，长宽比 Q = 1.43 (n = 30/1)。

代表序列：OL435144，OL423570。

分布、习性和功能：香格里拉市普达措国家公园；生长在云杉根部；引起木材褐色腐朽。

 ## 硫色针叶生孔菌

***Coniferiporia sulphurascens* (Pilát) L.W. Zhou & Y.C. Dai**

子实体：担子果一年生，平伏，不易与基质分离，新鲜时木质，干后纤维质，长可达 300 cm，宽可达 50 cm，中部厚可达 15 mm；孔口表面黄褐色至暗褐色，具强烈折光反应；不育边缘明显，偶尔具菌索和菌丝状刚毛，宽可达 7 mm；孔口多角形，每毫米 4–5 个；孔口边缘薄，撕裂状；菌肉褐色，厚可达 1 mm，菌管暗褐色，长可达 14 mm。

显微结构：菌丝系统一体系；生殖菌丝具简单分隔；菌丝组织在 KOH 试剂中变黑；菌管生殖菌丝无色至浅黄色，薄壁，少分枝，与菌管近平行排列，IKI–，CB(+)，直径 2–3.5 μm；具菌丝状刚毛，锈褐色，厚壁，不分枝，末端尖锐，锥状，偶尔具结晶，平直，与菌管平行排列，长可达几百微米，直径 5–8 μm；子实层具锥形囊状体，无色，薄壁，末端尖锐，大小为 18–36×3.5–5 μm；担子桶状，大小为 9–19×5–7 μm；担孢子椭圆形，无色，薄壁，光滑，IKI–，CB(+)，大小为 (3.5–)3.7–4.6(–4.8)×(2.8–)2.9–3.6 (–3.8) μm，平均长 L = 4.17 μm，平均宽 W = 3.17 μm，长宽比 Q = 1.26–1.37 (n = 90/3)。

代表序列：KR350565，KR350555。

分布、习性和功能：兰坪县罗古箐自然保护区，维西县老君山自然保护区；生长在针叶树倒木上；引起木材白色腐朽。

图 51　北方囊孔菌 *Climacocystis borealis*

图 52　硫色针叶生孔菌 *Coniferiporia sulphurascens*

褐白革孔菌

Coriolopsis brunneoleuca (Berk.) Ryvarden

子实体：担子果一年生，平伏反卷至盖形，覆瓦状叠生，新鲜时革质，干后木栓质；菌盖半圆形至扇形，外伸可达 5 cm，宽可达 8 cm，基部厚可达 2 mm，上表面黄褐色，具同心环区，具微绒毛至光滑；平伏时长可达 30 cm，宽可达 12 cm，中部厚可达 2 mm；孔口表面新鲜时奶油色，干后浅黄色；孔口近圆形至多角形，每毫米 3–6 个；孔口边缘薄，全缘；菌肉黄褐色，软木栓质，厚可达 1.2 mm；菌管灰黄色，长可达 0.8 mm。

显微结构：菌丝系统三体系；生殖菌丝具锁状联合；菌管生殖菌丝少见，无色，薄壁，中度分枝，直径 1.5–3 μm；骨架菌丝浅黄色，厚壁，具宽至窄内腔，偶尔分枝，交织排列，IKI[+]，CB–，直径 2.5–4 μm；缠绕菌丝常见；子实层中无囊状体和拟囊状体；担子粗棍棒形，大小为 13–23×4.5–6 μm；担孢子圆柱形至略腊肠形，无色，薄壁，光滑，IKI–，CB–，大小为 (5.9–)6.3–8.5(–9.8)×(2–)2.3–3.3(–3.7) μm，平均长 L = 7.61 μm，平均宽 W = 2.74 μm，长宽比 Q = 2.42–3.26 (n = 90/3)。

代表序列：KC867418，KC867436。

分布、习性和功能：个旧市清水河热带雨林；生长在阔叶树死树上；引起木材白色腐朽。

 红斑革孔菌

Coriolopsis sanguinaria (Klotzsch) Teng

子实体：担子果一年生或多年生，盖形，单生或覆瓦状叠生，新鲜时革质，干后木栓质；菌盖半圆形或扇形，外伸可达 4.5 cm，宽可达 8 cm，基部厚可达 4 mm，上表面新鲜时浅黄褐色、黄褐色至红褐色，靠近基部红褐色至黑褐色，具明显同心环带；孔口表面黄褐色；不育边缘明显；孔口圆形，每毫米 7–9 个；孔口边缘厚，全缘；菌肉浅棕褐色，厚可达 2 mm；菌管浅黄褐色，长可达 2 mm。

显微结构：菌丝系统三体系；生殖菌丝具锁状联合；菌管生殖菌丝无色，薄壁，频繁分枝，直径 2–3 μm；骨架菌丝无色至浅黄色，厚壁至近实心，频繁分枝，偶尔塌陷，交织排列，IKI–，CB(+)；直径 3–5 μm；缠绕菌丝常见；子实层中无囊状体和拟囊状体；担子棍棒形，大小为 20–30×6–7 μm；担孢子椭圆形，无色，薄壁，光滑，IKI–，CB–，大小为 (3.8–)4–59×(2.5–)2.6–3.3 μm，平均长 L = 4.25 μm，平均宽 W = 2.77 μm，长宽比 Q = 1.52–1.55 (n = 48/2)。

代表序列：KC867389，KC867464。

分布、习性和功能：临沧市临翔区小道河林场；生长在阔叶树倒木上；引起木材白色腐朽。

图 53　褐白革孔菌 *Coriolopsis brunneoleuca*

图 54　红斑革孔菌 *Coriolopsis sanguinaria*

55

膨大革孔菌

Coriolopsis strumosa (Fr.) Ryvarden

子实体：担子果一年生，盖形，偶尔基部膨胀形成短柄，菌盖单生或数个聚生，新鲜时革质，干后木栓质；菌盖半圆形，外伸可达 6 cm，宽可达 10 cm，基部厚可达 10 mm，上表面新鲜时棕褐色至赭色，干后灰褐色，粗糙，近基部具瘤状突起，具明显同心环沟；孔口表面初期奶油色至乳灰色，后期深灰褐色或橄榄褐色；不育边缘明显；孔口圆形，每毫米 6–7 个；孔口边缘薄，全缘；菌肉黄褐色至橄榄褐色，厚可达 9 mm；菌管暗褐色，长可达 1 mm。

显微结构：菌丝系统三体系；生殖菌丝具锁状联合；菌丝组织在 KOH 试剂中变暗褐色；菌管生殖菌丝少见，无色，薄壁，偶尔分枝，直径 2–3 μm；骨架菌丝占多数，黄褐色，厚壁，具宽内腔，少分枝，弯曲，IKI–，CB(+)，直径 2–4 μm；缠绕菌丝常见；子实层中无囊状体和拟囊状体；具菌丝钉；担子棍棒形，大小为 20–25×6.5–7.5 μm；担孢子圆柱形，无色，薄壁，光滑，IKI–，CB–，大小为 (6.8–)7–10(–10.5)×(2.9–)3–4 μm，平均长 L = 8.74 μm，平均宽 W = 3.51 μm，长宽比 Q = 2.5–2.72 (n = 90/3)。

代表序列：JX559278，JX559303。

分布、习性和功能：盈江县铜壁关自然保护区；生长在阔叶树倒木上；引起木材白色腐朽。

 # 小孢厚孢孔菌

Crassisporus microsporus B.K. Cui & Xing Ji

子实体：担子果一年生，盖形，单生，软革质至木栓质；菌盖半圆形，外伸可达 2 cm，宽可达 4 cm，基部厚可达 4.5 mm，上表面浅黄褐色至黄褐色，具微绒毛，具明显同心环沟；孔口表面初期奶油色至浅黄色，干后黄褐色；不育边缘明显；孔口圆形至多角形，每毫米 5–7 个；孔口边缘略厚，全缘；菌肉浅黄色至黄褐色，厚可达 1.5 mm；菌管与菌肉同色，长可达 3 mm。

显微结构：菌丝系统三体系；生殖菌丝具锁状联合；菌丝组织在 KOH 试剂中变暗褐色；菌管生殖菌丝少见，无色，薄壁，少分枝，直径 1.2–3 μm；骨架菌丝占多数，无色至浅黄褐色，厚壁，具窄内腔至近实心，中度分枝，平直，IKI–，CB–，直径 1.5–3 μm；缠绕菌丝常见；子实层中无囊状体；具纺锤形拟囊状体，大小为 12.5–18×4–5.5 μm；担子棍棒形，大小为 14–21×4.5–6 μm；担孢子宽椭圆形，无色，稍厚壁，光滑，IKI–，CB–，大小为 4–5(–5.2)×(2.8–)3–3.7(–3.9) μm，平均长 L = 4.5 μm，平均宽 W = 3.23 μm，长宽比 Q = 1.4 (n = 60/1)。

代表序列：MK116486，MK116495。

分布、习性和功能：瑞丽市莫里热带雨林景区；生长在阔叶树活立木上；引起木材白色腐朽。

图 55　膨大革孔菌 *Coriolopsis strumosa*

图 56　小孢厚孢孔菌 *Crassisporus microsporus*

中国隐孔菌

Cryptoporus sinensis Sheng H. Wu & M. Zang

子实体：担子果一年生，近球形至具短柄，单生至数个聚生，新鲜时软木栓质，干后木栓质；菌盖扁球形，外伸可达 3.5 cm，宽可达 4 cm，基部厚可达 30 mm，上表面乳白色、浅黄色至深蛋壳色，光滑；边缘延伸至孔口表面形成覆盖整个子实层的菌幕，仅在基部具一小孔，整个担子果像一个空囊；孔口表面奶油色至栗褐色；孔口圆形，每毫米 3–5 个；孔口边缘厚，全缘；菌肉奶油色至浅黄色，厚可达 20 mm；菌管浅黄褐色，长可达 10 mm。

显微结构：菌丝系统三体系；生殖菌丝具锁状联合；菌管生殖菌丝少见，无色，薄壁，偶尔分枝，直径 2.5–4 μm；骨架菌丝占多数，无色至浅黄褐色，厚壁至近实心，频繁分枝，交织排列，IKI–，CB–，直径 2.5–4.5 μm；缠绕菌丝常见；子实层中无囊状体；具纺锤形拟囊状体，大小为 18–24×7–9 μm；担子粗棍棒形，大小为 17–22×7–10 μm；担孢子圆柱形，无色，厚壁，光滑，IKI–，CB+，大小为 (8.2–)8.3–9.5(–9.8)×(3.7–)3.8–4.2(–4.3) μm，平均长 L = 8.92 μm，平均宽 W = 3.95 μm，长宽比 Q = 2.26 (n = 30/1)。

代表序列：KX885071，KX885074。

分布、习性和功能：景洪市西双版纳自然保护区大度岗；生长在松树死树上；引起木材白色腐朽；药用。

 黄白盖灰蓝孔菌

Cyanosporus bubalinus B.K. Cui & Shun Liu

子实体：担子果一年生，盖形，单生，新鲜时柔软多汁，干后易碎；菌盖贝壳形，外伸可达 2.5 cm，宽可达 3.5 cm，基部厚可达 15 mm；菌盖上表面新鲜时白色至奶油色，具细绒毛；孔口表面白色、奶油色、稻草色至浅黄色；孔口圆形至多角形，每毫米 5–8 个；孔口边缘薄，全缘至撕裂状；菌肉白色，厚可达 10 mm；菌管奶油色，易碎，长可达 5 mm。

显微结构：菌丝系统一体系；生殖菌丝具锁状联合；菌管菌丝无色，薄壁至稍厚壁，偶尔分枝，交织排列，IKI–，CB–，直径 2–4.2 μm；子实层中无囊状体；具拟囊状体，大小为 13.3–23.4×2.9–4.2 μm；担子棍棒形，大小为 11.6–19.8×4.3–5.6 μm；担孢子圆柱形，无色，薄壁，光滑，IKI–，CB–，大小为 4.3–4.8×1.2–1.7 μm，平均长 L = 4.65 μm，平均宽 W = 1.55 μm，长宽比 Q = 2.98–3.09 (n = 60/2)。

代表序列：MW182172，MW182225。

分布、习性和功能：宾川县鸡足山风景区；生长在阔叶树根部或针叶树落枝上；引起木材褐色腐朽。

图 57　中国隐孔菌 *Cryptoporus sinensis*

图 58　黄白盖灰蓝孔菌 *Cyanosporus bubalinus*

毛盖灰蓝孔菌

***Cyanosporus hirsutus* B.K. Cui & Shun Liu**

子实体：担子果一年生，盖形，单生至覆瓦状叠生，新鲜时软木栓质，干后易碎；菌盖扇形至半圆形，外伸可达 5.2 cm，宽可达 9.5 cm，基部厚可达 15 mm，上表面灰色至灰棕色，具灰蓝色环带，具长绒毛；孔口表面奶油色、稻草色至橄榄黄色；孔口多角形，每毫米 5–7 个；孔口边缘薄，全缘；菌肉白色，软木栓质，厚可达 8 mm；菌管奶油色，易碎，长可达 7 mm。

显微结构：菌丝系统一体系；生殖菌丝具锁状联合；菌管菌丝无色，薄壁至稍厚壁，偶尔分枝，IKI–，CB–，直径 2.7–8.2 μm；子实层中无囊状体；具拟囊状体，大小为 13.2–22.5×2.7–4.3 μm；担子棍棒形，大小为 13.6–15.5×3.4–4.7 μm；担孢子圆柱形，无色，薄壁，光滑，IKI–，CB–，大小为 4–4.7×1.2–1.5 μm，平均长 L = 4.42 μm，平均宽 W = 1.33 μm，长宽比 Q = 3.18–3.52 (n = 90/3)。

代表序列：MW182179，MW182233。

分布、习性和功能：玉龙县玉龙雪山自然保护区，金平县分水岭自然保护区；生长在云杉或冷杉倒木和树桩上；引起木材褐色腐朽。

 大灰蓝孔菌

***Cyanosporus magnus* (Miettinen) B.K. Cui & Shun Liu**

子实体：担子果一年生，平伏至反卷或盖形，单生，新鲜时软木栓质，干后木质；菌盖贝壳形，外伸可达 2 cm，宽可达 3 cm，基部厚可达 12 mm，上表面白色、奶油色至浅灰褐色，具绒毛；孔口表面白色、奶油色至浅黄色；孔口圆形至多角形，每毫米 4–5 个；孔口边缘薄，全缘；菌肉白色，木栓质，厚可达 9 mm；菌管奶油色，长可达 3 mm。

显微结构：菌丝系统一体系；生殖菌丝具锁状联合；菌管菌丝无色，稍厚壁，频繁分枝，IKI–，CB–，直径 2.2–3.3 μm；子实层中无囊状体和拟囊状体；担子棍棒形，大小为 10–12.5×3.2–4 μm；担孢子腊肠形，无色，薄壁，光滑，IKI–，CB–，大小为 3.6–4.4×1–1.2 μm，平均长 L = 3.97 μm，平均宽 W = 1.13 μm，长宽比 Q = 3.51 (n = 30/1)。

代表序列：MW182180，MW182234。

分布、习性和功能：宾川县鸡足山风景区；生长在阔叶树落枝上；引起木材褐色腐朽。

图 59 毛盖灰蓝孔菌 *Cyanosporus hirsutus*

图 60 大灰蓝孔菌 *Cyanosporus magnus*

小孔灰蓝孔菌

***Cyanosporus microporus* B.K. Cui, L.L. Shen & Y.C. Dai**

子实体：担子果一年生，盖形，单生，新鲜时软而多汁，干后易碎；菌盖近圆形，外伸可达 2.5 cm，宽可达 6 cm，基部厚可达 15 mm，上表面白色至略带蓝色，具短绒毛，干后光滑多皱，奶油色至浅黄色；孔口表面白色、奶油色至浅黄色；孔口圆形，每毫米 6–8个；孔口边缘薄，全缘；菌肉厚可达 13 mm；菌管奶油色，易碎，长可达 2 mm。

显微结构：菌丝系统一体系；生殖菌丝具锁状联合；菌管菌丝无色，厚壁，偶尔分枝，IKI–，CB–，直径 2–4 μm；子实层中无囊状体和拟囊状体；担子棍棒形，大小为 11–13.5×4–5 μm；担孢子腊肠形，无色，薄壁，光滑，IKI–，CB(+)，大小为 4.5–4.9×1–1.2 μm，平均长 L = 4.69 μm，平均宽 W = 1.08 μm，长宽比 Q = 4.47–4.52 (n = 60/2)。

代表序列：KX900877，KX900947。

分布、习性和功能：楚雄市紫溪山森林公园，普洱市太阳河森林公园；生长在阔叶树死树和倒木上；引起木材褐色腐朽。

 ## 云杉灰蓝孔菌

***Cyanosporus piceicola* B.K. Cui, L.L. Shen & Y.C. Dai**

子实体：担子果一年生，盖形，单生，新鲜时软木栓质，干后硬木栓质；菌盖扇形，外伸可达 3 cm，宽可达 5.5 cm，基部厚可达 18 mm，上表面新鲜时奶油色至浅黄色，具灰色环纹，具短绒毛，干后浅灰褐色；孔口表面白色、奶油色至浅蓝色；孔口圆形，每毫米 3–5 个；孔口边缘薄，全缘；菌肉奶油色，硬木栓质，厚可达 15 mm；菌管奶油色至浅黄色，硬木栓质，长可达 3 mm。

显微结构：菌丝系统一体系；生殖菌丝具锁状联合；菌管菌丝无色，稍厚壁，偶尔分枝，IKI–，CB–，直径 2.5–4 μm；子实层中无囊状体和拟囊状体；担子棍棒形，大小为 13–16×4–5 μm；担孢子腊肠形，无色，薄壁，光滑，IKI–，CB(+)，大小为 4–4.5×0.9–1.3 μm，平均长 L = 4.65 μm，平均宽 W = 1.21 μm，长宽比 Q = 3.75–3.97 (n = 150/5)。

代表序列：KX900862，KX900932。

分布、习性和功能：维西县老君山自然保护区；生长在云杉倒木上；引起木材褐色腐朽。

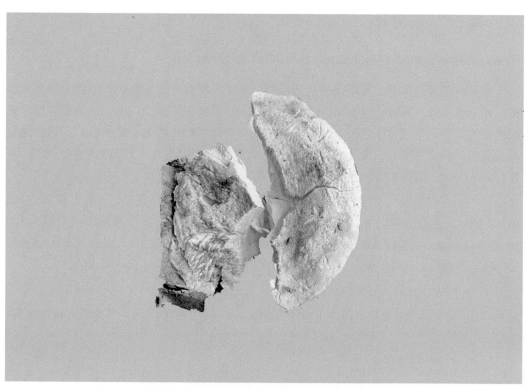

图 61 小孔灰蓝孔菌 *Cyanosporus microporus*

图 62 云杉灰蓝孔菌 *Cyanosporus piceicola*

杨生灰蓝孔菌

Cyanosporus populi (Miettinen) B.K. Cui & Shun Liu

子实体：担子果一年生，盖形或平伏至反卷，单生，新鲜时软木栓质，干后木栓质；菌盖贝壳形至扇形，外伸可达 4 cm，宽可达 7.5 cm，基部厚可达 20 mm，上表面新鲜时奶油色至浅蓝色，干后浅褐色至灰色，光滑；孔口表面新鲜时白色至奶油色，干后奶油色至浅黄色；孔口多角形，每毫米 5–7 个；孔口边缘薄，锯齿状；菌肉奶油色，木栓质，厚可达 15 mm；菌管奶油色至浅黄色，木栓质，长可达 5 mm。

显微结构：菌丝系统一体系；生殖菌丝具锁状联合；菌管菌丝无色，厚壁，偶尔分枝，IKI–，CB–，直径 2.7–3 μm；子实层中无囊状体和拟囊状体；担子棍棒形，大小为 10–16×3.5–4.2 μm；担孢子窄腊肠形，无色，薄壁，光滑，IKI–，CB–，大小为 4.2–5.6×1–1.3 μm，平均长 L = 4.84 μm，平均宽 W = 1.17 μm，长宽比 Q = 4.14 (n = 30/1)。

代表序列：MW182183，MW182237。

分布、习性和功能：玉龙县玉龙雪山自然保护区；生长在云杉倒木上；引起木材褐色腐朽。

 ## 亚毛盖灰蓝孔菌

Cyanosporus subhirsutus B.K. Cui, L.L. Shen & Y.C. Dai

子实体：担子果一年生，盖形，单生，新鲜时软而多汁，干后软木栓质至脆革质；菌盖近圆形，外伸可达 4 cm，宽可达 6 cm，基部厚可达 8 mm，上表面新鲜时具浅鼠灰色和奶油色环区，具长毛，干后奶油色至浅黄色，粗糙；孔口表面新鲜时白色，干后浅黄色至蜜黄色；孔口多角形，每毫米 2–3 个；孔口边缘薄，全缘；菌肉白色，软木栓质，厚可达 5 mm；菌管奶油色，脆革质，长可达 3 mm。

显微结构：菌丝系统一体系；生殖菌丝具锁状联合；菌管菌丝无色，稍厚壁，偶尔分枝，IKI–，CB–，直径 3–4.5 μm；子实层中无囊状体和拟囊状体；担子棍棒形，大小为 10–12×4–6 μm；担孢子腊肠形，无色，薄壁，光滑，IKI–，CB(+)，大小为 4–4.5×0.9–1.3 μm，平均长 L = 4.19 mm，平均宽 W = 1.12 μm，长宽比 Q = 3.67–3.79 (n = 90/3)。

代表序列：KX900871，KX900941。

分布、习性和功能：普洱市太阳河森林公园；生长在阔叶树倒木上；引起木材褐色腐朽。

图 63 杨生灰蓝孔菌 *Cyanosporus populi*

图 64 亚毛盖灰蓝孔菌 *Cyanosporus subhirsutus*

亚小孔灰蓝孔菌

Cyanosporus submicroporus B.K. Cui & Shun Liu

子实体：担子果一年生，盖形，单生，新鲜时软而多汁，干后木栓质至硬木质；菌盖扇形至半圆形，外伸可达 3.2 cm，宽可达 6.5 cm，基部厚可达 13 mm，上表面新鲜时奶油色至粉黄色，具绒毛，干后浅黄色；孔口表面新鲜时白色至烟灰色，干后浅黄色至浅黄褐色；孔口圆形，每毫米 6–9 个；孔口边缘薄，全缘；菌肉奶油色至浅黄色，木栓质，厚可达 6 mm；菌管浅鼠灰色至奶油色，易碎，长可达 7 mm。

显微结构：菌丝系统一体系；生殖菌丝具锁状联合；菌管菌丝无色，薄壁至稍厚壁，偶尔分枝，IKI–，CB–，直径 2–4.8 μm；子实层中无囊状体和拟囊状体；担子棍棒形，大小为 12.2–20.5×3.4–5.6 μm；担孢子腊肠形，无色，薄壁，光滑，IKI–，CB(+)，大小为 3.6–4.7×1–1.3 μm，平均长 L = 4.18 μm，平均宽 W = 1.19 μm，长宽比 Q = 3.45–3.52 (n = 90/3)。

代表序列：MW182186，MW182241。

分布、习性和功能：腾冲市高黎贡山自然保护区，楚雄市紫溪山森林公园；生长在阔叶树倒木和落枝上；引起木材褐色腐朽。

 ## 浅黄圆柱孢孔菌

Cylindrosporus flavidus (Berk.) L.W. Zhou

子实体：担子果一年生，盖形，覆瓦状叠生，新鲜时革质，干后木栓质；菌盖半圆形，外伸可达 4 cm，宽可达 6 cm，基部厚可达 8 mm，上表面黄褐色至锈褐色，具绒毛，无环区；孔口表面暗黄色至栗褐色，具折光反应；孔口圆形，每毫米 5–6 个；孔口边缘薄，全缘；菌肉黄褐色，异质，绒毛层和菌肉间具黑线区，厚可达 5 mm；菌管锈褐色，长可达 3 mm。

显微结构：菌丝系统一体系；生殖菌丝具简单分隔；菌丝组织在 KOH 试剂中变黑；菌管生殖菌丝无色至浅黄褐色，薄壁至厚壁，具宽内腔，频繁分枝，与菌管平行排列，IKI–，CB(+)，直径 2.5–3.5 μm；具子实层刚毛，锥形，黑褐色，厚壁，大小为 16–28×6–9 μm；担子棍棒形，大小为 15–18×4.5–5.4 μm；担孢子圆柱形，无色，薄壁，光滑，IKI–，CB–，大小为 (5–)5.7–6.8(–7.2)×(1.6–)1.7–2.2(–2.3) μm，平均长 L = 6.16 μm，平均宽 W = 1.92 μm，长宽比 Q = 3.21 (n = 30/1)。

代表序列：KP875564，KP875561。

分布、习性和功能：维西县老君山自然保护区，景洪市西双版纳自然保护区；生长在阔叶树倒木和腐朽木上；引起木材白色腐朽。

图 65 亚小孔灰蓝孔菌 *Cyanosporus submicroporus*

图 66 浅黄圆柱孢孔菌 *Cylindrosporus flavidus*

 ## 爱尔兰囊体波斯特孔菌

Cystidiopostia hibernica (Berk. & Broome) B.K. Cui, L.L. Shen & Y.C. Dai

子实体：担子果一年生，平伏，与基质不易分离，新鲜时软，干后软木栓质，长可达5 cm，宽可达 3 cm，厚可达 6 mm；孔口表面新鲜时白色至灰白色，干后浅褐色；不育边缘不明显；孔口多角形，每毫米 4–5 个；孔口边缘薄，撕裂状；菌肉很薄至几乎无；菌管浅褐色，长可达 6 mm。

显微结构：菌丝系统一体系；生殖菌丝具锁状联合；菌管菌丝无色，薄壁至稍厚壁，偶尔分枝，IKI–，CB–，直径 2–5 μm；子实层中无囊状体；具拟囊状体，大小为 15.2–17.8×3–4.2 μm；担子棍棒形，大小为 10–12×3–4 μm；担孢子腊肠形，无色，薄壁，光滑，IKI–，CB–，大小为 4.9–5.5×1–1.2 μm，平均长 L = 5.22 μm，平均宽 W = 1.08 μm，长宽比 Q = 4.55–4.76 (n = 60/2)。

代表序列：MW377277，MW377357。

分布、习性和功能：宾川县鸡足山风景区，新平县磨盘山森林公园；生长在松树落枝上；引起木材褐色腐朽。

 ## 盖囊波斯特孔菌

Cystidiopostia pileata (Parmasto) B.K. Cui, L.L. Shen & Y.C. Dai

子实体：担子果一年生，平伏反卷至盖形，通常覆瓦状叠生，新鲜时肉质，干后脆质；菌盖扇形，外伸可达 2 cm，宽可达 4 cm，基部厚可达 1.5 mm，上表面新鲜时乳黄色至浅黄色，粗糙，干后浅褐色；孔口表面新鲜时白色，干后变成黄色；孔口角形，每毫米 3–5 个；孔口边缘薄，撕裂状；菌肉浅黄色，软木栓质，厚可达 1 mm；菌管浅黄色，易碎，长可达 3 mm。

显微结构：菌丝系统一体系；生殖菌丝具锁状联合；菌管菌丝无色，薄壁至稍厚壁，偶尔分枝，IKI–，CB–，直径 3–4.5 μm；子实层具囊状体，大小为 18–25×5–7 μm；担子棍棒形，大小为 12–14×3–4 μm；担孢子腊肠形，无色，薄壁，光滑，IKI–，CB–，大小为 4.5–5×0.9–1.2 μm，平均长 L = 4.86 m，平均宽 W = 1.07 μm，长宽比 Q = 4.46–4.58 (n = 60/2)。

代表序列：KF699127，KX900960。

分布、习性和功能：宾川县鸡足山风景区；生长在刺柏腐朽木上；引起木材褐色腐朽。

图 67　爱尔兰囊体波斯特孔菌 *Cystidiopostia hibernica*

图 68　盖囊波斯特孔菌 *Cystidiopostia pileata*

🌸 亚爱尔兰囊体波斯特孔菌

Cystidiopostia subhibernica **B.K. Cui & Shun Liu**

子实体：担子果一年生，平伏至反卷，与基质不易分离，新鲜时革质，干后软木栓质，长可达 5 cm，宽可达 4.5 cm，中部厚可达 3 mm；孔口表面新鲜时白色至奶油色，干后浅黄色、浅黄棕色至黄棕色；不育边缘不明显；孔口圆形至多角形，每毫米 4–6 个；孔口边缘薄，全缘或略撕裂状；菌肉奶油色至浅黄色，厚可达 1.5 mm；菌管与孔口表面同色，长可达 1.5 mm。

显微结构：菌丝系统一体系；生殖菌丝具锁状联合；菌管菌丝无色，薄壁至稍厚壁，偶尔分枝，IKI–，CB–，直径 1.8–6 μm；子实层中无囊状体；具拟囊状体，大小为 13.2–20.5×2–3.2 μm；担子棍棒形，大小为 12.5–22.5×3.8–4.7 μm；担孢子腊肠形，无色，薄壁，光滑，IKI–，CB–，大小为 3.9–4.2×1–1.4 μm，平均长 L = 4.1 μm，平均宽 W = 1.18 μm，长宽比 Q = 3.49 (n = 60/2)。

代表序列：MW377278，MW377358。

分布、习性和功能：香格里拉市普达措国家公园；生长在松树倒木上；引起木材褐色腐朽。

🌸 香肠孢迷孔菌

Daedalea allantoidea **M.L. Han, B.K. Cui & Y.C. Dai**

子实体：担子果一年生，盖形，覆瓦状叠生，木栓质；菌盖贝壳形至三角形，外伸可达 2.5 cm，宽可达 4.5 cm，基部厚可达 9 mm，上表面粉黄色至肉桂黄色或浅鼠灰色，具疣状突起物，略具环带和放射性条纹；孔口表面浅土黄色至浅黄褐色；孔口圆形至多角形或弯曲形，每毫米 1–3 个；孔口边缘薄，全缘；菌肉奶油色，硬木栓质，厚可达 5 mm；菌管粉黄色至浅橙色，木栓质，长可达 4 mm。

显微结构：菌丝系统二体系；生殖菌丝具锁状联合；菌丝组织在 KOH 试剂中变成褐色；菌管生殖菌丝占少数，无色，薄壁至稍厚壁，中度分枝，直径 1.5–3.5 μm；骨架菌丝占多数，无色，厚壁具宽或窄内腔，偶尔分枝，IKI–，CB–，直径 2–5 μm；子实层中无囊状体；具拟囊状体，大小为 13–19×3.5–4.5 μm；担子棍棒形，大小为 18–21×4.5–5 μm；担孢子腊肠形，无色，薄壁，光滑，IKI–，CB–，大小为 4.6–6×2–2.8 μm，平均长 L = 5.15 μm，平均宽 W = 2.32 μm，长宽比 Q = 2.22 (n = 30/1)。

代表序列：KR605795，KR605734。

分布、习性和功能：西双版纳原始森林公园；生长在阔叶树倒木上；引起木材褐色腐朽。

图 69　亚爱尔兰囊体波斯特孔菌 *Cystidiopostia subhibernica*

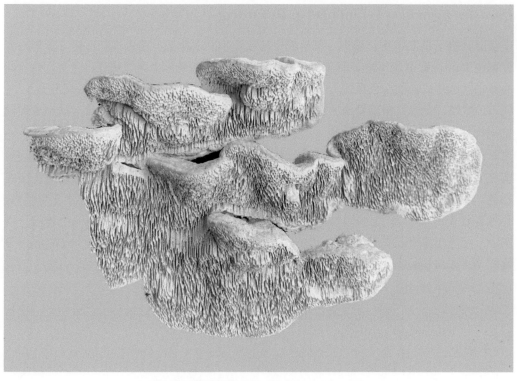

图 70　香肠孢迷孔菌 *Daedalea allantoidea*

圆孔迷孔菌

Daedalea circularis B.K. Cui & Hai J. Li

子实体：担子果多年生，盖形，单生或覆瓦状叠生，木栓质；菌盖扁平，外伸可达 11.5 cm，宽可达 17.5 cm，基部厚可达 30 mm，上表面赭色至桃色，具瘤状突起和暗褐色至黑色的斑块，具同心环沟和环纹；孔口表面奶油色至浅黄色；孔口圆形，每毫米 4–6 个；孔口边缘厚，全缘；菌肉浅黄色至蜜黄色，硬木栓质，厚可达 10 mm；菌管白色，奶油色至灰青色，硬木栓质，长可达 20 mm。

显微结构：菌丝系统二体系；生殖菌丝具锁状联合；菌管生殖菌丝占少数，无色，薄壁至稍厚壁，中度分枝，直径 1.8–2.5 μm；骨架菌丝占多数，无色至浅黄棕色，厚壁，具窄内腔或近实心，频繁分枝，IKI–，CB–，直径 1.4–3.5 μm；子实层中无囊状体；具拟囊状体，大小为 13–30×2.5–4 μm；担子棍棒形，大小为 12–22×4–6 μm；担孢子圆柱形，无色，薄壁，光滑，IKI–，CB–，大小为 4.1–6×2.1–2.7 μm，平均长 L = 5.05 μm，平均宽 W = 2.36 μm，长宽比 Q = 2.14 (n = 30/1)。

代表序列：KP171200，KP171222。

分布、习性和功能：腾冲市高黎贡山自然保护区，西双版纳自然保护区曼搞；生长在阔叶树倒木和树桩上；引起木材褐色腐朽。

 ## 齿迷孔菌

Daedalea hydnoides I. Lindblad & Ryvarden

子实体：担子果多年生，盖形，单生或覆瓦状叠生，木栓质；菌盖半圆形至三角形，外伸可达 3 cm，宽可达 4 cm，基部厚可达 10 mm，上表面锈棕色至黑褐色，光滑，略具同心环带区；孔口表面白色至浅黄色，具弱折光反应；孔口圆形至拉长形，每毫米 1–3 个；孔口边缘厚，全缘；菌肉奶油色至浅黄棕色，纤维质，厚可达 3 mm；菌管与孔口表面同色，长可达 7 mm。

显微结构：菌丝系统二体系；生殖菌丝具锁状联合；菌丝组织在 KOH 试剂中变成褐色；菌管生殖菌丝少见，无色，薄壁，偶尔分枝，直径 2–3 μm；骨架菌丝占多数，无色至浅棕色，厚壁具窄内腔或近实心，偶尔分枝，IKI–，CB–，直径 3–8 μm；子实层中无囊状体；具拟囊状体，大小为 12–17×2–4 μm；担子棍棒形，大小为 12–15×4–5 μm；担孢子椭圆形，无色，薄壁，光滑，IKI–，CB–，大小为 6–7×2–2.5 μm，平均长 L = 6.56 μm，平均宽 W = 2.24 μm，长宽比 Q = 2.42 (n = 30/1)。

代表序列：KP171203，KP171225。

分布、习性和功能：腾冲市高黎贡山自然保护区；生长在阔叶树倒木上；引起木材褐色腐朽。

图 71 圆孔迷孔菌 *Daedalea circularis*

图 72 齿迷孔菌 *Daedalea hydnoides*

谦逊迷孔菌

Daedalea modesta (Kunze ex Fr.) Aoshima

子实体：担子果多年生，盖形，覆瓦状叠生，木栓质；菌盖半圆形至扇形，外伸可达3 cm，宽可达5 cm，基部厚可达13 mm，上表面浅黄色至浅棕色，具同心环带和放射状纵条纹，偶尔具小疣和瘤状突起；孔口表面乳白色至浅黄色，具折光反应；孔口圆形，每毫米5–7个；孔口边缘厚，全缘；菌肉浅黄粉色至浅黄棕色，纤维状，厚可达12 mm；菌管与孔口表面同色，木栓质，长可达1 mm。

显微结构：菌丝系统二体系；生殖菌丝具锁状联合；菌丝组织在KOH试剂中变成褐色；菌管生殖菌丝占少数，无色，薄壁，偶尔分枝，直径2–3 µm；骨架菌丝占多数，无色至浅褐色，厚壁具宽内腔，偶尔分枝，IKI–，CB–，直径1.5–4 µm；子实层中无囊状体；具拟囊状体，大小为12–17×2–4 µm；担子棍棒形，大小为12–19×4–5 µm；担孢子椭圆形，无色，薄壁，光滑，IKI–，CB–，大小为3–3.2×2–2.1 µm，平均长L = 3.01 µm，平均宽W = 2.02 µm，长宽比Q = 1.52 (n = 60/2)。

代表序列：KP171206，KP171228。

分布、习性和功能：勐腊县中国科学院西双版纳热带植物园热带雨林，勐腊县望天树景区，盈江县铜壁关自然保护区；生长在阔叶树死树和倒木上；引起木材褐色腐朽。

 ## 放射迷孔菌

Daedalea radiata B.K. Cui & Hai J. Li

子实体：担子果一年生至二年生，盖形或平伏反卷，覆瓦状叠生，易与基质分离，木栓质；菌盖半圆形或侧向伸长，外伸可达3 cm，宽可达6 cm，基部厚可达10 mm，上表面基部灰褐色、肉桂黄色至暗褐色，具密硬毛、鳞片或细沟，无环带；孔口表面新鲜时乳白色，干后浅黄色至肉桂黄色，具折光反应；孔口多角形至迷宫状，每毫米2–4个；孔口边缘薄，全缘；菌肉浅黄色至肉桂黄色，木栓质，厚可达3 mm；菌管与孔口表面同色，软木栓质至木栓质，长可达7 mm。

显微结构：菌丝系统二体系；生殖菌丝具锁状联合；骨架菌丝在KOH试剂中稍膨胀；菌丝组织在KOH试剂中变成黑色；菌管生殖菌丝占少数，无色至浅黄棕色，薄壁至厚壁，中度分枝，直径1.7–4 µm；骨架菌丝占多数，无色至浅黄棕色，厚壁具窄内腔或近实心，频繁分枝，IKI–，CB–，直径1.3–4.2 µm；子实层中无囊状体；具拟囊状体，大小为24–30×3.5–4.5 µm；担子棍棒形，大小为28–42×4.5–5.5 µm；担孢子圆柱形，无色，薄壁，光滑，IKI–，CB–，大小为4.5–5×2.4–2.9 µm，平均长L = 4.75 µm，平均宽W = 2.66 µm，长宽比Q = 1.68–1.82 (n = 60/2)。

代表序列：KP171210，KP171233。

分布、习性和功能：勐腊县望天树景区；生长在阔叶树倒木上；引起木材褐色腐朽。

图 73　谦逊迷孔菌 *Daedalea modesta*

图 74　放射迷孔菌 *Daedalea radiata*

裂拟迷孔菌

Daedaleopsis confragosa (Bolton) J. Schrot.

子实体：担子果一年生，盖形，覆瓦状叠生，新鲜时革质或软木栓质，干后木栓质；菌盖半圆形、贝壳形，外伸可达 7 cm，宽可达 16 cm，基部厚可达 25 mm，上表面浅黄色或浅褐色，基部偶尔为褐色，具同心环带和放射状条纹，偶尔具小疣；孔口表面初期奶油色至浅黄褐色，干后暗褐色；孔口近圆形、长方形、迷宫状或齿裂状至几乎褶状，每毫米约 1 个；孔口边缘薄，锯齿状；菌肉浅黄褐色，厚可达 15 mm；菌管与菌肉同色，长可达 10 mm。

显微结构：菌丝系统三体系；生殖菌丝具锁状联合；菌丝组织在 KOH 试剂中暗褐色；菌管生殖菌丝常见，无色，薄壁，频繁分枝，弯曲，直径 2.9–4 μm；骨架菌丝占多数，无色至浅黄色，厚壁，具宽或窄内腔，偶尔近实心，频繁分枝，弯曲，交织排列，IKI–，CB(+)，直径 3.5–5.5 μm；缠绕菌丝常见；子实层中无囊状体和拟囊状体；具频繁树状分枝菌丝，无色至浅黄褐色，薄壁，直径 2–3.5 μm；担子棍棒形，大小为 17–23×4–5.5 μm；担孢子圆柱形，略弯曲，无色，薄壁，光滑，IKI–，CB–，大小为 6.1–7.8×1.2–1.9 μm，平均长 L = 7.01 μm，平均宽 W = 1.56 μm，长宽比 Q = 4.49 (n = 30/1)。

代表序列：KU892438，KU892451。

分布、习性和功能：云南轿子山国家级自然保护区，香格里拉市普达措国家公园；生长在柳树活立木、死树和倒木上；引起木材白色腐朽。

 紫拟迷孔菌

Daedaleopsis purpurea (Cooke) Imazeki & Aoshima

子实体：担子果一年生，盖形，单生，新鲜时革质，干后木栓质；菌盖半圆形，外伸可达 3.5 cm，宽可达 5 cm，基部厚可达 7 mm，上表面红褐色，具同心环带和环沟，光滑；孔口表面初期白色至奶油色，干后肉桂色；孔口近圆形至多角形，每毫米 3–5 个；孔口边缘厚，全缘；菌肉浅褐色，厚可达 1 mm；菌管与孔口表面同色，长可达 6 mm。

显微结构：菌丝系统三体系；生殖菌丝具锁状联合；菌丝组织在 KOH 试剂中变为暗褐色；菌管生殖菌丝少见，无色，薄壁，偶尔分枝，直径 1.5–2.5 μm；骨架菌丝占多数，浅黄褐色，厚壁，具窄内腔至近实心，频繁分枝，弯曲，交织排列，IKI–，CB(+)，直径 2.3–3.2 μm；缠绕菌丝常见；子实层中无囊状体和拟囊状体；具频繁树状分枝菌丝，无色，薄壁，直径 2–3 μm；担子棍棒形，大小为 33×5 μm；担孢子圆柱形，略弯曲，无色，薄壁，光滑，IKI–，CB–，大小为 7–9×1.7–2 μm，平均长 L = 8 μm，平均宽 W = 1.85 μm，长宽比 Q = 4.32 (n = 4/1)。

代表序列：KU892442，KU892475。

分布、习性和功能：景东县哀牢山自然保护区；生长在阔叶树倒木上；引起木材白色腐朽。

图 75　裂拟迷孔菌 *Daedaleopsis confragosa*

图 76　紫拟迷孔菌 *Daedaleopsis purpurea*

三色拟迷孔菌

***Daedaleopsis tricolor* (Bull.) Bondartsev & Singer**

子实体：担子果一年生，盖形，覆瓦状叠生，新鲜时韧革质，干后硬木栓质；菌盖半圆形、扇形，外伸可达 6 cm，宽可达 12 cm，厚可达 10 mm，上表面黄褐色、红褐色至紫褐色，具明显同心环带；子实层体表面奶油色、黄褐色、灰褐色至栗褐色，幼时不规则孔状，每毫米 1–2 个，成熟后褶状，偶尔二叉分枝，每毫米约 1 个；菌褶边缘薄，全缘；菌肉黄褐色至浅褐色，厚可达 1 mm；菌褶颜色比子实层体表面稍浅，长可达 9 mm。

显微结构：菌丝系统三体系；生殖菌丝具锁状联合；菌丝组织在 KOH 试剂中变黑；菌管生殖菌丝无色，薄壁，少分枝，直径 2–4 μm；骨架菌丝占多数，厚壁或近实心，少分枝，IKI–，CB(+)，直径 3–4.5 μm；缠绕菌丝少见；子实层中无囊状体和拟囊状体；具频繁树状分枝菌丝，无色，薄壁；担子窄棍棒形，大小为 23–27×4–5 μm；担孢子香肠形，无色，薄壁，光滑，IKI–，CB–，大小为 (6.5–)7–9(–9.5)×2–2.5 μm，平均长 L = 7.92 μm，平均宽 W = 2.3 μm，长宽比 Q = 3.44 (n = 20/1)。

代表序列：KU892426，KU892468。

分布、习性和功能：香格里拉市普达措国家公园，腾冲市高黎贡山自然保护区；生长在阔叶树倒木和落枝上；引起木材白色腐朽；药用。

 ## 软异薄孔菌

***Datronia mollis* (Sommerf.) Donk**

子实体：担子果一年生，平伏反卷至盖形，新鲜时革质，干后木栓质；菌盖半圆形，外伸可达 5 cm，宽可达 8 cm，基部厚可达 6 mm，上表面深褐色至近黑色，具同心环带；孔口表面浅灰褐色至污褐色；不育边缘明显，宽可达 1.5 mm；孔口圆形至不规则形，每毫米 1–2 个；孔口边缘薄，全缘或撕裂状；菌肉浅褐色或浅黄褐色，异质，上层为绒毛层，下层为菌肉层，层间具一黑线区，厚可达 2 mm；菌管与孔口表面同色，长可达 4 mm。

显微结构：菌丝系统二体系；生殖菌丝具锁状联合；菌丝组织在 KOH 试剂中变为暗褐色；菌管生殖菌丝无色，薄壁，频繁分枝，直径 1.2–3 μm；骨架菌丝占多数，无色至浅褐色，厚壁，频繁分枝，交织排列，IKI–，CB+，直径 1.2–3.8 μm；子实层中具细棒形拟囊状体，末端稍细，无色，薄壁，大小为 22.1–30×4–6 μm；偶尔具树状分枝菌丝，无色；担子棍棒形，大小为 24.6–34.6×5–7.2 μm；担孢子圆柱形，无色，薄壁，光滑，IKI–，CB–，大小为 6.5–9×2.5–3.5 μm，平均长 L = 7.76 μm，平均宽 W = 3 μm，长宽比 Q = 2.59 (n = 30/1)。

代表序列：JX559258，JX559289。

分布、习性和功能：香格里拉市普达措国家公园，勐腊县中国科学院西双版纳热带植物园热带雨林；生长在阔叶树倒木上；引起木材白色腐朽。

图 77　三色拟迷孔菌 *Daedaleopsis tricolor*

图 78　软异薄孔菌 *Datronia mollis*

硬异薄孔菌

Datronia stereoides (Fr.) Ryvarden

子实体：担子果一年生，平伏至平伏反卷，新鲜时革质，干后木栓质；菌盖非常窄，外伸可达 0.5 cm，上表面褐色，无环区，具粗毛；平伏时长可达 50 cm，宽可达 8 cm，中部厚可达 3 mm；孔口表面浅灰色至粉灰色；孔口圆形，每毫米 4–5 个；孔口边缘厚，全缘；菌肉浅灰褐色，异质，上层为绒毛层，下层为菌肉层，层间具一黑线区，厚可达 2 mm；菌管与孔口表面同色，长可达 1 mm。

显微结构：菌丝系统三体系；生殖菌丝具锁状联合；菌丝组织在 KOH 试剂中变为暗褐色；菌管生殖菌丝无色，薄壁，频繁分枝，直径 2–2.5 μm；骨架菌丝占多数，无色至浅黄色，厚壁，频繁分枝，交织排列，IKI–、CB+，直径 2–3.6 μm；缠绕菌丝常见；子实层中无囊状体；具纺锤形拟囊状体，大小为 20–14×4–6 μm；菌髓末端具树状分枝菌丝，无色；担子棍棒形，大小为 20–27×6–8 μm；担孢子圆柱形，无色，薄壁，光滑，IKI–、CB–，大小为 (8.2–)8.5–10.2(–10.5)×(3–)3.1–3.6(–3.8) μm，平均长 L = 9.34 μm，平均宽 W = 3.24 μm，长宽比 Q = 2.88 (n = 30/1)。

代表序列：JX559270，JX559287。

分布、习性和功能：昆明市盘龙区坝箐；生长在阔叶树落枝上；引起木材白色腐朽。

 ## 盘小异薄孔菌

Datroniella scutellata (Schwein.) B.K. Cui, Hai J. Li & Y.C. Dai

子实体：担子果一年生，盖形，覆瓦状叠生，新鲜时革质，干后木栓质；菌盖近圆形，外伸可达 8 cm，宽可达 10 cm，基部厚可达 3 mm，上表面黄褐色至黑褐色，具同心环沟；孔口表面初期白色至奶油色，干后浅褐色；孔口圆形，每毫米 3–5 个；孔口边缘薄，全缘；菌肉黄褐色至褐色，厚可达 2 mm；菌管与菌肉同色，长可达 1 mm。

显微结构：菌丝系统二体系；生殖菌丝具锁状联合；菌丝组织在 KOH 试剂中变为暗褐色；菌管生殖菌丝少见，无色，薄壁，少分枝，直径 1.5–2.3 μm；骨架菌丝占多数，浅褐色，厚壁，具窄内腔至近实心，频繁分枝，交织排列，IKI–、CB+，直径 3–5 μm；子实层中无囊状体和拟囊状体；具树状分枝菌丝；担子棍棒形，大小为 20–27×6–8 μm；担孢子圆柱形，无色，薄壁，光滑，IKI–、CB–，大小为 6.5–9×2.5–3.5 μm，平均长 L = 7.76 μm，平均宽 W = 3 μm，长宽比 Q = 2.59 (n = 30/1)。

代表序列：JX559263，JX559300。

分布、习性和功能：腾冲市高黎贡山自然保护区，西双版纳自然保护区曼搞；生长在阔叶树倒木上；引起木材白色腐朽。

图 79 硬异薄孔菌 *Datronia stereoides*

图 80 盘小异薄孔菌 *Datroniella scutellata*

热带小异薄孔菌

Datroniella tropica B.K. Cui, Hai J. Li & Y.C. Dai

子实体：担子果一年生，平伏反卷，新鲜时革质，干后木栓质；菌盖贝壳形，外伸可达 2 cm，宽可达 4 cm，基部厚可达 2.5 mm，上表面黄褐色至红褐色或几乎黑色，无环区或具不明显环沟；孔口表面初期白色至奶油色，触摸后变褐色，干后浅灰色；孔口圆形，每毫米 5–7 个；孔口边缘薄至厚，全缘；菌肉黄褐色，厚可达 2.2 mm；菌管与孔口表面同色，长可达 0.3 mm。

显微结构：菌丝系统二体系；生殖菌丝具锁状联合；菌丝组织在 KOH 试剂中变为暗褐色；菌管生殖菌丝少见，无色，薄壁，中度分枝，直径 1.5–2.3 μm；骨架菌丝占多数，浅褐色，厚壁，具窄内腔至近实心，频繁分枝，交织排列，IKI–，CB+，直径 3.7–4.8 μm；子实层中无囊状体；具拟囊状体，大小为 13–22×4–6 μm；具树状分枝菌丝；担子棍棒形，大小为 16–25×6–8 μm；担孢子圆柱形，无色，薄壁，光滑，IKI–，CB–，大小为 (7.4–)8–9.8(–10)×(2.1–)2.5–3.5(–3.9) μm，平均长 L = 8.54 μm，平均宽 W = 2.93 μm，长宽比 Q = 2.66–3.1 (n = 101/4)。

代表序列：KC415181，KC415189。

分布、习性和功能：盈江县铜壁关自然保护区，普洱市太阳河森林公园；生长在阔叶树倒木上；引起木材白色腐朽。

 ## 田野叉丝孔菌

Dichomitus campestris (Quél.) Domański & Orlicz

子实体：担子果一年生，平伏反卷至具假菌盖，新鲜时革质，干后木栓质；假菌盖三角形，外伸可达 2 cm，宽可达 5 cm，基部厚可达 5 mm，上表面干后黄褐色；孔口表面浅黄褐色；孔口圆形至多角形，每毫米 2 个；孔口边缘厚，全缘；菌肉木材色，同质，厚可达 2 mm；菌管与孔口表面同色，长可达 3 mm。

显微结构：菌丝系统二体系；生殖菌丝具锁状联合；菌丝组织在 KOH 试剂中无变化；菌管生殖菌丝无色，薄壁，中度分枝，直径 1.8–3.5 μm；骨架菌丝占多数，无色，厚壁，具窄内腔至近实心，频繁分枝，交织排列，IKI–，CB–，直径 2.2–4.9 μm；子实层中无囊状体和拟囊状体；担子棍棒形，大小为 21–40×7–12 μm；担孢子窄椭圆形至圆柱形，无色，薄壁，光滑，IKI–，CB–，大小为 (9.5–)10–14(–14.6)×(4.5–)5–7 μm，平均长 L = 11.86 μm，平均宽 W = 5.82 μm，长宽比 Q = 2.04 (n = 30/1)。

代表序列：KX832053，KX832062。

分布、习性和功能：巍山县巍宝山国家森林公园；生长在阔叶树倒木上；引起木材白色腐朽。

图 81　热带小异薄孔菌 *Datroniella tropica*

图 82　田野叉丝孔菌 *Dichomitus campestris*

硬二丝孔菌

***Diplomitoporus crustulinus* (Bres.) Domański**

子实体：担子果一年生，平伏，不易与基质分离，新鲜时革质，干后木栓质，长可达 50 cm，宽可达 10 cm，中部厚可达 2.2 mm；孔口表面新鲜时鲑肉色，干后黄褐色，具折光反应；孔口圆形或近圆形至多角形，每毫米 3–5 个；孔口边缘薄，全缘至略撕裂状；菌肉浅黄色，厚可达 0.2 mm；菌管与孔口表面同色或略浅，长可达 2 mm。

显微结构：菌丝系统二体系；生殖菌丝具锁状联合；菌管生殖菌丝少见，无色，薄壁，频繁分枝，直径 2.2–4 μm；骨架菌丝占多数，浅黄褐色，厚壁，具宽内腔，少分枝，交织排列，偶尔具结晶，IKI–，CB+，直径 3–4.2 μm；子实层中无囊状体和拟囊状体；担子短棍棒形，大小为 11–12×6–7 μm；担孢子香肠形或月形，无色，薄壁，光滑，IKI–，CB–，大小为 (4.6–)4.8–5.1(–5.2)×(2.8–)2.9–3.1(–3.2) μm，平均长 L = 4.95 μm，平均宽 W = 2.99 μm，长宽比 Q = 1.66 (n = 30/1)。

代表序列：OL472333，OL472337。

分布、习性和功能：香格里拉市普达措国家公园；生长在云杉倒木上；引起木材白色腐朽。

 黄二丝孔菌

***Diplomitoporus flavescen*s (Bres.) Domański**

子实体：担子果一年生，平伏，新鲜时革质，干后木栓质，长可达 5 cm，宽可达 4 cm，中部厚可达 8 mm；孔口表面新鲜时橘黄色，干后黄褐色或稻草色，具折光反应；孔口圆形、近圆形至多角形，每毫米 2–3 个；孔口边缘薄，全缘；菌肉浅黄色，厚可达 3 mm；菌管与孔口表面同色或略浅，长可达 5 mm。

显微结构：菌丝系统二体系；生殖菌丝具锁状联合；菌管生殖菌丝无色，薄壁，偶尔分枝，直径 2–3.5 μm；骨架菌丝厚壁，具明显内腔，交织排列，IKI–，CB+，直径 3–4 μm；子实层中无囊状体和拟囊状体；担子棍棒形，大小为 16–20×5–6 μm；担孢子腊肠形，无色，薄壁，光滑，IKI–，CB–，大小为 (5–)5.2–6.5(–7)×(2.1–)2.3–2.8(–3) μm，平均长 L = 6.07 μm，平均宽 W = 2.56 μm，长宽比 Q = 2.37 (n = 30/1)。

代表序列：OL470308，OL462823。

分布、习性和功能：昆明市筇竹寺公园；生长在云南松倒木上；引起木材白色腐朽。

图 83　硬二丝孔菌 *Diplomitoporus crustulinus*

图 84　黄二丝孔菌 *Diplomitoporus flavescens*

红贝俄氏孔菌

Earliella scabrosa (Pers.) Gilb. & Ryvarden

子实体：担子果一年生，平伏反卷至盖形，覆瓦状叠生，韧革质至木栓质；菌盖多数半圆形，外伸可达 10 cm，宽可达 16 cm，基部厚可达 10 mm，上表面棕褐色至漆红色，光滑，具同心环纹；孔口表面白色至棕黄色；孔口多角形至不规则形，每毫米 2–3 个；孔口边缘厚或薄，全缘或略撕裂状；菌肉奶油色，厚可达 6 mm；菌管浅黄色，长可达 4 mm。

显微结构：菌丝系统三体系；生殖菌丝具锁状联合；菌管生殖菌丝少见，无色，薄壁，偶尔分枝，直径 2.5–3.3 μm；骨架菌丝占多数，无色，厚壁，具窄内腔，偶尔分枝，弯曲，IKI–，CB–，直径 2–3.5 μm；缠绕菌丝常见，近实心；担子棍棒形，大小为 18–23×6–7 μm；担孢子圆柱形或窄椭圆形，无色，薄壁，光滑，IKI–，CB–，大小为 7–9.5×3.5–4 μm，平均长 L = 8.57 μm，平均宽 W = 3.85 μm，长宽比 Q = 2.23 (n = 30/1)。

代表序列：KC867366，KC867485。

分布、习性和功能：景洪市西双版纳自然保护区三岔河，西双版纳自然保护区曼搞，勐腊县雨林谷，勐腊县勐腊自然保护区，西双版纳自然保护区尚勇，勐腊县望天树景区；生长在阔叶树死树、倒木、建筑木和腐朽木上；引起木材白色腐朽；药用。

 浅红刚毛多孔菌

Echinochaete russiceps (Berk. & Broome) D.A. Reid

子实体：担子果一年生，盖形至具侧生短柄，单生，新鲜时革质，干后脆质；菌盖半圆形，外伸可达 3 cm，宽可达 4 cm，基部厚可达 3 mm，上表面新鲜时黄褐色，干后至红褐色，具不规则条纹；孔口表面新鲜时奶油色，干后黄褐色至红褐色；菌孔多角形，每毫米 3–6 个；孔口边缘薄，全缘；菌肉干后浅木材色，厚可达 1 mm；菌管与菌肉同色，长可达 2 mm；菌柄与菌盖同色，长可达 0.5 cm，直径 5 mm。

显微结构：菌丝系统二体系；生殖菌丝具简单分隔；菌管生殖菌丝少见，无色，薄壁，偶尔分枝，直径 2–3 μm；骨架菌丝占多数，浅黄色，厚壁，具窄内腔或近实心，频繁分枝，交织排列，IKI–，CB+，直径 2.5–4 μm；子实层和菌盖表面具刚毛体，锥形，褐色，厚壁，具刺，大小为 26–50×5.5–15 μm；担子棍棒形，大小为 22–28×6.5–10 μm；担孢子圆柱形，无色，薄壁，光滑，IKI–，CB–，大小为 (9–)10–12×(3–)3.5–5 μm，平均长 L = 10.8 μm，平均宽 W = 4.74 μm，长宽比 Q = 2.28 (n = 30/1)。

代表序列：KX832050，KX832059。

分布、习性和功能：景洪市西双版纳自然保护区；生长在阔叶树落枝上；引起木材白色腐朽。

图 85 红贝俄氏孔菌 *Earliella scabrosa*

图 86 浅红刚毛多孔菌 *Echinochaete russiceps*

胡桃榆孔菌

Elmerina caryae (Schwein.) D.A. Reid

子实体: 担子果一至二年生,平伏,新鲜时革质,干后木栓质,长可达 18 cm,宽可达 5 cm,中厚可达 2 mm;孔口表面新鲜时浅灰色至灰色,干后灰褐色至褐色;不育边缘明显,奶油色至浅灰色,宽可达 2 mm;孔口近圆形,每毫米 6–8 个;孔口边缘厚,全缘;菌肉灰褐色,厚可达 0.3 mm;菌管与孔口表面同色,长可达 1.7 mm。

显微结构: 菌丝系统二体系;生殖菌丝具锁状联合;菌丝组织在 KOH 试剂中变褐色;菌管生殖菌丝占少数,无色,薄壁,频繁分枝,直径 1.3–2 μm;骨架菌丝占多数,无色,厚壁,具窄内腔或近实心,频繁分枝,交织排列,IKI–、CB+,直径 2–4 μm;子实层中无囊状体;具梭形或瓶状拟囊状体,薄壁,大小为 9–15×3.8–5 μm;担子卵球形,纵向四分隔,大小为 8.2–12×5.2–8 μm;担孢子腊肠形,无色,薄壁,光滑,IKI–、CB–,大小为 5–6×1.9–2.9 μm,平均长 L = 5.47 μm,平均宽 W = 2.37 μm,长宽比 Q = 2.25–2.36 (n = 60/2)。

代表序列: JQ764653,JQ764632。

分布、习性和功能: 兰坪县罗古箐自然保护区,维西县老君山自然保护区,普洱市太阳河森林公园;生长在阔叶树倒木和腐朽木上;引起木材白色腐朽。

 分枝榆孔菌

Elmerina cladophora (Berk.) Bres.

子实体: 担子果一年生,盖形,单生,新鲜时韧革质,干后硬木栓质;菌盖半圆形,外伸可达 2 cm,宽可达 3 cm,基部厚可达 6 mm,上表面新鲜时奶油色,具粗毛,干后黄褐色,无环纹;孔口表面新鲜时奶油色,干后暗褐色;孔口多角形至拉长呈半褶形,每毫米约 1 个;孔口边缘厚,略撕裂状;菌肉奶油色,厚可达 1.5 mm;菌管干后硬革质,长可达 4.5 mm;菌管壁上具菌丝钉。

显微结构: 菌丝系统二体系;生殖菌丝具锁状联合;菌丝组织在 KOH 试剂中无变化;菌管生殖菌丝常见,无色,薄壁至稍厚壁,偶尔分枝,直径 2–3.5 μm;骨架菌丝占多数,厚壁,具明显内腔,少分枝,弯曲,紧密交织排列,IKI–、CB+,直径 2–4.5 μm;菌丝钉长 57–180 μm,直径 20–40 μm,由薄壁的生殖菌丝组成;担子棍棒形,纵分隔,大小为 13.5–16.5×5–6 μm;担孢子椭圆形,无色,薄壁,光滑,IKI–、CB–,大小为 (8.4–)8.5–12.7(–13.5)×4.5–6 (–7) μm,平均长 L = 10.5 μm,平均宽 W = 5.42 μm,长宽比 Q = 1.94 (n = 30/1)。

代表序列: JQ764662,JQ764639。

分布、习性和功能: 屏边县大围山自然保护区;生长在阔叶树倒木上;引起木材白色腐朽。

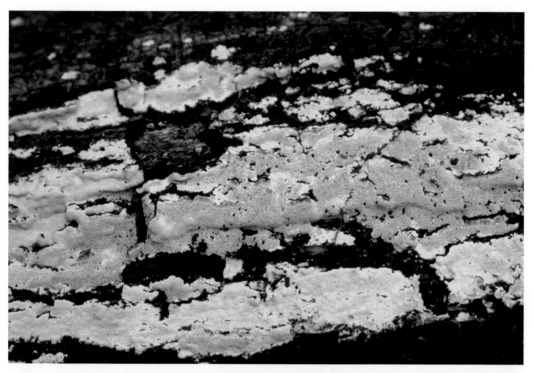

图 87　胡桃榆孔菌 *Elmerina caryae*

图 88　分枝榆孔菌 *Elmerina cladophora*

叶榆孔菌

Elmerina foliacea Pat.

子实体：担子果一年生，盖形，覆瓦状叠生，新鲜时韧革质，干后硬木栓质；菌盖半圆形，外伸可达 4 cm，宽可达 5 cm，基部厚可达 5 mm，上表面新鲜时奶油色至肉黄色，具粗毛，干后黄褐色，具不明显环纹；孔口表面新鲜时白色至奶油色，干后浅黄色；孔口多角形至拉长呈半褶形，每毫米约 1 个；孔口边缘厚，略撕裂状；菌肉奶油色，厚可达 1 mm；菌管干后硬革质，长可达 5 mm；菌管壁上无菌丝钉。

显微结构：菌丝系统二体系；生殖菌丝具锁状联合；菌丝组织在 KOH 试剂中无变化；菌管生殖菌丝常见，无色，薄壁至稍厚壁，偶尔分枝，直径 2.5–3 μm；骨架菌丝占多数，厚壁，具明显内腔，少分枝，弯曲，交织排列，IKI–，CB+，直径 3–4 μm；担子粗棍棒形至桶状，纵分隔，大小为 20–25×9–13 μm；担孢子椭圆形，无色，薄壁，光滑，IKI–，CB–，大小为 9.5–11.5(–12)×(5.8–)6–8(–8.5) μm，平均长 L = 10.62 μm，平均宽 W = 6.91 μm，长宽比 Q = 1.54 (n = 30/1)。

代表序列：JQ764666，JQ764644。

分布、习性和功能：景东县哀牢山自然保护区；生长在阔叶树倒木上；引起木材白色腐朽。

 撕裂厄米孔菌

Emmia lacerata (N. Maek., Suhara & R. Kondo) F. Wu, Jia J. Chen & Y.C. Dai

子实体：担子果一年生，平伏，不易与基质分离，新鲜时软，干后易碎，长可达 11.7 cm，宽可达 9.5 cm，中部厚可达 3 mm；孔口表面新鲜时乳白色，干后奶油色、浅黄色、暗黄色至黄褐色；不育边缘薄，奶油色，棉絮状，宽可达 2 mm；孔口圆形至多角形，每毫米 2–5 个；孔口边缘薄，撕裂状；菌肉奶油色，软木质，厚可达 0.6 mm；菌管与孔口表面同色，易碎，长可达 2.4 mm。

显微结构：菌丝系统一体系；生殖菌丝具简单分隔；菌丝组织在 KOH 试剂中无变化；菌管生殖菌丝无色，薄壁至稍厚壁，频繁分枝，与菌管平行排列，具大量浅黄色结晶，IKI–，CB+，直径 2–5 μm；子实层中无囊状体和拟囊状体；担子棍棒形，大小为 12–16×4–5.4 μm；担孢子椭圆形至长椭圆形，无色，薄壁，光滑，IKI–，CB–，大小为 (4.2–)4.3–4.9(–5)×(2.4–)2.5–2.7(–2.8) μm，平均长 L = 4.58 μm，平均宽 W = 2.57 μm，长宽比 Q = 1.78 (n = 30/1)。

代表序列：JX623916，JX644068。

分布、习性和功能：勐腊县中国科学院西双版纳热带植物园绿石林；生长在阔叶树倒木或腐朽木上；引起木材白色腐朽。

图 89　叶榆孔菌 *Elmerina foliacea*

图 90　撕裂厄米孔菌 *Emmia lacerata*

短柄胶孔菌

***Favolaschia brevistipitata* Q.Y. Zhang & Y.C. Dai**

子实体：担子果一年生，聚生，具侧生柄，新鲜时胶质；菌盖肾形或半圆形，外伸可达 0.6 cm，宽可达 1 cm，基部厚可达 1.2 mm，上表面新鲜时柠檬黄色，干后黄色，呈半透明网状与下方孔隙相对应；孔口表面新鲜时柠檬黄色，干后黄色，具 50–180 孔；孔口五角形至六角形，边缘孔口比基部的小，直径 0.4–1.5 mm；孔口边缘全缘，干后具粉状物；菌肉黄色，厚可达 0.2 mm；菌管与孔口表面同色，长可达 1 mm；菌柄圆柱形，长可达 4 mm，直径可达 0.5 mm。

显微结构：菌丝系统一体系；生殖菌丝具简单分隔；菌管菌丝无色，薄壁，偶尔分枝，与菌管近平行排列，直径 3–5 μm；胶化囊状体存在于子实层、孔口边缘和菌盖上表面，稍厚壁，在子实层中棍棒形，大小为 35–43×9–16 μm，在上表皮和孔口边缘棍棒形至近球形，大小为 18–45×10–25 μm；瘤囊体存在于子实层、孔口边缘和菌盖上表面，稍厚壁，棍棒形，大小为 15–45×6–11 μm；担子棍棒形，具 2 个孢子梗，大小为 28–46×9–12 μm；担孢子椭圆形，无色，薄壁，光滑，IKI+，CB–，大小为 (8–)9.5–13(–14)×6–8.5(–9.6) μm，平均长 L = 11.38 μm，平均宽 W = 7.26 μm，长宽比 Q = 1.54–1.61 (n = 90/3)。

代表序列：MZ661772，MZ661742。

分布、习性和功能：屏边县大围山自然保护区；生长在阔叶树落枝上；引起木材白色腐朽。

 长柄胶孔菌

***Favolaschia longistipitata* Q.Y. Zhang & Y.C. Dai**

子实体：担子果一年生，聚生，具侧生柄，新鲜时胶质；菌盖勺形或半圆形，外伸可达 0.8 cm，宽可达 1.2 cm，基部厚可达 1.5 mm，上表面新鲜时柠檬黄色，干后黄色，呈半透明网状与下方孔隙相对应；孔口表面新鲜时柠檬黄色，干后黄色，具 40–240 孔；孔口五角形至六角形，边缘孔口比基部的小，直径 0.5–1.5 mm；孔口边缘全缘，干后具粉状物；菌肉黄色，厚可达 0.5 mm；菌管与孔口表面同色，长可达 1 mm；菌柄圆柱形，长可达 12 mm，直径可达 0.5 mm。

显微结构：菌丝系统一体系；生殖菌丝具简单分隔；菌管菌丝无色，薄壁，偶尔分枝，与菌管近平行排列，直径 2–4 μm；胶化囊状体存在于子实层、孔口边缘和菌盖上表面，稍厚壁，在子实层中梨形，大小为 25–45×10–12 μm，在上表皮和孔口边缘近球形，大小为 18–45×10–25 μm；瘤囊体存在于子实层、孔口边缘和菌盖上表面，稍厚壁，不规则形，大小为 16–42×5–13 μm；担子棍棒形，具 2 个孢子梗，大小为 32–47×9–13 μm；担孢子窄椭圆形，无色，薄壁，光滑，IKI+，CB–，大小为 (9–)9.8–13×6–8 μm，平均长 L = 11.31 μm，平均宽 W = 6.72 μm，长宽比 Q = 1.62–1.74 (n = 120/4)。

代表序列：MZ661784，MZ661739。

分布、习性和功能：屏边县大围山自然保护区；生长在阔叶树落枝上；引起木材白色腐朽。

图 91 短柄胶孔菌 *Favolaschia brevistipitata*

图 92 长柄胶孔菌 *Favolaschia longistipitata*

丛伞胶孔菌

Favolaschia manipularis (Berk.) Teng

子实体：担子果一年生，丛生，具中生柄，新鲜时胶质；菌盖圆锥形或钟形，直径达 2 cm，中部厚可达 4 mm；菌盖奶白色至浅黄褐色，呈半透明网状与下方孔隙相对应；孔口表面白色至奶油色；孔口近圆形至多角形，放射状排列，直径 0.5–1.5 mm；孔口边缘全缘；菌肉白色，厚可达 1 mm；菌管与孔口表面同色，长可达 3 mm；菌柄圆柱形，中空，基部稍膨大，长可达 6 cm，直径达 1.8 mm。

显微结构：菌丝系统一体系；生殖菌丝具锁状联合；菌管菌丝无色，薄壁，频繁分枝，疏松交织排列，直径 1–3 μm；菌盖皮层菌丝无色，薄壁，具疣突，直径 5–10 μm；盖生囊状体形状不规则，大小为 25–34×8–11 μm；菌柄皮层具柄生囊状体，大小为 24–39×6.8–8 μm；子实层中无囊状体和拟囊状体；担子棍棒形，大小为 16–18×6–8 μm；担孢子椭圆形，无色，薄壁，光滑，IKI+，CB–，大小为 6–8×4.5–5 μm，平均长 L = 7.05 μm，平均宽 W = 4.8 μm，长宽比 Q = 1.43–1.53 (n = 60/2)。

代表序列：MZ801776，MZ914395。

分布、习性和功能：南华县大中山自然保护区，普洱市太阳河森林公园，西双版纳自然保护区尚勇；生长在阔叶树倒木、腐朽木或树桩上；引起木材白色腐朽。

 ## 疱状胶孔菌

Favolaschia pustulosa (Jungh.) Kuntze

子实体：担子果一年生，盖形或具侧生短柄，单生或数个聚生，新鲜时胶质；菌盖贝壳形、肾形或半圆形，外伸可达 4 cm，宽可达 6 cm，基部厚可达 5 mm，上表面纯白色，干后浅黄褐色，呈半透明网状与下方孔隙相对应；孔口表面纯白色；孔口成熟后多边形，中部的孔比边缘孔大，直径 0.3–1.5 mm；孔口边缘全缘；菌肉白色，厚可达 1 mm；菌管与孔口表面同色，长可达 4 mm；菌柄与菌盖同色，基部稍膨大，长可达 5 mm，直径可达 6 mm。

显微结构：菌丝系统一体系；生殖菌丝具锁状联合；菌管菌丝无色，薄壁，胶化，疏松交织排列，IKI–，CB–，直径 2–4 μm；菌盖皮层菌丝无色，薄壁，菌丝末端形成树枝状结构，频繁分枝或结瘤，直径 5–10 μm，无盖生囊状体；子实层中无囊状体和拟囊状体；担子棍棒形，大小为 25–35×5.5–8 μm；担孢子椭圆形，无色，薄壁，光滑，IKI+，CB–，大小为 6.4–8.8×5–7.5 μm，平均长 L = 7.66 μm，平均宽 W = 6.03 μm，长宽比 Q = 1.26–1.27 (n = 60/2)。

代表序列：MT292326，MT293229。

分布、习性和功能：金平县分水岭自然保护区，屏边县大围山自然保护区；生长在阔叶树死树或树桩上；引起木材白色腐朽。

图 93　丛伞胶孔菌 *Favolaschia manipularis*

图 94　疱状胶孔菌 *Favolaschia pustulosa*

聚生棱孔菌

***Favolus acervatus* (Lloyd) Sotome & T. Hatt.**

子实体：担子果一年生，单生至数个聚生，具侧生柄或极短柄基，新鲜时革质，干后木栓质；菌盖扇形、肾形至半圆形，外伸可达 8 cm，宽可达 10.5 cm，厚可达 8 mm，上表面新鲜时白色、奶油色至浅粉黄色，干后呈奶油色、米黄色至浅灰棕色，无环纹，略具放射状条纹；菌孔表面新鲜时白色至奶油色，干后米黄色至土黄色；菌孔多角形，每毫米 2–4 个，孔口边缘薄，全缘；菌肉干后象牙色，厚可达 6 mm；菌管与孔口表面同色，长可达 2 mm；菌柄长可达 2.2 cm，直径 4 mm。

显微结构：菌丝系统二体系；生殖菌丝具简单分隔；菌管生殖菌丝常见，无色，薄壁，偶尔分枝，直径 2–4 μm；骨架-缠绕菌丝占多数，无色，中度分枝，交织排列，IKI–，CB+，直径 2–5 μm；子实层中无囊状体，具拟囊状体，锥形，大小为 15.5–18×4–5.5 μm；担子棍棒形，大小为 23–26×5–7 μm；担孢子圆柱形，无色，薄壁，光滑，IKI–，CB–，大小为 (5.7–)6.1–8.(–8.5)×(2.3–)2.5–3.1(–3.2) μm，平均长 L = 6.99 μm，平均宽 W = 2.81 μm，长宽比 Q = 2.06–2.49 (n = 175/5)。

代表序列：KX899948，KX900082。

分布、习性和功能：腾冲市曲石镇双河村，普洱市太阳河森林公园，金平县分水岭自然保护区，金平县金河镇板桥村；生长在阔叶树倒木上和树枝上；引起木材白色腐朽。

 ## 埃默里克棱孔菌

***Favolus emerici* (Berk. ex Cooke) Imazeki**

子实体：担子果一年生，具侧生菌柄，单生或数个聚生，新鲜时肉革质至革质，干后木栓质；菌盖扇形、半圆形或圆形，直径可达 7 cm，中部厚可达 9 mm，上表面奶油色、浅黄色、棕黄色、黄褐色、灰褐色或浅褐色，后期灰白色，具放射状条纹；孔口表面浅黄色、蜜黄色、稻草色、浅褐色；孔口圆形，每毫米 4–6 个，下延至菌柄；孔口边缘薄，略撕裂状；菌肉奶油色至木材色，厚可达 4 mm；菌管浅褐色，长可达 5 mm；菌柄颜色与孔口表面一致，长可达 1 cm，直径可达 5 mm。

显微结构：菌丝系统二体系；生殖菌丝具锁状联合；菌丝组织在 KOH 试剂中无变化；菌管生殖菌丝占少数，无色，薄壁，频繁分枝，直径 1.9–3.5 μm；骨架菌丝占多数，厚壁具窄内腔，树状分枝，交织排列，IKI–，CB+；直径 2–3.8 μm；子实层中无囊状体；具锥形拟囊状体，大小为 19–22×5.5–8 μm；担子棍棒形，大小为 12–18×6.5–8 μm；担孢子长椭圆形至圆柱形，无色，薄壁，光滑，IKI–，CB–，大小为 7–8.9×3–3.4 mm，平均长 L = 7.93 μm，平均宽 W = 3.15 μm，长宽比 Q = 2.52 (n = 30/1)。

代表序列：KX899984，KX900111。

分布、习性和功能：瑞丽市莫里热带雨林景区；生长在阔叶树倒木和树枝上；引起木材白色腐朽。

图 95　聚生棱孔菌 *Favolus acervatus*

图 96　埃默里克棱孔菌 *Favolus emerici*

雪白棱孔菌

Favolus niveus J.L. Zhou & B.K. Cui

子实体: 担子果一年生,具侧生柄,单生至数个聚生,新鲜时软革质;菌盖匙形至半圆形,外伸可达 4.8 cm,宽可达 5 cm,厚可达 3 mm,上表面新鲜时白色,后粉黄色、杏黄色至肉桂色,无环纹,具放射状条纹;孔口表面新鲜时白色至奶油色,干后呈米黄色、浅棕色至黄棕色;孔口多角形,放射状排列,每毫米 0.5–1 个,偶尔拉长可达 3.5 mm,宽可达 1.5 mm;孔口边缘厚,全缘;菌肉厚可达 0.5 mm;菌管与孔口表面同色,长可达 2.5 mm;菌柄干后米黄色,长可达 9 mm,直径可达 6.5 mm。

显微结构: 菌丝系统二体系;生殖菌丝具简单分隔和锁状联合;菌管生殖菌丝占多数,无色,薄壁,少分枝,与菌管平行排列,直径 2–4.5 μm;骨架菌丝常见,无色,厚壁,具宽内腔,树状分枝,交织排列,IKI–,CB+,直径 2–6.5 μm;子实层中无囊状体;具拟囊状体,镰刀形至锥形,大小为 20–36×4–6.5 μm;担子棍棒形,大小为 24–32×5.5–6 μm;担孢子长椭圆形至圆柱形,无色,薄壁,光滑,IKI–,CB–,大小为 (6–)6.5–9.5(–10.5)×2.5–4 μm,平均长 L = 7.85 μm,平均宽 W = 3.27 μm,长宽比 Q = 1.97–2.4 (n = 122/3)。

代表序列: KX548956,KX548982。

分布、习性和功能: 南华县大中山自然保护区;生长在阔叶树枝上;引起木材白色腐朽。

 假埃默里克棱孔菌

Favolus pseudoemerici J.L. Zhou & B.K. Cui

子实体: 担子果一年生,具侧生柄,单生至数个聚生,新鲜时肉质,成熟后革质,干后木栓质;菌盖匙形、扇形至半圆形,外伸可达 5.1 cm,宽可达 8.2 cm,厚可达 3 mm,上表面米黄色、橘红色至土黄色,后期黄棕色至黑棕色,无环纹,具放射状条纹;孔口表面初期白色,成熟后米黄色至橘红色,干后橘棕色至褐色;孔口圆形至多角形,每毫米 3–6 个;孔口边缘薄,全缘;菌肉干后白色至米黄色,厚可达 1 mm;菌管与孔口表面同色,长可达 2 mm;菌柄米黄色至浅棕色,长可达 1.6 cm,直径可达 9 mm。

显微结构: 菌丝系统二体系;生殖菌丝具锁状联合和简单分隔;菌管生殖菌丝常见,无色,薄壁,少分枝,直径 2.5–5 μm;骨架菌丝常见,无色,厚壁具中度至宽内腔,树状分枝,交织排列,IKI–,CB+;直径 2.5–6.5 μm;子实层中无囊状体;具拟囊状体,镰刀形至锥形,大小为 14.2–21.4×3.7–6.5 μm;担子棍棒形,大小为 12.5–17.8×6–9.4 μm;担孢子长椭圆形至圆柱形,无色,薄壁,光滑,IKI–,CB–,大小为 (6.5–)7–10.5(–11.5)×2.5–4(–4.5) μm,平均长 L = 8.72 μm,平均宽 W = 3.33 μm,长宽比 Q = 1.97–2.63 (n = 297/7)。

代表序列: KX548960,KX548986。

分布、习性和功能: 沧源县班老乡,勐腊县望天树景区;生长在阔叶树枝上;引起木材白色腐朽。

图 97　雪白棱孔菌 *Favolus niveus*

图 98　假埃默里克棱孔菌 *Favolus pseudoemerici*

棱孔菌

Favolus spathulatus (Jungh.) Lév.

子实体：担子果一年生，具侧生柄，单生或数个聚生，新鲜时肉革质，干后易碎；菌盖扇形、匙形至半圆形，外伸可达 4.5 cm，宽可达 6 cm，厚可达 2 mm，上表面新鲜时白色至奶油色，干后浅棕色至黄褐色，具放射状条纹；边缘偶尔撕裂状；孔口表面白色至奶油色，干后米黄色至橘棕色；菌孔多角形，放射状排列，每毫米 1–2 个，偶尔拉长至 1.5 mm，宽 0.5 mm；孔口边缘薄，全缘或撕裂状；菌肉干后土黄色，厚可达 0.6 mm；菌管与菌孔表面同色，长可达 1.4 mm；菌柄长可达 1 cm，直径可达 3 mm。

显微结构：菌丝系统二体系；生殖菌丝具锁状联合；菌管生殖菌丝少见，无色，薄壁，偶尔分枝，直径 1.5–3 μm；骨架-缠绕菌丝占多数，无色，中度分枝，交织排列，IKI–，CB+，直径 1.7–4 μm，子实层中无囊状体；具拟囊状体，锥形，大小为 15.5–20×4.5–6 μm；担子棍棒形，大小为 15–22×5–6 μm；担孢子圆柱形，无色，薄壁，光滑，IKI–，CB–，大小为 (5.3–)5.5–8.1(–10.2)×(2.3–)2.4–3(–3.3) μm，平均长 L = 6.67 μm，平均宽 W = 2.69 μm，长宽比 Q = 1.96–2.48 (n = 120/4)。

代表序列：KX900001，KX900125。

分布、习性和功能：水富市铜锣坝国家森林公园；生长在阔叶树和竹子倒木或树桩上；引起木材和竹材白色腐朽。

 白索孔菌

Fibroporia albicans B.K. Cui & Yuan Y. Chen

子实体：担子果一年生，平伏，易与基质分离，新鲜时蜡质至软革质，干后软木栓质，长可达 100 cm，宽可达 40 cm，中部可达 2.5 mm；孔口表面新鲜时白色至奶油色，干后奶油色至浅黄色；边缘毛絮状至具明显菌索；孔口多角形，每毫米 6–8 个；孔口边缘薄，全缘至略撕裂状；菌肉白色至奶油色，厚可达 0.5 mm，菌管与孔口表面同色，长可达 2 mm。

显微结构：菌丝系统一体系；生殖菌丝具锁状联合；菌管菌丝无色，薄壁，偶尔分枝，IKI–，CB–，直径 2–4.5 μm；子实层中无囊状体；具纺锤形拟囊状体，大小为 10–16×3–5.5 μm；担子棍棒形，大小为 10–17×5–7 μm；担孢子椭圆形至宽椭圆形，无色，稍厚壁，光滑，IKI–，CB–，大小为 (3.5–)4–5.2(–6)×3–3.8(–4) μm，平均长 L = 4.49 μm，平均宽 W = 3.25 μm，长宽比 Q = 1.35–1.44 (n = 120/4)。

代表序列：OL457963，OL457434。

分布、习性和功能：宾川县鸡足山风景区；生长在阔叶树根部及土坡上；引起木材褐色腐朽。

图 99　棱孔菌 *Favolus spathulatus*

图 100　白索孔菌 *Fibroporia albicans*

蜡索孔菌

***Fibroporia ceracea* Yuan Y. Chen, B.K. Cui & Y.C. Dai**

子实体：担子果一年生，平伏，与基质不易分离，长可达 10 cm，宽可达 7.4 cm，中部厚可达 1 mm；孔口表面初期奶油色至浅鼠灰色，成熟时逐渐变成浅灰白色，干后肉桂色至灰褐色；孔口多角形，每毫米 2–4 个；孔口边缘薄，全缘；菌肉白色，木栓质，厚可达 0.5 mm；菌管与孔口表面同色，长可达 0.5 mm。

显微结构：菌丝系统一体系；生殖菌丝具锁状联合；菌管菌丝无色，薄壁，频繁分枝，IKI–，CB–，直径 2–5 μm；子实层中无囊状体；具棍棒形拟囊状体，大小为 15.6–19×5–6.5 μm；担子棍棒形，大小为 18–23×6–7 μm；担孢子椭圆形至宽椭圆形，无色，稍厚壁，光滑，IKI–，CB–，大小为 4.2–5×2.5–3 μm，平均长 L = 4.6 μm，平均宽 W = 2.77 μm，长宽比 Q = 1.6–1.65 (n = 60/2)。

代表序列：KU550476，KU550490。

分布、习性和功能：楚雄市紫溪山森林公园；生长在阔叶树倒木上；引起木材褐色腐朽。

 黄白索孔菌

***Fibroporia citrina* (Bernicchia & Ryvarden) Bernicchia & Ryvarden**

子实体：担子果一年生，平伏，与基质不易分离，长可达 14 cm，宽可达 5 cm，中部厚可达 5 mm；孔口表面初期奶油色、浅黄色、橘黄色，后期橄榄棕色；孔口圆形至多角形，每毫米 4–5 个；孔口边缘薄，全缘；菌肉白色，厚可达 1 mm；菌管奶油色至浅黄色，长可达 4 mm。

显微结构：菌丝系统二体系；生殖菌丝具锁状联合，菌管生殖菌丝无色，薄壁，偶尔分枝，直径 2–4 μm；骨架菌丝占多数，厚壁，近实心，少分枝，交织排列，IKI–，CB–，直径 3–4.4 μm；子实层中无囊状体；具纺锤形拟囊状体，大小为 15.8–20.3×4–5.6 μm；担子棍棒形，大小为 20–24.8×6–7 μm；担孢子宽椭圆形至近卵圆形，无色，稍厚壁，光滑，IKI–，CB–，大小为 4–5×3–3.6 μm，平均长 L = 4.57 μm，平均宽 W = 3.48 μm，长宽比 Q = 1.25–1.55 (n = 60/2)。

代表序列：KT895886，KT988993。

分布、习性和功能：维西县老君山自然保护区；生长在云杉倒木上；引起木材褐色腐朽。

图 101　蜡索孔菌 *Fibroporia ceracea*

图 102　黄白索孔菌 *Fibroporia citrina*

103

棉絮索孔菌

Fibroporia gossypium (Speg.) Parmasto

子实体：担子果一年生，平伏，与基质不易分离，长可达 8 cm，宽可达 5.2 cm，中部厚可达 5 mm；孔口表面初期白色至奶油色，后期稻草色至奶油色；孔口多角形，每毫米 3–6个；孔口边缘薄，全缘；菌肉白色，棉絮状，厚可达 1 mm；菌管与孔口表面同色，长可达 4 mm。

显微结构：菌肉菌丝二体系，菌管菌丝一体系；生殖菌丝具锁状联合；菌管菌丝无色，薄壁，频繁分枝，直径 3–6 μm；菌肉骨架菌丝占少数，厚壁，不分枝，IKI–，CB–，直径 3–5 μm；子实层中无囊状体和拟囊状体；担子棍棒形，大小为 15–20×4–5 μm；担孢子宽椭圆形，无色，稍厚壁，光滑，IKI–，CB–，大小为 4.5–6×2–2.6 μm，平均长 L = 5.29 μm，平均宽 W = 2.4 μm，长宽比 Q = 2.25–2.92 (n = 60/2)。

代表序列：KU550474，KU550494。

分布、习性和功能：楚雄市紫溪山森林公园；生长在松树过火木上；引起木材褐色腐朽。

 ## 根状索孔菌

Fibroporia radiculosa (Peck) Parmasto

子实体：担子果一年生，平伏，与基质易分离，长可达 9 cm，宽可达 4.5 cm，中部厚可达 6 mm；孔口表面橘黄色；不育边缘不明显，具黄色菌索；孔口圆形至多角形，每毫米 1–2 个；孔口边缘薄，全缘或至略撕裂状；菌肉奶油色，柔软，厚可达 1 mm；菌管与孔口表面同色，脆质，长可达 5 mm。

显微结构：菌肉菌丝二体系，菌管菌丝一体系；生殖菌丝具锁状联合；菌管菌丝无色，薄壁，频繁分枝，直径 2–5 μm；菌肉骨架菌丝厚壁，偶尔分枝，IKI–，CB–，直径 3–5 μm；子实层中无囊状体和拟囊状体；担子棍棒形，大小为 15–30×4–6.5 μm；担孢子宽椭圆形，无色，稍厚壁，光滑，IKI–，CB–，大小为 6–7×3–3.6 μm，平均长 L = 6.36 μm，平均宽 W = 3.43 μm，长宽比 Q = 2–2.35 (n = 60/2)。

代表序列：KP145010，KU550499。

分布、习性和功能：宾川县鸡足山风景区，昆明市黑龙潭公园；生长在松树桩或腐朽木上；引起木材褐色腐朽。

图 103　棉絮索孔菌 *Fibroporia gossypium*

图 104　根状索孔菌 *Fibroporia radiculosa*

亚牛排菌

Fistulina subhepatica B.K. Cui & J. Song

子实体：担子果一年生，盖形或具侧生短柄，单生，新鲜时肉质，干后皮革质；菌盖肾形或半圆形，外伸可达 8 cm，宽可达 15 cm，基部厚可达 60 mm，上表面新鲜时玫瑰色至红棕色，干后暗褐色至黑色，具不明显放射状皱纹；孔口表面新鲜时白色，干后肉桂色至红棕色；孔口圆形，菌管独立，每毫米 6–9 个；孔口边缘厚，全缘至略撕裂状；菌肉黄色至褐色，皮革质，厚可达 50 mm；菌管与孔口表面同色，皮革质，长可达 10 mm。

显微结构：菌丝系统一体系；生殖菌丝具锁状联合；菌管菌丝无色，薄壁至稍厚壁，偶尔分枝，IKI–，CB–，在 KOH 试剂中消解，直径 3.5–12 μm；子实层中具囊状体，大小为 75–90×5–7 μm；担子棍棒形，大小为 15–32×5–7 μm；担孢子椭圆形，无色，厚壁，光滑，IKI–，CB+，大小为 4–6×3–4 μm，平均长 L = 4.82 μm，平均宽 W = 3.37 μm，长宽比 Q = 1.36–1.52 (n = 150/5)。

代表序列：KJ925058，KJ925053。

分布、习性和功能：景东县哀牢山自然保护区，临翔区小道河林场，南华县大中山自然保护区，屏边县大围山自然保护区；生长在栎树活立木、死树、倒木和腐朽木上；引起木材褐色腐朽；食药用。

 ## 厚垣孢黄伏孔菌

Flavidoporia pulverulenta (B. Rivoire) Audet

子实体：担子果一年生，平伏，与基质不易分离，长可达 23 cm，宽可达 6 cm，中部厚可达 5 mm；孔口表面新鲜时奶油色至浅灰色，干后黄色、浅黄色至赭色；孔口多角形、不规则形至迷宫状，每毫米 2–3 个；孔口边缘薄，撕裂状；菌肉灰白色，柔软，厚可达 2 mm；菌管与孔口表面同色，脆至白垩质，长可达 3 mm。

显微结构：菌丝系统二体系；生殖菌丝具锁状联合；菌管生殖菌丝无色，薄壁至稍厚壁，偶尔分枝，直径 3–5 μm；骨架菌丝厚壁，偶尔分枝，弱 IKI+，CB–，直径 2.6–4.6 μm；子实层中无囊状体；具拟囊状体，大小为 15.2–26.8×4.9–6.2 μm；担子棍棒形，大小为 14.8–25×6–8 μm；担孢子椭圆形，无色，薄壁，光滑，IKI–，CB–，大小为 5.4–8.3×3–4 μm，平均长 L = 7.75 μm，平均宽 W = 3.72 μm，长宽比 Q = 2.23–2.68 (n = 60/2)。

代表序列：MG787588，MG817478。

分布、习性和功能：维西县老君山自然保护区；生长在阔叶树倒木上；引起木材褐色腐朽。

图 105 亚牛排菌 *Fistulina subhepatica*

图 106 厚垣孢黄伏孔菌 *Flavidoporia pulverulenta*

垫形黄伏孔菌

Flavidoporia pulvinascens (Pilát) Audet

子实体：担子果多年生，平伏至平伏反转，与基质易分离，长可达 10 cm，宽可达 4 cm，中部厚可达 10 mm；孔口表面新鲜时白色至奶油色，干后稻草色至原木色；孔口圆形，每毫米 4–5 个；孔口边缘薄，全缘；菌肉奶油色，柔软，厚可达 1 mm；菌管与孔口表面同色，脆至白垩质，长可达 9 mm。

显微结构：菌肉菌丝二体系，菌管菌丝一体系；生殖菌丝具锁状联合；菌管菌丝无色，薄壁，少分枝，直径 2–3.6 μm；菌肉骨架菌丝厚壁，偶尔分枝，IKI–，CB–，直径 2–5 μm；子实层中无囊状体；具拟囊状体，大小为 16–24×5–6 μm；担子棍棒形，大小为 19–27×5–7 μm；担孢子窄椭圆形，无色，薄壁，光滑，IKI–，CB–，大小为 6–7.5×2.4–3.2 μm，平均长 L = 6.86 μm，平均宽 W = 3.75 μm，长宽比 Q = 2.15–2.78 (n = 60/2)。

代表序列：MG787590，MG787636。

分布、习性和功能：维西县老君山自然保护区；生长在阔叶树倒木上；引起木材褐色腐朽。

 ## 赖氏黄孔菌

Flaviporus liebmannii (Fr.) Ginns

子实体：担子果多年生，盖形或具侧生柄，单生或数个聚生，新鲜时革质，干后骨质；菌盖匙形、扇形或呈半圆形，外伸可达 4 cm，宽可达 6 cm，基部厚可达 5 mm，上表面褐色至红褐色，具同心环带，光滑；孔口表面新鲜时白色，干后棕褐色至污灰褐色；孔口圆形至多角形，每毫米 18–22 个；孔口边缘薄，全缘；菌肉浅棕黄色至深褐色，厚可达 2 mm；菌管深褐色，长可达 3 mm；菌柄长可达 1 cm，直径可达 4 mm。

显微结构：菌丝系统二体系；生殖菌丝具锁状联合；菌管生殖菌丝少见，无色，薄壁至稍厚壁，少分枝，直径 1.5–3.0 μm；骨架菌丝占多数，无色至浅黄色，厚壁至近实心，不分枝，弯曲，紧密黏结，IKI–，CB+，直径 2–4 μm；菌管边缘菌丝末端膨胀，直径可达 8 μm；子实层中无囊状体和拟囊状体；担子桶状，大小为 8–12×4–5 μm；担孢子短圆柱形至长椭圆形，无色，薄壁，光滑，IKI–，CB–，大小为 (3.1–)3.2–3.7(–3.8)×(1.6–)1.7–2(–2.1) μm，平均长 L = 3.4 μm，平均宽 W = 1.8 μm，长宽比 Q = 1.89 (n = 30/1)。

代表序列：JN710539，JN710539。

分布、习性和功能：腾冲市高黎贡山自然保护区，勐腊县中国科学院西双版纳热带植物园，勐腊县望天树景区；生长在阔叶树倒木上；引起木材白色腐朽。

图 107 垫形黄伏孔菌 *Flavidoporia pulvinascens*

图 108 赖氏黄孔菌 *Flaviporus liebmannii*

微小黄孔菌

***Flaviporus minutus* (B.K. Cui & Y.C. Dai) F. Wu, Jia J. Chen & Y.C. Dai**

子实体：担子果多年生，平伏，贴生，不易与基质分离，新鲜时革质，干后木质，长可达 20 cm，宽可达 10 cm，中部厚可达 4 mm；孔口表面新鲜时白色至奶油色，干后浅黄色，具折光反应；不育边缘窄至几乎无；孔口圆形至多角形，每毫米 8–10 个；孔口边缘薄，全缘；菌肉奶油色至浅黄色，厚可达 1 mm；菌管干后与孔口表面同色，硬木质，长可达 3 mm。

显微结构：菌丝系统一体系；生殖菌丝具简单分隔；菌管菌丝无色，厚壁，具宽至窄内腔，频繁分枝，平直，平行于菌管排列，IKI–，CB+，直径 2.4–5 μm；有些厚壁菌丝膨胀并伸出子实层，形成类似囊状体的结构；子实层中无囊状体；具锥形拟囊状体，大小为 7.3–11.2×3.5–4.8 μm；担子短棍棒形至桶状，大小为 7–10.6×4–5 μm；担孢子宽椭圆形至近球形，无色，薄壁，光滑，IKI–，CB–，大小为 (1.9–)2–2.5(–2.7)×(1.5–)1.6–2.1(–2.3) μm，平均长 L = 2.17 μm，平均宽 W = 1.88 μm，长宽比 Q = 1.13–1.19 (n = 90/3)。

代表序列：KY131883，KY131940。

分布、习性和功能：景洪市西双版纳自然保护区三岔河，勐腊县望天树景区；生长在阔叶树腐朽木上；引起木材白色腐朽。

 ## 浅黄囊孔菌

***Flavodon flavus* (Klotzsch) Ryvarden**

子实体：担子果一年生，平伏至反卷或具菌盖，覆瓦状叠生，干后软革质；菌盖半圆形，外伸可达 1 cm，宽可达 2 cm，基部厚可达 3 mm，上表面灰白色、奶油色至黄褐色，具同心环沟；子实层体孔状至齿状，新鲜时橘黄色，干后呈烟草黄色至褐色；菌孔撕裂状至菌齿，菌齿锥形，单生或由 2–3 个菌齿相互连接，每毫米 1–3 个；菌肉异质，上层颜色较浅，下层颜色与菌齿相同，菌肉层厚可达 1 mm；菌齿长可达 2 mm。

显微结构：菌丝系统二体系；生殖菌丝具简单分隔；菌丝组织在 KOH 试剂中变褐色；菌齿生殖菌丝常见，无色，薄壁至稍厚壁，频繁分枝，直径 1.5–3 μm；骨架菌丝占多数，无色至浅黄褐色，厚壁，具明显内腔，平直或稍弯曲，不分枝，IKI–，CB+，直径 2–5 μm；子实层具大量囊状体，长锥形，厚壁至近实心，浅黄褐色，具小结晶，大小为 22.8–40.2×2.4–3.7 μm；担子棍棒形，大小为 17–28×4.5–6 μm；担孢子椭圆形，无色，薄壁，光滑，IKI–，CB–，大小为 (5–)5.4–6.7(–7)×(3.3–)3.5–4.2(–4.5) μm，平均长 L = 6.04 μm，平均宽 W = 3.89 μm，长宽比 Q = 1.55 (n = 30/1)。

代表序列：OL587816，OL546783。

分布、习性和功能：云南元江国家级自然保护区，漾濞县石门景区，勐腊县中国科学院西双版纳热带植物园绿石林；生长在阔叶树倒木和树桩上；引起木材白色腐朽；药用。

图 109　微小黄孔菌 *Flaviporus minutus*

图 110　浅黄囊孔菌 *Flavodon flavus*

尖囊黄囊孔菌

Flavodon subulatus (Ryvaren) F. Wu, Jia J. Chen & Y.C. Dai

子实体：担子果一年生，平伏，不易与基质分离，新鲜时软革质，干后变革质，长可达7 cm，宽可达 5 cm，中部厚可达 5 mm；孔口表面新鲜时白色至奶油色，干后奶油色至浅黄色；不育边缘窄至几乎无；孔口多角形至不规则形，每毫米 1–2 个；孔口边缘稍厚，略撕裂状；菌肉奶油色，厚可达 0.2 mm；菌管干后浅黄色，长可达 4.8 mm。

显微结构：菌丝系统一体系；生殖菌丝具简单分隔；菌丝组织在 KOH 试剂中无变化；菌管生殖菌丝无色，薄壁至厚壁，具宽或窄内腔，频繁分枝，与菌管近平行排列，IKI–，CB+，直径 2–3 μm；子实层具囊状体，锥形，厚壁，末端具结晶，大小为 13–27×5–6 μm；担子桶状至短棍棒形，大小为 14–16×4–5 μm；担孢子椭圆形，无色，薄壁，光滑，IKI–，CB–，大小为 (4.3–)4.4–5(–5.1)×(2.4–)2.5–3 μm，平均长 L = 4.6 μm，平均宽 W = 2.68 μm，长宽比 Q = 1.72 (n = 30/1)。

代表序列：KY131837，KY131896。

分布、习性和功能：盈江县铜壁关自然保护区；生长在阔叶树倒木上；引起木材白色腐朽。

 ## 木蹄层孔菌

Fomes fomentarius (L.) Fr.

子实体：担子果多年生，盖形，单生，新鲜时木栓质，干后木质；菌盖蹄形，外伸可达20 cm，宽可达 30 cm，基部厚可达 120 mm，上表面灰色至灰黑色，具同心环带和浅环沟；孔口表面灰褐色；不育边缘明显，宽可达 5 mm；孔口圆形，每毫米 3–4 个；孔口边缘厚，全缘；菌肉浅黄褐色或锈褐色，上表面具皮壳，中部具菌核，厚可达 50 mm；菌管浅褐色，分层明显，长可达 70 mm。

显微结构：菌丝系统三体系；生殖菌丝具锁状联合；菌丝组织在 KOH 试剂中变黑；菌管生殖菌丝常见，无色，薄壁，频繁分枝，具结晶体，直径 1.5–3 μm；骨架菌丝浅黄色，厚壁，具窄内腔，偶尔分枝，弯曲，疏松交织排列，具结晶体，IKI–，CB(+)，直径2.9–8 μm；子实层中无囊状体；具纺锤形拟囊状体，大小为 21–34×3.5–6 μm；担子棍棒形，大小为 20–24×7–8 μm；担孢子圆柱形，无色，薄壁，光滑，IKI–，CB–，大小为18–21×5–5.6 μm，平均长 L = 19.35 μm，平均宽 W = 5.15 μm，长宽比 Q = 3.76 (n = 30/1)。

代表序列：KX885072，KX832056。

分布、习性和功能：德钦县梅里雪山地质公园，香格里拉市普达措国家公园，腾冲市高黎贡山自然保护区；生长在桦树活立木上；引起木材白色腐朽；药用。

图 111　尖囊黄囊孔菌 *Flavodon subulatus*

图 112　木蹄层孔菌 *Fomes fomentarius*

中华小嗜蓝孢孔菌

Fomitiporella chinensis (Pilát) Y.C. Dai, X.H. Ji & Vlasák

子实体： 担子果二年生，平伏至反卷，偶尔覆瓦状叠生，木栓质至木质；菌盖半圆形，外伸可达 2 cm，宽可达 6 cm，基部厚可达 8 mm，上表面灰褐色，具同心环带和环沟；孔口表面新鲜时呈浅褐色，干后暗褐色，具弱折光反应；孔口圆形、多角形至不规则形，每毫米 3–4 个；孔口边缘薄，撕裂状；菌肉异质，层间具一黑线区，褐色至暗褐色，厚可达 1 mm；菌管深褐色，长可达 7 mm。

显微结构： 菌丝系统二体系；生殖菌丝具简单分隔；菌丝组织在 KOH 试剂中变黑；菌管生殖菌丝常见，无色至浅黄色，薄壁至略厚壁，偶尔分隔，少分枝，直径 2–3.5 μm；骨架菌丝金黄色，厚壁，少分隔，不分枝，平行于菌管排列，直径 2.7–4.5 μm；子实层中无囊状体和拟囊状体；担子似棍棒形；大小为 11–15×5–6 μm；担孢子宽椭圆形，浅黄色，厚壁，IKI–，CB+，大小为 (4.2–)4.6–5.7(–6)×(3.5–)3.8–4.4(–4.8) μm，平均长 L = 5.19 μm，平均宽 W = 3.99 μm，长宽比 Q = 1.27–1.33 (n = 90/3)。

代表序列： KX181310，KX181342。

分布、习性和功能： 巍山县巍宝山国家森林公园；生长在阔叶树倒木和树桩上；引起木材白色腐朽。

 中国小嗜蓝孢孔菌

Fomitiporella sinica Y.C. Dai, X.H. Ji & Vlasák

子实体： 担子果多年生，平伏，木栓质至木质，长可达 16 cm，宽可达 6 cm，中部厚可达 10 mm；孔口表面鼻烟色至深棕色，具弱折光反应，干后不开裂；不育边缘窄，浅黄棕色，宽可达 1 mm；孔口多角形，每毫米 6–8 个；孔口边缘薄，全缘；菌肉极薄至几乎无；菌管硬木质，长可达 10 mm。

显微结构： 菌丝系统二体系；生殖菌丝具简单分隔；菌丝组织在 KOH 试剂中变黑；菌管生殖菌丝无色，薄壁至厚壁，不分枝，多分隔，直径 1.8–2.7 μm；骨架菌丝金黄色，厚壁，具窄内腔，不分隔，交织排列，直径 2–3.5 μm；子实层中无囊状体和拟囊状体；担子桶状，大小为 10–14×5.4–6.2 μm；具大量菱形结晶；担孢子宽椭圆形至近球形，黄褐色，厚壁，成熟后多数塌陷，IKI–，CB(+)，大小为 4–4.5×3–3.5 μm，平均长 L = 4.1 μm，平均宽 W = 3.3 μm，长宽比 Q = 1.23–1.28 (n = 60/2)。

代表序列： KJ787820，KJ787811。

分布、习性和功能： 西双版纳原始森林公园，勐腊县望天树景区；生长在阔叶树倒木和树桩上；引起木材白色腐朽。

图 113　中华小嗜蓝孢孔菌 *Fomitiporella chinensis*

图 114　中国小嗜蓝孢孔菌 *Fomitiporella sinica*

极薄小嗜蓝孢孔菌

***Fomitiporella tenuissima* (H.Y. Yu, C.L. Zhao & Y.C. Dai) Y.C. Dai, X.H. Ji & Vlasák**

子实体：担子果一年生，平伏，贴生，不易与基质分离，新鲜时革质，干后木栓质，长可达 15 cm，宽可达 7 cm，中部厚可达 1.5 mm；孔口表面新鲜时呈红灰色至灰褐色，干后呈浅褐色；孔口多角形，每毫米 3–4 个；孔口边缘薄，全缘；菌肉褐色，软木质，厚可达 0.2 mm；菌管暗褐色，长可达 1.3 mm。

显微结构：菌丝系统二体系；生殖菌丝具简单分隔；菌丝组织在 KOH 试剂中变黑；菌管生殖菌丝浅黄色，厚壁，少分枝，少分隔，直径 3–4 μm；骨架菌丝黄色，厚壁，不分枝，不分隔，直径 3–5 μm；子实层中无囊状体及拟囊状体；担子棍棒形至桶状，大小为 12–18×4.5–6.5 μm；担孢子椭圆形，黄褐色，厚壁，IKI–，CB–，大小为 (4–)4.3–5(–5.2)×(3–)3.2–4(–4.2) μm，平均长 L = 4.8 μm，平均宽 W = 3.6 μm，长宽比 Q = 1.31–1.38 (n = 90/3)。

代表序列：KC456243，KC999903。

分布、习性和功能：普洱市太阳河森林公园；生长在阔叶树倒木上；引起木材白色腐朽。

 高山嗜蓝孢孔菌

***Fomitiporia alpina* B.K. Cui & Hong Chen**

子实体：担子果多年生，盖形，单生，木栓质至木质；菌盖半圆形，外伸可达 3 cm，宽可达 7 cm，基部厚可达 40 mm，上表面灰褐色至黑褐色，边缘钝；孔口表面黄棕色至浅棕色；孔口圆形至多角形，每毫米 5–7 个，孔口边缘稍厚，全缘；菌肉棕色，厚可达 20 mm，菌管与菌肉同色，分层明显，长可达 20 mm。

显微结构：菌丝系统二体系；生殖菌丝具简单分隔；菌丝组织在 KOH 试剂中变黑；菌管生殖菌丝浅黄色，薄壁，中度分枝，直径 1.8–3.3 μm；骨架菌丝占多数，浅黄棕色至锈褐色，厚壁，具宽内腔，平行于菌管排列，IKI–，CB+，直径 2.6–5.2 μm；子实层无刚毛和囊状体；担子桶状至近球形，大小为 9–16×8–12 μm，担孢子近球形至球形，无色，厚壁，光滑，IKI[+]，CB+，大小为 (6–)6.5–8(–8.4)×(5–)6–8(–8.4) μm，平均长 L = 7.1 μm，平均宽 W = 6.8 μm，长宽比 Q = 1.01–1.08 (n = 120/4)。

代表序列：KX639627，KX639645。

分布、习性和功能：玉龙县黎明老君山国家公园；生长在冷杉倒木上；引起木材白色腐朽；药用。

图 115　极薄小嗜蓝孢孔菌 *Fomitiporella tenuissima*

图 116　高山嗜蓝孢孔菌 *Fomitiporia alpina*

版纳嗜蓝孢孔菌

***Fomitiporia bannaensis* Y.C. Dai**

子实体: 担子果多年生,平伏,不易与基质分离,新鲜时硬木栓质,干后硬木质至硬骨质,长可达 30 cm,宽可达 15 cm,中部厚可达 12 mm;孔口表面浅黄褐色,具折光反应;孔口圆形 (斜生孔口扭曲形),每毫米 8–10 个;孔口边缘薄,全缘;菌肉栗褐色,厚可达 1 mm;菌管锈褐色,颜色比孔口表面稍暗,分层不明显,长可达 11 mm。

显微结构: 菌丝系统二体系;生殖菌丝具简单分隔;菌丝组织在 KOH 试剂中变黑;菌管生殖菌丝少见,无色,薄壁,频繁分枝,直径 1.8–2.8 μm;骨架菌丝金黄褐色,厚壁,具明显内腔,不分枝,弯曲,交织排列,略黏结,IKI–,CB–,直径 2.5–4 μm;子实层刚毛锥形至腹鼓形,大小为 17–23×6–8 μm;拟囊状体锥形,大小为 14–18×4–5 μm;担子宽桶状至近球形,大小为 8–11×7–8.5 μm;担孢子近球形至球形,无色,稍厚壁,光滑,IKI[+],CB+,大小为 4.2–5.2×3.8–4.8 μm,平均长 L = 4.7 μm,平均宽 W = 4.21 μm,长宽比 Q = 1.11–1.13 (n = 60/2)。

代表序列: KF444683,KF444706。

分布、习性和功能: 西双版纳原始森林公园,勐腊县中国科学院西双版纳热带植物园,勐腊县雨林谷;生长在阔叶树倒木上;引起木材白色腐朽;药用。

 高黎贡嗜蓝孢孔菌

***Fomitiporia gaoligongensis* B.K. Cui & Hong Chen**

子实体: 担子果多年生,盖形,单生或数个聚生,新鲜和干后均木质;菌盖蹄形,外伸可达 4 cm,宽可达 6.5 cm,基部厚可达 30 mm,上表面灰褐色至深棕色,光滑;孔口表面棕色至深棕色;孔口圆形,每毫米 6–8 个,孔口边缘厚,全缘;菌肉棕色,厚可达 10 mm;菌管与菌肉同色,分层明显,木质,长可达 20 mm。

显微结构: 菌丝系统二体系;生殖菌丝具简单分隔;菌丝组织在 KOH 试剂中变黑;菌管生殖菌丝无色,薄壁至稍厚壁,偶尔分枝,直径 1.4–3 μm;骨架菌丝占多数,浅黄褐色至锈褐色,厚壁,具宽内腔,平行于菌管排列,IKI–,CB–,直径 1.8–5 μm;子实层无刚毛;具锥形或腹鼓形拟囊状体,大小为 13–20×4–7 μm;担子棍棒形至桶状,大小为 9–16×8–11 μm,担孢子近球形至球形,无色,厚壁,光滑,IKI[+],CB+,大小为 (6.3–)6.5–7.6(–8.2)×(6–)6.1–7.4(–8) μm,平均长 L = 7.1 μm,平均宽 W = 6.8 μm,长宽比 Q = 1.05 (n = 30/1)。

代表序列: KX639624,KX639642。

分布、习性和功能: 腾冲市高黎贡山自然保护区;生长在阔叶树倒木上;引起木材白色腐朽;药用。

图 117　版纳嗜蓝孢孔菌 *Fomitiporia bannaensis*

图 118　高黎贡嗜蓝孢孔菌 *Fomitiporia gaoligongensis*

紫薇嗜蓝孢孔菌

Fomitiporia lagerstroemiae X.H. Ji, X.M. Tian & Y.C. Dai

子实体: 担子果多年生，平伏，垫状，不易与基质分离，新鲜时硬木质，干后硬骨质，长可达 5 cm，宽可达 3 cm，中部可达 8 mm；孔口表面暗褐色，具折光反应；边缘黑褐色，逐渐收缩，宽可达 2 mm；孔口圆形，每毫米 7–9 个；孔口边缘薄，全缘；菌肉褐色，非常薄至几乎无；菌管与孔口表面同色，分层明显，长可达 8 mm。

显微结构: 菌丝系统二体系；生殖菌丝具简单分隔；菌丝组织在 KOH 试剂中变黑；菌管生殖菌丝少见，无色至浅黄色，薄壁至稍厚壁，偶尔分枝，直径 2.5–3 µm；骨架菌丝黄褐色，厚壁，具窄至宽内腔，少分枝，交织排列，IKI–、CB–，直径 3–4 µm；子实层刚毛锥形至腹鼓形，大小为 15–22×5–7 µm；无拟囊状体；担子宽桶状，大小为 10–12×7–9 µm；担孢子近球形，无色，厚壁，光滑，IKI[+]、CB+，大小为 (4.8–)5–6(–6.2)×(4–)4.5–5.5(–6) µm，平均长 L = 5.86 µm，平均宽 W = 5.13 µm，长宽比 Q = 1.14 (n = 30/1)。

代表序列: MH930813，MH930811。

分布、习性和功能: 水富市铜锣坝国家森林公园；生长在厚壳桂活立木上；引起木材白色腐朽；药用。

 ## 似稀针嗜蓝孢孔菌

Fomitiporia subrobusta B.K. Cui & Hong Chen

子实体: 担子果多年生，盖形，单生，木栓质至木质；菌盖三角形，外生可达 4.5 cm，宽可达 6 cm，基部厚可达 60 mm，上表面黄褐色至浅灰褐色，光滑；孔口表面黄褐色至浅灰褐色；孔口圆形，每毫米 6–9 个，孔口边缘厚，全缘；菌肉棕黄色，厚可达 20 mm；菌管浅黄褐色，分层明显，长可达 40 mm。

显微结构: 菌丝系统二体系；生殖菌丝具简单分隔；菌丝组织在 KOH 试剂中变黑；菌管生殖菌丝无色至浅黄色，薄壁至稍厚壁，少分枝，直径 1.8–4.2 µm；骨架菌丝占多数，浅黄褐色至褐色，厚壁，具宽内腔，平行于菌管排列，IKI–、CB–，直径 2.6–5.8 µm；子实层无刚毛；具拟囊状体，锥形或腹鼓形，大小为 11–16×3–7 µm；担子桶状，大小为 11–17×5–9 µm，担孢子倒卵球形至近球形，无色，厚壁，光滑，IKI[+]、CB+，大小为 (5.2–)6.2–6.8(–7)×(5–)5.2–6(–6.3) µm，平均长 L = 6.3 µm，平均宽 W = 5.5 µm，长宽比 Q = 1.14 (n = 60/2)。

代表序列: KX639617，KX639635。

分布、习性和功能: 景东县哀牢山自然保护区；生长在阔叶树倒木上；引起木材白色腐朽；药用。

图 119　紫薇嗜蓝孢孔菌 *Fomitiporia lagerstroemiae*

图 120　似稀针嗜蓝孢孔菌 *Fomitiporia subrobusta*

冷杉拟层孔菌

Fomitopsis abieticola B.K. Cui, M.L. Han & Shun Liu

子实体：担子果多年生，盖形，单生，新鲜时硬木栓质；菌盖半圆形至蹄形，外伸可达 6.5 cm，宽可达 8.5 cm，基部厚可达 25 mm，上表面新鲜时奶油色、粉黄色、黄褐色至黑褐色，干后蜜黄色至棕黑色，基部具瘤状物，粗糙；孔口表面奶油色、粉黄色至咖喱黄色；孔口圆形至多角形，每毫米 2–4 个；孔口边缘厚，全缘；菌肉奶油色至稻草色，厚可达 15 mm；菌管与孔口表面同色，长可达 10 mm。

显微结构：菌丝系统二体系；生殖菌丝具锁状联合；菌管生殖菌丝少见，无色，薄壁，少分枝，直径 1.9–3.2 μm；骨架菌丝占多数，无色，厚壁，具宽内腔，偶尔分枝，IKI–，CB–，直径 2.2–7.2 μm；子实层中无囊状体；具纺锤形拟囊状体，大小为 17.5–50.2×4.3–9.5 μm；担子棍棒形，大小为 20.8–40.5×5.5–11.5 μm；担孢子长椭圆形至椭圆形，无色，薄壁，光滑，IKI–，CB–，大小为 7–9×4–5 μm，平均长 L = 7.85 μm，平均宽 W = 4.26 μm，长宽比 Q = 1.83–1.89 (n = 60/2)。

代表序列：MN148230，MN148231。

分布、习性和功能：香格里拉市普达措国家公园；生长在冷杉树桩上；引起木材褐色腐朽；药用。

 ## 桦拟层孔菌

Fomitopsis betulina (Bull.) B.K. Cui, M.L. Han & Y.C. Dai

子实体：担子果一年生，单生，偶尔具侧生短柄，新鲜时肉革质，干后软木栓质；菌盖半圆形或圆形，直径达 20 cm，中部厚可达 40 mm，上表面乳白色，干后乳褐色或黄褐色，光滑；孔口表面初期乳白色，后期稻草色或浅褐色；孔口近圆形，每毫米 5–7 个；孔口边缘薄，全缘；菌肉干后强烈收缩，海绵质或软木栓质，厚可达 35 mm；菌管与孔口表面同色，干后硬纤维质，长可达 5 mm；菌柄圆柱形，长可达 3 cm，直径达 30 mm。

显微结构：菌丝系统二体系；生殖菌丝具锁状联合；菌肉生殖菌丝占少数，无色，薄壁，偶尔分枝，直径 3–4.6 μm；骨架菌丝占多数，无色，厚壁，具窄内腔至近实心，频繁分枝，交织排列，IKI–，CB–，直径 2–6 μm；子实层中无囊状体和拟囊状体；担子棍棒形，大小为 10–21×5.5–6.5 μm；担孢子圆柱形，无色，薄壁，光滑，IKI–，CB–，大小为 4.3–5×1.5–2 μm，平均长 L = 4.68 μm，平均宽 W = 1.75 μm，长宽比 Q = 2.51–2.84 (n = 60/2)。

代表序列：KR605798，KR605737。

分布、习性和功能：兰坪县长岩山自然保护区，香格里拉市普达措国家公园；生长在桦树活立木、死树和倒木上；引起木材褐色腐朽；药用。

图 121 冷杉拟层孔菌 *Fomitopsis abieticola*

图 122 桦拟层孔菌 *Fomitopsis betulina*

横断拟层孔菌

***Fomitopsis hengduanensis* B.K. Cui & Shun Liu**

子实体：担子果多年生，盖形，单生，新鲜时硬木质；菌盖扁平，半圆形至蹄形，外伸可达 7.5 cm，宽可达 9 cm，基部厚可达 30 mm，上表面新鲜时基部黑灰色至红棕色，边缘奶油色至肉粉色，干后咖喱黄色至红棕色；孔口表面白色至奶油色，干后稻草色；孔口圆形至多角形，每毫米 6–8 个；孔口边缘厚，全缘；菌肉厚可达 15 mm；菌管与孔口表面同色，长可达 15 mm。

显微结构：菌丝系统二体系；生殖菌丝具锁状联合；菌管生殖菌丝占少数，无色，薄壁，少分枝，直径 1.3–3.5 μm；骨架菌丝占多数，无色，厚壁，具宽内腔，偶尔分枝，IKI–，CB–，直径 1.7–7.5 μm；子实层中无囊状体；具纺锤形拟囊状体，大小为 13.2–36.5×2.5–5.4 μm；担子棍棒形，大小为 16.6–34.5×5.4–10.2 μm；担孢子长椭圆形至椭圆形，无色，薄壁，光滑，IKI–，CB–，大小为 5.2–6×3.2–3.6 μm，平均长 L = 5.44 μm，平均宽 W = 3.41 μm，长宽比 Q = 1.57–1.63 (n = 60/2)。

代表序列：MN148232，MN148233。

分布、习性和功能：玉龙县玉龙雪山自然保护区；生长在云杉死树或倒木上；引起木材褐色腐朽；药用。

 亚热带拟层孔菌

***Fomitopsis subtropica* B.K. Cui, Hai J. Li & M.L. Han**

子实体：担子果一年生，平伏至反卷，通常覆瓦状叠生，易与基质分离，干后硬木栓质；平伏时长可达 12 cm，宽可达 7 cm，中部厚可达 3 mm；菌盖半圆形，外伸可达 1.5 cm，宽可达 4.2 cm，基部可达 8 mm，上表面白色、奶油色、稻草色、肉粉色；孔口表面奶油色至稻草色；孔口多角形，每毫米 6–9 个；孔口边缘薄，全缘；菌肉奶油色至浅稻草色，厚可达 6 mm；菌管与孔口表面同色，长可达 2 mm。

显微结构：菌丝系统二体系；生殖菌丝具锁状联合；菌管生殖菌丝占少数，无色，薄壁，少分枝，直径 1.8–2.5 μm；骨架菌丝占多数，无色，厚壁，具窄内腔或近实心，偶尔分枝，弯曲，交织排列，IKI–，CB–，直径 1.2–5.8 μm；子实层中无囊状体；具拟囊状体，大小为 9–15×3–4 μm；担子棍棒形，大小为 9–16×3.5–5 μm；担孢子圆柱形至长椭圆形，无色，薄壁，光滑，IKI–，CB–，大小为 3.2–4×1.8–2 μm，平均长 L = 3.79 μm，平均宽 W = 1.96 μm，长宽比 Q = 1.83–1.97 (n = 90/3)。

代表序列：JQ067651，JX435771。

分布、习性和功能：勐腊县雨林谷，勐腊县中国科学院西双版纳热带植物园热带雨林；生长在阔叶树倒木上；引起木材褐色腐朽。

图 123　横断拟层孔菌 *Fomitopsis hengduanensis*

图 124　亚热带拟层孔菌 *Fomitopsis subtropica*

华南空洞孢芝

***Foraminispora austrosinensis* (J.D. Zhao & L.W. Hsu) Y.F. Sun & B.K. Cui**

子实体：担子果一年生，单生，具中生或侧生柄，干后木栓质；菌盖近圆形，直径可达 8.5 cm，中部厚可达 5 mm，上表面黄色至黄褐色，具绒毛，具同心环沟和放射状皱纹；孔口表面白色至奶油色，触摸后不变色；孔口近圆形至多角形，每毫米 6–7 个；孔口边缘厚，全缘；菌肉厚可达 2 mm；菌管与孔口表面同色，长可达 3 mm；菌柄圆柱形，与菌盖同色，长可达 7.5 cm，直径可达 10 mm。

显微结构：菌丝系统三体系；生殖菌丝具锁状联合；骨架菌丝和缠绕菌丝 IKI–，CB+；菌丝组织在 KOH 试剂中变黑；菌管生殖菌丝占少数，无色，频繁分枝，直径 2–4 μm；骨架菌丝占多数，无色至浅黄色，厚壁，树状分枝，交织排列，直径 3–6 μm；缠绕菌丝广泛存在；子实层中无囊状体；具棍棒形拟囊状体，大小为 18–20×4–5 μm；担子桶状，大小为 13–23×11–14 μm；担孢子球形至近球形，浅褐色，双层壁，外壁光滑，无色，内壁具小刺，IKI–，CB+，大小为 7.2–8.5×6.7–8 μm，平均长 L = 7.87 μm，平均宽 W = 7.37 μm，长宽比 Q = 1.06–1.07 (n = 60/2)。

代表序列：MK119810，MK119889。

分布、习性和功能：临沧市；生长在阔叶树林地下腐朽木上；引起木材白色腐朽。

 ## 环心空洞孢芝

***Foraminispora concentrica* (J. Song, Xiao L. He & B.K. Cui) Y.F. Sun & B.K. Cui**

子实体：担子果一年生，单生，具中生或侧生柄，干后木栓质；菌盖圆形至近圆形，直径可达 11 cm，中部厚可达 10 mm，上表面黄褐色至红褐色，具绒毛，具同心环沟和放射状皱纹；孔口表面白色，触摸后不变色，干后稻草色；孔口近圆形至多角形，每毫米 3–5 个；孔口边缘薄至稍厚，全缘；菌肉厚可达 4 mm；菌管与孔口表面同色，长可达 6 mm；菌柄圆柱形，与菌盖同色，空心，长可达 7.5 cm，直径可达 6 mm。

显微结构：菌丝系统三体系；生殖菌丝具锁状联合；骨架菌丝和缠绕菌丝 IKI–，CB+；菌丝组织在 KOH 试剂中变黑；菌管生殖菌丝占少数，直径 3–4 μm；骨架菌丝占多数，无色至浅黄色，厚壁，树状分枝，交织排列，直径 2–6 μm；缠绕菌丝广泛存在；子实层中无囊状体和拟囊状体；担子桶状，大小为 17–25×10–14 μm；担孢子近球形至宽椭圆形，浅褐色，双层壁，外壁光滑，无色，内壁具小刺，弱 IKI[+]，CB+，大小为 7.7–9.5×6.8–8.3 μm，平均长 L = 8.6 μm，平均宽 W = 7.48 μm，长宽比 Q = 1.13–1.17 (n = 60/2)。

代表序列：MK119816，MK119895。

分布、习性和功能：兰坪县罗古箐自然保护区；生长在阔叶树林地下腐朽木上；引起木材白色腐朽。

图 125　华南空洞孢芝 *Foraminispora austrosinensis*

图 126　环心空洞孢芝 *Foraminispora concentrica*

云南空洞孢芝

***Foraminispora yunnanensis* (J.D. Zhao & X.Q. Zhang) Y.F. Sun & B.K. Cui**

子实体：担子果一年生，单生，具中生或侧生柄，干后木栓质；菌盖近圆形，直径可达6.5 cm，中部厚可达6 mm，上表面肉桂色至红褐色，具绒毛；孔口表面白色，触摸后不变色，干后浅黄色；孔口近圆形至多角形，每毫米2–3个；孔口边缘薄，略撕裂状；菌肉干后浅黄色，厚可达2 mm；菌管与孔口表面同色，长可达4 mm；菌柄圆柱形，与菌盖同色，实心，长可达8 cm，直径可达6 mm。

显微结构：菌丝系统三体系；生殖菌丝具锁状联合；骨架菌丝和缠绕菌丝IKI–，CB+；菌丝组织在KOH试剂中变黑；菌管生殖菌丝占少数，直径3–4 μm；骨架菌丝占多数，无色至浅黄色，厚壁，树状分枝，交织排列，直径3–6 μm；缠绕菌丝广泛存在；子实层中无囊状体和拟囊状体；担子桶状至棍棒形，大小为20–35×11–18 μm；担孢子宽椭圆形至椭圆形，浅黄色，双层壁，外壁光滑，无色，内壁具小刺，IKI–，CB+，大小为8–10.7×7–8.3 μm，平均长L = 9.35 μm，平均宽W = 7.63 μm，长宽比Q = 1.18–1.27 (n = 60/2)。

代表序列：KJ531653，KU220013。

分布、习性和功能：昆明市筇竹寺公园，西畴县小桥沟自然保护区；生长在阔叶树林地下腐朽木上；引起木材白色腐朽。

 ## 冷杉沸氏孔菌

***Frantisekia abieticola* H.S. Yuan**

子实体：担子果一年生，平伏，不易与基质分离，新鲜时革质，干后骨质，长可达8 cm，宽可达4 cm，中部厚可达3.5 mm；孔口表面初期奶油色至浅黄色，后期黄褐色；孔口多角形至圆形，每毫米5–7个；孔口边缘薄，全缘或略呈撕裂状；菌肉白色至奶油色，厚可达0.2 mm；菌管与孔口表面同色，骨质，长可达3.3 mm。

显微结构：菌丝系统二体系；生殖菌丝具锁状联合；菌丝组织在KOH试剂中无变化；菌管生殖菌丝无色，薄壁至稍厚壁，频繁分枝，直径2.5–4 μm；骨架菌丝厚壁，具宽内腔至近实心，偶尔分枝，IKI–，CB+，直径2.5–5.5 μm；子实层具菌丝钉，无囊状体；具纺锤形拟囊状体，大小为8–11×3–4 μm；担子棍棒形，大小为9–11×4–5 μm；担孢子窄椭圆形，无色，薄壁，光滑，IKI–，CB–，大小为(2.7–)2.9–3.5(–3.7)×1.5–1.9(–2) μm，平均长L = 3.09 μm，平均宽W = 1.81 μm，长宽比Q = 1.7–1.72 (n = 60/2)。

代表序列：KC485534，KC485552。

分布、习性和功能：香格里拉市普达措国家公园；生长在冷杉倒木上；引起木材白色腐朽。

图 127　云南空洞孢芝 *Foraminispora yunnanensis*

图 128　冷杉沸氏孔菌 *Frantisekia abieticola*

无带黄层孔菌

Fulvifomes azonatus Y.C. Dai & X.H. Ji

子实体：担子果多年生，盖形，单生，木栓质至木质，菌盖半圆形，外伸可达 12 cm，宽可达 20 cm，基部厚可达 40 mm，上表面深橄榄色，具皮壳，不开裂；孔口表面灰棕色至深橄榄色，具折光反应；孔口圆形，每毫米 7–9 个；孔口边缘厚，全缘；菌肉灰棕色，硬木质，菌盖表面下具一明显黑线，厚可达 10 mm；菌管灰棕色至深橄榄色，硬木质，菌管层间具薄菌肉层，长可达 30 mm。

显微结构：菌丝系统二体系；生殖菌丝具简单分隔；菌丝组织在 KOH 试剂中变黑；菌管生殖菌丝无色至浅黄色，薄壁至略厚壁，少分枝，多分隔，直径 1.5–3 μm；骨架菌丝占多数，浅黄色，厚壁，具宽或窄内腔，不分隔，少分枝，交织排列，直径 2–4 μm；子实层具拟囊状体，纺锤状，大小为 10–13×3–5 μm；担子粗棍棒形，大小为 8–10×4–6 μm；担孢子椭圆形，黄褐色，厚壁，光滑，IKI–，CB–，大小为 (4–)4.2–4.6(–5)×(3.2–)3.5–3.8(–4) μm，平均长 L = 4.37 μm，平均宽 W = 3.69 μm，长宽比 Q = 1.17–1.2 (n = 90/3)。

代表序列：MH390418，MH390395。

分布、习性和功能：勐腊县中国科学院西双版纳热带植物园绿石林；生长在阔叶树倒木上；引起木材白色腐朽。

 ## 麦氏黄层孔菌

Fulvifomes mcgregorii (Bres.) Y.C. Dai

子实体：担子果多年生，平伏反卷至盖形，新鲜时木栓质，干后硬木质；菌盖平展，外伸可达 2 cm，宽可达 5 cm，基部厚可达 15 mm，上表面黄褐色，具同心环区和环沟，后期不开裂，具皮壳；孔口表面新鲜时橘黄色，干后黑赭褐色，具弱折光反应；孔口圆形，每毫米 5–7 个；孔口边缘厚，全缘；菌肉深褐色，厚可达 2 mm；菌管与孔口表面同色，具白色菌丝束，长可达 13 mm。

显微结构：菌丝系统二体系；生殖菌丝具简单分隔；菌丝在 KOH 试剂中略膨胀；菌丝组织在 KOH 试剂中变黑；菌管生殖菌丝少见，无色，薄壁，偶尔分枝，频繁分隔，IKI–，CB+，直径 1.8–2.8 μm；骨架菌丝占多数，黄褐色至锈褐色，厚壁，具中度宽内腔，不分枝，少分隔，略弯曲，疏松交织排列，直径 2.1–3.4 μm；无子实层刚毛；担子桶状，大小为 8–10×4.5–5.5 μm；担孢子椭圆形，黄褐色，厚壁，光滑，IKI–，CB–，大小为 (4.2–)4.7–5.8(–6)×(3.3–)3.7–4.6(–4.8) μm，平均长 L = 5.19 μm，平均宽 W = 4.19 μm，长宽比 Q = 1.23–1.31 (n = 60/2)。

代表序列：OL472334，OL472338。

分布、习性和功能：香格里拉市普达措国家公园，瑞丽市莫里热带雨林景区，牟定县化佛山自然保护区，云南轿子山国家级自然保护区；生长在阔叶树的活立木、死树和倒木上；引起木材白色腐朽；药用。

图 129　无带黄层孔菌 *Fulvifomes azonatus*

图 130　麦氏黄层孔菌 *Fulvifomes mcgregorii*

硬黄层孔菌

Fulvifomes rigidus (B.K. Cui & Y.C. Dai) X.H. Ji & Jia J. Chen

子实体：担子果一年生，平伏反卷，新鲜时木栓质，干后硬木质，长可达 25 cm，宽可达 10 cm，基部厚可达 2.5 mm；孔口表面蜜黄色，具折光反应；不育边缘窄至几乎无；孔口圆形，每毫米 8–9 个；孔口边缘厚，全缘；菌肉黄褐色，硬骨质，厚可达 0.5 mm；菌管蜜黄色至黄灰色，硬骨质，长可达 2 mm。

显微结构：菌丝系统一体系；生殖菌丝具简单分隔；菌丝组织在 KOH 试剂中变黑；菌管菌丝黄色至黄褐色，稍厚壁，具宽内腔，偶尔分枝，频繁分隔，交织排列，IKI–，CB(+)，直径 2.2–4.5 μm；子实层无刚毛；担子棍棒形，大小为 10.7–15×4.6–6.5 μm；担孢子椭圆形，黄褐色，厚壁，光滑，IKI–，CB(+)，大小为 (3.8–)3.9–4.5(–4.7)×(2.8–)2.9–3.7(–3.8) μm，平均长 L = 4.18 μm，平均宽 W = 3.26 μm，长宽比 Q = 1.28–1.29 (n = 60/2)。

代表序列：MH390433，MH390399。

分布、习性和功能：勐腊县中国科学院西双版纳热带植物园绿石林；生长在阔叶树倒木上；引起木材白色腐朽。

 南方黄皮孔菌

Fulvoderma australe L.W. Zhou & Y.C. Dai

子实体：担子果一年生，具侧生柄，单生，新鲜时木栓质，干后木质；菌盖半圆形或圆形，外伸可达 6 cm，宽可达 10 cm，基部厚可达 10 mm，上表面新鲜时黄褐色，干后褐色，具瘤突和不明显同心环带，具皮壳；孔口表面新鲜时黄褐色，干后肉桂褐色；孔口多角形，每毫米 5–6 个；孔口边缘薄，全缘；菌肉褐色，具环区，厚可达 3 mm；菌管与孔口表面同色，长可达 7 mm；菌柄长可达 3 cm，直径可达 15 mm。

显微结构：菌丝系统一体系；生殖菌丝具简单分隔；菌丝组织在 KOH 试剂中变黑；菌管菌丝浅黄色至浅褐色，厚壁，具宽内腔，少分枝，交织排列，IKI–，CB+，直径 2–4 μm；子实层无刚毛；具纺锤形拟囊状体，大小为 10–15×4–7 μm；担子桶状，大小为 10–15×6–9 μm；担孢子宽椭圆形，无色，薄壁，光滑，IKI–，CB–，大小为 4.5–5.5(–6)×(3.5–)4–4.5(–5) μm，平均长 L = 5.04 μm，平均宽 W = 4.23 μm，长宽比 Q = 1.19–1.21 (n = 120/4)。

代表序列：MF860719，MF860767。

分布、习性和功能：兰坪县罗古箐自然保护区，永平县宝台山森林公园；生长在阔叶树倒木和树桩上；引起木材白色腐朽。

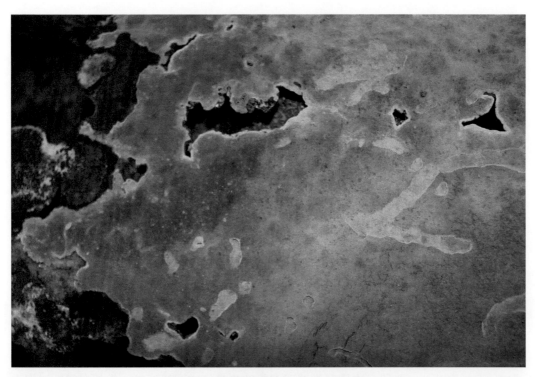

图 131　硬黄层孔菌 *Fulvifomes rigidus*

图 132　南方黄皮孔菌 *Fulvoderma australe*

囊体粗毛盖孔菌

Funalia cystidiata Hai J. Li, Y.C. Dai & B.K. Cui

子实体： 担子果一年生，平伏反卷至盖形，覆瓦状叠生，新鲜时具强烈蘑菇味道，革质，干后木栓质；菌盖半圆形至贝壳形，外伸可达 3 cm，宽可达 5 cm，基部厚可达 2 mm，上表面新鲜时白色至奶油色，干后浅黄色至褐色，具绒毛和不明显同心环沟；孔口表面初期奶油色，干后黄褐色；孔口多角形，每毫米 1–3 个；孔口边缘薄，锯齿状；菌肉浅黄色，厚可达 0.5 mm；菌管与孔口表面同色，长可达 1.5 mm；管壁具菌丝钉。

显微结构： 菌丝系统三体系；生殖菌丝具锁状联合；菌管生殖菌丝少见，直径 2–3 μm；骨架菌丝占多数，无色至浅黄色，厚壁，具窄内腔，偶尔分枝，弯曲，疏松交织排列，IKI–，CB+，直径 3–5 μm；缠绕菌丝常见；子实层具棍棒形囊状体，薄壁，末端具结晶，大小为 27–36×6–8 μm；具纺锤形拟囊状体，大小为 18–22×7–9 μm；担子棍棒形，大小为 20–28×8–10 μm；担孢子圆柱形，无色，薄壁，光滑，IKI–，CB–，大小为 9–12×3–4 μm，平均长 L = 10.48 μm，平均宽 W = 3.65 μm，长宽比 Q = 2.73–3.03 (n = 60/2)。

代表序列： KC867394，KC867457。

分布、习性和功能： 勐腊县中国科学院西双版纳热带植物园绿石林；生长在阔叶树倒木上；引起木材白色腐朽。

 ## 硬毛粗毛盖孔菌

Funalia trogii (Berk.) Bondartsev & Singer

子实体： 担子果一年生，盖形，覆瓦状叠生，新鲜时革质，干后木栓质；菌盖半圆形、近贝壳形，外伸可达 12 cm，宽可达 16 cm，基部厚可达 32 mm，上表面黄褐色，具密硬毛和不明显同心环带，偶尔具放射状纵条纹或具小疣；孔口表面初期乳白色，后期黄褐色或暗褐色；孔口近圆形，每毫米 1–3 个；孔口边缘厚，全缘或略锯齿状；菌肉浅黄色，无环区，厚可达 10 mm；菌管与菌肉同色，长可达 22 mm。

显微结构： 菌丝系统三体系；生殖菌丝具锁状联合；菌管生殖菌丝少见，无色，薄壁，频繁分枝，直径 1.8–3.3 μm；骨架菌丝占多数，无色至浅黄色，厚壁，具宽至狭窄内腔，频繁分枝，弯曲，疏松交织排列，IKI–，CB+，直径 2.1–4.9 μm；子实层中无囊状体和拟囊状体；担子棍棒形，大小为 14–21×5.9–7.6 μm；担孢子圆柱形，无色，薄壁，光滑，IKI–，CB–，大小为 8.1–11.2×3–3.8 μm，平均长 L = 9.47 μm，平均宽 W = 3.23 μm，长宽比 Q = 2.93 (n = 30/1)。

代表序列： KC867380，KC867451。

分布、习性和功能： 香格里拉市普达措国家公园，丽江市白水河，宁蒗县泸沽湖自然保护区；生长在杨树和柳树活立木或死树上；引起木材白色腐朽；药用。

图 133　囊体粗毛盖孔菌 *Funalia cystidiata*

图 134　硬毛粗毛盖孔菌 *Funalia trogii*

锐边褐卧孔菌

***Fuscoporia acutimarginata* Y.C. Dai & Q. Chen**

子实体：担子果一年生，平伏反卷至盖形，木栓质；菌盖贝壳形，侧面融合，外伸可达 2 cm，宽可达 7 cm，基部厚可达 6 mm，上表层黄棕色至暗棕色，具细绒毛，具同心环沟槽和环纹；边缘锐，黄棕色；孔口表面干后黄棕色，具折光反应；不育边缘黄色；孔口圆形至多角形，每毫米 5–7 个；孔口边缘薄，全缘，菌管内具大量刚毛（解剖镜下可观察到）；菌肉黄棕色至暗棕色，厚可达 3 mm；菌管黄棕色，比菌肉颜色浅，长可达 3 mm。

显微结构：菌丝系统二体系；生殖菌丝具简单分隔；菌管生殖菌丝多数在孔口边缘处，具结晶，直径 2–3 μm；骨架菌丝黄褐色至锈褐色，厚壁，具宽内腔，平直，与菌管平行排列，直径 2–4 μm；子实层刚毛少见，锥形，暗褐色，厚壁，大小为 20–40×3–7 μm；具结晶拟囊状体，大小为 16.5–26×4–6.5 μm；担子粗棍棒形，大小为 14–17×4.8–6.5 μm；菌髓间次生菌丝少见；担孢子圆柱形，无色，薄壁，光滑，IKI−，CB−，大小为 (7–)7.5–9(–9.8)×(2.2–)2.5–3.2 μm，平均长 L = 8.12 μm，平均宽 W = 2.87 μm，长宽比 Q = 2.73–2.95 (n = 60/2)。

代表序列：MH050751，MH050765。

分布、习性和功能：昆明市野鸭湖森林公园；生长在阔叶树桩上；引起木材白色腐朽。

 ## 南亚褐卧孔菌

***Fuscoporia australasiatica* Q. Chen, F. Wu & Y.C. Dai**

子实体：担子果多年生，盖形，覆瓦状叠生，木栓质；菌盖贝壳形至半圆形，外伸可达 6 cm，宽可达 8 cm，基部厚可达 18 mm，上表面红褐色，具同心环状区和沟槽；边缘钝至略锐，黄棕色；孔口表面蜜黄色至浅黄色，具折光反应；孔口圆形，每毫米 6–8 个；孔口边缘薄，全缘，菌管内具大量刚毛（在解剖镜下可观察到）；菌肉浅黄色，厚可达 1 mm；菌管和孔口表面同色，长可达 17 mm。

显微结构：菌丝系统二体系；生殖菌丝具简单分隔；菌管生殖菌丝多数在孔口边缘处，具结晶，直径 1.5–2.5 μm；骨架菌丝锈褐色，厚壁，具中度至宽内腔，不分枝，多分隔，略直，与菌管近平行排列，直径 2.5–3.5 μm；子实层刚毛锥形至钩状，暗褐色，厚壁，大小为 30–45×6–9 μm；具结晶拟囊状体，大小为 9.5–12×4–5.5 μm；担子短棍棒形至桶状，大小为 9–11×5–6.5 μm；菌髓间具次生菌丝；担孢子宽椭圆形至近球形，无色，薄壁，光滑，IKI−，CB−，大小为 (3.8–)4–5×(3.2–)3.3–4(–4.5) μm，平均长 L = 4.40 μm，平均宽 W = 3.88 μm，长宽比 Q = 1.12–1.15 (n = 90/3)。

代表序列：MN816726，MN810018。

分布、习性和功能：永德大雪山国家级自然保护区，景东县哀牢山自然保护区；生长在阔叶树桩和落枝上；引起木材白色腐朽；药用。

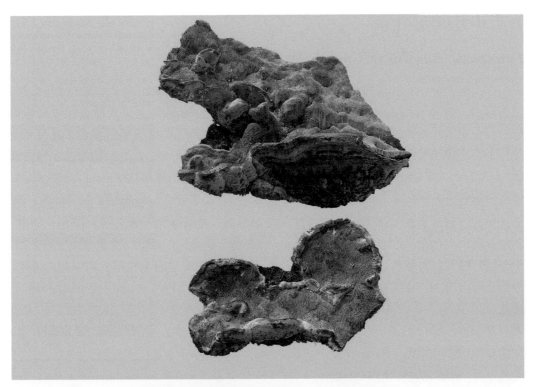

图 135　锐边褐卧孔菌 *Fuscoporia acutimarginata*

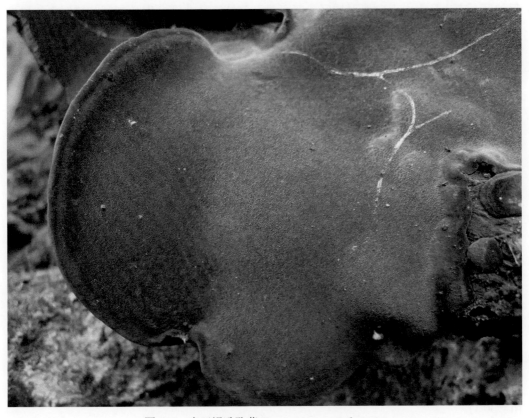

图 136　南亚褐卧孔菌 *Fuscoporia australasiatica*

中华褐卧孔菌

Fuscoporia chinensis Q. Chen, F. Wu & Y.C. Dai

子实体：担子果一年生，平伏反卷至盖形，覆瓦状叠生，木栓质；菌盖半圆形或贝壳形，侧面融合，外伸可达 2 cm，宽可达 5 cm，基部厚可达 5 mm，上盖表面黄棕色至暗褐色，具不明显同心环区，具细绒毛，后期褶皱；孔口表面灰棕色至暗红棕色，具折光反应；不育边缘浅黄色，比孔口表面浅；孔口圆形，每毫米 7–8 个；孔口边缘薄，略撕裂状，菌管内具大量刚毛（在解剖镜下可观察到）；菌肉黄棕色，厚可达 2 mm；菌管灰棕色，比菌肉颜色浅，厚可达 3 mm。

显微结构：菌丝系统二体系；生殖菌丝具简单分隔；菌管生殖菌丝常见，无色，薄壁，偶尔分枝，多分隔，具结晶，直径 2–4 μm；骨架菌丝锈褐色，厚壁，具宽内腔，不分枝，不分隔，略直，与菌管近平行排列，直径 3–4.5 μm；子实层刚毛锥形，暗褐色，厚壁，频繁分隔，20–40×4–8 μm；具结晶拟囊状体，大小为 14–20×4–6 μm；担子短棍棒形至桶状，大小为 10–14×4–6 μm；担孢子椭圆形，无色，薄壁，光滑，IKI–，CB–，大小为 (2.9–)3–4(–4.3)×(1.8–)2–2.5(–2.8) μm，平均长 L = 3.55 μm，平均宽 W = 2.26 μm，长宽比 Q = 1.42–1.65 (n = 90/3)。

代表序列：MN816721，MN810008。

分布、习性和功能：大理苍山地质公园，宾川县鸡足山风景区，永德大雪山国家级自然保护区，南华县大中山自然保护区，新平县石门峡森林公园；生长在阔叶树倒木和树桩上；引起木材白色腐朽；药用。

 ## 侧柄褐卧孔菌

Fuscoporia discipes (Berk.) Y.C. Dai & Ghob.-Nejh.

子实体：担子果一至两年生，盖形至具侧生柄，覆瓦状叠生，革质至木栓质；菌盖扇形、半圆形，外伸可达 4 cm，宽可达 6 cm，基部厚可达 3 mm，上表面肉桂棕色至暗红棕色，具同心环区和环沟；边缘锐利，黄棕色；孔口表面深棕色；孔口圆形，每毫米 6–8 个；孔口边缘厚，全缘至略撕裂状，菌管内具大量刚毛（在解剖镜下可观察到）；菌肉肉桂棕色至棕色，厚可达 2 mm；菌管棕色，比菌肉颜色深，长可达 1 mm；菌柄木质，长可达 5 mm，直径约 4 mm。

显微结构：菌丝系统二体系；生殖菌丝具简单分隔；菌丝在 KOH 试剂中膨胀；菌管生殖菌丝无色，薄壁，偶然分枝，频繁分隔，具结晶，直径 2–3 μm；骨架菌丝红褐色，厚壁，具中度宽内腔，不分枝，略平直，松散交织排列，直径 3–4.5 μm，在 KOH 试剂中 4.5–7 μm；子实层无刚毛；具拟囊状体，大小为 17–27×3.5–5.5 μm；担子粗棍棒形，大小为 8–12×4–6 μm；担孢子椭圆形，无色，薄壁，光滑，IKI–，CB–，大小为 (4–)4.5–5.4×(2.6–)2.7–3.3(–3.5) μm，平均长 L = 4.92 μm，平均宽 W = 3.02 μm，长宽比 Q = 1.63 (n = 30/1)。

代表序列：HQ328524。

分布、习性和功能：盈江县铜壁关自然保护区，弥勒市锦屏山风景区，个旧市清水河热带雨林，绿春县黄连山国家级自然保护区，金平县分水岭自然保护区，勐腊县雨林谷，勐腊县勐腊自然保护区，西双版纳自然保护区尚勇；生长在阔叶树死树、倒木和树桩上；引起木材白色腐朽。

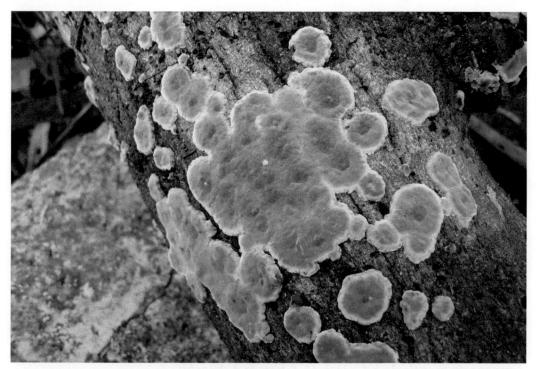

图 137　中华褐卧孔菌 *Fuscoporia chinensis*

图 138　侧柄褐卧孔菌 *Fuscoporia discipes*

卡氏褐卧孔菌

***Fuscoporia karsteniana* Q. Chen, F. Wu & Y.C. Dai**

子实体：担子果多年生，平伏，贴生，不易与基质分离，木栓质，长可达 16 cm，宽可达 5 cm，中部厚可达 7 mm；孔口表面锈棕色，略具折光反应，干后偶尔开裂；边缘具刚毛状菌丝（在解剖镜下可观察到）；孔口略圆形，每毫米 5–7 个；孔口边缘薄，全缘，菌管内具大量刚毛（在解剖镜下可观察到）；菌肉肉桂色至红棕色，厚可达 0.3 mm；菌管灰棕色，比菌肉颜色浅，厚可达 6.7 mm。

显微结构：菌丝系统二体系；生殖菌丝具简单分隔；菌管生殖菌丝无色，薄壁，频繁分枝和分隔，具结晶，直径 1.5–2.2 μm；骨架菌丝黄褐色，厚壁，具中度宽内腔，不分枝，不分隔，略平直，与菌管平行排列，直径 2.3–2.8 μm；子实层刚毛锥形，暗褐色，厚壁，不分隔，大小为 34–45×5–7.5 μm；刚毛状菌丝常见，暗褐色，厚壁，平直，末端尖锐，偶尔分隔，长可达 265 μm，直径 5–9 μm，担子桶状，大小为 14–16×4–6 μm；担孢子椭圆形，无色，薄壁，光滑，IKI–，CB–，大小为 4.5–5.6(–5.8)×(2.8–)3–3.8(–3.9) μm，平均长 L = 5.05 μm，平均宽 W = 3.37 μm，长宽比 Q = 1.50–1.65 (n = 60/2)。

代表序列：MN816716，MN810002。

分布、习性和功能：宾川县鸡足山风景区，新平县磨盘山森林公园；生长在阔叶树倒木或腐朽木上；引起木材白色腐朽。

 高山褐卧孔菌

***Fuscoporia monticola* Y.C. Dai, Q. Chen & J. Vlasák**

子实体：担子果一年生，平伏，不易与基质分离，木栓质，长可达 20 cm，宽可达 4 cm，中部厚可达 4 mm；孔口表面浅黄褐色，干后灰褐色至暗褐色，不开裂，无折光反应；边缘具刚毛状菌丝（在解剖镜下可观察到）；孔口弯曲至迷宫状，每毫米 2–3 个；孔口边缘薄，撕裂状，菌管内具大量刚毛（在解剖镜下可观察到）；菌肉蜜黄色，厚可达 1.5 mm；菌管浅黄色，比菌肉和孔口颜色浅，长可达 2.5 mm。

显微结构：菌丝系统二体系；生殖菌丝具简单分隔；菌管生殖菌丝少见，具结晶，直径 1.6–2.5 μm；骨架菌丝黄褐色，厚壁，具中度宽内腔，不分枝，弯曲，与菌管近平行排列，直径 2.5–3 μm；子实层刚毛锥形，暗褐色，厚壁，不分隔，大小为 68–90×7–9 μm；刚毛状菌丝常见，暗褐色，厚壁，平直，末端尖锐，偶尔分隔，长可达 110 μm，直径 5–7 μm；具拟囊状体，大小为 15–20×4.5–6.2 μm；担孢子椭圆形至窄椭圆形，无色，薄壁，光滑，IKI–，CB–，大小为 (4.2–)4.4–6.3(–6.8)×(2.0–)2.4–3.2(–3.6) μm，平均长 L = 5.51 μm，平均宽 W = 2.93 μm，长宽比 Q = 1.77–1.99 (n = 60/2)。

代表序列：MG008406，MG008457。

分布、习性和功能：水富市铜锣坝国家森林公园；生长在阔叶树落枝上；引起木材白色腐朽。

图 139　卡氏褐卧孔菌 *Fuscoporia karsteniana*

图 140　高山褐卧孔菌 *Fuscoporia monticola*

枝生褐卧孔菌

Fuscoporia ramulicola Y.C. Dai & Q. Chen

子实体：担子果一年生，平伏，不易与基质分离，木栓质，长可达 10 cm，宽可达 2.2 cm，中部厚可达 1 mm；孔口表面干后褐色，后期开裂，无折光反应；孔口略圆形，每毫米 6–7 个；孔口边缘薄，撕裂状，菌管内具大量刚毛（在解剖镜下可观察到）；菌肉红棕色，厚可达 0.1 mm；菌管黄褐色，比菌肉和孔口表面颜色浅，长可达 0.9 mm。

显微结构：菌丝系统二体系；生殖菌丝具简单分隔；菌管生殖菌丝少见，无色，薄壁，频繁分枝，具结晶，直径 1.8–2.8 μm；骨架菌丝黄褐色，厚壁，具窄内腔，少分枝，略平直，交织排列，直径 2.5–3.8 μm；子实层刚毛常见，锥形，黑褐色，厚壁，大小为 35–60×4.5–7 μm；拟囊状体常见，披针形，大小为 15–22×3–5 μm；担子桶状，大小为 9–11×4.5–5.5 μm；担孢子圆柱形，无色，薄壁，光滑，IKI–，CB–，大小为 (5.2–)5.8–7(–7.2)×(1.8–)2–2.5(–2.8) μm，平均长 L = 6.37 μm，平均宽 W = 2.28 μm，长宽比 Q = 2.57–2.88 (n = 60/2)。

代表序列：MH050750，MH050763。

分布、习性和功能：宾川县鸡足山风景区；生长在阔叶树落枝上；引起木材白色腐朽。

 硬毛褐卧孔菌

Fuscoporia setifer (T. Hatt.) Y.C. Dai

子实体：担子果一年生，平伏反转，木栓质；菌盖窄贝壳形，外伸可达 1 cm，宽可达 4 cm，基部厚可达 3 mm，上表面干后黄褐色至黑褐色，具粗毛；孔口表面新鲜时灰褐色，干后黄褐色，具折光反应；孔口圆形至多角形，每毫米 3–4 个；菌管边缘薄，全缘；菌肉黄褐色至暗黄褐色，木栓质，无环区，厚可达 0.4 mm；菌管黄褐色，比菌肉颜色浅，木栓质，长可达 2.6 mm。

显微结构：菌丝系统二体系；生殖菌丝具简单分隔；菌管生殖菌丝无色，薄壁，偶尔分枝，具结晶，直径 2–3 μm；骨架菌丝占多数，黄褐色，厚壁具宽内腔，少分枝，平直，与菌管近平行排列，直径 2–4.3 μm；具子实层刚毛，多数来自菌髓菌丝，锥形，黑褐色，厚壁，大小为 26–62×6–7.5 μm；拟囊状体偶见，大小为 12–20×3.6–4.9 μm；担子粗棍棒形，大小为 12.6–15.8×4.8–5.5 μm；担孢子圆柱形，无色，薄壁，光滑，IKI–，CB–，大小为 (5.2–)5.8–7×(1.9–)2–2.5(–2.8) μm，平均长 L = 6.54 μm，平均宽 W = 2.2 μm，长宽比 Q = 2.97 (n = 30/1)。

代表序列：MH050759，MH050769。

分布、习性和功能：腾冲市高黎贡山自然保护区，普洱市太阳河森林公园；生长在阔叶树倒木上；引起木材白色腐朽。

图 141　枝生褐卧孔菌 *Fuscoporia ramulicola*

图 142　硬毛褐卧孔菌 *Fuscoporia setifer*

斜孔褐卧孔菌

Fuscoporia sinuosa Y.C. Dai & F. Wu

子实体：担子果一年生，平伏，贴生，不易与基质分离，革质，长可达 40 cm，宽可达 5 cm，中部厚可达 1 mm；孔口表面浅黄褐色至红褐色，无折光反应；边缘具刚毛状菌丝（在解剖镜下可观察到）；孔口多角形至弯曲形，每毫米 1–2 个；孔口边缘薄，撕裂状至锯齿状，菌管内具大量刚毛（在解剖镜下可观察到）；菌肉暗褐色，厚可达 0.1 mm；菌管浅灰色，比菌肉颜色浅，厚可达 0.9 mm。

显微结构：菌丝系统二体系；生殖菌丝具简单分隔；菌管生殖菌丝常见，具结晶，直径 2–3 μm；骨架菌丝占多数，黄褐色至锈褐色，厚壁，具中度宽内腔，不分枝，不分隔，交织排列，直径 2.5–3.5 μm；子实层刚毛锥形，暗褐色，厚壁，不分隔，大小为 70–105×7–12 μm；刚毛状菌丝暗褐色，厚壁，平直，不分隔，100–140×8–12 μm；担子棍棒形，大小为 10–12×4–5 μm；担孢子窄椭圆形至圆柱形，无色，薄壁，光滑，IKI–，CB–，大小为 (4.6–)5–6×(2.1–)2.2–2.8(–3) μm，平均长 L = 5.45 μm，平均宽 W = 2.25 μm，长宽比 Q = 2.12–2.15 (n = 60/2)。

代表序列：MZ264226，MZ264219。

分布、习性和功能：勐腊县雨林谷，勐腊县中国科学院西双版纳热带植物园热带雨林，勐腊县望天树景区；生长在阔叶树或竹子腐朽木上；引起木材和竹材白色腐朽。

 亚铁木褐卧孔菌

Fuscoporia subferrea Q. Chen & Yuan Yuan

子实体：担子果一年生，平伏，不易与基质分离，木栓质，长可达 26 cm，宽可达 3 cm，中部厚可达 2 mm；孔口表面新鲜时灰褐色，后期浅黄褐色，干后红褐色并开裂，无折光反应；孔口圆形，每毫米 7–10 个；菌管边缘薄，全缘；菌肉暗褐色，厚可达 0.4 mm；菌管黄褐色，比菌肉和孔口表面颜色浅，长可达 1.6 mm。

显微结构：菌丝系统二体系；生殖菌丝具简单分隔；菌管生殖菌丝少见，无色，薄壁，频繁分枝，具结晶，直径 1.8–2.4 μm；骨架菌丝占多数，黄褐色，厚壁具窄或中度宽内腔，少分枝，略平直，交织排列，直径 2.2–3 μm；子实层刚毛常见，锥形，黑褐色，厚壁，大小为 18–34×4–7 μm；拟囊状体常见，披针形，大小为 9.5–11×4.8–6.2 μm；担孢子圆柱形，无色，薄壁，光滑，IKI–，CB–，大小为 (4–)4.2–6.2(–6.4)×(1.8–)2–2.6(–2.8) μm，平均长 L = 5.11 μm，平均宽 W = 2.28 μm，长宽比 Q = 2.15–2.27 (n = 60/2)。

代表序列：KX961097，KY053472。

分布、习性和功能：腾冲市高黎贡山自然保护区；生长在阔叶树落枝上；引起木材白色腐朽。

144

图 143 斜孔褐卧孔菌 *Fuscoporia sinuosa*

图 144 亚铁木褐卧孔菌 *Fuscoporia subferrea*

灰孔褐卧孔菌

Fuscoporia submurina Y.C. Dai & F. Wu

子实体： 担子果一年生，平伏，贴生，不易与基质分离，革质，长可达 30 cm，宽可达 4 cm，中部厚可达 0.6 mm；孔口表面鼠灰色，干后烟棕色，无折光反应；边缘具刚毛状菌（在解剖镜下可观察到）；孔口多角形至不规则形，每毫米 3–4 个；孔口边缘薄，撕裂状至锯齿状，菌管内具大量刚毛（在解剖镜下可观察到）；菌肉暗褐色，厚可达 0.1 mm；菌管浅灰色，比菌肉颜色浅，脆质，厚可达 0.5 mm。

显微结构： 菌丝系统二体系；生殖菌丝具简单分隔；菌管生殖菌丝常见，具结晶，直径 2–3 μm；骨架菌丝占多数，黄褐色至锈褐色，厚壁，具中度宽内腔，交织排列，直径 2–3 μm；子实层刚毛锥形，暗褐色，厚壁，不分隔，大小为 80–100×8–11 μm；刚毛状菌丝常见，大小为 50–86×8–12 μm；具拟囊状体，大小为 11–24×2–4.5 μm；担子粗棍棒形，大小为 8.5–12×4.5–6 μm；担孢子窄椭圆形，略弯曲，无色，薄壁，光滑，IKI–，CB–，大小为 (4.5–)4.8–5.8(–6)×(2–)2.1–3 μm，平均长 L = 5.13 μm，平均宽 W = 2.5 μm，长宽比 Q = 2.04–2.07 (n = 60/2)。

代表序列： MZ264231，MZ264224。

分布、习性和功能： 勐腊县望天树景区；生长在藤本腐朽木上；引起木材白色腐朽。

 ## 宽棱褐卧孔菌

Fuscoporia torulosa (Pers.) T. Wagner & M. Fisch.

子实体： 担子果多年生，盖形，通常覆瓦状叠生，新鲜时木栓质，干后木质；菌盖近圆形，外伸可达 9 cm，宽可达 10 cm，基部厚可达 40 mm，上盖表面红棕色至黄棕色，具明显同心环区；孔口表面黄棕色至蜜黄色；孔口略圆形，每毫米 6–7 个；孔口边缘薄或厚，全缘，菌管内具大量刚毛（在解剖镜下可见）；菌肉土黄色，厚可达 5 mm；菌管灰棕色，比孔口表面颜色浅，长可达 35 mm。

显微结构： 菌丝系统二体系；生殖菌丝具简单分隔；菌管生殖菌丝无色，具结晶，直径 1.5–2 μm，骨架菌丝黄褐色，厚壁，具宽内腔，不分枝，偶尔分隔，略直，与菌管平行排列，直径 2.5–3.5 μm；具子实层刚毛，锥形至一侧膨大，暗褐色，厚壁，大小为 22–35×5–7 μm；具披针形拟囊状体，大小为 10–15×2.5–4 μm；担子棍棒形，大小为 12–16×4–6 μm；担孢子宽椭圆形，无色，薄壁，光滑，IKI–，CB–，大小为 4–5(–5.2)×3–3.8(–4) μm，平均长 L = 4.49 μm，平均宽 W = 3.47 μm，长宽比 Q = 1.26–1.39 (n = 150/5)。

代表序列： MN816732，MN810023。

分布、习性和功能： 巍山县巍宝山国家森林公园；生长在针叶树或阔叶树活立木和树桩基部；引起木材白色腐朽；药用。

图 145　灰孔褐卧孔菌 *Fuscoporia submurina*

图 146　宽棱褐卧孔菌 *Fuscoporia torulosa*

云南褐卧孔菌

***Fuscoporia yunnanensis* Y.C. Dai**

子实体：担子果一年生，平伏，不易与基质分离，干后木栓质，长可达 15 cm，宽可达 4 cm，中部厚可达 3 mm；孔口表面肉桂色至土黄褐色，具折光反应；孔口圆形至多角形，每毫米 3–4 个；菌管边缘薄，全缘且粗糙；菌肉黑褐色，厚可达 0.5 mm；菌管黄褐色，比菌肉颜色浅，长可达 2.5 mm。

显微结构：菌丝系统二体系；生殖菌丝具简单分隔；菌管生殖菌丝少见，具结晶，直径 1.8–3 μm；骨架菌丝占多数，黄褐色，厚壁具窄内腔，少分枝，略平直，与菌管近平行排列，直径 2–2.8 μm；子实层刚毛常见至少见，锥形，黑褐色，厚壁，大小为 49–78×5–9 μm；拟囊状体常见，披针形，大小为 18–33×3–5 μm；担子棍棒形，大小为 16–35×4–8 μm；担孢子圆柱形，无色，薄壁，光滑，IKI–，CB–，大小为 (5.7–)6–8.3 (–9.8)×2.4–3(–3.3) μm，平均长 L = 7.12 μm，平均宽 W = 2.7 μm，长宽比 Q = 2.63 (n = 60/1)。

代表序列：MH050756，MN810029。

分布、习性和功能：腾冲市高黎贡山自然保护区；生长在阔叶树倒木上；引起木材白色腐朽。

 异肉褐波斯特孔菌

***Fuscopostia duplicata* (L.L. Shen, B.K. Cui & Y.C. Dai) B.K. Cui, L.L. Shen & Y.C. Dai**

子实体：担子果一年生，盖形，单生，新鲜时肉质多汁，干后软木栓质；菌盖扇形至近圆形，外伸可达 16 cm，宽可达 20 cm，基部厚可达 30 mm，上表面新鲜时奶油色至棕黄色，触摸或干后肉桂色至红褐色，光滑；孔口表面新鲜时白色，触摸时棕褐色，干后红褐色；孔口多角形，每毫米 3–4 个；孔口边缘薄，全缘；菌肉异质，灰色至橄榄黄色，厚可达 10 mm；菌管浅棕色，脆而易碎，长可达 20 mm。

显微结构：菌丝系统一体系；生殖菌丝具锁状联合；菌管菌丝无色，薄壁至稍厚壁，频繁分枝，IKI–，CB–，直径 2–4 μm；子实层中无囊状体；具拟囊状体，纺锤形，大小为 21–29×4.5–5.5 μm；担子棍棒形，大小为 20–28×4–5 μm；担孢子圆柱形，无色，薄壁，光滑，IKI–，CB–，大小为 3.8–5.8×1.8–2.5 μm，平均长 L = 4.65 mm，平均宽 W = 2.05 μm，长宽比 Q = 2.28–2.41 (n = 60/2)。

代表序列：KF699124，KJ684975。

分布、习性和功能：兰坪县罗古箐自然保护区；生长在松树倒木和树桩上；引起木材褐色腐朽。

图 147　云南褐卧孔菌 *Fuscoporia yunnanensis*

图 148　异肉褐波斯特孔菌 *Fuscopostia duplicata*

脆褐波斯特孔菌

Fuscopostia fragilis (Fr.) B.K. Cui, L.L. Shen & Y.C. Dai

子实体：担子果一年生，盖形，单生，新鲜时软而多汁，干后脆革质；菌盖扇形，外伸可达 4 cm，宽可达 5 cm，基部厚可达 10 mm，上表面新鲜时白色至浅黄褐色，触摸或干后褐色，被短绒毛；孔口表面新鲜时白色，触摸或干后褐色或红褐色；孔口多角形，每毫米 4–6 个；孔口边缘薄，撕裂状；菌肉浅褐色，厚可达 5 mm；菌管褐色，长可达 5 mm。

显微结构：菌丝系统一体系；生殖菌丝具锁状联合；菌管菌丝无色，稍厚壁，偶尔分枝，IKI–，CB–，直径 2.5–3.5 μm；子实层中无囊状体；具纺锤形拟囊状体，大小为 18–22×3–4.5 μm；担子棍棒形，大小为 20–22×4–5 μm；担孢子腊肠形，无色，薄壁，光滑，IKI–，CB–，大小为 4–5×1.7–2.1 μm，平均长 L = 4.67 mm，平均宽 W = 1.82 μm，长宽比 Q = 2.49–2.69 (n = 60/2)。

代表序列：KX900912，KX900982。

分布、习性和功能：德钦县白马雪山自然保护区，兰坪县长岩山自然保护区，香格里拉市普达措国家公园；生长在针叶树倒木或树桩上；引起木材褐色腐朽。

 红褐波斯特孔菌

Fuscopostia lateritia (Renvall) B.K. Cui, L.L. Shen & Y.C. Dai

子实体：担子果一年生，平伏至平伏反卷，与基质不易分离；平伏时长可达 6 cm，宽可达 2 cm，中部厚可达 4 mm；菌盖窄半圆形，外伸可达 0.5 cm，宽可达 5 cm，基部厚可达 4 mm，上表面奶油色至浅黄色；孔口表面新鲜时白色，触摸后变为红褐色，干后呈褐色；不育边缘不明显；孔口多角形，每毫米 3–4 个；孔口边缘薄，撕裂状；菌肉白色，软木栓质，厚可达 1 mm；菌管浅黄色，易碎，长可达 3 mm。

显微结构：菌丝系统一体系；生殖菌丝具锁状联合；菌管菌丝无色，薄壁至稍厚壁，频繁分枝，IKI–，CB–，直径 3–5.5 μm；子实层中无囊状体；具拟囊状体，大小为 13–16×2–3 μm；担子棍棒形，大小为 12–14×4–5 μm；担孢子腊肠形，无色，薄壁，光滑，IKI–，CB–，大小为 4.5–5.5×1.2–1.6 μm，平均长 L = 5.13 μm，平均宽 W = 1.45 μm，长宽比 Q = 3.48–3.76 (n = 60/2)。

代表序列：KX900913，KX900983。

分布、习性和功能：牟定县化佛山自然保护区；生长在针叶树倒木上；引起木材褐色腐朽。

图 149　脆褐波斯特孔菌 *Fuscopostia fragilis*

图 150　红褐波斯特孔菌 *Fuscopostia lateritia*

白褐波斯特孔菌

Fuscopostia leucomallella (Murrill) B.K. Cui, L.L. Shen & Y.C. Dai

子实体：担子果一年生，盖形，单生或数个聚生，新鲜时肉质，干后软木栓质至脆质；菌盖扇形至半圆形，外伸可达 8 cm，宽可达 10 cm，基部厚可达 10 mm，上表面新鲜时奶油色至棕色，触摸或干后红褐色，被绒毛；孔口表面新鲜时白色，触摸后立刻变成红褐色，干后褐色；孔口多角形，每毫米 3–4 个；孔口边缘薄，撕裂状；菌肉浅黄色，厚可达 5 mm；菌管黄色，长可达 5 mm。

显微结构：菌丝系统一体系；生殖菌丝具锁状联合；菌管菌丝无色，稍厚壁，偶尔分枝，IKI–，CB–，直径 3–4.5 μm；子实层中无囊状体和拟囊状体；担子棍棒形，大小为 13–16×3–4 μm；担孢子腊肠形，无色，薄壁，光滑，IKI–，CB–，大小为 4.5–6×1–1.7 μm，平均长 L = 5.22 mm，平均宽 W = 1.42 μm，长宽比 Q = 3.33–3.65 (n = 60/2)。

代表序列：KF699122，KJ684982。

分布、习性和功能：宾川县鸡足山风景区，兰坪县罗古箐自然保护区，维西县老君山自然保护区，楚雄市紫溪山森林公园；生长在针叶树倒木和腐朽木上；引起木材褐色腐朽。

 ## 亚脆褐波斯特孔菌

Fuscopostia subfragilis B.K. Cui & Shun Liu

子实体：担子果一年生，盖形，单生，新鲜时柔软多汁，干后易碎；菌盖窄半圆形，外伸可达 2.5 cm，宽可达 4.2 cm，基部厚可达 7 mm，上表面新鲜时浅黄色至橘黄色，触摸或干后浅黄色至蜜黄色，光滑；孔口表面新鲜时白色至浅黄色，触摸或干后橄榄黄色至蜜黄色；孔口圆形至多角形，每毫米 4–6 个；孔口边缘薄至稍厚，全缘；菌肉奶油色至浅黄色，厚可达 4 mm；菌管奶油色至黄褐色，长可达 3 mm。

显微结构：菌丝系统一体系；生殖菌丝具锁状联合；菌管生殖菌丝无色，薄壁至稍厚壁，频繁分枝，IKI–，CB–，直径 1.9–7.2 μm；子实层中无囊状体；具纺锤形拟囊状体，大小为 14.2–18.4×2.6–5.3 μm；担子棍棒形，大小为 13.4–18.5×3.8–6.5 μm；担孢子腊肠形至圆柱形，无色，薄壁，光滑，IKI–，CB–，大小为 4.3–5.2×1.7–2.5 μm，平均长 L = 4.85 μm，平均宽 W = 2 μm，长宽比 Q = 2.32–2.6 (n = 60/2)。

代表序列：MW377296，MW377375。

分布、习性和功能：兰坪县罗古箐自然保护区，楚雄市紫溪山森林公园，牟定县化佛山自然保护区，新平县磨盘山森林公园；生长在阔叶树或针叶树倒木、腐朽木、落枝上；引起木材褐色腐朽。

图 151 白褐波斯特孔菌 *Fuscopostia leucomallella*

图 152 亚脆褐波斯特孔菌 *Fuscopostia subfragilis*

弯柄灵芝

Ganoderma flexipes Pat.

子实体：担子果一年生，具侧生柄，单生，干后木栓质；菌盖近圆形，直径可达 5 cm，中部厚可达 15 mm，上表面红褐色至深褐色，具漆状光泽，具同心环沟；孔口表面白色，触摸后变深；孔口近圆形至多角形，每毫米 4–6 个；孔口边缘厚，全缘；菌肉异质，上层浅黄褐色，下层深褐色，厚可达 3 mm；菌管深褐色，长可达 12 mm；菌柄圆柱形，红褐色至紫黑色，长可达 25 cm，直径可达 6 mm。

显微结构：菌丝系统三体系；生殖菌丝具锁状联合；菌丝组织在 KOH 试剂中变黑；菌管生殖菌丝占少数，直径 1.5–3.5 μm；骨架菌丝占多数，浅黄褐色，厚壁，具宽内腔至近实心，频繁树状分枝，交织排列，IKI–，CB+，直径 2.5–6 μm；缠绕菌丝广泛存在；皮壳构造似栅栏状，栅栏菌丝大小为 30–45×5–10 μm；子实层中无囊状体和拟囊状体；担孢子椭圆形，平截，浅黄褐色，双层壁，外壁光滑，无色，内壁具小刺，IKI–，CB+，大小为 7–9×4.8–5.5 μm，平均长 L = 8.17 μm，平均宽 W = 5.23 μm，长宽比 Q = 1.56 (n = 30/1，按孢子末端平截时计算)。

代表序列：MZ354925，MZ355065。

分布、习性和功能：普洱市太阳河森林公园犀牛坪景区；生长在阔叶树腐朽木上；引起木材白色腐朽。

 有柄灵芝

Ganoderma gibbosum (Blume & T. Nees) Pat.

子实体：担子果多年生，具侧生柄或无柄，单生或叠生，干后木栓质；菌盖圆形，直径可达 24 cm，中部厚可达 45 mm，上表面黄褐色至灰褐色，具同心环沟；孔口表面白色，触摸后变深；孔口多角形，每毫米 4–7 个；孔口边缘厚，全缘；菌肉同质，深褐色，厚可达 25 mm；菌管褐色，长可达 20 mm；菌柄圆柱形，与菌盖同色，长可达 4 cm，直径可达 3 cm。

显微结构：菌丝系统三体系；生殖菌丝具锁状联合；菌丝组织在 KOH 试剂中变黑；菌管生殖菌丝占少数，直径 2–4 μm；骨架菌丝占多数，黄褐色，厚壁，频繁树状分枝，交织排列，IKI–，CB+，直径 2–8 μm；缠绕菌丝广泛存在；皮壳构造似栅栏状；子实层中无囊状体和拟囊状体；担孢子球形至宽椭圆形，平截，浅褐色，双层壁，外壁光滑，无色，内壁具小刺，IKI–，CB+，大小为 (6.8–)7–9.1(–10)×(6–)6.5–8 μm，平均长 L = 8.33 μm，平均宽 W = 7.4 μm，长宽比 Q = 1.18 (n = 30/1)（按孢子末端不平截时计算）。

代表序列：MH035681，MH553157。

分布、习性和功能：昆明植物园；生长在阔叶树倒木及活立木上；引起木材白色腐朽；药用。

图 153　弯柄灵芝 *Ganoderma flexipes*

图 154　有柄灵芝 *Ganoderma gibbosum*

球孢灵芝

***Ganoderma hoehnelianum* Bres.**

子实体：担子果多年生，具侧生柄或无柄，单生，干后木质；菌盖扇形至贝壳形或肾形，外伸可达 6 cm，宽可达 10 cm，中部厚可达 22 mm，上表面黄褐色至深红褐色，具漆状光泽和同心环沟；孔口表面白色，触摸后变深；孔口近圆形至多角形，每毫米 3–6 个；孔口边缘厚，全缘；菌肉异质，上层黄褐色，下层深褐色，厚可达 10 mm；菌管浅黄色至灰褐色，长可达 12 mm；菌柄圆柱形，深褐色，长可达 3 cm，直径可达 6 mm。

显微结构：菌丝系统三体系；生殖菌丝具锁状联合；菌丝组织在 KOH 试剂中变黑；菌管生殖菌丝占少数，直径 2.5–3.5 µm；骨架菌丝占多数，浅黄褐色，厚壁，频繁树状分枝，交织排列，IKI–，CB+，直径 2–4 µm；缠绕菌丝广泛存在；皮壳构造似栅栏状，栅栏菌丝大小为 25–40×6–11 µm；子实层中无囊状体和拟囊状体；担孢子近球形，不明显平截，浅黄褐色，双层壁，外壁光滑，无色，内壁具小刺，IKI–，CB+，大小为 7–8.2×5.8–7.8 µm，平均长 L = 7.43 µm，平均宽 W = 6.73 µm，长宽比 Q = 1.1 (n = 30/1，按孢子末端不平截时计算)。

代表序列：KU219988，KU220016。

分布、习性和功能：勐腊县望天树景区；生长在阔叶树林下腐朽木上；引起木材白色腐朽。

 白肉灵芝

***Ganoderma leucocontextum* T.H. Li, W.Q. Deng, Sheng H. Wu, Dong M. Wang & H.P. Hu**

子实体：担子果一年生，具中生或侧生柄，单生，新鲜时革质，干后木栓质；菌盖近圆形，直径可达 20 cm，中部厚可达 30 mm，上表面红褐色至深褐色，具漆状光泽和同心环沟；孔口表面白色，触摸后变深；孔口近圆形至多角形，每毫米 4–6 个；孔口边缘薄，全缘；菌肉同质，白色至奶油色，厚可达 25 mm；菌管浅奶油色至黄褐色，长可达 5 mm；菌柄圆柱形，红褐色至深褐色，长可达 19 cm，直径可达 1 cm。

显微结构：菌丝系统三体系；生殖菌丝具锁状联合；菌丝组织在 KOH 试剂中变黑；菌管生殖菌丝占少数，直径 2–3.5 µm；骨架菌丝占多数，浅黄褐色，厚壁，频繁树状分枝，交织排列，IKI–，CB+，直径 2–5 µm；缠绕菌丝常见；皮壳构造似栅栏状，栅栏菌丝大小为 30–52×6–12 µm；子实层中无囊状体和拟囊状体；担孢子椭圆形，平截，浅黄褐色，双层壁，外壁光滑，内壁具小刺，IKI–，CB+，大小为 7.5–9×5–6 µm，平均长 L = 8.16 µm，平均宽 W = 5.49 µm，长宽比 Q = 1.49 (n = 30/1，按孢子末端不平截时计算)。

代表序列：KU572485，MZ355049。

分布、习性和功能：剑川县老君山自然保护区，维西县老君山自然保护区，兰坪县罗古箐自然保护区，玉龙县玉龙雪山自然保护区；生长在多种栎属树木倒木和树桩上；引起木材白色腐朽；药用。

图 155 球孢灵芝 *Ganoderma hoehnelianum*

图 156 白肉灵芝 *Ganoderma leucocontextum*

灵芝

Ganoderma lingzhi Sheng H. Wu, Y. Cao & Y.C. Dai

子实体：担子果一年生，具中生或侧生柄，单生，干后木栓质；菌盖近圆形至扇形，直径可达 17 cm，中部厚可达 27 mm，上表面黄褐色至红褐色，具漆状光泽和同心环沟；孔口表面硫磺色，触摸后变深，孔口近圆形至多角形，每毫米 4–7 个；孔口边缘厚，全缘；菌肉同质，土黄色，厚可达 5 mm；菌管褐色，长可达 22 mm；菌柄圆柱形，红褐色至紫黑色，长可达 22 cm，直径可达 3.5 cm。

显微结构：菌丝系统三体系；生殖菌丝具锁状联合；菌丝组织在 KOH 试剂中变黑；菌管生殖菌丝占少数，直径 2–3.5 μm；骨架菌丝占多数，浅黄褐色，厚壁，频繁树状分枝，交织排列，IKI–，CB+，直径 3–4.5 μm；缠绕菌丝广泛存在；皮壳构造似栅栏状，栅栏菌丝大小为 35–60×7–13 μm；子实层中无囊状体和拟囊状体；担孢子宽椭圆形，平截，浅黄褐色，双层壁，外壁光滑，无色，内壁具小刺，IKI–，CB+，大小为 9.5–10.5×6–7 μm，平均长 L = 10.35 μm，平均宽 W = 6.37 μm，长宽比 Q = 1.62 (n = 30/1，按孢子末端不平截时计算)。

代表序列：MZ354904，MZ355006。

分布、习性和功能：昆明市小哨林场，石林县圭山国家森林公园，普洱市太阳河森林公园；生长在阔叶树桩上；引起木材白色腐朽；食药用。

欧洲灵芝

Ganoderma lucidum (Curtis) P. Karst.

子实体：担子果一年生，具中生或侧生柄，单生，干后木栓质；菌盖圆形至扇形，直径可达 11 cm，中部厚可达 30 mm，上表面黄褐色至红褐色，具漆状光泽和同心环沟；孔口表面白色，触摸后变深，孔口近圆形，每毫米 4–6 个；孔口边缘厚，全缘；菌肉异质，上层奶油色至浅黄色，下层土黄色，厚可达 18 mm；菌管浅褐色，长可达 12 mm；菌柄圆柱形，红褐色至紫黑色，长可达 12 cm，直径可达 1.5 cm。

显微结构：菌丝系统三体系；生殖菌丝具锁状联合；菌丝组织在 KOH 试剂中变黑；菌管生殖菌丝占少数，直径 2.5–4 μm；骨架菌丝占多数，浅黄褐色，厚壁，频繁树状分枝，交织排列，IKI–，CB+，直径 3–10 μm；缠绕菌丝广泛存在；皮壳构造似栅栏状，栅栏菌丝大小为 30–50×8–16 μm；子实层中无囊状体和拟囊状体；担孢子椭圆形，末端平截，浅黄褐色，双层壁，外壁光滑，无色，内壁具小刺，IKI–，CB+，大小为 9–11×5.5–7 μm，平均长 L = 10.05 μm，平均宽 W = 6.45 μm，长宽比 Q = 1.56 (n = 30/1，按孢子末端不平截时计算)。

代表序列：MZ354937，MZ355050。

分布、习性和功能：楚雄市紫溪山森林公园，昆明市野鸭湖森林公园，昆明市小哨林场，富源县十八连山自然保护区；生长在麻栎树倒木、树桩和根部；引起木材白色腐朽；药用。

图 157　灵芝 *Ganoderma lingzhi*

图 158　欧洲灵芝 *Ganoderma lucidum*

大孔灵芝

Ganoderma magniporum J.D. Zhao & X.Q. Zhang

子实体： 担子果一年生，具中生或侧生柄，单生，干后木栓质；菌盖半圆形至近圆形，直径可达 3 cm，中部厚可达 10 mm，上表面红褐色至深褐色，具漆状光泽和同心环沟及放射状皱纹；孔口表面白色，触摸后变深；孔口近圆形至多角形，每毫米 2–4 个；孔口边缘厚，全缘；菌肉同质，浅褐色，厚可达 2 mm；菌管浅褐色，长可达 8 mm；菌柄圆柱形，红褐色至紫红褐色，长可达 7 cm，直径可达 5 mm。

显微结构： 菌丝系统三体系；生殖菌丝具锁状联合；菌丝组织在 KOH 试剂中变黑；菌管生殖菌丝占少数，直径 2–3 μm；骨架菌丝占多数，浅褐色，厚壁，频繁树状分枝，交织排列，IKI–，CB+，直径 2.5–4 μm；缠绕菌丝广泛存在；皮壳构造似栅栏状，栅栏菌丝大小为 30–50×5–10 μm；子实层中无囊状体和拟囊状体；担孢子宽椭圆形至椭圆形，平截不明显，浅黄褐色，双层壁，外壁光滑，无色，内壁具小刺，IKI–，CB+，大小为 9.3–13.8×6.2–9.2 μm，平均长 L = 12 μm，平均宽 W = 8.14 μm，长宽比 Q = 1.44–1.49 (n = 45/2，按孢子末端不平截时计算)。

代表序列： MZ354936，MZ355097。

分布、习性和功能： 西畴县小桥沟自然保护区；生长在阔叶树腐朽木上；引起木材白色腐朽。

 ## 重盖灵芝

Ganoderma multipileum Ding Hou

子实体： 担子果一年生，具侧生柄，数个聚生，干后木栓质；菌盖近圆形，直径可达 20 cm，中部厚可达 25 mm，上表面黄褐色至深红褐色，具漆状光泽和同心环沟；孔口表面白色，触摸后变深；孔口近圆形至多角形，每毫米 4–6 个；孔口边缘薄，全缘；菌肉同质，浅黄色，厚可达 18 mm；菌管浅褐色，长可达 7 mm；菌柄圆柱形，红褐色，长可达 4 cm，直径可达 1 cm。

显微结构： 菌丝系统三体系；生殖菌丝具锁状联合；菌丝组织在 KOH 试剂中变黑；菌管生殖菌丝占少数，直径 2–4 μm；骨架菌丝占多数，浅黄褐色，厚壁，频繁树状分枝，交织排列，IKI–，CB+，直径 2–5 μm；缠绕菌丝广泛存在；皮壳构造似栅栏状，栅栏菌丝大小为 19–32×4–9 μm；子实层中无囊状体和拟囊状体；担孢子椭圆形，平截，浅黄褐色，双层壁，外壁光滑，无色，内壁具小刺，IKI–，CB+，大小为 10–11.5×5.5–6.5 μm，平均长 L = 10.97 μm，平均宽 W = 6.27 μm，长宽比 Q = 1.75 (n = 30/1，按孢子末端不平截时计算)。

代表序列： MZ354896，MZ355007。

分布、习性和功能： 新平县石门峡森林公园；生长在合欢属倒木上；引起木材白色腐朽；药用。

图 159　大孔灵芝 *Ganoderma magniporum*

图 160　重盖灵芝 *Ganoderma multipileum*

异丝灵芝

Ganoderma mutabile Y. Cao & H.S. Yuan

子实体：担子果多年生，盖形，单生，干后木质；菌盖扇形至贝壳形，外伸可达 10 cm，宽可达 18 cm，中部厚可达 70 mm，上表面红褐色至紫褐色，具漆状光泽和同心环沟；孔口表面白色至灰白色，触摸后变深；孔口近圆形至多角形，每毫米 4–5 个；孔口边缘厚，全缘；菌肉同质，褐色，厚可达 30 mm；菌管褐色，长可达 40 mm。

显微结构：菌丝系统三体系；生殖菌丝具锁状联合；菌丝组织在 KOH 试剂中变黑；菌管生殖菌丝占少数，直径 2–3.5 μm；骨架菌丝占多数，浅褐色，厚壁，频繁树状分枝，交织排列，IKI–，CB+，直径 2–5.5 μm；缠绕菌丝广泛存在；皮壳构造不规则；子实层中无囊状体和拟囊状体；担孢子宽椭圆形，平截，浅黄褐色，双层壁，外壁光滑，无色，内壁具小刺，IKI–，CB+，大小为 9–12.5×6–7.5 μm，平均长 L = 10.57 μm，平均宽 W = 6.83 μm，长宽比 Q = 1.55 (n = 30/1，按孢子末端不平截时计算)。

代表序列：MZ354977，MZ355110。

分布、习性和功能：楚雄市紫溪山森林公园，新平县磨盘山森林公园；生长在阔叶树上；引起木材白色腐朽；药用。

 ## 圆形灵芝

Ganoderma orbiforme (Fr.) Ryvarden

子实体：担子果多年生，盖形，覆瓦状叠生，干后木质；菌盖半圆形至贝壳形，外伸可达 8 cm，宽可达 12 cm，中部厚可达 70 mm，上表面红褐色至深褐色，具漆状光泽和同心环沟；孔口表面白色至灰白色，触摸后变深；孔口近圆形至多角形，每毫米 4–6 个；孔口边缘厚，全缘；菌肉同质，灰褐色，厚可达 50 mm；菌管褐色，长可达 20 mm。

显微结构：菌丝系统三体系；生殖菌丝具锁状联合；菌丝组织在 KOH 试剂中变黑；菌管生殖菌丝占少数，直径 2.5–5 μm；骨架菌丝占多数，浅黄褐色，厚壁，频繁树状分枝，交织排列，IKI–，CB+，直径 3–8 μm；缠绕菌丝广泛存在；皮壳构造似栅栏状，栅栏菌丝大小为 30–50×5–9 μm；子实层中无囊状体和拟囊状体；担孢子椭圆形，平截，浅黄褐色，双层壁，外壁光滑，无色，内壁具小刺，IKI–，CB+，大小为 10–12×5–6 μm，平均长 L = 10.84 μm，平均宽 W = 5.78 μm，长宽比 Q = 1.88 (n = 30/1，按孢子末端不平截时计算)。

代表序列：MG279187，MZ355016。

分布、习性和功能：西双版纳自然保护区尚勇，勐腊县中国科学院西双版纳热带植物园热带雨林；生长在阔叶树腐朽木上；引起木材白色腐朽；药用。

图 161　异丝灵芝 *Ganoderma mutabile*

图 162　圆形灵芝 *Ganoderma orbiforme*

橡胶灵芝

Ganoderma philippii (Bres. et Henn.) Bres.

子实体：担子果多年生，盖形，单生或数个聚生，干后木栓质；菌盖近圆形至扇形，外伸可达 22 cm，宽可达 26 cm，中部厚可达 16 mm，上表面浅褐色至紫黑色，具漆状光泽和同心环沟；孔口表面白色，触摸后变深；孔口近圆形至多角形，每毫米 5–6 个；孔口边缘薄，全缘；菌肉同质，褐色，厚可达 14 mm；菌管黄褐色，长可达 2 mm。

显微结构：菌丝系统三体系；生殖菌丝具锁状联合；菌丝组织在 KOH 试剂中变黑；菌管生殖菌丝占少数，直径 2–3 μm；骨架菌丝占多数，浅黄褐色，厚壁，频繁树状分枝，交织排列，IKI–，CB+，直径 3–5 μm；缠绕菌丝广泛存在；皮壳构造似栅栏状，栅栏菌丝大小为 25–40×5–9 μm；子实层中无囊状体和拟囊状体；担孢子卵圆形，平截不明显，浅黄褐色，双层壁，外壁光滑，无色，内壁具小刺，IKI–，CB+，大小为 6–8×3–4 μm，平均长 L = 7.32 μm，平均宽 W = 3.36 μm，长宽比 Q = 2.18 (n = 30/1，按孢子末端不平截时计算)。

代表序列：MG279188，MZ355023。

分布、习性和功能：勐腊县中国科学院西双版纳热带植物园热带雨林；生长在阔叶树林下腐朽木上；引起木材白色腐朽；药用。

 紫芝

Ganoderma sinense J.D. Zhao, L.W. Hsu & X.Q. Zhang

子实体：担子果一年生，具侧生柄，单生，干后木栓质；菌盖近圆形至扇形或肾形，外伸可达 10 cm，宽可达 14 cm，中部厚可达 18 mm，上表面红褐色至紫黑色，具漆状光泽、同心环沟和放射状皱纹；孔口表面白色至灰白色，触摸后变深；孔口近圆形至多角形，每毫米 3–5 个；孔口边缘薄，全缘；菌肉异质，上层白色至奶油色，下层浅褐色至黄褐色，厚可达 3 mm；菌管黄褐色，不分层，长可达 15 mm；菌柄圆柱形，红褐色至紫黑色，长可达 6 cm，直径可达 2 cm。

显微结构：菌丝系统三体系；生殖菌丝具锁状联合；菌丝组织在 KOH 试剂中变黑；菌管生殖菌丝占少数，直径 2–4 μm；骨架菌丝占多数，浅黄褐色，厚壁，频繁树状分枝，交织排列，IKI–，CB+，直径 3–6 μm；缠绕菌丝广泛存在；皮壳构造似栅栏状，栅栏菌丝大小为 40–55×6–12 μm；子实层中无囊状体和拟囊状体；担孢子椭圆形，不明显平截，浅黄褐色，双层壁，外壁光滑，无色，内壁具小刺，IKI–，CB+，大小为 11.6–13.2×7.3–8.5 μm，平均长 L = 12.39 μm，平均宽 W = 7.99 μm，长宽比 Q = 1.74 (n = 30/1，按孢子末端不平截时计算)。

代表序列：MG279193，MG367583。

分布、习性和功能：腾冲市高黎贡山自然保护区；生长在阔叶树桩上；引起木材白色腐朽；药用。

图 163　橡胶灵芝 *Ganoderma philippii*

图 164　紫芝 *Ganoderma sinense*

热带灵芝

***Ganoderma tropicum* (Jungh.) Bres.**

子实体：担子果一年生，具侧生柄或无柄，单生或数个聚生，干后木栓质；菌盖近圆形至扇形或贝壳形，外伸可达 12 cm，宽可达 17 cm，中部厚可达 30 mm，上表面红褐色至深褐色，具漆状光泽和同心环沟；孔口表面白色，触摸后变深；孔口近圆形至多角形，每毫米 4–6 个；孔口边缘厚，全缘；菌肉同质，深褐色，厚可达 22 mm；菌管褐色，长可达 8 mm；菌柄圆柱形，红褐色至紫黑色，长可达 6 cm，直径可达 1.2 cm。

显微结构：菌丝系统三体系；生殖菌丝具锁状联合；菌丝组织在 KOH 试剂中变黑；菌管生殖菌丝占少数，直径 2.5–3.5 μm；骨架菌丝占多数，浅黄褐色，厚壁，频繁树状分枝，交织排列，IKI–，CB+，直径 2.5–6 μm；缠绕菌丝广泛存在；皮壳构造似栅栏状，栅栏菌丝大小为 19–32×4–9 μm；子实层中无囊状体和拟囊状体；担孢子椭圆形，末端平截，浅黄褐色，双层壁，外壁光滑，无色，内壁具小刺，IKI–，CB+，大小为 7–9.6×4.5–6.2 μm，平均长 L = 8.9 μm，平均宽 W = 5.56 μm，长宽比 Q = 1.6（n = 30/1，按孢子末端不平截时计算）。

代表序列：MG279194，MZ355026。

分布、习性和功能：勐腊县中国科学院西双版纳热带植物园热带雨林；生长在阔叶树活立木上；引起木材白色腐朽；药用。

 威廉灵芝

***Ganoderma williamsianum* Murrill**

子实体：担子果多年生，盖形，单生，干后木质；菌盖半圆形至扇形或蹄形，外伸可达 9 cm，宽可达 13 cm，中部厚可达 30 mm，上表面黄褐色至深褐色，具同心环沟；孔口表面土灰色至灰黄色，触摸后变深；孔口近圆形至多角形，每毫米 3–6 个；孔口边缘厚，全缘；菌肉同质，灰褐色，厚可达 7 mm；菌管褐色，长可达 23 mm。

显微结构：菌丝系统三体系；生殖菌丝具锁状联合；菌丝组织在 KOH 试剂中变黑；菌管生殖菌丝占少数，直径 2–3.5 μm；骨架菌丝占多数，浅黄褐色，厚壁，频繁树状分枝，交织排列，IKI–，CB+，直径 2.5–7 μm；缠绕菌丝广泛存在；皮壳构造似栅栏状，栅栏菌丝大小为 30–60×5–10 μm；子实层中无囊状体和拟囊状体；担孢子椭圆形，平截，浅黄褐色，双层壁，外壁光滑，无色，内壁具小刺，IKI–，CB+，大小为 10.5–14×7–8.5 μm，平均长 L = 12.63 μm，平均宽 W = 8.18 μm，长宽比 Q = 1.54（n = 30/1，按孢子末端不平截时计算）。

代表序列：MZ354948，MZ355061。

分布、习性和功能：勐腊县中国科学院西双版纳热带植物园热带雨林，勐腊县望天树景区；生长在阔叶树倒木上；引起木材白色腐朽；药用。

图 165 热带灵芝 *Ganoderma tropicum*

图 166 威廉灵芝 *Ganoderma williamsianum*

弯孢胶化孔菌

Gelatoporia subvermispora (Pilát) Niemelä

子实体：担子果一年生，平伏，不易与基物剥离，新鲜时肉质，干后硬木栓质，长可达 100 cm，宽可达 20 cm，中部厚可达 2.5 mm；孔口表面新鲜时白色至奶油色，干燥后黄褐色，无折光反应；不育边缘不明显；孔口多角形，每毫米 3–5 个；管口边缘薄，全缘或稍撕裂状；菌肉黄褐色，厚可达 0.5 mm；菌管与菌肉同色，干后硬木栓质，长约 2 mm。

显微结构：菌丝系统一体系；生殖菌丝具锁状联合；菌丝组织在 KOH 试剂中无变化；菌管菌丝无色，薄壁至厚壁，具宽内腔，频繁分枝，与菌管近平行排列，末端偶尔具莲花状结晶，直径 2.3–4 μm；子实层中无囊状体；具拟囊状体，大小为 14.6–28×4–5.1 μm；担子棍棒形，大小为 13–20×4.9–5.8 μm；担孢子腊肠形，无色，薄壁，光滑，IKI–，CB–，大小为 (4.2–)4.5–6(–6.2)×(1–)1.1–1.5(–1.6) μm，平均长 L = 5.22 μm，平均宽 W = 1.21 μm，长宽比 Q = 4.33–4.85 (n = 120/4)。

代表序列：OL457964。

分布、习性和功能：香格里拉市普达措国家公园；生长在针叶树倒木上；引起木材白色腐朽。

 冷杉褐褶菌

Gloeophyllum abietinum (Bull.) P. Karst.

子实体：担子果一年生，盖形至平伏反卷，覆瓦状叠生，新鲜时软革质，干后韧革质或软木栓质；菌盖窄半圆形，外伸可达 4 cm，宽可达 6 cm，基部厚可达 6 mm，上表面后期深棕褐色，具不明显同心环带或环沟；边缘锐；子实层体黄褐色，褶状，不分叉，偶尔裂齿状；菌褶或齿紧密相连，每毫米 1–2 个；菌肉黄褐色至深褐色，革质，厚可达 1 mm；菌褶或菌齿灰褐色至褐色，厚可达 5 mm。

显微结构：菌丝系统二体系；生殖菌丝具锁状联合；菌丝组织在 KOH 试剂中变黑；菌褶生殖菌丝无色，薄壁至稍厚壁，偶尔分枝，直径 2–3 μm；骨架菌丝占多数，黄色至锈褐色，厚壁至近实心，少分枝，交织排列，直径 2–4 μm；子实层具囊状体，金黄色至黄褐色，厚壁，具结晶，大小为 27–50×4.5–6 μm；担子棍棒形，大小为 27–40×4.7–5.6 μm；担孢子圆柱形，无色，薄壁，光滑，IKI–，CB–，大小为 7.4–9.6×2.7–3.4 μm，平均长 L = 8.72 μm，平均宽 W = 2.82 μm，长宽比 Q = 39 (n = 30/1)。

代表序列：OL457965，OL457435。

分布、习性和功能：德钦县白马雪山自然保护区；生长在云杉倒木上；引起木材褐色腐朽。

图 167 弯孢胶化孔菌 *Gelatoporia subvermispora*

图 168 冷杉褐褶菌 *Gloeophyllum abietinum*

深褐褶菌

Gloeophyllum sepiarium (Wulfen) P. Karst.

子实体：担子果多年生，盖形，覆瓦状叠生，侧向融合，新鲜时革质，干后硬革质；菌盖扇形、半圆形，外伸可达 5 cm，宽可达 15 cm，基部厚可达 5 mm，上表面初期亮黄褐色，具细密绒毛，后期红褐色、灰褐色、黑色，具硬毛和瘤状突起，具明显同心环纹和环沟；子实层体褶状，偶尔菌褶交错连接形成不规则孔状，新鲜时浅黄褐色，触摸后变为暗褐色；菌褶每毫米 1–2 个，孔状部分每毫米 2–3 个；菌褶边缘厚，撕裂状；菌肉棕褐色，厚可达 0.5 mm；菌褶侧高可达 4.5 mm。

显微结构：菌丝系统二体系；生殖菌丝具锁状联合；菌丝组织在 KOH 试剂中变黑；菌髓生殖菌丝无色，薄壁，偶尔分枝，直径 2–3 μm；骨架菌丝占多数，浅黄褐色，厚壁至近实心，少分枝，平直或弯曲，交织排列，IKI–，CB+，直径 2.5–3.3 μm；子实层中无囊状体；具拟囊状体，大小为 32–55×3.5–5 μm；担子细棍棒形，大小为 29–42×5–5.5 μm；担孢子圆柱形，无色，薄壁，光滑，IKI–，CB–，大小为 7.9–10.5×3–3.7 μm，平均长 L = 9.01 μm，平均宽 W = 3.23 μm，长宽比 Q = 2.77–2.78 (n = 60/2)。

代表序列：JX524628，KC782736。

分布、习性和功能：德钦县白马雪山自然保护区，香格里拉市普达措国家公园，兰坪县箭杆场，剑川县石宝山，大理市蝴蝶泉景区；生长在针叶树倒木上；引起木材褐色腐朽；药用。

 密褐褶菌

Gloeophyllum trabeum (Pers.) Murrill

子实体：担子果多年生，盖形，呈覆瓦状叠生，侧向融合，新鲜时软木栓质，干后木栓质；菌盖扇形、半圆形，偶尔侧向融合成近圆形，外伸可达 4 cm，宽可达 8 cm，基部厚可达 8 mm，上表面灰褐色、棕褐色或烟灰色，后期粗糙，略具辐射状条纹，具同心环纹或环沟；子实层体不规则，半褶状、迷宫状至部分孔状，赭色或灰褐色，无折光反应；菌褶或菌孔每毫米 2–4 个；菌肉棕褐色，无环区，厚可达 3 mm；菌褶或菌管不分层，灰褐色，革质，长可达 5 mm。

显微结构：菌丝系统二体系；生殖菌丝具锁状联合；菌丝组织在 KOH 试剂中变黑；菌管生殖菌丝无色，薄壁至厚壁，偶尔分枝，直径 2–2.7 μm；骨架菌丝占多数，黄褐色，厚壁至近实心，不分枝，平直或弯曲，交织排列，IKI–，CB–，直径 2.2–4 μm；子实层中无囊状体；具拟囊状体，大小为 25–31×4–5 μm；担子棍棒形，大小为 19.5–27×4–5.6 μm；担孢子圆柱形，无色，薄壁，光滑，IKI–，CB–，大小为 7.6–9.1×2.8–4 μm，平均长 L = 8.12 μm，平均宽 W = 3.5 μm，长宽比 Q = 2.32 (n = 30/1)。

代表序列：JX524625，KC782741。

分布、习性和功能：维西县老君山自然保护区，盈江县大盈江风景区；生长在阔叶树倒木上；引起木材褐色腐朽；药用。

图 169　深褐褶菌 *Gloeophyllum sepiarium*

图 170　密褐褶菌 *Gloeophyllum trabeum*

二色半胶菌

Gloeoporus dichrous (Fr.) Bres.

子实体: 担子果一年生,盖形至平伏反卷,覆瓦状叠生,新鲜时软革质,干后脆胶质;菌盖半圆形、近贝壳形,外伸可达 2 cm,宽可达 4 cm,基部厚可达 5 mm,上表面初期白色或乳白色,具短柔毛,后期浅黄色或灰白色,粗糙;孔口表面粉红褐色、紫红色或紫黑色,无折光反应;不育边缘明显,乳白色或浅黄色,宽可达 3 mm;孔口圆形至多角形,每毫米 4–6 个;孔口边缘薄,全缘;菌肉白色或浅黄色,厚可达 4 mm;菌管与孔口表面同色或略浅,长可达 1 mm。

显微结构: 菌丝系统一体系;生殖菌丝具锁状联合;菌丝组织在 KOH 试剂中无变化;菌管生殖菌丝无色,薄壁,频繁分枝,平直,疏松交织排列,IKI–、CB–,直径 2–3.8 μm;子实层中无囊状体和拟囊状体;担子棍棒形,大小为 13.2–18.6×3–4.2 μm;担孢子腊肠形至圆柱形,无色,薄壁,光滑,IKI–、CB–,大小为 3.5–4.5×0.9–1 μm,平均长 L = 41 μm,平均宽 W = 0.97 μm,长宽比 Q = 4.13 (n = 30/1)。

代表序列: KU360399,KU360406。

分布、习性和功能: 牟定县化佛山自然保护区;生长在阔叶树倒木上;引起木材白色腐朽。

 ## 紫杉半胶菌

Gloeoporus taxicola (Pers.) Gilb. & Ryvarden

子实体: 担子果一年生,平伏,不易与基质分离,新鲜时革质或蜡质,干后木栓质,长可达 10 cm,宽可达 6 cm,中部厚可达 3 mm;孔口表面淡红色、桃红褐色至深紫色,无折光反应;不育边缘明显,乳白色、奶油色至淡黄色,宽可达 2 mm;孔口近圆形或不规则形,每毫米 4–5 个;孔口边缘薄,全缘;菌肉乳白色至浅黄色,厚可达 1 mm;菌管与孔口表面同色或略浅,近胶质,长可达 2 mm。

显微结构: 菌丝系统一体系;生殖菌丝具简单分隔,菌丝组织在 KOH 试剂中无变化;菌管生殖菌丝无色,薄壁,频繁分枝,平直,与菌管近平行排列,IKI–、CB(+),直径 2–4.8 μm;菌丝间具大量黄褐色油滴状物质;子实层中无囊状体;具棍棒形拟囊状体,薄壁,大小为 15.4–23.4×3–4.1 μm;担子棍棒形,大小为 13.2–18.6×3–4.2 μm;担孢子腊肠形,无色,薄壁,光滑,IKI–、CB–,大小为 (3.1–)3.2–4×1.1–1.4(–1.7) μm,平均长 L = 3.61 μm,平均宽 W = 1.27 μm,长宽比 Q = 2.84 (n = 30/1)。

代表序列: OL457966,OL457436。

分布、习性和功能: 牟定县化佛山自然保护区;生长在针叶树倒木和落枝上;引起木材白色腐朽。

图 171　二色半胶菌 *Gloeoporus dichrous*

图 172　紫杉半胶菌 *Gloeoporus taxicola*

迷条纹孔菌

***Grammatus labyrinthinus* H.S. Yuan & C. Decock**

子实体：担子果一年生，平伏，不易与基质分离，干后革质，长可达 15 cm，宽可达 3 cm，中部厚可达 0.23 mm；子实层体孔状至齿状，新鲜时表面奶油色至浅黄色，干后黄褐色；孔口不规则，近孔状、迷宫状至不规则齿状，每毫米 4–5 个；孔口边缘薄，撕裂状；菌肉浅黄色，厚可达 0.1 mm；菌管与子实体表面同色，厚可达 0.13 mm；子实层仅在菌管基部。

显微结构：菌丝系统二体系；生殖菌丝具锁状联合；菌丝组织在 KOH 试剂中变暗褐色；菌管生殖菌丝少见，直径 1.5–2.5 μm；骨架菌丝占多数，无色，弯曲，偶尔分枝，交织排列，IKI–，CB+，直径 2–3 μm；子实层具骨架囊状体，棍棒形，厚壁，末端具结晶，大小为 10–30×4–8 μm；菌管边缘具树状分枝菌丝；担子近球形，纵分隔，大小为 18–25×10–13 μm；担孢子圆柱形，无色，薄壁，光滑，IKI–，CB–，大小为 (13–)13.3–15.7(–16)×(6–)6.4–7.4(–7.7) μm，平均长 L = 14.4 μm，平均宽 W = 6.94 μm，长宽比 Q = 2.07–2.1 (n = 60/2)。

代表序列：KM379137，KM379138。

分布、习性和功能：景洪市西双版纳自然保护区野象谷；生长在阔叶树落枝上；引起木材白色腐朽。

 棕榈浅孔菌

***Grammothele fulgio* (Berk. & Broome) Ryvarden**

子实体：担子果一年生，平伏，中部稍厚，向边缘逐渐变薄，不易与基质分离，革质，长可达 15 cm，宽可达 8 cm，中部厚可达 0.6 mm；孔口表面新鲜时灰蓝色，干后浅蓝灰色至深灰色，无折光反应；不育边缘明显，浅蓝灰色，宽可达 2 mm；孔口多角形，每毫米 7–9 个；孔口边缘薄，全缘；菌肉浅褐色，厚可达 0.2 mm；菌管与子实体表面同色，厚可达 0.4 mm。

显微结构：菌丝系统三体系；生殖菌丝具锁状联合；菌丝组织在 KOH 试剂中变黑；菌管生殖菌丝少见，直径 1–2 μm；骨架菌丝占多数，浅黄褐色，厚壁至近实心，平直或稍弯曲，偶尔分枝，交织排列，IKI[+]，CB–，直径 2–3 μm；缠绕菌丝常见；菌管边缘具树枝状菌丝；子实层中无囊状体和拟囊状体；担子棍棒形，大小为 19.7–24.7×5–7.2 μm；担孢子长椭圆形至腊肠形，无色，薄壁，光滑，IKI–，CB–，大小为 (5–)5.2–7(–7.1)×(2–)2.3–3(–3.1) μm，平均长 L = 6.4 μm，平均宽 W = 2.65 μm，长宽比 Q = 2.28 (n = 30/1)。

代表序列：OL435145，OL423571。

分布、习性和功能：陇川县章凤森林公园，丘北县普者黑风景区，马关县古林箐自然保护区，西畴县莲花塘乡，文山市老君山自然保护区，文山市平坝镇，西双版纳自然保护区曼搞，勐腊县雨林谷，勐腊县勐腊自然保护区；生长在竹子或棕榈的活立木或死树上；引起木材和竹材白色腐朽。

图 173　迷条纹孔菌 *Grammatus labyrinthinus*

图 174　棕榈浅孔菌 *Grammothele fulgio*

线浅孔菌

***Grammothele lineata* Berk. & M.A. Curtis**

子实体：担子果一年生，平伏，中部稍厚，向边缘逐渐变薄，不易与基质分离，革质至软木栓质，长可达 28 cm，宽可达 12 cm，中部厚可达 1 mm；孔口表面新鲜时灰褐色，手触后变为黑褐色，干后暗灰色，无折光反应；孔口多角形至不规则形，每毫米 2–3 个；孔口边缘薄，略撕裂状；菌肉粉灰色，厚可达 0.2 mm；菌管与子实体表面同色，厚可达 0.8 mm；菌管壁上具菌丝钉。

显微结构：菌丝系统三体系；生殖菌丝具锁状联合；菌丝组织在 KOH 试剂中变为黑褐色；菌管生殖菌丝无色，直径 2–2.6 μm；骨架菌丝占多数，浅黄褐色，厚壁，具窄内腔，偶尔分枝，交织排列，IKI[+]，CB–，直径 2–2.9 μm；子实层中无囊状体和拟囊状体；树状分枝菌丝广泛存在；担子棍棒形，大小为 16–23×5–6 μm；担孢子窄椭圆形，无色，薄壁，光滑，IKI–，CB–，大小为 (4.4–)4.6–6.5(–6.8)×(2.5–)2.6–3.2 μm，平均长 L = 5.55 μm，平均宽 W = 2.9 μm，长宽比 Q = 1.91 (n = 30/1)。

代表序列：KX832048，KX832057。

分布、习性和功能：勐腊县中国科学院西双版纳热带植物园绿石林；生长在阔叶树倒木上；引起木材白色腐朽。

 ## 栎浅孔菌

***Grammothele quercina* (Y.C. Dai) B.K. Cui & Hai J. Li**

子实体：担子果多年生，平伏，不易与基质分离，新鲜时木栓质，长可达 200 cm，宽可达 40 cm，中部厚可达 8 mm；孔口表面新鲜时奶油色至浅灰色，干后浅灰色至稻草色，无折光反应；孔口圆形至裂齿状，每毫米 1–2 个；孔口边缘薄，撕裂状；菌肉稻草色，厚可达 2 mm；菌管与子实体表面同色，木质，长可达 6 mm；菌管壁上具菌丝钉。

显微结构：菌丝系统三体系；生殖菌丝具锁状联合；菌丝组织在 KOH 试剂中变为暗褐色；菌管生殖菌丝少见，直径 2–3.5 μm；骨架菌丝占多数，无色，偶尔分枝，交织排列，IKI[+]，CB+，直径 2–3.3 μm；菌丝钉菌丝 IKI[+]，CB+；子实层中无囊状体和拟囊状体；具树状分枝体，IKI[+]，CB–；担子棍棒形，大小为 20–26×4–6 μm；担孢子圆柱形，无色，薄壁，光滑，IKI–，CB–，大小为 (5.1–)5.6–8(–8.2)×(2.1–)2.3–3(–3.5) μm，平均长 L = 6.56 μm，平均宽 W = 2.71 μm，长宽比 Q = 2.42 (n = 60/1)。

代表序列：JQ314364，JQ780423。

分布、习性和功能：德钦县梅里雪山地质公园，德钦县白马雪山自然保护区，香格里拉市普达措国家公园，兰坪县罗古箐自然保护区，丽江市白水河；生长在栎树活立木、倒木和树桩上；引起木材白色腐朽。

图 175　线浅孔菌 *Grammothele lineata*

图 176　栎浅孔菌 *Grammothele quercina*

分离浅孔菌

***Grammothele separabillima* H.S. Yuan**

子实体：担子果一年生，平伏，易与基质分离，革质，长可达 15 cm，宽可达 2.5 cm，中部厚可达 0.5 mm；孔口表面新鲜时浅黄褐色，干后橘黄色，无折光反应；孔口多角形，每毫米 4–6 个；孔口边缘薄，全缘，具粉状物；菌肉异质，厚可达 0.3 mm；菌管与孔口表面同色，长可达 0.2 mm。

显微结构：菌丝系统二体系；生殖菌丝具锁状联合；菌丝组织在 KOH 试剂中变为暗褐色；菌管生殖菌丝少见，无色，薄壁，偶尔分枝，直径 1.5–2.5 μm；骨架菌丝占多数，无色至浅黄色，厚壁至近实心，偶尔分枝，交织排列，IKI[+]，CB–，直径 1.5–3 μm；子实层中无囊状体和拟囊状体；具树状分枝菌丝；担子棍棒形，大小为 23–31×8–12 μm；担孢子椭圆形，无色，薄壁，光滑，IKI–，CB–，大小为 (9.4–)9.8–11.4(–11.6)×(6.2–)6.4–7.3(–7.7) μm，平均长 L = 10.75 μm，平均宽 W = 6.92 μm，长宽比 Q = 1.54–1.56 (n = 70/2)。

代表序列：KP342530，NR166378。

分布、习性和功能：西双版纳原始森林公园，勐腊县中国科学院西双版纳热带植物园热带雨林；生长在阔叶树落枝上；引起木材白色腐朽。

 ## 红彩孔菌

***Hapalopilus nidulans* (Fr.) P. Karst.**

子实体：担子果一年生，盖形，易与基质分离，新鲜时软，多汁，干后脆质；菌盖三角形，外伸可达 3 cm，宽可达 5 cm，厚可达 20 mm，上表面肉桂色，干后橙红色，光滑，无环区；孔口表面新鲜时玫瑰色，干后赭色；孔口多角形，每毫米 2–4 个；孔口边缘薄，全缘；菌肉橙红色，软木栓质，厚可达 5 mm；菌管与孔口表面同色，厚可达 15 mm。

显微结构：菌丝系统一体系；生殖菌丝具锁状联合；菌丝组织在 KOH 试剂中变紫红色；菌管菌丝无色，稍厚壁至厚壁，频繁分枝，交织排列，具大量红褐色小结晶，IKI–，CB–，直径 3–5 μm；子实层中无囊状体；具拟纺锤形拟囊状体；担子棍棒形，大小为 10–17×5–7 μm；担孢子窄椭圆形，无色，薄壁，光滑，IKI–，CB–，大小为 (3.2–)3.3–4.2(–4.5)×(2.2–)2.3–3 μm，平均长 L = 3.69 μm，平均宽 W = 2.58 μm，长宽比 Q = 1.43 (n = 30/1)。

代表序列：OL469801，OL469800。

分布、习性和功能：玉龙县黎明老君山国家公园，兰坪县长岩山自然保护区；生长在阔叶树死树上；引起木材白色腐朽。

图 177　分离浅孔菌 *Grammothele separabillima*

图 178　红彩孔菌 *Hapalopilus nidulans*

古彩孔菌

***Hapalopilus priscus* (Niemelä, Miettinen & Manninen) Melo & Ryvarden**

子实体：担子果一年生，平伏，贴生，易与基质分离，新鲜时肉质多汁，干后强烈收缩，胶质，长可达 8 cm，宽可达 3 cm，中部厚可达 7 mm；孔口表面新鲜时粉黄色至桃红色，干后黄黑褐色至黑色；不育边缘不明显；孔口圆形至多角形，每毫米 2–4 个；孔口边缘薄，全缘至撕裂状；菌肉干后暗褐色，胶质，厚可达 1 mm；菌管与孔口表面同色，长可达 6 mm。

显微结构：菌肉菌丝一体系；生殖菌丝具锁状联合；菌丝组织在 KOH 试剂中不变色；菌管菌丝无色，薄壁至厚壁，偶尔分枝，交织排列，IKI–，CB–，直径 2–5 μm；子实层中无囊状体和拟囊状体；担子棍棒形，大小为 22–24×4–5 μm；担孢子椭圆形，无色，薄壁，光滑，通常具油滴，IKI–，CB–，大小为 (3–)3.3–4×2.1–2.5 μm，平均长 L = 3.61 μm，平均宽 W = 2.26 μm，长宽比 Q = 1.60 (n = 30/1)。

代表序列：OL457967，OL457437。

分布、习性和功能：兰坪县罗古箐自然保护区；生长在松树过火木上；引起木材白色腐朽。

 双色全缘孔菌

***Haploporus bicolor* Y.C. Dai, Meng Zhou & Yuan Yuan**

子实体：担子果一年生，平伏，与基质不易分离，长可达 5 cm，宽可达 2 cm，中部厚可达 0.7 mm；孔口表面奶油色至浅桃色；不育边缘明显，宽可达 1 mm；孔口圆形至多角形，每毫米 5–7 个；孔口边缘厚，全缘；菌肉土黄色，软木栓质，厚可达 0.4 mm；菌管与菌肉同色，长可达 0.3 mm。

显微结构：菌丝系统二体系；生殖菌丝具锁状联合；菌管生殖菌丝占少数，无色，薄壁，偶尔分枝，直径 1–1.5 μm；骨架菌丝占多数，厚壁，具窄内腔，频繁分枝，交织排列，IKI–，CB+，直径 1–2 μm；子实层中无囊状体；具纺锤形拟囊状体，大小为 14–25×6–11.5 μm；担子梨形至桶状，14–25×6–11.5 μm；担孢子长椭圆形至近圆柱形，无色，表面具刺状纹饰，略厚壁，IKI–，CB+，大小为 10.5–11.9×4.5–5 μm，平均长 L = 11.10 μm，平均宽 W = 4.86 μm，长宽比 Q = 2.28 (n = 30/1)。

代表序列：MW465684。

分布、习性和功能：西畴县小桥沟自然保护区；生长在阔叶树落枝上；引起木材白色腐朽。

图 179　古彩孔菌 *Hapalopilus priscus*

图 180　双色全缘孔菌 *Haploporus bicolor*

厚壁全缘孔菌

Haploporus crassus Meng Zhou & Y.C. Dai

子实体：担子果一年生，平伏，与基质不易分离，长可达 35 cm，宽可达 3 cm，中部厚可达 1 mm；孔口表面白色至奶油色，成熟后浅黄色；不育边缘不明显；孔口圆形，每毫米 3–5 个；孔口边缘薄，全缘；菌肉奶油色，软木栓质，厚可达 0.1 mm；菌管浅黄色，长可达 0.9 mm。

显微结构：菌丝系统二体系；生殖菌丝具锁状联合；菌管生殖菌丝无色，薄壁，偶尔分枝，直径 1.5–3 μm；骨架菌丝占多数，厚壁，具宽内腔至近实心，频繁分枝，交织排列，IKI–，CB+，直径 1.5–2.5 μm；子实层中无囊状体；具一侧膨大拟囊状体，大小为 21–31×8–10 μm；担子梨形至桶状，大小为 22–31×8–13 μm；担孢子椭圆形，无色，表面具刺状纹饰，略厚壁，IKI–，CB+，大小为 13.5–16.5×7.5–9.5 μm，平均长 L = 15.06 μm，平均宽 W = 8.15 μm，长宽比 Q = 1.85 (n = 30/1)。

代表序列：MW465669。

分布、习性和功能：景东县哀牢山自然保护区；生长在阔叶树落枝上；引起木材白色腐朽。

 圆柱孢全缘孔菌

Haploporus cylindrosporus L.L. Shen, Y.C. Dai & B.K. Cui

子实体：担子果一年生，平伏，与基质不易分离，长可达 8.5 cm，宽可达 2.5 cm，中部厚可达 2.5 mm；孔口表面新鲜时奶油色，干后粉棕色；不育边缘明显，宽可达 2.5 mm；孔口多角形，每毫米 4–5 个；孔口边缘薄，全缘；菌肉奶油色，软木栓质，厚可达 0.5 mm；菌管与孔口表面同色，长可达 2 mm。

显微结构：菌丝系统二体系；生殖菌丝具锁状联合；菌管生殖菌丝无色，薄壁，频繁分枝，直径 1–3 μm；骨架菌丝占多数，厚壁，具宽内腔至近实心，频繁分枝，交织排列，IKI–，CB+，直径 2.5–4 μm；子实层中无囊状体和拟囊状体；担子棒棒形，大小为 33–35×9–11 μm；担孢子圆柱形，无色，表面具刺状纹饰，略厚壁，IKI–，CB+，大小为 10–11.5×4.5–5 μm，平均长 L = 10.6 μm，平均宽 W = 4.69 μm，长宽比 Q = 2.15–2.27 (n = 60/2)。

代表序列：KU941853，KU941854。

分布、习性和功能：景东县哀牢山自然保护区；生长在阔叶树枯立木或落枝上；引起木材白色腐朽。

图 181　厚壁全缘孔菌 *Haploporus crassus*

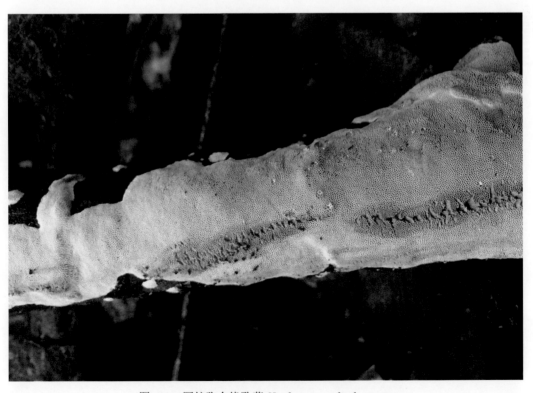

图 182　圆柱孢全缘孔菌 *Haploporus cylindrosporus*

香味全缘孔菌

Haploporus odorus (Sommerf.) Bondartsev & Singer

子实体：担子果多年生，盖形，单生或覆瓦状叠生，新鲜时革质，具强烈芳香气味，干后硬木栓质，芳香气味可存留数月甚至一年；菌盖半圆形或蹄形，外伸可达 8 cm，宽可达 10 cm，基部厚可达 30 mm，上表面初期奶油色，后期棕褐色，无同心环带和环沟；孔口表面乳白色至浅灰白色，具折光反应；孔口近圆形，每毫米 3–4 个；孔口边缘厚，全缘；菌肉奶油色至乳黄色，具环区，厚可达 10 mm；菌管比孔口表面颜色略浅，长可达 20 mm。

显微结构：菌丝系统二体系；生殖菌丝具锁状联合；菌管生殖菌丝在菌髓边缘常见，无色，薄壁，频繁分枝，直径 1.5–2.4 μm；骨架菌丝占多数，无色，厚壁，具窄内腔，频繁分枝，IKI[+]，CB+，直径 2–3.8 μm；子实层中无囊状体和拟囊状体；担子桶状，大小为 10–16×5.2–7 μm；担孢子椭圆形，无色，厚壁，具细微疣刺，IKI–，CB+，大小为 4.5–5.5×3.5–4.1 μm，平均长 L = 4.95 μm，平均宽 W = 3.91 μm，长宽比 Q = 1.27 (n = 30/1)。

代表序列：KU941845，KU941869。

分布、习性和功能：兰坪县长岩山自然保护区，兰坪县罗古箐自然保护区；生长在柳树活立木上；引起木材白色腐朽。

 具隔全缘孔菌

Haploporus septatus L.L. Shen, Y.C. Dai & B.K. Cui

子实体：担子果一年生，平伏，与基质不易分离，长可达 5.5 cm，宽可达 2.5 cm，中部厚可达 0.8 mm；孔口表面新鲜时白色至奶油色，成熟后奶油色至浅黄色；不育边缘明显，宽可达 1 mm；孔口圆形，每毫米 5–6 个；孔口边缘厚，全缘；菌肉奶油色，木栓质，厚可达 0.1 mm；菌管浅黄色，长可达 0.7 mm。

显微结构：菌丝系统二体系；生殖菌丝具锁状联合；菌管生殖菌丝无色，薄壁，偶尔分枝，直径 2–3.5 μm；骨架菌丝占多数，厚壁具窄内腔至近实心，频繁分枝，交织排列，IKI[+]，CB+，直径 2.5–3.5 μm；子实层中无囊状体；具纺锤形拟囊状体，大小为 26–31×5–8 μm；担子梨形至桶状，大小为 32–34×9–10 μm；担孢子长圆形至椭圆形，无色，略厚壁，表面具刺状纹饰，IKI–，CB+，大小为 8.5–11×5–6 μm，平均长 L = 9.9 μm，平均宽 W = 5.25 μm，长宽比 Q = 1.78–1.92 (n = 60/2)。

代表序列：KU941843，KU941844。

分布、习性和功能：景东县哀牢山自然保护区；生长在阔叶树落枝上；引起木材白色腐朽。

图 183 香味全缘孔菌 *Haploporus odorus*

图 184 具隔全缘孔菌 *Haploporus septatus*

亚纸全缘孔菌

Haploporus subpapyraceus L.L. Shen, Y.C. Dai & B.K. Cui

子实体：担子果一年生，平伏，与基质不易分离，长可达 13 cm，宽可达 1.2 cm，中部厚可达 1 mm；孔口表面白色至奶油色，后期浅黄色；不育边缘不明显；孔口多角形，每毫米 3–5 个；孔口边缘厚，全缘；菌肉奶油色，木栓质，厚可达 0.1 mm；菌管与孔口表面同色，长可达 0.9 mm。

显微结构：菌丝系统二体系；生殖菌丝具锁状联合；菌管生殖菌丝无色，薄壁，偶尔分枝，直径 2.5–5 μm；骨架菌丝占多数，厚壁，具窄内腔至近实心，频繁分枝，交织排列，IKI[+]，CB+，直径 2–4 μm；子实层中无囊状体；具分隔拟囊状体，大小为 26–35×5–8 μm；担子梨形至桶状，大小为 32–37×10–15 μm；担孢子椭圆形，无色，厚壁，具刺状纹饰，IKI–，CB+，大小为 9–12×5.5–8 μm，平均长 L = 10.64 μm，平均宽 W = 6.42 μm，长宽比 Q = 1.58–1.69 (n = 60/2)。

代表序列：KU941841，KU941865。

分布、习性和功能：景东县无量山自然保护区；生长在阔叶树枯立木或落枝上；引起木材白色腐朽。

 丁氏全缘孔菌

Haploporus thindii (Natarajan & Kolandavelu) Y.C. Dai

子实体：担子果一年生至两年生，平伏，与基质不易分离，长可达 15 cm，宽可达 3 cm，中部厚可达 3 mm；孔口表面初期奶油色，后期浅黄色；不育边缘明显，白色，宽可达 2 mm；孔口多角形，每毫米 3–4 个；孔口边缘厚，全缘；菌肉浅黄色，木栓质，厚可达 0.3 mm；菌管与孔口表面同色，长可达 2.7 mm。

显微结构：菌丝系统二体系；生殖菌丝具锁状联合；菌管生殖菌丝无色，薄壁，偶尔分枝，直径 2–3 μm；骨架菌丝占多数，厚壁，具窄内腔，频繁分枝，弯曲，交织排列，IKI–，CB+，直径 2.7–3.5 μm；子实层中无囊状体和拟囊状体；担子桶状，大小为 20–37×6.5–9.1 μm；担孢子窄椭圆形，无色，厚壁，具刺状纹饰，IKI–，CB+，大小为 (10.4–)10.5–14.5(–14.6)×(5.1–)5.2–6.4(–7) μm，平均长 L = 12.51 μm，平均宽 W = 5.92 μm，长宽比 Q = 2.11 (n = 32/1)。

代表序列：OL423518，OL423528。

分布、习性和功能：兰坪县罗古箐自然保护区；生长在红豆杉死枝上；引起木材白色腐朽。

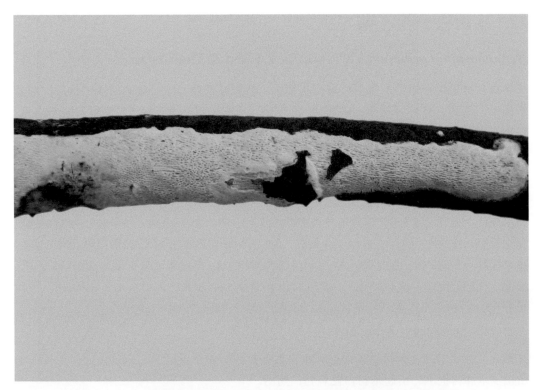

图 185　亚纸全缘孔菌 *Haploporus subpapyraceus*

图 186　丁氏全缘孔菌 *Haploporus thindii*

华山松异担子菌

Heterobasidion armandii Y.C. Dai, Jia J. Chen & Yuan Yuan

子实体：担子果一年生，盖形，覆瓦状叠生，新鲜时革质，干后硬革质或木栓质；菌盖半圆形、扇形，外伸可达 3 cm，宽可达 7 cm，基部厚可达 8 mm，上表面初期奶油色，后期红褐色，具壳，光滑，具同心环区；孔口表面新鲜时白色，后期奶油色，无折光反应；孔口近圆形至多角形，每毫米 4–5 个；孔口边缘薄，全缘至撕裂状；菌肉干后奶油色，厚可达 5 mm；菌管与孔口表面同色，长可达 3 mm。

显微结构：菌丝系统二体系；生殖菌丝具简单分隔；菌管生殖菌丝少见，无色，薄壁，偶尔分枝，直径 2–3 μm；骨架菌丝占多数，无色，厚壁具窄内腔，少分枝，弯曲，强烈交织排列，IKI[+]，CB+，直径 3–4 μm；子实层中无囊状体；具纺锤形拟囊状体，偶尔在末端具一分隔；担子棍棒形，大小为 14–24×6–8 μm；担孢子近球形至宽椭圆形，无色，厚壁，具细微疣刺，IKI–，CB+，大小为 (4.8–)4.9–5.9(–6)×(3.8–)3.9–4.5(–4.8) μm，平均长 L = 5.12 μm，平均宽 W = 4.11 μm，长宽比 Q = 1.24–1.25 (n = 60/2)。

代表序列：MT146482，MT446031。

分布、习性和功能：云南轿子山国家级自然保护区，新平县磨盘山森林公园；生长在华山松倒木和树桩上；引起木材白色腐朽；药用。

 # 南方异担子菌

Heterobasidion australe Y.C. Dai & Korhonen

子实体：担子果多年生，平伏反卷至盖形，覆瓦状叠生，新鲜时革质，干后硬革质或木栓质；菌盖半圆形、扇形，外伸可达 3 cm，宽可达 7 cm，基部厚可达 7 mm，上表面初期白色至奶油色，后期红褐色至黑褐色，具壳，光滑，具不明显的同心环区；孔口表面新鲜时白色，后期奶油色至浅黄色，具折光反应；孔口近圆形至多角形，每毫米 4–5 个；孔口边缘薄，全缘；菌肉干后奶油色，厚可达 2 mm；菌管与孔口表面同色，长可达 5 mm。

显微结构：菌丝系统二体系；生殖菌丝具简单分隔；菌管生殖菌丝少见，无色，薄壁，偶尔分枝，直径 2–3.5 μm；骨架菌丝占多数，无色，厚壁具中度至窄内腔，少分枝，弯曲，交织排列，IKI–，CB+，直径 2.5–4.5 μm；子实层中无囊状体和拟囊状体；担子粗棍棒形至桶状，大小为 10–16×5–6 μm；担孢子近球形至宽椭圆形，无色，厚壁，具细微疣刺，IKI–，CB+，大小为 (4.1–)4.3–5.5(–6.2)×(3.3–)3.5–4.5(–5.5) μm，平均长 L = 4.95 μm，平均宽 W = 4.01 μm，长宽比 Q = 1.17–1.28 (n = 150/5)。

代表序列：MT146486，MT446035。

分布、习性和功能：华宁县华溪镇；生长在云南松倒木和树桩上；引起木材白色腐朽；药用。

图 187 华山松异担子菌 *Heterobasidion armandii*

图 188 南方异担子菌 *Heterobasidion australe*

岛生异担子菌

***Heterobasidion insulare* (Murrill) Ryvarden**

子实体：担子果一年生，盖形，偶尔平伏反卷，通常覆瓦状叠生，新鲜时革质，干后硬革质或木栓质；菌盖半圆形、扇形，外伸可达 4 cm，宽可达 8 cm，基部厚可达 15 mm，上表面初期奶油色至橘红色，后期土黄色至黄褐色，基部呈黑褐色，具同心环区；孔口表面新鲜时白色至奶油色，干后浅黄褐色，具折光反应；不育边缘明显；孔口近圆形至不规则形，每毫米 3–5 个；孔口边缘薄，撕裂状；菌肉干后浅乳黄色，厚可达 10 mm；菌管与菌肉同色，长可达 5 mm。

显微结构：菌丝系统二体系；生殖菌丝具简单分隔；菌管生殖菌丝少见，无色，薄壁，频繁分枝，直径 2–3 μm；骨架菌丝占多数，无色，厚壁至近实心，不分枝，弯曲，强烈交织排列，IKI–，CB+，直径 2–4 μm；子实层中无囊状体和拟囊状体；担子桶状，大小为 13–20×6–8 μm；担孢子近球形，无色，厚壁，具细微疣刺，IKI–，CB+，大小为 (4.1–)4.2–5.2(–5.8)×(3.3–)3.5–4.3(–4.4) μm，平均长 L = 4.68 μm，平均宽 W = 3.96 μm，长宽比 Q = 1.17–1.19 (n = 90/3)。

代表序列：MT146489，MT446038。

分布、习性和功能：昆明市西山森林公园；生长在油杉倒木和树桩上；引起木材白色腐朽；药用。

 亚岛生异担子菌

***Heterobasidion subinsulare* Y.C. Dai, Jia J. Chen & Yuan Yuan**

子实体：担子果一年生，平伏反卷至盖形，通常覆瓦状叠生，新鲜时革质，干后硬革质或木栓质；菌盖半圆形、扇形，外伸可达 4 cm，宽可达 10 cm，基部厚可达 40 mm，上表面初期奶油色，后期浅黄色，具壳，无环区；孔口表面新鲜时白色，干后浅黄色，无折光反应；孔口近圆形至拉长形，每毫米 1–3 个；孔口边缘薄，全缘至略撕裂状；菌肉干后浅乳黄色，厚可达 5 mm；菌管与菌肉同色，长可达 35 mm。

显微结构：菌丝系统二体系；生殖菌丝具简单分隔；菌管生殖菌丝常见，无色，薄壁至稍厚壁，频繁分枝，直径 2–3.5 μm；骨架菌丝占多数，无色，厚壁具宽内腔，少分枝，弯曲，强烈交织排列，IKI[+]，CB+，直径 2–5 μm；子实层具囊状体和拟囊状体，囊状体棍棒形，大小为 21–40×4–8 μm，拟囊状体纺锤形，大小为 22–25×4–8 μm；担子棍棒形，大小为 18–28×4–6 μm；担孢子近球形至宽椭圆形，无色，厚壁，具细微疣刺，IKI–，CB+，大小为 (4.5–)5–5.7(–6)×(3.6–)3.8–5(–5.5) μm，平均长 L = 5.17 μm，平均宽 W = 4.22 μm，长宽比 Q = 1.22 (n = 30/1)。

代表序列：MT146497，MT446046。

分布、习性和功能：腾冲市曲石镇双河村；生长在松树桩上；引起木材白色腐朽；药用。

图 189　岛生异担子菌 *Heterobasidion insulare*

图 190　亚岛生异担子菌 *Heterobasidion subinsulare*

亚小孔异担子菌

Heterobasidion subpaviporum Y.C. Dai, Jia J. Chen & Yuan Yuan

子实体：担子果多年生，盖形，通常覆瓦状叠生，新鲜时革质，干后硬革质或木栓质；菌盖半圆形、扇形，外伸可达 6 cm，宽可达 9 cm，基部厚可达 22 mm，上表面初期浅黄色，后期灰褐色至黑褐色，具壳，具同心无环区；孔口表面新鲜时白色，后期奶油色，干后浅黄色，具折光反应；孔口近圆形，每毫米 3–5 个；孔口边缘薄，全缘；菌肉干后黄褐色，厚可达 2 mm；菌管与菌肉同色，长可达 20 mm。

显微结构：菌丝系统二体系；生殖菌丝具简单分隔；菌管生殖菌丝常见，无色，薄壁，频繁分枝，直径 1.7–3 μm；骨架菌丝占多数，无色，厚壁具窄内腔，少分枝，弯曲，强烈交织排列，IKI–，CB+，直径 2–3.5 μm；子实层中无囊状体；具纺锤形拟囊状体，末端偶尔具一分隔，大小为 13–26×4–6 μm；担子棍棒形至桶状，大小为 18–24×5–8 μm；担孢子近球形至宽椭圆形，无色，厚壁，具细微疣刺，IKI–，CB+，大小为 5–6.5(–7)×(3.8–)4–5.2 μm，平均长 L = 5.65 μm，平均宽 W = 4.35 μm，长宽比 Q = 1.30–1.32 (n = 60/2)。

代表序列：MT146499，MT446048。

分布、习性和功能：德钦县白马雪山自然保护区，香格里拉市普达措国家公园，香格里拉市千湖山，维西县老君山自然保护区；生长在云杉和冷杉倒木和树桩上；引起木材白色腐朽；药用。

 毛蜂窝孔菌

Hexagonia apiaria (Pers.) Fr.

子实体：担子果多年生，盖形，单生，新鲜时革质，干后木栓质；菌盖半圆形至扇形，长可达 8 cm，宽可达 14 cm，基部厚可达 20 mm，上表面新鲜时灰褐色、黄褐色，靠近基部黑褐色，干后灰黑褐色，具粗硬毛和同心环纹；孔口表面新鲜时浅灰褐色至浅黄褐色，干后黄褐色；孔口六角形，直径 2–4 mm；菌管边缘薄，全缘；菌肉黑褐色，厚可达 10 mm；菌管灰褐色，长可达 10 mm。

显微结构：菌丝系统三体系；生殖菌丝具锁状联合；菌丝组织在 KOH 试剂中变黑；菌管生殖菌丝无色，薄壁，频繁分枝，直径 1.5–2.5 μm；骨架菌丝占多数，黄色至黄褐色，薄壁至厚壁，具宽内腔，不分枝，疏松交织排列，IKI–，CB–，直径 2.5–5 μm；缠绕菌丝常见；子实层中无囊状体和拟囊状体；具菌丝钉，圆锥形，黄褐色，长度可超过 100 μm，直径 40–85 μm；担子棍棒形，大小为 20–30×6–9 μm；担孢子圆柱形，无色，薄壁，光滑，IKI–，CB–，大小为 11–15×5–6 μm，平均长 L = 13.3 μm，平均宽 W = 5.4 μm，长宽比 Q = 2.41 (n = 30/1)。

代表序列：KX900635，KX900682。

分布、习性和功能：个旧市清水河热带雨林；生长在阔叶树倒木上；引起木材白色腐朽；药用。

图 191　亚小孔异担子菌 *Heterobasidion subpaviporum*

图 192　毛蜂窝孔菌 *Hexagonia apiaria*

光盖蜂窝孔菌

***Hexagonia glabra* (P. Beauv.) Ryvarden**

子实体：担子果一年生，盖形，覆瓦状叠生，新鲜时革质，干后木栓质；菌盖半圆形，外伸可达 4 cm，宽可达 8 cm，基部厚度可达 2 mm，上表面新鲜时灰褐色，干后浅褐色至黄褐色，具明显同心环纹和环沟，略纵向褶皱；孔口表面黄褐色，无折光反应；孔口六角形，每毫米约 1 个；孔口边缘薄，全缘；菌肉异质，上层浅黄褐色，下层白色，厚可达 1 mm；菌管干后浅黄褐色，长可达 1 mm。

显微结构：菌丝系统三体系；生殖菌丝具锁状联合；菌丝组织在 KOH 试剂中变暗褐色；菌管生殖菌丝少见，无色，薄壁，频繁分枝，直径 2–3.2 μm；骨架菌丝占多数，无色至浅黄色，具宽至窄内腔，不分枝，交织排列，IKI–，CB–，直径 2.8–4.2 μm；缠绕菌丝常见；子实层中无囊状体和拟囊状体；担子棍棒形，大小为 35–38×7–12 μm；担孢子圆柱形，无色，薄壁，光滑，IKI–，CB–，大小为 (12–)13.1–15.3(–16)×(4–)4.2–5.6(–6) μm，平均长 L = 14.36 μm，平均宽 W = 4.85 μm，长宽比 Q = 2.96 (n = 30/1)。

代表序列：KX900637，KX900683。

分布、习性和功能：腾冲市樱花谷；生长在阔叶树倒木上；引起木材白色腐朽。

 ## 薄蜂窝孔菌

***Hexagonia tenuis* (Hook) Fr.**

子实体：担子果一年生，盖形，覆瓦状叠生，新鲜时革质，干后硬革质；菌盖半圆形、圆形、贝壳形，外伸可达 5 cm，宽可达 8 cm，基部厚可达 2.5 mm，上表面新鲜时灰褐色，后期赭色、褐色，光滑，具褐色同心环纹；孔口表面初期浅灰色，后期烟灰色至灰褐色；孔口蜂窝状，每毫米 2–3 个；孔口边缘薄，全缘；菌肉黄褐色，无环区，厚可达 2 mm；菌管烟灰色至灰褐色，长可达 0.5 mm。

显微结构：菌丝系统三体系；生殖菌丝具锁状联合；菌丝组织在 KOH 试剂中变黑；菌管生殖菌丝少见，无色，薄壁至略厚壁，偶尔分枝，直径 2.3–3 μm；骨架菌丝占多数，浅黄褐色，厚壁，具明显内腔，偶尔分枝，弯曲，疏松交织排列，IKI–，CB–，直径 2.5–4.5 μm；缠绕菌丝常见；子实层中无囊状体和拟囊状体；担子棍棒形，大小为 20–25×6–7.5 μm；具大量菱形结晶；担孢子圆柱形，无色，薄壁，光滑，IKI–，CB–，大小为 11–13.5×4–4.5 μm，平均长 L = 12.5 μm，平均宽 W = 4.29 μm，长宽比 Q = 2.91 (n = 30/1)。

代表序列：JX559277，JX559302。

分布、习性和功能：勐腊县中国科学院西双版纳热带植物园；生长在阔叶树倒木和落枝上；引起木材白色腐朽；药用。

图 193　光盖蜂窝孔菌 *Hexagonia glabra*

图 194　薄蜂窝孔菌 *Hexagonia tenuis*

宽被厚皮孔菌

Hornodermoporus latissimus (Bres.) B.K. Cui & Y.C. Dai

子实体：担子果多年生，盖形，单生，新鲜时木栓质，干后木质；菌盖蹄形，外伸可达 8.5 cm，宽可达 11.5 cm，基部厚可达 32 mm，上表面深褐色至黑褐色，具同心环纹，具黑色皮壳，边缘白色至奶油色，钝；孔口表面白色至奶油色；孔口圆形，每毫米 4–6 个；孔口边缘厚，全缘；菌肉木材色，木栓质，厚可达 5 mm；菌管与孔口表面同色，木质，长可达 27 mm。

显微结构：菌丝系统二体系；生殖菌丝具锁状联合；菌丝组织在 KOH 试剂中无变化；菌管生殖菌丝少见，无色，薄壁，直径 2.9–3.1 μm；骨架菌丝占多数，厚壁，不分枝，交织排列，IKI[+]，CB+，直径 3.5–4.1 μm；子实层中具棍棒形囊状体，无色，厚壁，末端具结晶，大小为 17–30×8–15 μm；担子棍棒形，大小为 14–20×7–12 μm；担孢子长椭圆形至瓜子形，平截，无色，厚壁，光滑，IKI[+]，CB+，大小为 (6.8–)7.1–8(–8.3)×(4–)4.2–5(–5.2) μm，平均长 L = 7.7 μm，平均宽 W = 4.7 μm，长宽比 Q = 1.63–1.65 (n = 60/2)。

代表序列：KX900639，KX900686。

分布、习性和功能：勐腊县中国科学院西双版纳热带植物园；生长在阔叶树腐朽木上；引起木材白色腐朽。

 ## 角壳厚皮孔菌

Hornodermoporus martius (Berk.) Teixeira

子实体：担子果多年生，盖形，单生，新鲜时木栓质，干后木质；菌盖蹄形，外伸可达 10 cm，宽可达 6.2 cm，基部厚可达 47 mm，上表面深褐色至黑褐色，具同心环纹，具黑色皮壳；孔口表面白色，干后白色至奶油色；孔口圆形，每毫米 4–5 个；孔口边缘厚，全缘；菌肉木栓质，厚可达 3 mm；菌管分层明显，新生层奶油色，其他层赭色至浅褐色，长可达 44 mm。

显微结构：菌丝系统二体系；生殖菌丝具锁状联合；菌丝组织在 KOH 试剂中无变化；菌管生殖菌丝少见，直径 2.9–3.1 μm；骨架菌丝占多数，厚壁，不分枝，交织排列，IKI[+]，CB+，直径 3.5–4.1 μm；子实层中具囊状体，无色，厚壁，偶尔末端具结晶，大小为 18.2–23.1×6.8–12.5 μm；具纺锤形拟囊状体；担子棍棒形，大小为 20.5–26.5×9.5–10.6 μm；担孢子长椭圆形至瓜子形，平截，无色，厚壁，光滑，IKI[+]，CB+，大小为 (7–)7.5–9(–9.7)×(4–)4.2–5.5(–5.9) μm，平均长 L = 8.15 μm，平均宽 W = 4.96 μm，长宽比 Q = 1.64 (n = 30/1)。

代表序列：HQ876603，HQ654114。

分布、习性和功能：勐腊县中国科学院西双版纳热带植物园，腾冲市高黎贡山自然保护区；生长在阔叶树倒木和树桩上；引起木材白色腐朽；药用。

图 195　宽被厚皮孔菌 *Hornodermoporus latissimus*

图 196　角壳厚皮孔菌 *Hornodermoporus martius*

同心环锈革孔菌

Hymenochaete campylopora (Mont.) Spirin & Miettinen

子实体：担子果一年生，盖形，覆瓦状叠生，革质；菌盖窄半圆形至扇形，外伸可达 2 cm，宽可达 4 cm，基部厚可达 2 mm，上表面黑褐色，具同心环带和环沟，具绒毛；边缘锐，偶尔齿裂；子实层体表面环褶状，黄褐色；菌褶每毫米 4–5 个；菌褶边缘薄，全缘或撕裂状；菌肉暗褐色，异质，层间具一黑线区，厚可达 0.5 mm；菌褶黄褐色，高可达 1.5 mm。

显微结构：菌丝系统一体系；生殖菌丝具简单分隔；菌丝组织在 KOH 试剂中变黑；菌褶菌丝浅黄色，薄壁至稍厚壁，具明显内腔，偶尔分枝，弯曲，基部交织排列，末端平行于菌褶排列，直径 3–4 μm；具子实层刚毛，锥形，黑褐色，厚壁，大小为 30–62×5–10 μm；具囊状体，棍棒形，大小为 26–33×3–5 μm；担子棍棒形，大小为 12–15×3–4.5 μm；担孢子窄椭圆形，无色，薄壁，光滑，IKI–，CB–，大小为 (3.4–)3.7–4.3(–4.5)×(1.5–)1.7–2.2(–2.4) μm，平均长 L = 4.6 μm，平均宽 W = 2 μm，长宽比 Q = 2.3 (n = 30/1)。

代表序列：JQ279513，JQ279629。

分布、习性和功能：勐腊县望天树景区；生长在阔叶树倒木上；引起木材白色腐朽。

 微环锈革孔菌

Hymenochaete microcycla (Zipp. ex Lév.) Spirin & Miettinen

子实体：担子果一年生，盖形，通常覆瓦状叠生，干后常为硬骨质；菌盖半圆形至扇形，外伸可达 5 cm，宽可达 8 cm，基部厚可达 4 mm，上表面暗褐色至浅红褐色，具窄同心环沟，具绒毛；边缘干后钝；孔口表面暗褐色至酱红色；不育边缘明显，黄棕色，宽可达 2 mm；孔口圆形，每毫米 7–9 个；孔口边缘薄，全缘；菌肉锈褐色至暗褐色，异质，层间具一黑线区，厚可达 2 mm；菌管黄褐色，比孔口表面颜色浅，长可达 2 mm。

显微结构：菌丝系统一体系；生殖菌丝具简单分隔；菌髓菌丝无色、薄壁至浅黄褐色、厚壁，少分枝，多隔膜，平直，平行于菌管排列，直径 2.5–4.2 μm；具刚毛，由菌髓伸出，大多数埋藏在子实层内，暗褐色，厚壁，锥形，基部稍弯曲，大小为 29–61×5–8 μm；子实层和亚子实层细胞壁 CB(+)；具囊状体，少见，棍棒形，多数位于菌管底部，大小为 32–55×3.5–6 μm；担子棍棒形，大小为 10–14×3.5–5 μm；担孢子椭圆形，无色，薄壁，IKI–，CB–，大小为 (2.8–)3.2–4(–4.3)×(1.8–)1.9–2.1(–2.2) μm，平均长 L = 3.62 μm，平均宽 W = 2.03 μm，长宽比 Q = 1.6–1.98 (n = 53/2)。

代表序列：KU975473，KU975520。

分布、习性和功能：腾冲市高黎贡山自然保护区百花岭；生长在栎属树木倒木、腐朽木和树桩上；引起木材白色腐朽。

图 197　同心环锈革孔菌 *Hymenochaete campylopora*

图 198　微环锈革孔菌 *Hymenochaete microcycla*

针锈革孔菌

***Hymenochaete setipora* (Berk.) S.H. He & Y.C. Dai**

子实体：担子果一年生，盖形，数个聚生或覆瓦状叠生，革质；菌盖半圆形至扇形，外伸可达 3 cm，宽可达 5 cm，基部厚可达 3 mm，上表面锈褐色、红褐色、黑褐色，具明显同心环带和环沟；边缘锐，偶尔齿裂；孔口表面肉桂褐色；孔口多角形，每毫米 1–3 个；孔口边缘薄，撕裂状；菌肉肉桂褐色，异质，层间具一黑线区，厚可达 1.5 mm；菌管黄褐色，长可达 1.5 mm。

显微结构：菌丝系统一体系；生殖菌丝具简单分隔；菌丝组织在 KOH 试剂中变黑；菌管菌丝无色至浅黄色，薄壁至稍厚壁，具明显内腔，少分枝，平直，平行于菌管排列，直径 3–5 μm；子实层刚毛锥形，黑褐色，厚壁，大小为 35–65×5–8 μm；囊状体少见，棍棒形，无色，薄壁，大小为 35–42×3.5–5 μm；担子棍棒形，大小为 12–16×3–5 μm；担孢子椭圆形，无色，薄壁，光滑，通常 4 个黏结在一起，IKI–，CB(+)，大小为 (2.9–)3.1–4(–4.2)×(1.5–)1.8–2.5(–2.6) μm，平均长 L = 3.52 μm，平均宽 W = 2.1 μm，长宽比 Q = 1.54–1.86 (n = 60/2)。

代表序列：JQ279515，JQ279639。

分布、习性和功能：西双版纳原始森林公园，勐腊县中国科学院西双版纳热带植物园热带雨林；生长在阔叶树腐朽木上；引起木材白色腐朽。

 干锈革孔菌

***Hymenochaete xerantica* (Berk.) S.H. He & Y.C. Dai**

子实体：担子果多年生，盖形，平伏至平伏反卷，通常覆瓦状叠生，左右侧面相连，软革质，干后革质；菌盖半圆形，外伸可达 3 cm，宽可达 70 cm，基部厚可达 4 mm，上表面初期浅黄褐色，后期暗褐色，具不明显同心环沟；孔口表面浅黄褐色，具折光反应；不育边缘金黄色；孔口圆形至多角形，每毫米 3–5 个，孔口边缘薄，撕裂状；菌肉黄色至暗褐色，异质，层间具一黑线区，厚可达 2 mm；菌管金黄色，比孔口表面颜色浅，长可达 2 mm。

显微结构：菌丝系统一体系；生殖菌丝具简单分隔；菌髓菌丝无色至浅黄色，薄壁至厚壁，少分枝，多隔膜，平直，平行于菌管排列，直径 2.0–3.5 μm；刚毛锥形，暗褐色，厚壁，偶尔在菌肉中，大小为 40–80×5–8 μm；囊状体棍棒形，大小为 17–33×3–6 μm；担子粗棍棒形，大小为 8–10×3.5–4.5 μm；担孢子圆柱形，略弯曲，末端略变尖，无色，薄壁，IKI–，CB–，大小为 (2.9–)3–4(–4.5)×(1–)1.2–1.6(–1.8) μm，平均长 L = 3.54 μm，平均宽 W = 1.4 μm，长宽比 Q = 2.58–2.59 (n = 150/5)。

代表序列：JQ279519，JQ279635。

分布、习性和功能：云南轿子山国家级自然保护区，大关县黄连河森林公园，永平县宝台山森林公园，兰坪县罗古箐自然保护区，南华县雨露，牟定县化佛山自然保护区，武定县狮子山森林公园，双柏县爱尼山乡；生长在栎树等阔叶树倒木、腐朽木和树桩上；引起木材白色腐朽。

图 199 针锈革孔菌 *Hymenochaete setipora*

图 200 干锈革孔菌 *Hymenochaete xerantica*

河南纤孔菌

Inonotus henanensis Juan Li & Y.C. Dai

子实体：担子果一年生，平伏，与基质不易分离，新鲜时木栓质，干后木质，长可达 15 cm，宽可达 7 cm，中部厚可达 7.5 mm；孔口表面新鲜时灰色至灰褐色，具折光反应，干后颜色几乎不变；不育边缘窄至几乎无；孔口多角形，每毫米 6–7 个；菌管边缘薄，全缘；菌肉黄褐色，厚可达 0.5 mm；菌管黄褐色，长可达 7 mm。

显微结构：菌丝系统一体系；生殖菌丝具简单分隔；菌丝组织遇 KOH 试剂变黑；菌管菌丝无色至浅黄色，薄壁至稍厚壁，具宽内腔，偶尔分枝，与菌管平行排列，IKI–，CB(+)，直径 2.5–4.5 μm；具菌丝状刚毛，厚壁，具窄内腔，不分隔，末端尖锐，大小为 150–300×8–13 μm；偶尔具子实层刚毛，锥形，末端尖锐，锈褐色，厚壁，16–22×6.5–8 μm；具腹鼓形拟囊状体，大小为 10–15×5–7 μm；担子粗棍棒形，大小为 10–12×7–9 μm；担孢子近球形，无色，薄壁，光滑，IKI–，CB–，大小为 (5–)5.5–6.5(–7)×4.5–5.7(–6) μm，平均长 L = 5.9 μm，平均宽 W = 5.15 μm，长宽比 Q = 1.13–1.16 (n = 60/2)。

代表序列：KP030783，KX832918。

分布、习性和功能：普洱市太阳河森林公园；生长在阔叶树倒木上；引起木材白色腐朽。

 ## 白边纤孔菌

Inonotus niveomarginatus H.Y. Yu, C.L. Zhao & Y.C. Dai

子实体：担子果一年生，平伏，垫状，与基质不易分离，新鲜时软木栓质，干后木栓质，长可达 6 cm，宽可达 2.5 cm，中部厚可达 4 mm；孔口表面新鲜时黑橄榄色，干后黑褐色至黄褐色；不育边缘明显，白色；孔口圆形，每毫米 6–8 个；菌管边缘薄，全缘；菌肉褐色，厚可达 1 mm；菌管暗褐色至黑褐色，长可达 3 mm。

显微结构：菌丝系统一体系；生殖菌丝具简单分隔；菌丝组织遇 KOH 试剂变黑；菌管菌丝浅黄色，薄壁至稍厚壁，具宽内腔，频繁分枝，平直，与菌管近平行排列，IKI–，CB(+)，直径 2.5–3.5 μm；子实层无刚毛；担子桶状，大小为 13–16×6–8.5 μm；担孢子近球形至卵形，浅黄色，薄壁，光滑，IKI–，CB–，大小为 (4.5–)4.9–5.7(–6)×(4.2–)4.5–5.2(–5.5) μm，平均长 L = 5.35 μm，平均宽 W = 4.95 μm，长宽比 Q = 1.06 (n = 30/1)。

代表序列：KC456245。

分布、习性和功能：景洪市西双版纳自然保护区三岔河；生长在阔叶树倒木上；引起木材白色腐朽。

图 201　河南纤孔菌 *Inonotus henanensis*

图 202　白边纤孔菌 *Inonotus niveomarginatus*

白囊耙齿菌

Irpex lacteus* (Fr.) Fr. *s. l.

子实体：担子果一年生，形态多变，平伏、平伏反卷或盖形，覆瓦状叠生，革质；菌盖窄半圆形，外伸可达 1 cm，宽可达 10 cm，基部厚可达 5 mm，上表面乳白色至浅黄色，具细密绒毛，具不明显同心环区；平伏时长可达 110 cm，宽可达 15 cm，中部厚可达5 mm；子实层体表面奶油色；初期孔状，后期撕裂呈耙齿状，菌齿紧密相连，每毫米 2–3个；孔口薄壁，撕裂状；菌肉白色至奶油色，厚可达 1 mm；菌管或菌齿长 4 mm。

显微结构：菌丝系统二体系；生殖菌丝具简单分隔；菌齿生殖菌丝无色，薄壁至稍厚壁，偶尔分枝，直径 2.2–4 μm；骨架菌丝无色，厚壁，不分枝，平直，偶尔具结晶，IKI–，CB+，直径 2.8–3.2 μm；子实层具骨架囊状体，由菌髓中骨架菌丝伸长形成，厚壁，具结晶，突出子实层 30–40 μm，结晶部分大小为 22–110×5–9 μm；担子棍棒形，大小为 21–29×4–5 μm；担孢子椭圆形至圆柱形，无色，薄壁，光滑，IKI–，CB–，大小为 (3.9–)4–5.5(–6)×(1.6–)2–2.8(–3) μm，平均长 L = 4.14 μm，平均宽 W = 2.22 μm，长宽比 Q = 1.78–1.87 (n = 90/3)。

代表序列：OL470327，OL455712。

分布、习性和功能：大关县黄连河森林公园，宾川县鸡足山风景区，楚雄市紫溪山森林公园，金平县分水岭自然保护区；生长在阔叶树死树、倒木和落枝上；引起木材白色腐朽；药用。

 ## 芳香皱皮孔菌

***Ischnoderma benzoinum* (Wahlenb.) P. Karst.**

子实体：担子果一年生，盖形，通常覆瓦状叠生，新鲜时肉质至软木栓质，多汁，干后明显收缩，硬木栓质；菌盖通常近圆形，外伸可达 10 cm，宽可达 14 cm，基部厚可达20 mm，上表面新鲜时深褐色，具绒毛，后期黑褐色，粗糙，具皮壳，具放射状条纹；孔口表面新鲜时奶油色，触摸后变黑色，干后褐色；孔口圆形至多角形，每毫米 3–4 个；孔口边缘薄，全缘；菌肉干后黑褐色，硬木栓质，厚可达 10 mm；菌管与孔口表面同色，长可达 10 mm。

显微结构：菌丝系统一体系；生殖菌丝具锁状联合；菌丝组织在 KOH 试剂中变黑；菌管菌丝无色至浅黄色，厚壁，具窄至宽内腔，中度分枝，交织排列至与菌管近平行排列，直径 4–6 μm；子实层中无囊状体和拟囊状体；担子棍棒形，大小为 14–22×4–5 μm；担孢子腊肠形，无色，薄壁，光滑，IKI–，CB–，大小为 (4–)4.1–5.3(–5.6)×(1.6–)1.7–2(–2.2) μm，平均长 L = 4.61 μm，平均宽 W = 1.86 μm，长宽比 Q = 2.48 (n = 30/1)。

代表序列：OL505453，OL476383。

分布、习性和功能：丽江市玉龙雪山景区云杉坪；生长在云杉树桩上；引起木材白色腐朽。

图 203　白囊耙齿菌 *Irpex lacteus*

图 204　芳香皱皮孔菌 *Ischnoderma benzoinum*

华南容氏孔菌

Junghuhnia austrosinensis F. Wu, P. Du & X.M. Tian

子实体：担子果一年生，平伏，新鲜时革质，柔软，干后木栓质，长可达 7 cm，宽可达 4 cm，中部厚可达 0.4 mm；孔口表面新鲜时白色，触摸后变浅褐色，干后奶油色至浅黄色；不育边缘明显，白色；孔口圆形至多角形，每毫米 9–11 个；孔口边缘薄，全缘；菌肉奶油色，厚可达 0.1 mm；菌管与孔口表面同色，长可达 0.3 mm。

显微结构：菌丝系统二体系；生殖菌丝具锁状联合；菌管生殖菌丝无色，薄壁至稍厚壁，少分枝，直径 2–3 μm；骨架菌丝占多数，无色，少分枝，与菌管近平行排列，IKI–，CB+，直径 2.5–3.8 μm，子实层具骨架囊状体，厚壁，棍棒形，具块状结晶，镶嵌或突出子实层，由菌髓中骨架菌丝伸长形成，20–40×6–8 μm；担子桶状，大小为 7–8×4–4.5 μm；担孢子椭圆形，无色，薄壁，光滑，IKI–，CB–，大小为 (2.4–)2.5–3(–3.1)×(1.6–)1.7–2(–2.1) μm，平均长 L = 2.83 μm，平均宽 W = 1.83 μm，长宽比 Q = 1.51 (n = 30/1)。

代表序列：MN871755，MN877768。

分布、习性和功能：西双版纳原始森林公园；生长在倒竹子上；引起竹材白色腐朽。

 ## 皱容氏孔菌

Junghuhnia collabens (Fr.) Ryvarden

子实体：担子果一年生，平伏，新鲜时革质，柔软，干后木栓质，长可达 5 cm，宽可达 2 cm，中部厚可达 3 mm；孔口表面新鲜时浅粉褐色，触摸后变暗褐色，干后肉桂色至红棕色，具折光反应；孔口圆形至多角形，每毫米 7–8 个；孔口边缘薄至稍厚，全缘；菌肉浅粉黄色，硬革质，厚可达 1 mm；菌管与菌肉同色，长可达 2 mm。

显微结构：菌丝系统二体系；生殖菌丝具锁状联合；菌管生殖菌丝无色，薄壁，偶尔分枝，直径 2–3 μm；骨架菌丝无色至浅黄色，厚壁具明显内腔，偶尔分枝，IKI–，CB+，直径 2–3.2 μm，子实层具骨架囊状体，厚壁，具块状结晶，镶嵌或突出子实层，由菌髓中骨架菌丝伸长形成，结晶包被部分大小为 28–70×7–13 μm；担子棍棒形，大小为 10–12×3.5–5 μm；担孢子短圆柱形至腊肠形，无色，薄壁，光滑，IKI–，CB–，大小为 3–3.5(–4)×(1.2–)1.5–1.9(–2.2) μm，平均长 L = 3.22 μm，平均宽 W = 1.65 μm，长宽比 Q = 1.95 (n = 30/1)。

代表序列：OL472335。

分布、习性和功能：香格里拉市普达措国家公园，丽江市白水河；生长在针叶树腐朽木上；引起木材白色腐朽。

图 205 华南容氏孔菌 *Junghuhnia austrosinensis*

图 206 皱容氏孔菌 *Junghuhnia collabens*

硬脆容氏孔菌

Junghuhnia crustacea (Jungh.) Ryvarden

子实体：担子果一年生，平伏，不易与基质分离，新鲜时革质，柔软，干后木栓质，长可达 10 cm，宽可达 3 cm，中部厚可达 1 mm；孔口表面新鲜时白色，干后稻草色；不育边缘不明显；孔口不规则，孔状至齿状，每毫米 4–6 个；孔口边缘薄，撕裂状；菌肉浅黄色，厚可达 0.3 mm；菌管与孔口表面同色，长可达 0.7 mm。

显微结构：菌丝系统二体系；生殖菌丝具锁状联合；菌丝组织在 KOH 试剂中无变化；菌管生殖菌丝无色，薄壁，少分枝，直径 2–3 μm；骨架菌丝无色，厚壁，具窄内腔至近实心，不分枝，交织排列，IKI–，CB+，直径 2–3.5 μm；子实层具骨架囊状体，厚壁，棍棒形，具块状结晶，镶嵌或突出子实层，由菌髓中骨架菌丝伸长形成，结晶包被部分大小为 22–35×6–9 μm；担子棍棒形，大小为 11–16×4–5 μm；担孢子椭圆形，无色，薄壁，光滑，IKI–，CB–，大小为 4.1–5(–5.1)×(2.3–)2.4–3 μm，平均长 L = 4.45 μm，平均宽 W = 2.68 μm，长宽比 Q = 1.66 (n = 30/1)。

代表序列：MN871757，MN877770。

分布、习性和功能：瑞丽市莫里热带雨林景区，勐腊县望天树景区；生长在阔叶树落枝上；引起木材白色腐朽。

 日本容氏孔菌

Junghuhnia japonica Núñez & Ryvarden

子实体：担子果一年生至两年生，平伏，新鲜时革质，干后木栓质，长可达 7 cm，宽可达 3 cm，中部厚可达 3 mm；孔口表面新鲜时白色、奶油色至浅黄色，触摸后变浅褐色，干后浅黄色至浅黄褐色，具折光反应；孔口圆形至多角形，每毫米 5–7 个；孔口边缘薄，全缘；菌肉奶油色至浅黄色，厚可达 1 mm；菌管与孔口表面同色，厚可达 2 mm。

显微结构：菌丝系统二体系；生殖菌丝具锁状联合；菌管生殖菌丝无色，薄壁，偶尔分枝，直径 1.8–2.5 μm；骨架菌丝无色，不分枝，厚壁，具明显内腔，IKI–，CB+，直径 1.9–3 μm；具胶质囊状体，具折光性，大小为 13–20×4–5.5 μm；骨架囊状体棍棒形，具块状结晶，镶嵌或突出子实层，由菌髓中骨架菌丝伸长形成，结晶包被部分大小为 24–43×8–10 μm；具菌丝钉；担子短棍棒形，大小为 8–11×4–5 μm；担孢子圆柱形至长椭圆形，无色，薄壁，光滑，IKI–，CB–，大小为 4.5–5.5(–6.1)×(1.9–)2–2.3(–2.5) μm，平均长 L = 4.98 μm，平均宽 W = 2.13 μm，长宽比 Q = 2.34–2.38 (n = 60/2)。

代表序列：KC485536，KC485553。

分布、习性和功能：腾冲市高黎贡山自然保护区；生长在阔叶树腐朽木上；引起木材白色腐朽。

图 207　硬脆容氏孔菌 *Junghuhnia crustacea*

图 208　日本容氏孔菌 *Junghuhnia japonica*

光亮容氏孔菌

Junghuhnia nitida (Pers.) Ryvarden

子实体：担子果一年生，平伏，不易与基质分离，新鲜时革质，干后脆革质，长可达 8 cm，宽可达 3 cm，中部厚可达 3 mm；孔口表面新鲜时奶油色至浅黄色，触摸后变桃红色，干后粉肉桂色、土红褐色、酒红褐色至红褐色，具折光反应；不育边缘明显，白色；孔口多角形至近圆形，每毫米 6–8 个；孔口边缘薄，略撕裂状；菌肉奶油色至浅黄色，厚可达 1 mm；菌管与孔口表面同色，长可达 2 mm。

显微结构：菌丝系统二体系；生殖菌丝具锁状联合；菌管生殖菌丝无色，薄壁至稍厚壁，平直，偶尔分枝，直径 2.5–4 μm；骨架菌丝占多数，无色至浅黄色，厚壁具内腔，平直或弯曲，少分枝，交织排列，IKI–，CB+，直径 3–4 μm；子实层具囊状体，厚壁，棍棒形，具块状结晶，镶嵌或突出子实层，结晶包被部分大小为 36–58×7–9.5 μm；担子棍棒形，大小为 12.5–16×4–5 μm；担孢子椭圆形至长椭圆形，无色，薄壁，光滑，IKI–，CB–，大小为 4–5×2.1–2.6 μm，平均长 L = 4.29 μm，平均宽 W = 2.26 μm，长宽比 Q = 1.9 (n = 30/1)。

代表序列：OL477211，OL477215。

分布、习性和功能：金平县分水岭自然保护区；生长在阔叶树落枝上；引起木材白色腐朽。

 ## 亚皱容氏孔菌

Junghuhnia subcollabens F. Wu, P. Du & X.M. Tian

子实体：担子果一年生，平伏，新鲜时革质，干后硬木栓质，长可达 8 cm，宽可达 3 cm，中部厚可达 1.5 mm；孔口表面新鲜时橙红色，干后酒红褐色；不育边缘不明显；孔口圆形至多角形，每毫米 10–12 个；孔口边缘薄至稍厚，全缘；菌肉酒红色，比孔口表面颜色暗，厚可达 0.3 mm；菌管与菌肉同色，硬纤维质，长可达 1.2 mm。

显微结构：菌丝系统二体系；生殖菌丝具锁状联合和简单分隔；菌管生殖菌丝无色，直径 2–3.2 μm；骨架菌丝无色至浅黄色，厚壁，少分枝，黏结，交织排列，IKI–，CB+，直径 2.5–3.5 μm；骨架囊状体厚壁，具块状结晶，镶嵌或突出子实层，由菌髓中骨架菌丝伸长形成，大小为 35–50×6–9 μm；具纺锤形拟囊状体，大小为 8–14×3.5–2.5 μm；担子棍棒形，大小为 10–12×4–5 μm；担孢子半月形，无色，薄壁，光滑，IKI–，CB–，大小为 (2.8–)2.9–3.4(–3.5)×(1.5–)1.6–1.8(–1.9) μm，平均长 L = 3.12 μm，平均宽 W = 1.67 μm，长宽比 Q = 1.87 (n = 30/1)。

代表序列：MN871758，MN877771。

分布、习性和功能：永平县宝台山森林公园；生长在阔叶树腐朽木上；引起木材白色腐朽。

图 209 光亮容氏孔菌 *Junghuhnia nitida*

图 210 亚皱容氏孔菌 *Junghuhnia subcollabens*

亚光亮容氏孔菌

***Junghuhnia subnitida* H.S. Yuan & Y.C. Dai**

子实体：担子果一年生，平伏，不易与基质分离，新鲜时革质，干后脆革质，长可达
10 cm，宽可达 5 cm，中部厚可达 2 mm；孔口表面新鲜时粉色，干后粉肉桂色至土黄色；
不育边缘明显，白色；孔口多角形至近圆形，每毫米 5–7 个；孔口边缘薄，全缘；菌肉
奶油色至浅黄色，厚可达 0.5 mm；菌管与孔口表面同色，长可达 1.5 mm。

显微结构：菌丝系统二体系；生殖菌丝具锁状联合；菌管生殖菌丝无色，薄壁至稍厚壁，
少分枝，直径 2–3 μm；骨架菌丝占多数，无色，厚壁，具窄内腔至近实心，弯曲，不分
枝，交织排列，IKI–，CB+，直径 2.2–3 μm；具骨架囊状体，厚壁，棍棒形，具块状结
晶，镶嵌或突出子实层，大小为 35–110×7–15 μm；偶尔具菌丝钉；担子桶状，大小为
8.5–13×5–6 μm；担孢子宽椭圆形至近球形，无色，薄壁，光滑，IKI–，CB–，大小为
(4.3–)4.4–5(–5.2)×(3.1–)3.3–4(–4.1) μm，平均长 L = 4.64 μm，平均宽 W = 3.62 μm，长
宽比 Q = 1.27–1.29 (n = 60/2)。

代表序列：OL527661，OL527660。

分布、习性和功能：香格里拉市普达措国家公园；生长在阔叶树倒木和落枝上；引起木
材白色腐朽。

 ## 哀牢山硫磺菌

***Laetiporus ailaoshanensis* B.K. Cui & J. Song**

子实体：担子果一年生，盖形或具侧生短柄，覆瓦状叠生，新鲜时肉质，干后脆质；菌
盖扇形至半圆形，外伸可达 8 cm，宽可达 10 cm，基部厚可达 15 mm，上表面初期橙黄
色至橙红色，后期浅黄色至棕褐色，孔口表面新鲜时奶油色至浅黄色，干后浅黄色至肉
桂色；孔口不规则，每毫米 3–5 个；孔口边缘薄，全缘至撕裂状；菌肉厚可达 10 mm；
菌管易碎，长可达 5 mm。

显微结构：菌丝系统二体系；生殖菌丝具简单分隔；菌管生殖菌丝占少数，无色，薄壁，
偶尔分枝，直径 3.8–5 μm；骨架菌丝占多数，无色，厚壁，具宽内腔，偶尔分枝，IKI–，
CB–，在 KOH 试剂中消解；子实层中无囊状体；具拟囊状体，大小为 10–13×4–6 μm；
担子棍棒形，大小为 12–15×5–8 μm；担孢子卵球形至椭球形，无色，薄壁，光滑，
IKI–，CB–，大小为 5–6.2×4–5 μm，平均长 L = 5.29 μm，平均宽 W = 4.18 μm，长宽比
Q = 1.22–1.31 (n = 60/2)。

代表序列：KX354468，KX354496。

分布、习性和功能：宾川县鸡足山风景区，景东县哀牢山自然保护区，永德大雪山国家
级自然保护区；生长在石栎属和栲属等阔叶树活立木上；引起木材褐色腐朽；食用。

图 211　亚光亮容氏孔菌 *Junghuhnia subnitida*

图 212　哀牢山硫磺菌 *Laetiporus ailaoshanensis*

变孢硫磺菌

Laetiporus versisporus (Lloyd) Imazeki

子实体：担子果一年生，近球形至扁球形，单生或覆瓦状叠生，新鲜时肉质，干后易碎；菌盖半圆形至扇形，外伸可达 15 cm，宽可达 21 cm，基部厚可达 16 mm，上表面新鲜时黄色至橙色，干后浅棕色或近白色，具辐射状沟纹；孔口表面新鲜时浅黄色，后期黄色至浅棕褐色；孔口不规则，每毫米 3–6 个；孔口边缘薄，撕裂状；菌肉干后白垩质，厚可达 13 mm；菌管干后易碎，长可达 3 mm。

显微结构：菌丝系统二体系；生殖菌丝具简单分隔；菌管生殖菌丝占多数，无色，薄壁，频繁分枝，直径 2.4–4.4 μm；骨架菌丝占少数，无色，厚壁，具宽内腔，偶尔分枝，IKI–，CB–，在 KOH 试剂中消解；子实层中无囊状体和拟囊状体；担子棍棒形，大小为 12–17×5–7 μm；担孢子卵圆形至椭圆形，无色，薄壁，光滑，IKI–，CB–，大小为 5.2–6.8×4–5.5 μm；平均长 L = 6.0 μm，平均宽 W = 4.7 μm，长宽比 Q = 1.08–1.44 (n = 150/5)。

代表序列：KY886719，KY886745。

分布、习性和功能：瑞丽市莫里热带雨林景区，腾冲市高黎贡山自然保护区，盈江县铜壁关自然保护区，昆明市筇竹寺公园，普洱市太阳河森林公园；生长在阔叶树活立木、死树、倒木及树桩上；引起木材褐色腐朽；食用。

 ## 环纹硫磺菌

Laetiporus zonatus B.K. Cui & J. Song

子实体：担子果一年生，无柄或具近似侧生柄，覆瓦状叠生，新鲜时肉质，干后脆质；菌盖半圆形至扇形，外伸可达 10 cm，宽可达 17 cm，基部厚可达 30 mm，上表面新鲜时橙黄色至红黄色，干后浅黄色至橙黄褐色，具明显同心环纹和辐射状沟纹；孔口表面新鲜时白色至奶油色，干后浅黄色至黄棕色；孔口不规则，每毫米 2–5 个；孔口边缘薄，全缘至撕裂状；菌肉厚可达 25 mm；菌管长可达 5 mm。

显微结构：菌丝系统二体系；生殖菌丝具简单分隔；菌管生殖菌丝占少数，无色，薄壁，偶尔分枝，直径 4–5.5 μm；骨架菌丝占多数，无色，厚壁，具宽内腔，偶尔分枝，IKI–，CB–，在 KOH 试剂中消解；子实层中无囊状体和拟囊状体；担子棍棒形，大小为 18–26×5–8 μm；担孢子梨形至椭圆形，无色，薄壁，光滑，IKI–，CB–，大小为 5.8–7.2×4–5.5 μm，平均长 L = 6.46 μm，平均宽 W = 4.92 μm，长宽比 Q = 1.29–1.34 (n = 90/3)。

代表序列：KF951283，KF951308。

分布、习性和功能：香格里拉市普达措国家公园，玉龙县玉龙雪山自然保护区，丽江市黑龙潭公园，丽江市玉水寨景区，腾冲市高黎贡山自然保护区，楚雄市紫溪山森林公园；生长在阔叶树活立木、死树、倒木及树桩上；引起木材褐色腐朽；食用。

图 213　变孢硫磺菌 *Laetiporus versisporus*

图 214　环纹硫磺菌 *Laetiporus zonatus*

晶囊拉尔森孔菌

***Larssoniporia incrustatocystidiata* Y.C. Dai, Jia J. Chen & B.K. Cui**

子实体：担子果一年生，平伏，不易与基质分离，干后硬木栓质，长可达 14 cm，宽可达 7 cm，中部厚可达 7 mm，孔口表面干后浅褐色至土黄色；孔口多角形至拉长形，每毫米 3–5 个；孔口边缘薄，全缘；菌肉土黄色至褐色，厚可达 1 mm；菌管与孔口表面同色，木栓质，长可达 6 mm。

显微结构：菌丝系统二体系；生殖菌丝具锁状联合；菌丝组织在 KOH 试剂中变黑；菌管生殖菌丝少见，直径 1–2 μm；骨架菌丝占多数，无色至浅黄色，厚壁，具窄内腔，不分枝，交织排列，IKI[+]，CB+，直径 2–3 μm；具纺锤形胶化囊状体，大小为 16–40×8–11 μm；具纺锤形结晶囊状体，薄壁，大小为 20–24×4–8 μm；担子棍棒形，大小为 17–20×4–6 μm；担孢子宽椭圆形至近球形，无色，厚壁，具疣突，IKI+，CB–，大小为 4–5.2(–5.3)×3–4(–4.1) μm，平均长 L = 4.47 μm，平均宽 W = 3.48 μm，长宽比 Q = 1.25–1.32 (n = 60/2)。

代表序列：KM107864，KM107881。

分布、习性和功能：西双版纳原始森林公园；生长在阔叶树倒木上；引起木材白色腐朽。

 霍氏白木层孔菌

***Leucophellinus hobsonii* (Cooke) Ryvarden**

子实体：担子果多年生，盖形，覆瓦状叠生，干后软木栓质；菌盖窄半圆形，外伸可达 3 cm，宽可达 8 cm，基部厚可达 40 mm，上表面干后浅黄绿色至黄褐色，粗糙；孔口表面奶油色至浅黄色，无折光反应；孔口多角形，每毫米 1–2 个；孔口边缘薄，全缘或略撕裂状；菌肉奶油色至浅木材色，厚可达 5 mm，菌管多层，层间具一薄菌肉层，当年菌管奶油色，老菌管浅木材色，长可达 35 mm。

显微结构：菌丝系统一体系；生殖菌丝具简单分隔；菌管菌丝无色，厚壁，偶尔短分枝，具微小结晶体，菌丝末端偶尔膨大，平直，交织排列，IKI–，CB+，直径 2.3–5.5 μm；子实层具囊状体，棍棒形，厚壁，大小为 30–64×6.8–8.7 μm；担子桶状，稍厚壁，大小为 22–40×8–10 μm；担孢子宽椭圆形至卵形，无色，厚壁，IKI–，CB(+)，大小为 7.8–9.8×5.2–6.2 μm，平均长 L = 8.46 μm，平均宽 W = 5.69 μm，长宽比 Q = 1.49 (n = 30/1)。

代表序列：KY131839，KY131898。

分布、习性和功能：勐腊县望天树景区；生长在阔叶树倒木上；引起木材白色腐朽。

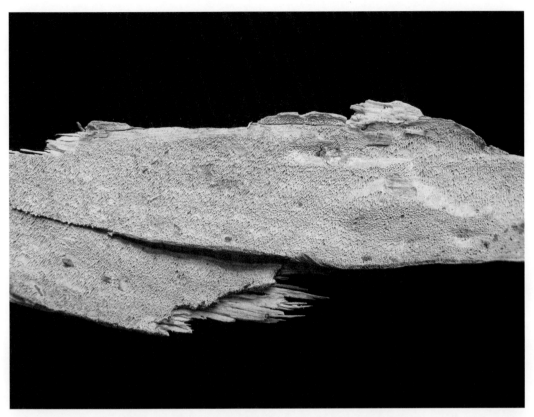

图 215 晶囊拉尔森孔菌 *Larssoniporia incrustatocystidiata*

图 216 霍氏白木层孔菌 *Leucophellinus hobsonii*

齿白木层孔菌

Leucophellinus irpicoides (Pilát) Bondartsev & Singer

子实体：担子果多年生，平伏至平伏反卷，不形成真正菌盖，新鲜时肉质、革质，后期软木栓质，干后木栓质；假菌盖覆瓦状叠生，外伸可达 1 cm，宽可达 4 cm，厚可达 40 mm，上表面新鲜时乳白色，后期浅黄色，无同心环纹；平伏时长可达 30 cm，宽可达 8 cm，中部厚可达 20 mm；孔口表面新鲜时乳白色、奶油色或乳黄色，干后乳黄色，无折光反应；孔口不规则，圆形至扭曲形，每毫米 1–1.5 个；孔口边缘薄，撕裂状；菌肉乳黄色，厚可达 4 mm；菌管多层，纤维质，长可达 36 mm。

显微结构：菌丝系统一体系；生殖菌丝具简单分隔；菌管菌丝无色，厚壁，具宽内腔，少分枝，平行于菌管排列，IKI–，CB+，直径 3.2–4.5 μm；子实层具囊状体，从菌髓伸至子实层外，棍棒形，略厚壁，具结晶，CB+，大小为 70–86×6.8–7.3 μm；担子桶状，大小为 19–23×5–7 μm；担孢子椭圆形，无色，厚壁，IKI–，CB+，大小为 6.2–8.5×4.8–6 μm，平均长 L = 7.46 μm，平均宽 W = 5.36 μm，长宽比 Q = 1.30 (n = 30/1)。

代表序列：KY131841，KY131900。

分布、习性和功能：巧家县药山风景区，昆明市黑龙潭公园；生长在阔叶树活立木上；引起木材白色腐朽。

 椭圆孢巨孔菌

Megasporia ellipsoidea (B.K. Cui & P. Du) B.K. Cui & Hai J. Li

子实体：担子果一年生，平伏，木栓质，与基质易分离，长可达 10 cm，宽可达 2 cm，中部厚可达 0.8 mm；孔口表面浅黄色，触摸后变浅褐色，干后橙黄色；不育边缘不明显；孔口圆形至多角形，每毫米 1–1.5 个；孔口边缘薄，全缘；菌肉奶油色至橙黄色，厚可达 0.2 mm；菌管与菌肉同色，长可达 0.6 mm。

显微结构：菌丝系统二体系；生殖菌丝具锁状联合；菌管生殖菌丝无色，薄壁，偶尔分枝，直径 1.8–2.8 μm；骨架菌丝占多数，厚壁至近实心，频繁分枝，IKI[+]，CB+，直径 2–3.7 μm；子实层中具胶质囊状体，管状至葫芦状，大小为 26–45×11–15.3 μm；担子管状，中部收窄，大小为 23–40×9–15 μm；担孢子椭圆形，无色，薄壁，光滑，IKI–，CB–，大小为 12–15×6–8.2 μm，平均长 L = 13.8 μm，平均宽 W = 7.18 μm，长宽比 Q = 1.92 (n = 30/1)。

代表序列：MW694879，MW694923。

分布、习性和功能：金平县分水岭自然保护区；生长在阔叶树落枝上；引起木材白色腐朽。

图 217　齿白木层孔菌 Leucophellinus irpicoides

图 218　椭圆孢巨孔菌 Megasporia ellipsoidea

横断山巨孔菌

Megasporia hengduanensis B.K. Cui & Hai J. Li

子实体：担子果一年生，平伏，木栓质，长可达6 cm，宽可达1.5 cm，中部厚可达1.4 mm；孔口表面干后浅黄色；不育边缘明显，宽可达1.5 mm；孔口圆形至多角形，每毫米2–3个；孔口边缘薄，全缘；菌肉奶油色至浅黄色，厚可达0.4 mm；菌管与菌肉同色，长可达1 mm。

显微结构：菌丝系统二体系；生殖菌丝具锁状联合；菌管生殖菌丝无色，薄壁，少分枝，直径2–2.8 μm；骨架菌丝占多数，厚壁，具窄内腔至近实心，少分枝，紧密交织排列，IKI[+]，CB+，直径2–4 μm；子实层中无囊状体；具纺锤形拟囊状体，大小为25–32×6–8 μm；担子葫芦形，大小为30–37×9–12 μm；担孢子圆柱体形，无色，薄壁，光滑，IKI–，CB–，大小为11–15×4.2–5.2 μm，平均长 L = 13.09 μm，平均宽 W = 4.85 μm，长宽比 Q = 2.65–2.75 (n = 60/2)。

代表序列：JQ780392，JQ314370。

分布、习性和功能：腾冲市高黎贡山自然保护区；生长在阔叶树落枝上；引起木材白色腐朽。

 大孢巨孔菌

Megasporia major (G.Y. Zheng & Z.S. Bi) B.K. Cui & Hai J. Li

子实体：担子果一年生，平伏，木栓质，不易与基质分离，长可达10 cm，宽可达1.5 cm，中部厚可达2 mm；孔口表面新鲜时白色至奶油色，干后奶油色至浅黄褐色；不育边缘窄；孔口多角形，每毫米1–1.5个；孔口边缘薄，全缘；菌肉奶油色至浅褐色，厚可达0.5 mm；菌管与菌肉同色，长可达1.5 mm。

显微结构：菌丝系统二体系；生殖菌丝具锁状联合；菌管生殖菌丝无色，薄壁，频繁分枝，直径2.2–3.2 μm；骨架菌丝占多数，厚壁至近实心，偶尔分枝，IKI[+]，CB+，直径2.8–4.5 μm；子实层中无囊状体；具锥形拟囊状体；担子桶状，大小为24–38×12–16 μm；担孢子圆柱体形，无色，薄壁，光滑，IKI–，CB–，大小为16–20×5.8–7.1 μm，平均长 L = 17.63 μm，平均宽 W = 6.71 μm，长宽比 Q = 2.72 (n = 60/1)。

代表序列：JQ314366，JQ314365。

分布、习性和功能：楚雄市紫溪山森林公园；生长在阔叶树落枝上；引起木材白色腐朽。

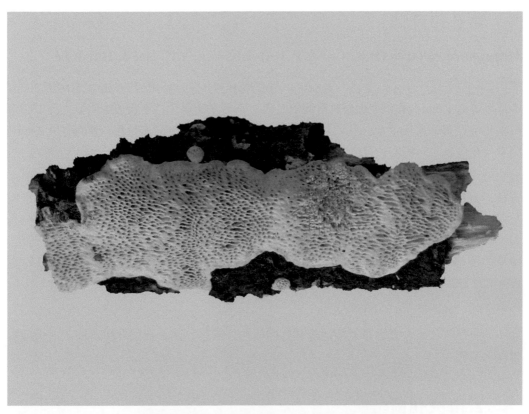

图 219　横断山巨孔菌 *Megasporia hengduanensis*

图 220　大孢巨孔菌 *Megasporia major*

紫孔巨孔菌

***Megasporia violacea* (B.K. Cui & P. Du) B.K. Cui, Y.C. Dai & Hai J. Li**

子实体：担子果一年生，平伏，木栓质，与基质不易分离，长可达 20 cm，宽可达 3 cm，中部厚可达 1 mm；孔口表面新鲜时紫罗兰色，干后灰黄褐色；不育边缘明显；孔口圆形至多角形，每毫米 5–7 个；孔口边缘厚，全缘；菌肉奶油色至浅粉色，厚可达 0.2 mm；菌管与孔口表面同色，长可达 0.8 mm。

显微结构：菌丝系统二体系；生殖菌丝具锁状联合；菌管生殖菌丝无色，薄壁，偶尔分枝，直径 1.8–3 μm；骨架菌丝占多数，厚壁具宽至窄内腔，频繁分枝，弯曲，紧密交织，IKI[+]，CB+，直径 2–4.5 μm；子实层中无囊状体；具锥形拟囊状体，大小为 9.8–15.8×4–5 μm；担子桶状，大小为 13–18.5×5–9.8 μm；担孢子圆柱体形，无色，薄壁，光滑，IKI–，CB–，大小为 11–14.9×3.2–5 μm，平均长 L = 12.58 μm，平均宽 W = 4.22 μm，长宽比 Q = 2.83–3.16 (n = 60/2)。

代表序列：MG847211，MG847220。

分布、习性和功能：普洱市太阳河森林公园犀牛坪景区；生长在阔叶树落枝上；引起木材白色腐朽。

 ## 云南巨孔菌

***Megasporia yunnanensis* Y. Yuan, X.H. Ji & Y.C. Dai**

子实体：担子果一年生，平伏，干后木栓质，长可达 3 cm，宽可达 2 cm，中部厚可达 2 mm；孔口表面干后浅褐色；不育边缘较窄，宽可达 1 mm；孔口圆形，每毫米 2–3 个；孔口边缘薄，撕裂状；菌肉白色，厚可达 1 mm；菌管奶油色，长可达 1 mm。

显微结构：菌丝系统二体系；生殖菌丝具锁状联合；菌管生殖菌丝无色，薄壁，偶尔分枝，直径 2–3 μm；骨架菌丝占多数，厚壁，具宽内腔，偶尔分枝，弯曲，紧密交织排列，IKI[+]，CB+，直径 3–4 μm；子实层中无囊状体；具拟囊状体；担子粗棍棒形，大小为 30–35×9–11 μm；担孢子圆柱体形，无色，薄壁，光滑，IKI–，CB–，大小为 16.5–20.8×5.5–7.1 μm，平均长 L = 18.38 μm，平均宽 W = 6.19 μm，长宽比 Q = 2.88–3.02 (n = 90/3)。

代表序列：KY449442，KY449443。

分布、习性和功能：楚雄市紫溪山森林公园，昆明市野鸭湖森林公园；生长在杜鹃落枝上；引起木材白色腐朽。

图 221　紫孔巨孔菌 *Megasporia violacea*

图 222　云南巨孔菌 *Megasporia yunnanensis*

版纳大孔菌

***Megasporoporia bannaensis* B.K. Cui & Hai J. Li**

子实体：担子果一年生，平伏，新鲜时革质，干后木栓质，长可达 14 cm，宽可达 2.8 cm，中部厚可达 1.5 mm；孔口表面新鲜时奶油色，干后浅黄色；不育边缘明显，宽可达 1 mm；孔口多角形，每毫米 1–2 个；孔口边缘薄，全缘；菌肉奶油色至浅黄色，厚可达 0.2 mm；菌管与菌肉同色，长可达 1.3 mm。

显微结构：菌丝系统二体系；生殖菌丝具锁状联合；菌管生殖菌丝无色，薄壁，中度分枝，直径 1.5–3 μm；骨架菌丝占多数，厚壁，具窄内腔至近实心，少分枝，紧密交织排列，IKI[+]，CB+，直径 1.8–4.5 μm；子实层中无囊状体和拟囊状体；担子棍棒形，大小为 20–32×8–10 μm；担孢子圆柱体形，无色，薄壁，光滑，IKI–，CB–，大小为 10–14×3.9–4.6 μm，平均长 L = 12.28 μm，平均宽 W = 4.15 μm，长宽比 Q = 2.67–3.62 (n = 90/3)。

代表序列：JQ314362，KX900653。

分布、习性和功能：景洪市西双版纳自然保护区三岔河，勐腊县中国科学院西双版纳热带植物园热带雨林；生长在阔叶树落枝上；引起木材白色腐朽。

 小孢大孔菌

***Megasporoporia minor* B.K. Cui & Hai J. Li**

子实体：担子果一年生，平伏，新鲜时革质，干后木栓质，长可达 5 cm，宽可达 2.1 cm，中部厚可达 1 mm；孔口表面初期奶油色至浅黄色，后期和干后黄褐色至浅灰褐色；不育边缘明显，宽可达 1.5 mm；孔口多角形，每毫米 6–7 个；孔口边缘薄，全缘；菌肉奶油色至浅黄色，厚可达 0.1 mm；菌管与菌肉同色，长可达 0.9 mm。

显微结构：菌丝系统二体系；生殖菌丝具锁状联合；菌管生殖菌丝无色，薄壁，少分枝，直径 1.7–3.5 μm；骨架菌丝占多数，厚壁，具窄空腔至近实心，少分枝，紧密交织排列，IKI[+]，CB+，直径 1.8–4 μm；子实层中无囊状体；具纺锤形拟囊状体，大小为 14–22×5–7 μm；担子棍棒形，大小为 18–26×6–8 μm；担孢子椭圆形，无色，薄壁，光滑，IKI–，CB–，大小为 6–7.8×2.6–4 μm，平均长 L = 6.86 μm，平均宽 W = 3.2 μm，长宽比 Q = 2.14 (n = 30/1)。

代表序列：JQ314363，JQ314380。

分布、习性和功能：屏边县大围山自然保护区；生长在阔叶树落枝上；引起木材白色腐朽。

图 223　版纳大孔菌 *Megasporoporia bannaensis*

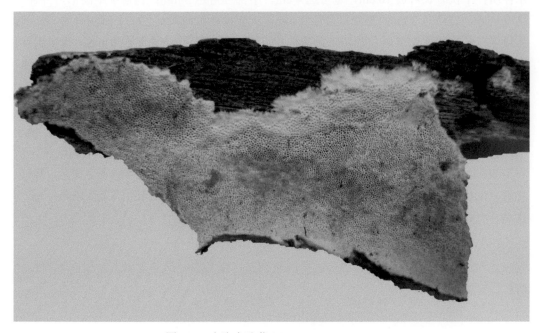

图 224　小孢大孔菌 *Megasporoporia minor*

亚浅孔小大孔菌

Megasporoporiella pseudocavernulosa B.K. Cui & Hai J. Li

子实体：担子果一年生，平伏，新鲜时革质，干后木栓质，长可达 6 cm，宽可达 1.8 cm，中部厚可达 1 mm；孔口表面新鲜时白色至奶油色，干后浅黄色；不育边缘明显，宽可达 1 mm；孔口圆形，每毫米 1.5–2.5 个；孔口边缘薄，全缘；菌肉奶油色至深黄色，厚可达 0.7 mm；菌管与菌肉同色，长可达 0.3 mm。

显微结构：菌丝系统二体系；生殖菌丝具锁状联合；菌管生殖菌丝无色，薄壁至略厚壁，频繁分枝，直径 2–4 μm；骨架菌丝占多数，厚壁，具宽至窄内腔或近实心，频繁分枝，紧密交织排列，IKI[+]，CB+，直径 1.2–3 μm；子实层中无囊状体；具纺锤形拟囊状体，大小为 25–36×6–8 μm；担子棍棒形，大小为 34–52×10–12 μm；担孢子尿囊形，无色，薄壁，光滑，IKI–，CB–，大小为 10.8–14×5.3–6.5 μm，平均长 L = 12.33 μm，平均宽 W = 5.79 μm，长宽比 Q = 2.11–2.15 (n = 60/2)。

代表序列：JQ314360，MW694882。

分布、习性和功能：楚雄市紫溪山森林公园，永平县宝台山森林公园；生长在阔叶树落枝上；引起木材白色腐朽。

 杜鹃小大孔菌

Megasporoporiella rhododendri (Y.C. Dai & Y.L. Wei) B.K. Cui & Hai J. Li

子实体：担子果一年生，平伏至平伏反卷，单生，不易与基质分离，新鲜时革质，干后木栓质；平伏时长可达 10 cm，宽可达 4 cm，中部厚可达 3 mm；菌盖窄半圆形，外伸可达 0.5 cm，宽可达 3 cm，基部厚可达 3 mm，上表面新鲜时黄褐色，干后浅褐色，光滑，无环区；孔口表面新鲜时白色，干后灰白色；不育边缘明显，宽可达 1 mm；孔口圆形，每毫米 4–5 个；孔口边缘厚，全缘；菌肉浅黄色，厚可达 1.5 mm；菌管与孔口表面同色，长可达 1.5 mm。

显微结构：菌丝系统二体系；生殖菌丝具锁状联合；菌管生殖菌丝占多数，无色，薄壁，频繁分枝，直径 2–4 μm；骨架菌丝少见，厚壁，具宽内腔，频繁树状分枝，弯曲，紧密交织排列，IKI[+]，CB+，直径 3–4.8 μm；子实层中无囊状体；具纺锤形拟囊状体，大小为 20–45×6–8 μm；担子棍棒形，大小为 23–40×9–14 μm；担孢子椭圆形，无色，薄壁，光滑，IKI–，CB–，大小为 (10–)11–14(–15)×(6–)6.5–8(–9)，平均长 L = 12.28 μm，平均宽 W = 7.48 μm，长宽比 Q = 1.62–1.66 (n = 60/2)。

代表序列：OL423521，OL423531。

分布、习性和功能：香格里拉市普达措国家公园；生长在杜鹃活立木上；引起木材白色腐朽。

图 225　亚浅孔小大孔菌 *Megasporoporiella pseudocavernulosa*

图 226　杜鹃小大孔菌 *Megasporoporiella rhododendri*

拟浅孔小大孔菌

***Megasporoporiella subcavernulosa* (Y.C. Dai & Sheng H. Wu) B.K. Cui & Hai J. Li**

子实体: 担子果一年生,平伏,新鲜时革质,干后木栓质,与基质不易分离,长可达 7 cm,宽可达 1 cm,中部厚可达 1.5 mm;孔口表面新鲜时奶油色,触摸后变浅褐色,干后浅灰色;不育边缘明显,宽可达 1.5 mm;孔口圆形至多角形,每毫米 2-4 个;孔口边缘薄,全缘;菌肉奶油色,厚可达 0.5 mm;菌管与孔口表面同色,长可达 1 mm。

显微结构: 菌丝系统二体系;生殖菌丝具锁状联合;菌管生殖菌丝无色,薄壁,中度分枝,直径 1.8-3.3 μm;骨架菌丝占多数,厚壁,近实心,频繁分枝,紧密交织排列,IKI[+],CB+,直径 2-3.5 μm;子实层中无囊状体和拟囊状体;担子棍棒形,大小为 18-24×8-11 μm;担孢子圆柱体形,无色,薄壁,光滑,IKI–,CB–,大小为 9-12.1×4.2-5.2 μm,平均长 L = 10.27 μm,平均宽 W = 4.77 μm,长宽比 Q = 2.09-2.42 (n = 120/4)。

代表序列: MG847213,MG847222。

分布、习性和功能: 昭通凤凰山,牟定县化佛山自然保护区,昆明市西山森林公园,昆明市筇竹寺公园;生长在青冈属等阔叶树落枝上;引起木材白色腐朽。

 盘形黑壳孔菌

***Melanoderma disciforme* H.S. Yuan**

子实体: 担子果多年生,平伏反卷至盖形,单生或数个聚生,新鲜时革质,干后木质;菌盖窄半圆形,外伸可达 3 cm,宽可达 10 cm,基部厚可达 3 mm,上表面新鲜时奶油色至浅黄色,后期黑色,具黑色皮壳,具同心环区和环沟;孔口表面新鲜时白色至奶油色,干后浅黄色;孔口圆形至多角形,每毫米 6-7 个;孔口边缘厚,全缘;菌肉干后浅黄色,厚可达 1 mm;菌管与菌肉同色,长可达 2 mm。

显微结构: 菌丝系统二体系;生殖菌丝具锁状联合;菌管生殖菌丝少见,无色,薄壁,少分枝,直径 2.2-3 μm;骨架菌丝占多数,无色,厚壁至近实心,偶尔分枝,IKI[+],CB+,直径 2-3.5 μm;子实层中无囊状体;具纺锤形拟囊状体,大小为 11-14×3-4 μm;担子棍棒形,大小为 10-13×5-6 μm;菌丝和子实层具菱形结晶体;担孢子圆柱形,无色,薄壁,光滑,IKI–,CB–,大小为 (4.8-)4.9-5.3(-5.5)×(1.9-)2-2.3(-2.5) μm,平均长 L = 5.05 μm,平均宽 W = 2.17 μm,长宽比 Q = 2.32-2.34 (n = 34/2)。

代表序列: KM521269。

分布、习性和功能: 西双版纳纳板河自然保护区;生长在阔叶树落枝上;引起木材白色腐朽。

图 227　拟浅孔小大孔菌 *Megasporoporiella subcavernulosa*

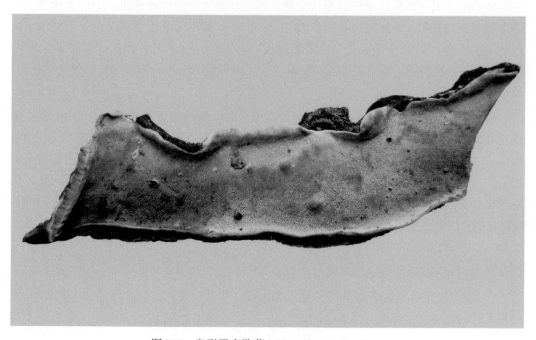

图 228　盘形黑壳孔菌 *Melanoderma disciforme*

石栎拟纤孔菌

Mensularia lithocarpi L.W. Zhou

子实体： 担子果一年生，平伏反卷至盖形，不易与基质分离，新鲜时革质，干后木栓质；菌盖窄半圆形，外伸可达 0.2 cm，宽可达 0.7 cm，基部厚可达 5.5 mm，上表面稻草色；孔口表面稻草色至蜜黄色；不育边缘明显；孔口多角形，每毫米 4–6 个；孔口边缘薄，全缘至略撕裂状；菌肉稻草色，厚可达 0.5 mm；菌管与孔口表面同色，长可达 5 mm。

显微结构： 菌丝系统一体系；生殖菌丝具简单分隔；菌丝组织在 KOH 试剂中变黑；菌管菌丝无色至浅黄色，薄壁至略厚壁，具宽内腔，不分枝，平直，与菌管近平行排列，IKI–，CB(+)，直径 3–4.5 μm；刚毛长锥形，黑褐色，厚壁，末端尖，通常埋藏于菌髓中，长可达数百微米，直径 8–15 μm；子实层中无囊状体和拟囊状体；担子桶状，大小为 7–11×4–7 μm；担孢子椭圆形，无色，略厚壁，光滑，IKI–，CB+，大小为 (3.8–)3.9–4.6(–4.9)×(2.8–)2.9–3.5(–3.7) μm，平均长 L = 4.19 μm，平均宽 W = 3.19 μm，长宽比 Q = 1.31 (n = 30/1)。

代表序列： KF684968。

分布、习性和功能： 景东县哀牢山自然保护区；生长在石栎属腐朽木上；引起木材白色腐朽；药用。

 ## 辐射拟纤孔菌

Mensularia radiata (Sowerby) Lázaro Ibiza

子实体： 担子果一年生，盖形或平伏反卷，覆瓦状叠生，新鲜时革质，干后木栓质；菌盖半圆形或贝壳形，外伸可达 6 cm，宽可达 11 cm，基部厚可达 20 mm，上表面浅黄褐色至浅红褐色，具同心环区；孔口表面栗褐色，具折光反应；孔口多角形，每毫米 4–7 个；孔口边缘薄，撕裂状；菌肉栗褐色，硬木栓质，厚可达 10 mm；菌管比孔口表面颜色浅，长可达 10 mm。

显微结构： 菌丝系统一体系；生殖菌丝具简单分隔；菌丝组织在 KOH 试剂中变黑；菌管菌丝无色至浅黄色，薄壁至略厚壁，具宽内腔，少分枝，平直，与菌管平行排列，IKI–，CB(+)，直径 2.5–5 μm；刚毛钩状，暗褐色，厚壁，末端尖，大小为 18–32×8–12 μm，刚毛偶尔镶嵌在菌髓中，长可达 50–80 μm；子实层中无囊状体和拟囊状体；担子近棍棒形，大小为 10–16×5.5–7 μm；担孢子椭圆形，无色至浅黄色，略厚壁，光滑，IKI–，CB+，大小为 4–5×2.8–3.5 μm，平均长 L = 4.36 μm，平均宽 W = 3.32 μm，长宽比 Q = 1.4–1.51 (n = 60/2)。

代表序列： OL470326，OL455711。

分布、习性和功能： 香格里拉市普达措国家公园；生长在桦树等阔叶树活立木和死树上；引起木材白色腐朽；药用。

图 229　石栎拟纤孔菌 *Mensularia lithocarpi*

图 230　辐射拟纤孔菌 *Mensularia radiata*

杜鹃拟纤孔菌

Mensularia rhododendri F. Wu, Y.C Dai & L.W. Zhou

子实体：担子果一年生，平伏反卷至盖形，不易与基质分离，新鲜时革质，干后木栓质；菌盖窄，外伸可达 0.2 cm，宽可达 18 cm，基部厚可达 2.5 mm，上表面黄褐色；平伏时长可达 30 cm，宽可达 8 cm，中部厚可达 2.5 mm；孔口表面新鲜时粉黄色至黄色，干后灰黄色，具折光反应；孔口多角形，每毫米 5–6 个；孔口边缘薄，撕裂状；菌肉暗褐色，厚可达 0.5 mm；菌管灰褐色，长可达 2 mm。

显微结构：菌丝系统一体系；生殖菌丝具简单分隔；菌丝组织在 KOH 试剂中变黑；菌管菌丝无色至浅黄色，薄壁至略厚壁，具宽内腔，不分枝，平直，与菌管近平行排列，IKI–，CB(+)，直径 3–4.5 μm；刚毛锥形，黑褐色，厚壁，末端尖，大小为 16–40×6.5–8 μm；在菌髓中大小为 50–110×8–13 μm；子实层中无囊状体和拟囊状体；担子桶状，大小为 10–15×5–6.5 μm；担孢子椭圆形，无色至浅黄色，略厚壁，光滑，IKI–，CB+，大小为 (4.5–)4.6–5.1×3–4 μm，平均长 L = 4.89 μm，平均宽 W = 3.54 μm，长宽比 Q = 1.38 (n = 30/1)。

代表序列：KP420016。

分布、习性和功能：景东县哀牢山自然保护区；生长在杜鹃树倒木上；引起木材白色腐朽。

 ## 近缘小孔菌

Microporus affinis (Blume & Nees) Kuntze

子实体：担子果一年生，具侧生柄至盖形，单生或聚生，新鲜时革质，干后硬革质；菌盖扇形、匙形至半圆形，外伸可达 5 cm，宽可达 8 cm，基部厚可达 6 mm，上表面新鲜时浅黄色、棕褐色至黑褐色，具明显环纹和环沟，后期具黑色皮壳；孔口表面新鲜时白色至奶油色，干后浅黄色至赭石色；孔口圆形，每毫米 7–9 个；孔口边缘薄，全缘；菌肉干后浅黄色，厚可达 4 mm；菌管与孔口表面同色，长可达 2 mm；菌柄暗褐色至褐色，长可达 2 cm，直径可达 6 mm。

显微结构：菌丝系统三体系；生殖菌丝具锁状联合；菌管生殖菌丝无色，薄壁，偶尔分枝，直径 1.5–2.5 μm；骨架菌丝无色，厚壁至近实心，频繁分枝，IKI–，CB–，直径 2–3 μm；缠绕菌丝常见；子实层中无囊状体；具珊瑚状分枝结构，多数分布于孔口边缘，频繁分枝呈树状；担子棍棒形，大小为 9–11×3.5–4.5 μm；担孢子短圆柱形至腊肠形，无色，薄壁，光滑，IKI–，CB–，大小为 3.5–4.5×1.8–2 μm，平均长 L = 4.1 μm，平均宽 W = 1.92 μm，长宽比 Q = 2.1 (n = 30/1)。

代表序列：KX880614，KX880654。

分布、习性和功能：腾冲市高黎贡山自然保护区，耿马县南滚河国家级自然保护区，普洱市太阳河森林公园，个旧市清水河热带雨林，景洪市西双版纳自然保护区；生长在阔叶树死树、倒木、树桩和落枝上；引起木材白色腐朽。

图 231　杜鹃拟纤孔菌 *Mensularia rhododendri*

图 232　近缘小孔菌 *Microporus affinis*

褐扇小孔菌

***Microporus vernicipes* (Berk.) Kuntze**

子实体：担子果一年生，具侧生柄，单生或聚生，新鲜时革质，干后硬革质；菌盖扇形、匙形至半圆形，外伸可达 4 cm，宽可达 5 cm，基部厚可达 4 mm，上表面新鲜时黄褐色至黑褐色，具同心环纹；边缘锐，波状；孔口表面新鲜时乳白色，干后浅赭石色；孔口多角形，每毫米 7–8 个；孔口边缘薄，全缘；菌肉干后浅粉黄色，厚可达 3 mm；菌管与孔口表面同色，长可达 1 mm；菌柄浅酒红色，长可达 1 cm，直径可达 3 mm。

显微结构：菌丝系统三体系；生殖菌丝具锁状联合；菌管生殖菌丝常见，无色，薄壁，不分枝，直径 2–3 μm；骨架菌丝占多数，无色，厚壁，近实心，偶尔分枝，交织排列，IKI–，CB–，直径 2–4.5 μm；缠绕菌丝常见；子实层中无囊状体；具珊瑚状分枝结构，多数分布于孔口边缘，频繁分枝呈树状；担子棍棒形，大小为 7–10×4–5 μm；担孢子短圆柱形，无色，薄壁，光滑，IKI–，CB–，大小为 (4.5–)5–7(–7.8)×(1.6–)2–2.5(–3.2) μm，平均长 L = 6.1 μm，平均宽 W = 2.3 μm，长宽比 Q = 2.7 (n = 30/1)。

代表序列：KX880618，KX880658。

分布、习性和功能：屏边县大围山自然保护区；生长在阔叶树倒木上；引起木材白色腐朽。

 黄褐小孔菌

***Microporus xanthopus* (F.) Pat.**

子实体：担子果一年生，具中生或侧生柄，通常聚生，新鲜时韧革质，干后硬革质；菌盖圆形至漏斗形，直径达 8 cm，中部厚可达 5 mm，上表面新鲜时浅黄褐色至红褐色，具同心环纹；边缘锐，浅棕黄色，波状；孔口表面新鲜时白色至奶油色，干后浅赭石色；孔口多角形，每毫米 8–10 个；孔口边缘薄，全缘；菌肉干后浅棕黄色，厚可达 3 mm；菌管与孔口表面同色，长可达 2 mm；菌柄浅黄褐色，长可达 2 cm，直径可达 2.5 mm。

显微结构：菌丝系统三体系；生殖菌丝具锁状联合；菌管生殖菌丝常见，无色，薄壁，不分枝，直径 2–3 μm；骨架菌丝占多数，无色，厚壁至近实心，偶尔分枝，交织排列，IKI–，CB–，直径 2.5–4 μm；缠绕菌丝常见；子实层中无囊状体；具珊瑚状分枝结构，多数分布于孔口边缘，频繁分枝呈树状，具微小结晶；担子棍棒形，大小为 11–14×4.5–5 μm；担孢子短圆柱形，略弯曲，无色，薄壁，光滑，IKI–，CB–，大小为 (4.5–)5–6(–6.5)×(1.6–)2–2.5(–2.8) μm，平均长 L = 5.6 μm，平均宽 W = 2.3 μm，长宽比 Q = 2.5 (n = 30/1)。

代表序列：JX290074，JX290071。

分布、习性和功能：西双版纳自然保护区曼搞；生长在阔叶树倒木上；引起木材白色腐朽。

图 233 褐扇小孔菌 *Microporus vernicipes*

图 234 黄褐小孔菌 *Microporus xanthopus*

烟灰盖孔菌

Murinicarpus subadustus (Z.S. Bi & G.Y. Zheng) B.K. Cui & Y.C. Dai

子实体：担子果一年生，具中生或侧生柄，单生，新鲜时软木栓质，干后木栓质；菌盖圆形，直径可达 5 cm，中部厚可达 8 mm，上表面初期浅粉色，后期灰黄色至灰褐色，光滑，具同心环纹；孔口表面初期白色至奶油色，后期赭色；孔口圆形至多角形，每毫米 3–4 个；孔口边缘薄，全缘至略撕裂状；菌肉奶油色，厚可达 3 mm；菌管稻草色，长可达 5 mm；菌柄干后灰褐色至黑色，长可达 3 cm，直径可达 5 mm。

显微结构：菌丝系统二体系；生殖菌丝具锁状联合；菌管生殖菌丝少见，无色，薄壁，直径 2.5–3.8 μm；骨架菌丝占多数，无色，厚壁，具宽至窄内腔，偶尔分枝，与菌管近平行排列，IKI[+]，CB+，直径 3–4.5 μm；子实层具囊状体，厚壁，具结晶，IKI[+]，CB+，大小为 25–40×12–18 μm；具纺锤形拟囊状体；担子桶状，大小为 15–20×6.5–8.5 μm；担孢子椭圆形，不平截，无色，厚壁，光滑，IKI–，CB+，大小为 (5.5–)6–8(–8.5)×(4–)4.5–5(–5.5) μm，平均长 L = 7.05 μm，平均宽 W = 4.95 μm，长宽比 Q = 1.42–1.44 (n = 60/2)。

代表序列：KX880621，KX880660。

分布、习性和功能：勐腊县中国科学院西双版纳热带植物园绿石林；生长在阔叶树林地下腐朽木上；引起木材白色腐朽。

 窄孢新薄孔菌

Neoantrodia angusta (Spirin & Vlasák) Audet

子实体：担子果一年生，平伏，与基质不易分离，新鲜时革质，干后木栓质，长可达 8 cm，宽可达 6 cm，中部厚可达 3.2 mm；孔口表面白色至奶油色，干后浅黄色至木材色；孔口圆形至多角形，每毫米 4–5 个；孔口边缘薄，全缘或略撕裂状；菌肉革质，厚可达 0.2 mm；菌管与孔口表面同色，长可达 3 mm。

显微结构：菌丝系统二体系；生殖菌丝具锁状联合；菌管生殖菌丝无色，薄壁，偶尔分枝，直径 1.5–3.5 μm；骨架菌丝占多数，厚壁，近实心，偶尔分枝，IKI–，CB–，直径 2.2–4 μm；子实层中无囊状体；具菌丝状至瓶形拟囊状体，大小为 11–19×2.5–4.5 μm；担子棍棒形，大小为 11–15.8×4.9–5.8 μm；担孢子窄圆柱形，无色，薄壁，光滑，IKI–，CB–，大小为 5.2–7.8×2–2.6 μm，平均长 L = 6.28 μm，平均宽 W = 2.27 μm，长宽比 Q = 2.75–2.81 (n = 60/2)。

代表序列：MG787597，MG787642。

分布、习性和功能：香格里拉市普达措国家公园，玉龙县玉龙雪山自然保护区；生长在针叶树倒木上；引起木材褐色腐朽。

图 235　烟灰盖孔菌 *Murinicarpus subadustus*

图 236　窄孢新薄孔菌 *Neoantrodia angusta*

狭檐新薄孔菌

Neoantrodia serialis (Fr.) Audet

子实体：担子果多年生，平伏至反卷，新鲜时革质，干后木栓质；平伏时长可达 20 cm，宽可达 6 cm，中部厚可达 6 mm；菌盖窄半圆形，外伸可达 1 cm，宽可达 9 cm，基部厚可达 8 mm，表面奶油色、赭色至褐色，具不明显环带；孔口表面新鲜时白色至奶油色，干后浅赭色；孔口圆形至多角形，每毫米 2–5 个；孔口边缘厚，全缘；菌肉厚可达 3 mm；菌管比菌肉颜色稍浅，长可达 5 mm。

显微结构：菌丝系统二体系；生殖菌丝具锁状联合；菌管生殖菌丝占少数，无色，薄壁，偶尔分枝，直径 2.4–3.6 μm；骨架菌丝占多数，无色，厚壁，偶尔分枝，弯曲，紧密交织排列，IKI–，CB–，直径 2.7–5.3 μm；子实层中无囊状体；具拟囊状体，大小为 12.9–30.2×3.6–5.6 μm；担子棍棒形，大小为 11–17.3×5.2–6.8 μm；担孢子圆柱形至窄椭圆形，无色，薄壁，光滑，IKI–，CB–，大小为 5.9–8.2×2.4–3.2 μm，平均长 L = 6.80 μm，平均宽 W = 2.70 μm，长宽比 Q = 2.27–2.68 (n = 150/5)。

代表序列：KT995120，KT995143。

分布、习性和功能：香格里拉市普达措国家公园，玉龙县玉龙雪山自然保护区；生长在云杉或冷杉倒木和树桩上；引起木材褐色腐朽。

 白膏新小薄孔菌

Neoantrodiella gypsea (Yasuda) Y.C. Dai, B.K. Cui, Jia J. Chen & H.S. Yuan

子实体：担子果多年生，平伏、平伏反卷或盖形，不易与基质分离，革质至软木栓质，覆瓦状叠生，菌盖窄半圆形，外伸可达 0.8 cm，宽可达 1.5 cm，基部厚可达 4 mm，上表面奶油色至浅黄色，具微绒毛，无同心环带，常覆盖苔藓；平伏时长可达 300 cm，宽可达 30 cm，中部厚可达 3 mm；孔口表面初期奶油色，后期浅黄色至橘黄褐色，具折光反应；孔口多角形，每毫米 7–8 个；孔口边缘薄，全缘；菌肉白色至奶油色，厚可达 1 mm；菌管与菌肉几乎同色，软木栓质，长可达 3 mm。

显微结构：菌丝系统二体系；生殖菌丝具锁状联合；菌管生殖菌丝无色，薄壁，不分枝，直径 1.3–2 μm；骨架菌丝占多数，无色，厚壁至近实心，偶尔分枝，交织排列，IKI–，CB+，直径 1.3–2.2 μm；具梭形囊状体，无色，薄壁，末端尖锐，大小为 16–21×3.5–4 μm；担子棍棒形，大小为 8–10×3–4 μm；担孢子椭圆形，无色，薄壁，光滑，IKI–，CB–，大小为 2.6–3×1.2–1.7 μm，平均长 L = 2.90 μm，平均宽 W = 1.37 μm，长宽比 Q = 1.37 (n = 30/1)。

代表序列：KT203290，MT319396。

分布、习性和功能：香格里拉市普达措国家公园，兰坪县罗古箐自然保护区，武定县狮子山森林公园；生长在针叶树倒木和树桩上；引起木材白色腐朽。

图 237　狭檐新薄孔菌 *Neoantrodia serialis*

图 238　白膏新小薄孔菌 *Neoantrodiella gypsea*

高黎贡山新异薄孔菌

Neodatronia gaoligongensis B.K. Cui, Hai J. Li & Y.C. Dai

子实体：担子果一年生，平伏，贴生，新鲜时革质，干后木栓质，长可达 17 cm，宽可达 3 cm，基部厚可达 0.4 mm；孔口表面奶油色至浅灰色；不育边缘不明显；孔口多角形，每毫米 5–8 个；孔口边缘薄，全缘至撕裂状；菌肉黄褐色，厚可达 0.2 mm；菌管与孔口表面同色，长可达 0.2 mm。

显微结构：菌丝系统二体系；生殖菌丝具锁状联合；菌丝组织在 KOH 试剂中变为暗褐色；菌管生殖菌丝少见，无色，薄壁，中度分枝，直径 1.5–2.5 μm；骨架菌丝占多数，浅黄色，厚壁，具窄内腔，频繁分枝，交织排列，IKI–，CB+，直径 3–4 μm；子实层中无囊状体；具拟囊状体，大小为 16–25×5–7 μm；具树状分枝菌丝，通常在子实层和孔口边缘；担子棍棒形，大小为 17–21×6.5–9 μm；担孢子圆柱形，无色，薄壁，光滑，IKI–，CB–，大小为 (6.8–)7–9.8(–10.2)×(2.7–)3–3.8(–4) μm，平均长 L = 8.1 μm，平均宽 W = 3.2 μm，长宽比 Q = 2.31–2.74 (n = 90/3)。

代表序列：JX559268，JX559285。

分布、习性和功能：腾冲市高黎贡山自然保护区；生长在阔叶树落枝上；引起木材白色腐朽。

 ## 中国新异薄孔菌

Neodatronia sinensis B.K. Cui, Hai J. Li & Y.C. Dai

子实体：担子果一年生，平伏，贴生，新鲜时革质，干后硬木栓质，长可达 20 cm，宽可达 7 cm，中部厚可达 1 mm；孔口表面奶油色、浅黄色至浅灰色；不育边缘明显；孔口多角形，每毫米 4–6 个；孔口边缘薄，全缘至撕裂状；菌肉黄褐色，厚可达 0.8 mm；菌管与孔口表面同色，长可达 0.2 mm。

显微结构：菌丝系统二体系；生殖菌丝具锁状联合；菌丝组织在 KOH 试剂中变为暗褐色；菌管生殖菌丝少见，无色，薄壁，中度分枝，直径 1.2–2.2 μm；骨架菌丝占多数，浅黄色，厚壁，频繁分枝，交织排列，IKI–，CB+，直径 2.8–4 μm；子实层中无囊状体；具拟囊状体，大小为 12–18×3.5–5 μm；具树状分枝菌丝，通常存在于子实层和孔口边缘；担子棍棒形，大小为 18–24×4.5–6.5 μm；担孢子圆柱形，无色，薄壁，光滑，IKI–，CB–，大小为 (6.2–)6.8–8(–8.8)×2–2.6(–2.7) μm，平均长 L = 7.29 μm，平均宽 W = 2.28 μm，长宽比 Q = 3.06–3.35 (n = 60/2)。

代表序列：KX900663，KX900713。

分布、习性和功能：腾冲市高黎贡山自然保护区；生长在阔叶树落枝上；引起木材白色腐朽。

240

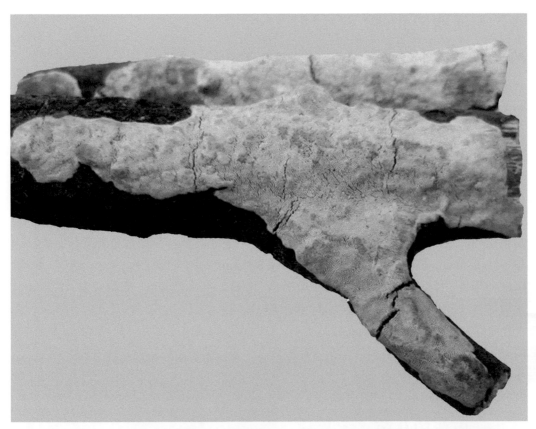

图 239 高黎贡山新异薄孔菌 *Neodatronia gaoligongensis*

图 240 中国新异薄孔菌 *Neodatronia sinensis*

三河新棱孔菌

***Neofavolus mikawai* (Lloyd) Sotome & T. Hatt.**

子实体：担子果一年生，具中生或侧生柄，单生或数个聚生，新鲜时革质，干后木栓质；菌盖扇形或近圆形，中部下凹或呈漏斗状，外伸可达 7 cm，宽可达 8 cm，厚可达 3 mm，上表面浅黄色至土黄色，具不明显辐射状条纹；孔口表面浅黄色至黄褐色；孔口圆形至椭圆形，每毫米 3–4 个，孔口边缘薄，全缘至略撕裂状；菌肉白色，厚可达 2 mm；菌管浅黄色，长可达 1 mm；菌柄黄色，长可达 3 cm，直径可达 8 mm。

显微结构：菌丝系统二体系；生殖菌丝具锁状联合；菌管生殖菌丝少见，无色，薄壁，弯曲，偶尔分枝，直径 2–2.2 μm；骨架菌丝浅黄色，厚壁，具窄内腔或近实心，频繁分枝，交织排列，IKI–，CB+，直径 2–6 μm；子实层中无囊状体；具棒形拟囊状体，大小为 13–15×5–6 μm；担子头状，大小为 17–22×6.8–9 μm；担孢子圆柱形，无色，薄壁，光滑，IKI–，CB–，大小为 (8.2–)9.2–10.2(–10.5)×(3.1–)3.2–4(–4.2) μm，平均长 L = 9.59 μm，平均宽 W = 3.66 μm，长宽比 Q = 2.62 (n = 30/1)。

代表序列：KX548975，KX548997。

分布、习性和功能：南华县大中山自然保护区，普洱市太阳河森林公园；生长在针叶树落枝上；引起木材白色腐朽。

 ## 云南新棱孔菌

***Neofavolus yunnanensis* C.L. Zhao**

子实体：担子果一年生，具侧生短柄；菌盖肾形至半圆形或贝壳形，外伸可达 2 cm，宽可达 4 cm，基部厚可达 4 mm，上表面白色至乳白色，具放射状条纹，边缘锐，全缘；孔口表面奶油色，干后浅黄色；孔口多角形，放射状延长，每毫米 2–3 个；孔口边缘薄，全缘；菌肉干后易碎，厚可达 1 mm；菌管长可达 3 mm；菌柄圆柱形，长可达 4 mm，直径可达 2 mm。

显微结构：菌丝系统二体系；生殖菌丝具锁状联合；菌管生殖菌丝少见，无色，薄壁，不分枝，直径 1–2.5 μm；骨架菌丝占大多数，无色，厚壁，具窄内腔，频繁分枝，交织排列，IKI–，CB–，直径 3–4 μm；子实层中无囊状体和拟囊状体；担子桶状，大小为 13–20×10–14 μm；担孢子圆柱形，无色，薄壁，光滑，IKI–，CB–，大小为 (5–)5.5–7.5(–8)×2–3(–3.5) μm，平均长 L = 6.4 μm，平均宽 W = 2.65 μm，长宽比 Q = 2.06–2.62 (n = 60/2)。

代表序列：MK834521，MK834522。

分布、习性和功能：昆明市野鸭湖森林公园；生长在阔叶树落枝上；引起木材白色腐朽。

图 241　三河新棱孔菌 *Neofavolus mikawai*

图 242　云南新棱孔菌 *Neofavolus yunnanensis*

灰孔新层孔菌

Neofomitella fumosipora (Corner) Y.C. Dai, Hai J. Li & Vlasak

子实体：担子果一年生，盖形，覆瓦状叠生，新鲜时革质，干后木栓质；菌盖半圆形至扇形，外伸可达 7 cm，宽可达 8 cm，基部厚可达 8 mm，上表面初期浅灰色、粉灰色，后期红褐色至黑色，具皮壳，具同心环区和环沟；孔口表面初期奶油色至浅灰色，触摸后变灰褐色，干后褐色；孔口圆形至多角形，每毫米 6–10 个；孔口边缘薄，全缘；菌肉异质，厚可达 6 mm；菌管与孔口表面同色，长可达 2 mm。

显微结构：菌丝系统三体系；生殖菌丝具锁状联合；菌丝组织在 KOH 试剂中变黑褐色；菌管生殖菌丝少见，直径 1.7–2.8 μm；骨架菌丝占多数，浅黄色至黄褐色，厚壁，偶尔分枝，交织排列，IKI–，CB–，直径 2.5–4 μm；缠绕菌丝常见；子实层中无囊状体；具纺锤形拟囊状体，大小为 8–23×3–4 μm；担子棍棒形，大小为 10–18×3.5–5 μm；担孢子圆柱形至窄椭圆形，无色，薄壁，光滑，IKI–，CB–，大小为 (2.8–)3–4(–4.3)×(1.6–)1.7–2.2(–2.3) μm，平均长 L = 3.52 μm，平均宽 W = 1.97 μm，长宽比 Q = 1.73–1.87 (n = 180/6)。

代表序列：KX900664，KX900714。

分布、习性和功能：勐腊县中国科学院西双版纳热带植物园绿石林；生长在阔叶树倒木上；引起木材白色腐朽。

 ## 栲新拟纤孔菌

Neomensularia castanopsidis Y.C. Dai & F. Wu

子实体：担子果一年生，平伏反卷，通常覆瓦状叠生，新鲜时革质，干后木栓质；菌盖三角形，外伸可达 2.5 cm，宽可达 5 cm，基部厚可达 20 mm，上表面新鲜时黄色，干后浅黄色，无环区，粗糙；孔口表面干后黄色至锈褐色；孔口圆形，每毫米 4–5 个；孔口边缘薄，全缘；菌肉红褐色，异质，层间具一黑线区，厚可达 19 mm；菌管与孔口表面同色，长可达 1 m。

显微结构：菌丝系统二体系；生殖菌丝具简单分隔；菌管生殖菌丝无色至浅黄色，薄壁至稍厚壁，偶尔分枝，IKI–，CB–，直径 2–3.5 μm；骨架菌丝占多数，金黄色，厚壁，具窄至宽内腔，偶尔分枝，弯曲，交织排列，直径 3.5–4 μm；具子实层刚毛，锥形至腹鼓形，末端弯，偶尔分隔，黑褐色，厚壁，大小为 25–34×7–12 μm；具纺锤形拟囊状体；担子棍棒形，大小为 12–15×4–4.5 μm；担孢子宽椭圆形，浅黄色，稍厚壁，光滑，IKI–，CB–，大小为 (3.2–)3.5–4.2(–4.5)×2.8–3.2 μm，平均长 L = 3.92 μm，平均宽 W = 2.98 μm，长宽比 Q = 1.31 (n = 30/1)。

代表序列：MZ484531，MZ437390。

分布、习性和功能：屏边县大围山自然保护区；生长在栲属树木树桩上；引起木材白色腐朽。

244

图 243　灰孔新层孔菌 *Neofomitella fumosipora*

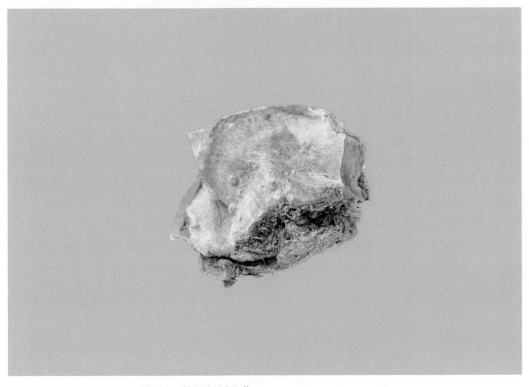

图 244　栲新拟纤孔菌 *Neomensularia castanopsidis*

金平新拟纤孔菌

Neomensularia kanehirae (Yasuda) F. Wu, L.W. Zhou & Y.C. Dai

子实体：担子果多年生，盖形或具侧生短柄，通常覆瓦状叠生，新鲜时革质，干后木栓质；菌盖半圆形或扇形，外伸可达 7 cm，宽可达 8 cm，基部厚可达 10 mm，上表面新鲜时黄褐色至黑褐色，干后灰褐色，具同心环带，具绒毛层；孔口表面新鲜时暗褐色，干后黑褐色，具弱折光反应；孔口圆形，每毫米 6–7 个；孔口边缘薄，全缘或撕裂状；菌肉暗褐色，异质，层间具一黑线区，厚可达 5 mm；菌管干后灰褐色，长可达 5 mm；菌柄长可达 5 mm，直径可达 4 mm。

显微结构：菌丝系统二体系；生殖菌丝具简单分隔；骨架菌丝在 KOH 试剂中膨胀；菌管生殖菌丝少见，直径 2–3.3 μm；骨架菌丝占多数，锈褐色，厚壁，具宽内腔，不分枝，平直，与菌管平行排列，直径 3–5 μm；具子实层刚毛，腹鼓形，末端弯，暗褐色，厚壁，大小为 17–28×6–11 μm；担子短棍棒形，大小为 9–14×4–5.2 μm；担孢子宽椭圆形，浅黄色，厚壁，光滑，IKI–，CB(+)，大小为 (3–)3.1–3.9(–4)×(2.1–)2.2–3 μm，平均长 L = 3.38 μm，平均宽 W = 2.59 μm，长宽比 Q = 1.26–1.35 (n = 60/2)。

代表序列：KX078220，KX078223。

分布、习性和功能：屏边县大围山自然保护区；生长在阔叶树桩上；引起木材白色腐朽。

 ## 亚栗黑层孔菌

Nigrofomes submelanoporus Meng Zhou & F. Wu

子实体：担子果多年生，平伏反卷，新鲜时硬木栓质，干后木质；菌盖三角形，外伸可达 1 cm，宽可达 10 cm，基部厚可达 50 mm，上表面黑褐色至黑色，具不明显同心环纹和环沟，具皮壳；孔口表面新鲜时鼠灰色至紫灰色，干后颜色不变；孔口多角形，每毫米 8–10 个；孔口边缘薄，撕裂状；菌肉紫灰色，具环区，厚可达 25 mm；菌管灰褐色、紫灰色至黑色、紫褐色，干后木质，基部菌管长可达 25 mm。

显微结构：菌丝系统一体系；生殖菌丝具简单分隔；菌丝组织在 KOH 试剂中变黑；菌管菌丝无色至浅褐色，薄壁至厚壁，具宽内腔，IKI–，CB–，直径 3–5 μm；子实层中无囊状体；具腹鼓形拟囊状体，大小为 8–17×5–8.5 μm；具菌丝钉；担子桶状，大小为 10–13×6–7 μm；担孢子宽椭圆形，无色，薄壁，光滑，IKI–，CB–，大小为 (3.9–)4–5.1(–5.2)×(3–)3.1–4.3(–4.5) μm，平均长 L = 4.77 μm，平均宽 W = 3.78 μm，长宽比 Q = 1.21–1.32 (n = 60/2)。

代表序列：MN653054。

分布、习性和功能：屏边县大围山自然保护区；生长在阔叶树桩上；引起木材白色腐朽。

图 245 金平新拟纤孔菌 *Neomensularia kanehirae*

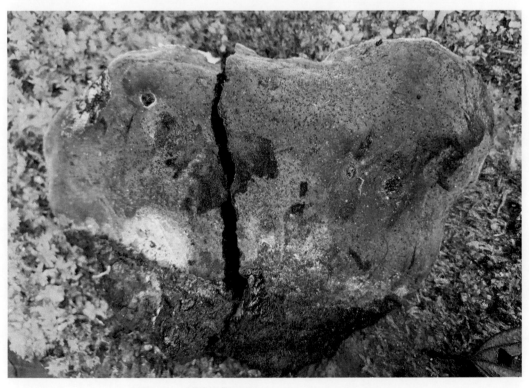

图 246 亚栗黑层孔菌 *Nigrofomes submelanoporus*

紫褐黑孔菌

Nigroporus vinosus (Berk.) Murrill

子实体：担子果一年生，盖形，单生或数个覆瓦状叠生，新鲜时革质，干后木栓质；菌盖半圆形，外伸可达 7 cm，宽可达 9 cm，基部厚可达 5 mm，上表面新鲜时紫红褐色至紫褐色，具不同颜色同心环带或环沟，偶尔具瘤状突起，干后黑褐色；孔口表面奶油色至灰色，触摸后变为暗褐色；孔口圆形至多角形，每毫米 8–10 个；孔口边缘薄，全缘；菌肉浅紫褐色，厚可达 3.5 mm；菌管紫褐色，长可达 1.5 mm。

显微结构：菌丝系统二体系；生殖菌丝具锁状联合；菌丝组织在 KOH 试剂中变黑；菌管生殖菌丝无色，薄壁至稍厚壁，偶尔分枝，直径 2–4 μm；骨架菌丝浅黄褐色，厚壁，具宽内腔，不分枝，疏松交织排列，IKI–，CB–，直径 3–5 μm；子实层中无囊状体；具拟囊状体，葫芦状，大小为 12–18×3.8–5 μm；担子棍棒形，大小为 7–10×3.8–4.5 μm；担孢子腊肠形至圆柱形，无色，薄壁，光滑，IKI–，CB–，大小为 3.5–4.4×1.6–2.1 μm，平均长 L = 3.96 μm，平均宽 W = 1.78 μm，长宽比 Q = 2.23 (n = 30/1)。

代表序列：MT681923，MT675108。

分布、习性和功能：腾冲市高黎贡山自然保护区百花岭，勐腊县中国科学院西双版纳热带植物园；生长在阔叶树腐朽木上；引起木材白色腐朽。

 硬白孔层孔菌

Niveoporofomes spraguei (Berk. & M.A. Curtis) B.K. Cui, M.L. Han & Y.C. Dai

子实体：担子果一年生，盖形，单生，新鲜时韧肉质，多汁，干后木栓质；菌盖半圆形，外伸可达 7 cm，宽可达 8 cm，基部厚可达 20 mm，上表面初期奶油色至浅黄色，具绒毛，后期淡黄褐色，绒毛脱落；孔口表面白色至奶油色，干后淡黄褐色；孔口圆形至不规则形，每毫米 3–4 个，孔口边缘较厚，全缘；菌肉乳白色，厚可达 10 mm；菌管比孔口表面颜色稍浅，木栓质，长可达 10 mm。

显微结构：菌丝系统二体系；生殖菌丝具锁状联合；菌管生殖菌丝常见，无色，薄壁，不分枝，直径 1.8–3 μm；骨架菌丝占多数，无色，厚壁，不分枝，直径 3–4.5 μm，疏松交织排列；子实层中有大量无色、薄壁、纺锤形的拟囊状体；担子长桶状，大小为 16–25×5–8 μm；担孢子椭圆形，无色，薄壁，光滑，IKI–，CB–，大小为 4–6×3.3–5 μm，平均长 L = 5.7 μm，平均宽 W = 4.3 μm，长宽比 Q = 1.21–1.25 (n = 60/2)。

代表序列：KR605785，KR605724。

分布、习性和功能：普洱市太阳河森林公园；生长在阔叶树死树上；引起木材褐色腐朽。

图 247　紫褐黑孔菌 *Nigroporus vinosus*

图 248　硬白孔层孔菌 *Niveoporofomes spraguei*

金边小黄孔菌

Ochrosporellus chrysomarginatus (B.K. Cui & Y.C. Dai) Y.C. Dai & F. Wu

子实体：担子果多年生，盖形，单生或数个覆瓦状叠生，干后硬木栓质；菌盖蹄形，外伸可达 9 cm，宽可达 15 cm，基部厚可达 60 mm，上表面黄褐色至暗褐色，具同心环纹；孔口表面新鲜时黄褐色，干后灰褐色至橄榄褐色，具折光反应；不育边缘明显，金黄色，宽可达 5 mm；孔口圆形或不规则形，每毫米 5–8 个；孔口边缘薄，全缘；菌肉浅黄褐色至肉桂褐色，厚可达 40 mm；菌管肉桂褐色，长可达 20 mm。

显微结构：菌丝系统一体系；生殖菌丝具简单分隔；菌管菌丝黄色，薄壁至厚壁，具宽内腔，略平行于菌管排列，IKI–，CB–，直径 2.2–5.2 μm；菌丝状刚毛存在，厚壁，具窄内腔，末端变尖，长可达 200 μm，直径可达 10–17 μm；具子实层刚毛，腹鼓形或末端弯曲呈钩状，深褐色，大小为 25–45×8–15 μm；担子桶状，大小为 7–14×5–11 μm；担孢子宽椭圆形至近球形，浅黄色，稍厚壁，光滑，IKI–，CB(+)，大小为 (4.3–)4.7–6 (–6.4)×(3.8–)4–5(–5.3) μm，平均长 L = 5.26 μm，平均宽 W = 4.34 μm，长宽比 Q = 1.16–1.25 (n = 76/2)。

代表序列：KM593301。

分布、习性和功能：景洪市西双版纳自然保护区；生长在阔叶树倒木上；引起木材白色腐朽。

 ## 厚皮小黄孔菌

Ochrosporellus pachyphloeus (Pat.) Y.C. Dai & F. Wu

子实体：担子果多年生，盖形，单生，干后硬木质；菌盖近蹄形，外伸可达 15 cm，宽可达 30 cm，厚可达 90 mm，上表面新鲜时黑褐色，干后黑色，粗糙，不规则开裂，具不明显同心环带，具皮壳；孔口表面新鲜时锈褐色，干后黑褐色；孔口圆形，每毫米 7–9 个；孔口边缘薄，全缘或略撕裂状；菌肉褐色，厚可达 20 mm；菌管干后锈褐色，菌管与菌肉间具黑线区，长可达 70 mm。

显微结构：菌丝系统一体系；生殖菌丝具简单分隔；菌丝组织在 KOH 试剂中变黑；菌管生殖菌丝无色，厚壁，少分枝，黏结，平直，与菌管平行排列，IKI–，CB(+)，直径 2.8–3 μm；具菌丝状刚毛，黑褐色，厚壁，具窄内腔，末端尖锐，长可达几百微米，直径 8–17 μm；具锥形子实层刚毛，黑褐色，厚壁，大小为 16–24×5–9 μm；担孢子宽椭圆形，黄色，厚壁，光滑，IKI–，CB–，(3.6–)3.7–4.2(–4.4)×(2.6–)2.8–3.2 μm，平均长 L = 3.92 μm，平均宽 W = 2.99 μm，长宽比 Q = 1.31 (n = 30/1)。

代表序列：KP030785，KP030770。

分布、习性和功能：普洱市太阳河森林公园；生长在阔叶树死树上；引起木材白色腐朽。

图 249　金边小黄孔菌 *Ochrosporellus chrysomarginatus*

图 250　厚皮小黄孔菌 *Ochrosporellus pachyphloeus*

普洱小黄孔菌

***Ochrosporellus puerensis* (Hai J. Li & S.H. He) Y.C. Dai & F. Wu**

子实体：担子果多年生，盖形，单生，新鲜时木栓质，干后硬木栓质；菌盖半圆形，外伸可达 3 cm，宽可达 4.5 cm，基部厚可达 6 mm，上表面干后褐色，具绒毛，具同心环区和环沟；孔口表面新鲜时肉桂色，触摸后变黑褐色，干后土黄色，具折光反应；不育边缘具大量菌丝状刚毛；孔口圆形或多角形，每毫米 7–9 个；孔口边缘薄，全缘；菌肉异质，层间具一黑线区，肉桂褐色，厚可达 2 mm；菌管与孔口表面同色，长可达 4 mm。

显微结构：菌丝系统一体系；生殖菌丝具简单分隔；菌丝组织在 KOH 试剂中变黑；菌管菌丝黄色，薄壁至厚壁，具宽内腔，略平行于菌管排列，IKI–，CB–，直径 2.5–3.9 μm；菌丝状刚毛存在，厚壁，具窄内腔至近实心，末端变尖，大小为 90–250×10–17 μm；具锥形子实层刚毛，黑褐色，大小为 25–42×7–11 μm；担子桶状，大小为 9–11×5–6 μm；担孢子宽椭圆形至近球形，浅黄色至金黄色，厚壁，光滑，IKI–，CB–，大小为 (4.4–)4.5–5(–5.2)×(3.6–)3.7–4(–4.2) μm，平均长 L = 4.68 μm，平均宽 W = 3.9 μm，长宽比 Q = 1.23 (n = 30/1)。

代表序列：OL583991，OL583985。

分布、习性和功能：普洱市太阳河森林公园；生长在阔叶树倒木上；引起木材白色腐朽。

 三色小黄孔菌

***Ochrosporellus tricolor* (Bres.) Y.C. Dai**

子实体：担子果多年生，盖形，通常单生，新鲜时木质，干后硬木质；菌盖半圆形或扇形，外伸可达 10 cm，宽可达 15 cm，基部厚可达 30 mm，上表面新鲜时金黄色至褐色，干后黄褐色，粗糙，具同心环带，具黑色皮壳；孔口表面新鲜时暗褐色，干后黑褐色；孔口圆形，每毫米 8–10 个；孔口边缘薄，全缘；菌肉黄褐色，厚可达 10 mm；菌管干后灰褐色，长可达 20 mm。

显微结构：菌丝系统一体系；生殖菌丝具简单分隔；菌丝组织在 KOH 试剂中变黑；菌管菌丝浅黄色至黄褐色，稍厚壁至厚壁，少分枝，与菌管近平行排列，IKI–，CB(+)，直径 2.5–4 μm；菌丝状刚毛突出，黑褐色，厚壁，末端尖锐，大小为 64–164×9–15 μm；具子实层刚毛，腹鼓形，黑褐色，厚壁，末端尖锐，大小为 32–41×8–11 μm；担孢子宽椭圆形至近球形，黄色，厚壁，光滑，IKI–，CB–，大小为 (3.8–)3.9–4.8(–4.9)×(3–)3.1–4(–4.1) μm，平均长 L = 4.26 μm，平均宽 W = 3.41 μm，长宽比 Q = 1.25 (n = 30/1)。

代表序列：MZ484533，MZ437392。

分布、习性和功能：临沧市临翔区小道河林场；生长在栲属树木腐朽木上；引起木材白色腐朽。

图 251　普洱小黄孔菌 *Ochrosporellus puerensis*

图 252　三色小黄孔菌 *Ochrosporellus tricolor*

厚垣孢褐腐干酪孔菌

Oligoporus rennyi (Berk. & Broome) Donk

子实体：担子果一年生，平伏，与基质易分离，新鲜时软，干后易碎，长可达 3 cm，宽可达 2 cm，中部厚可达 2 mm；孔口表面新鲜时白色，干后奶油色；不育边缘不明显；孔口多角形，每毫米 4–5 个；孔口边缘薄，全缘；菌肉奶油色，厚可达 0.2 mm；菌管白色，干后脆质，长可达 1.8 mm。

显微结构：菌丝系统一体系；生殖菌丝具锁状联合；菌管菌丝无色，薄壁至厚壁，具宽内腔，偶尔分枝，疏松交织排列，IKI–，CB–，直径 2–5 μm；子实层中无囊状体和拟囊状体；担子棍棒形，大小为 15–20×4–5 μm；担孢子椭圆形，无色，光滑，厚壁，IKI–，CB+，大小为 4.8–6×2.5–3.5 μm，平均长 L = 5.62 μm，平均宽 W = 2.83 μm，长宽比 Q = 1.98 (n = 30/1)。

代表序列：AY218416，AF287876。

分布、习性和功能：玉龙县玉龙雪山自然保护区；生长在冷杉倒木上；引起木材褐色腐朽。

 ## 柔丝褐腐干酪孔菌

Oligoporus sericeomollis (Romell) Bondartseva

子实体：担子果一年生，平伏，贴生，与基质易分离，新鲜时蜡质、肉质至软棉絮质，干后脆革质，易碎，长可达 15 cm，宽可达 6 cm，中部厚可达 3 mm；孔口表面新鲜时为白色至奶油色，干后浅黄色、浅黄褐色至污褐色，无折光反应；不育边缘棉絮状；孔口圆形至多角形，每毫米 2–4 个；孔口边缘薄，撕裂状；菌肉新鲜时白色，非常薄至几乎无；菌管干后浅黄色至浅黄褐色，脆质，长可达 3 mm。

显微结构：菌丝系统一体系；生殖菌丝具锁状联合；菌管菌丝无色，薄壁至稍厚壁，具宽内腔，频繁分枝，交织排列，IKI–，CB–，直径 2.2–3.6 μm；子实层具囊状体，无色，厚壁，末端具结晶，大小为 14–19×4–6.5 μm；担子棍棒形，大小为 12–16×4.4–5 μm；担孢子椭圆形，无色，薄壁，光滑，IKI–，CB+，大小为 4–4.9×1.9–2.2 μm，平均长 L = 4.32 μm，平均宽 W = 2 μm，长宽比 Q = 2.17 (n = 30/1)。

代表序列：KX900919，KX900989。

分布、习性和功能：兰坪县罗古箐自然保护区，永德大雪山国家级自然保护区；生长在针叶树桩上；引起木材褐色腐朽。

图 253　厚垣孢褐腐干酪孔菌 *Oligoporus rennyi*

图 254　柔丝褐腐干酪孔菌 *Oligoporus sericeomollis*

绒毛昂氏孔菌

***Onnia tomentosa* (Fr.) P. Karst.**

子实体：担子果一年生，具中生或侧生柄，单生或数个菌盖融合，新鲜时革质，干后木栓质；菌盖圆形至扇形，中部凹陷，直径可达 8 cm，中部厚可达 7 mm，上表面黄褐色至锈褐色，被厚绒毛，具不明显同心环纹；孔口表面新鲜时黄褐色，干后污褐色或黑褐色，手触后迅速变为污褐色，略具折光反应；孔口多角形至圆形，每毫米 2–4 个；管口边缘薄，撕裂状；菌肉锈褐色，异质，绒毛层和菌肉层间具黑线区，厚可达 4 mm；菌管黄褐色，比孔口表面颜色浅，长可达 3 mm；菌柄锈褐色，被厚绒毛，长可达 5 cm，基部直径可达 18 mm。

显微结构：菌丝系统一体系；生殖菌丝具简单分隔，菌丝组织在 KOH 试剂中变黑；菌管菌丝无色至浅黄色，薄壁至稍厚壁，具宽内腔，偶尔分枝，沿菌管边缘平行排列，直径 3–4.5 μm；子实层具锥形刚毛，末端尖锐，暗褐色，厚壁，从菌髓伸出，大小为 35–60×10–15 μm；担子粗棒形至桶形，大小为 12–15×4.5–6 μm；担孢子椭圆形，无色，薄壁，平滑，IKI–，CB–，大小为 5–6.3×3–3.8 μm，平均长 L = 5.59 μm，平均宽 W = 3.25 μm，长宽比 Q = 1.71–1.75 (n = 60/2)。

代表序列：OL473604，OL473617。

分布、习性和功能：香格里拉市普达措国家公园；生长在针叶树根部；引起木材白色腐朽。

 硬骨质孔菌

***Osteina obducta* (Berk.) Donk**

子实体：担子果一年生，具侧生短柄，单生或簇生，新鲜时柔软多汁，干后硬骨质；菌盖近圆形至扇形，外伸可达 8 cm，宽可达 13 cm，基部厚可达 30 mm，上表面新鲜时白色至奶油色，后期灰褐色且多皱；孔口表面白色至奶油色，干后黄色至黄棕色；孔口多角形，每毫米 3–5 个；孔口边缘薄，撕裂状；菌肉干后硬骨质，厚可达 25 mm；菌管黄棕色，干后脆质，长可达 5 mm。

显微结构：菌丝系统一体系；生殖菌丝具锁状联合；菌管菌丝无色，厚壁，偶尔分枝，IKI–，CB–，直径 2–5 μm；子实层中无囊状体和拟囊状体；担子棍棒形，大小为 15–20×4–5 μm；担孢子圆柱形，向末端渐窄，无色，薄壁，光滑，IKI–，CB–，大小为 4.5–4.9×2–2.5 μm，平均长 L = 4.65 μm，平均宽 W = 2.15 μm，长宽比 Q = 2.12–2.25 (n = 60/2)。

代表序列：KX900925，KX900995。

分布、习性和功能：兰坪县罗古箐自然保护区；生长在松树根上；引起木材褐色腐朽；食药用。

图 255　绒毛昂氏孔菌 *Onnia tomentosa*

图 256　硬骨质孔菌 *Osteina obducta*

小扇菇

***Panellus pusillus* (Pers. ex Lév.) Burds. & O.K. Mill.**

子实体：担子果一年生，具侧生柄，聚生，白垩质；菌盖肾脏形至半圆形，外伸可达 1 cm，宽可达 1.2 cm，中部厚可达 1 mm，上表面白色至奶油色，干后浅黄褐色至肉桂色；孔口表面白色至奶油色，触摸后不变色；孔口不规则，边缘处放射状排列，每毫米 4–5 个，径向拉长至每毫米 2–3 个；孔口边缘厚，全缘；菌肉与菌盖同色，厚可达 0.5 mm；菌管与孔口表面同色，长可达 0.5 mm；菌柄圆柱形，长可达 3.5 mm，直径可达 1.5 mm。

显微结构：菌丝系统一体系；生殖菌丝具锁状联合；菌管菌丝不规则，厚壁，频繁分枝，交织排列，IKI–，CB–，直径 2–7 μm；孔口边缘具孔缘囊状体，无色，薄壁，近棍棒形，末端具 1–3 个疣突，大小为 20–40×4–5 μm；无盖生囊状体；子实层中无囊状体和拟囊状体；担子长棍棒形，大小为 13–20×4–5 μm；担孢子长椭圆形或椭圆形，无色，薄壁，光滑，内含油滴，IKI+，CB–，大小为 4–5×2–3.2 μm，平均长 L = 4.51 μm，平均宽 W = 2.45 μm，长宽比 Q = 1.81–1.87 (n = 60/2)。

代表序列：MZ801774，MZ914394。

分布、习性和功能：普洱市太阳河森林公园，西畴县小桥沟自然保护区；生长在阔叶树落枝或阔叶树腐朽木上；引起木材白色腐朽。

 云南扇菇

***Panellus yunnanensis* Q.Y. Zhang & Y.C. Dai**

子实体：担子果一年生，盖形，覆瓦状叠生，新鲜时胶质，干后木栓质；菌盖贝壳形或肾形，外伸可达 1.5 mm，宽可达 2 cm，上表面纯白色至白色，干后乳白色，具粉霜，略起伏，呈半透明网状与下方孔隙相对应；孔口表面纯白色至白色，触摸后不变色；孔容易撕裂，五边形至不规则形状，中部孔比边缘孔大，每个担子果具 8–20 个孔；孔口边缘全缘；菌肉白色，极薄；菌管与孔口表面同色。

显微结构：菌丝系统一体系；生殖菌丝具锁状联合；菌丝组织在 KOH 试剂中无变化；菌管菌丝略厚壁，偶尔分枝，疏松交织排列，IKI+，CB–，直径 2–5 μm；孔口边缘具孔缘囊状体，无色，薄壁，棍棒形至梨形，大小为 10–20×7–10 μm；无盖生囊状体；子实层中无囊状体和拟囊状体；担子棍棒形，大小为 20–28×5–8 μm；担孢子椭圆形至宽椭圆形，无色，薄壁，光滑，内含油滴，IKI+，CB–，大小为 6.5–8.5×3.8–4.5 μm，平均长 L = 7.46 μm，平均宽 W = 4.02 μm，长宽比 Q = 1.83–1.87 (n = 90/3)。

代表序列：MT300504，MT300511。

分布、习性和功能：金平县分水岭自然保护区；生长在死竹子或阔叶树落枝上；引起竹材和木材白色腐朽。

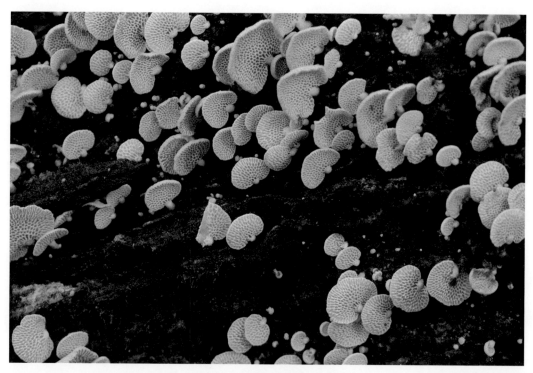

图 257 小扇菇 *Panellus pusillus*

图 258 云南扇菇 *Panellus yunnanensis*

干热多年卧孔菌

***Perenniporia aridula* B.K. Cui & C.L. Zhao**

子实体：担子果多年生，平伏，贴生，不易与基质分离，新鲜时革质，干后木栓质，长可达 18 cm，宽可达 8.5 cm，中部厚可达 6.2 mm；孔口表面新鲜时奶油色，干后奶油色至浅黄色；孔口圆形，每毫米 6–7 个；孔口边缘薄，全缘；菌肉白色至浅黄色，厚可达 0.6 mm；菌管与孔口表面同色，木栓质，长可达 5.6 mm。

显微结构：菌丝系统三体系；生殖菌丝具锁状联合；菌管生殖菌丝少见，无色，薄壁，不分枝，直径 1.8–2.2 μm；骨架菌丝占多数，无色，厚壁，具窄内腔，频繁分枝，交织排列，IKI–，CB+，直径 2.7–3.2 μm；缠绕菌丝常见；子实层中无囊状体；具纺锤形拟囊状体，大小为 13.1–19.2×3.2–5 μm；担子棍棒形，大小为 11.5–17.2×8.7–10 μm；担孢子近球形，平截，无色，光滑，厚壁，IKI[+]，CB+，大小为 (5.6–)6–7(–7.1)×(5–)5.1–6(–6.1) μm，平均长 L = 6.65 μm，平均宽 W = 5.61 μm，长宽比 Q = 1.17–1.2 (n = 60/2)。

代表序列：JQ001855，JQ001847。

分布、习性和功能：云南元江国家级自然保护区；生长在阔叶树倒木上；引起木材白色腐朽。

 竹生多年卧孔菌

***Perenniporia bambusicola* Choeyklin, T. Hatt. & E.B.G. Jones**

子实体：担子果一年生，平伏，与基质难分离，新鲜时革质，干后木栓质，长可达 2.5 cm，宽可达 0.5 cm，中部厚可达 1 mm；孔口表面新鲜时橙色，干后浅橙色至褐色；不育边缘不明显；孔口圆形至多角形，每毫米 6–7 个；孔口边缘薄，全缘；菌肉极薄，浅黄色至浅橙色；菌管单层，与孔口表面同色，纤维质至革质，长可达 1 mm。

显微结构：菌丝系统二体系；生殖菌丝具锁状联合；菌丝组织在 KOH 试剂中呈略浅紫色；菌管生殖菌丝少见，无色，薄壁，直径 2.5–3 μm；骨架菌丝占多数，厚壁，偶尔分枝，弯曲，交织排列，IKI–，CB+，直径 1.9–2.4 μm；子实层中无囊状体；具纺锤形拟囊状体，大小为 14–18.1×4.7–6.2 μm；担子棍棒形，大小为 12.9–15.2×6.1–6.7 μm；担孢子长椭圆形，平截，无色，厚壁，光滑，IKI[+]，CB+，大小为 (4–)4.2–5(–5.3)×(2.5–)2.7–3.8(–4) μm，平均长 L = 4.5 μm，平均宽 W = 3.2 μm，长宽比 Q = 1.4 (n = 30/1)。

代表序列：KX900668，KX900719。

分布、习性和功能：腾冲市高黎贡山自然保护区；生长在枯死竹子上；引起竹材白色腐朽。

图 259　干热多年卧孔菌 *Perenniporia aridula*

图 260　竹生多年卧孔菌 *Perenniporia bambusicola*

版纳多年卧孔菌

Perenniporia bannaensis B.K. Cui & C.L. Zhao

子实体：担子果一年生，平伏，与基质难分离，新鲜时革质，干后木栓质，长可达 9.8 cm，宽可达 6.5 cm，中部厚可达 2.1 mm；孔口表面新鲜时奶油色，干后稻草色；孔口圆形至多角形，每毫米 6–8 个；孔口边缘薄，全缘或撕裂状；菌肉浅黄色，厚可达 0.4 mm；菌管单层，与孔口表面同色，软木栓质，长可达 1.7 mm。

显微结构：菌丝系统二体系；生殖菌丝具锁状联合；菌管生殖菌丝少见，无色，薄壁，直径 1.9–3.3 μm；骨架菌丝占多数，厚壁，不分枝，交织排列，IKI–，CB+，直径 2–3.4 μm；子实层中无囊状体；具纺锤形拟囊状体，大小为 15.5–21×5–6.5 μm；担子桶状，大小为 11.5–15×5.9–8.2 μm；担孢子长椭圆形，不平截，无色，厚壁，光滑，IKI[+]，CB+，大小为 (5–)5.2–6(–6.4)×(3.9–)4–4.6(–4.8) μm，平均长 L = 5.45 μm，平均宽 W = 4.22 μm，长宽比 Q = 1.27–1.32 (n = 60/2)。

代表序列：JQ291727，JQ291729。

分布、习性和功能：宾川县鸡足山风景区，勐腊县望天树景区；生长在栎树或其他阔叶树倒木上；引起木材白色腐朽。

 ## 三角多年卧孔菌

Perenniporia contraria (Berk. & M.A. Curtis) Ryvarden

子实体：担子果多年生，盖形，单生，干后木质；菌盖三角形，外伸可达 1 cm，宽可达 1.5 cm，基部厚可达 12 mm，上表面橘黄褐色，具同心环区；孔口表面干后浅黄褐色；不育边缘明显；孔口圆形至多角形，每毫米 5–7 个；孔口边缘薄，全缘；菌肉浅粉褐色，厚可达 2 mm；菌管奶油色至浅褐色，纤维质，长可达 10 mm。

显微结构：菌丝系统三体系；生殖菌丝具锁状联合；菌管生殖菌丝少见，无色，薄壁，直径 1.1–3 μm；骨架菌丝占多数，厚壁，具窄内腔，频繁分枝，交织排列，IKI[+]，CB+，直径 1.2–3.2 μm；子实层中无囊状体；具纺锤形拟囊状体；担子棍棒形，大小为 10–15×4–6 μm；担孢子椭圆形至卵形，不平截，无色，厚壁，光滑，IKI–，CB+，大小为 (3.3–)3.4–4(–4.2)×(2.4–)2.5–3.1(–3.3) μm，平均长 L = 3.75 μm，平均宽 W = 2.88 μm，长宽比 Q = 1.3 (n = 30/1)。

代表序列：JQ861737，JQ861755。

分布、习性和功能：景洪市西双版纳自然保护区三岔河；生长在阔叶树倒木上；引起木材白色腐朽。

图 261　版纳多年卧孔菌 *Perenniporia bannaensis*

图 262　三角多年卧孔菌 *Perenniporia contraria*

下延多年卧孔菌

Perenniporia decurrata Corner

子实体：担子果一年生，盖形，单生，木栓质；菌盖三角形，外伸可达 1.5 cm，宽可达 2.5 cm，基部厚可达 10 mm，上表面灰褐色至深褐色，表面光滑且具同心环纹；孔口表面干后奶油色至灰黄色；孔口圆形，每毫米 7–9 个；孔口边缘薄，全缘；菌肉奶油色，厚可达 0.5 mm；菌管与孔口表面同色，木栓质，长可达 9.5 mm。

显微结构：菌丝系统二体系；生殖菌丝具锁状联合；菌管生殖菌丝少见，无色，薄壁，直径 1–1.5 μm；骨架菌丝占多数，无色，厚壁，具窄内腔，频繁分枝，交织排列，IKI[+]，CB+，直径 1.2–1.5 μm；子实层中无囊状体；具纺锤形拟囊状体，大小为 11.7–13.2×3.1–3.5 μm；担子棍棒形至梨形，大小为 8.2–11.5×4.7–5.3 μm；担孢子椭圆形，平截，无色至浅黄色，厚壁，光滑，IKI[+]，CB+，大小为 (3.5–)3.6–4(–4.1)×(2.5–)2.6–3(–3.1) μm，平均长 L = 3.8 μm，平均宽 W = 2.8 μm，长宽比 Q = 1.35–1.39 (n = 90/3)。

代表序列：MT365927，KX900720。

分布、习性和功能：勐腊县雨林谷；生长在阔叶树倒木上；引起木材白色腐朽。

 椭圆孢多年卧孔菌

Perenniporia ellipsospora Ryvarden & Gilb.

子实体：担子果一年生，平伏，新鲜时革质，干后木质，长可达 7.5 cm，宽可达 5.5 cm，中部厚可达 3.5 mm；孔口表面新鲜时白色至奶油色，干后浅黄色；不育边缘明显；孔口圆形至多角形，每毫米 3–4 个；孔口边缘薄，全缘或撕裂状；菌肉白色至奶油色，厚可达 0.5 mm；菌管与孔口表面同色，木栓质，长可达 3 mm。

显微结构：菌丝系统二体系；生殖菌丝具锁状联合；菌管生殖菌丝少见，无色，薄壁，直径 1.7–2.3 μm；骨架菌丝占多数，厚壁，具宽内腔，不分枝，交织排列，IKI[+]，CB+，直径 2.3–3.7 μm；子实层中无囊状体和拟囊状体；担子桶状，大小为 10.3–14.1×4.9–7.2 μm；担孢子椭圆形，不平截，无色，厚壁，光滑，IKI[+]，CB+，大小为 (4.5–)4.6–5.2(–5.3)×(3.2–)3.4–4(–4.1) μm，平均长 L = 4.9 μm，平均宽 W = 3.8 μm，长宽比 Q = 1.28–1.29 (n = 60/2)。

代表序列：KF018125，KF018133。

分布、习性和功能：兰坪县长岩山自然保护区，宾川县鸡足山风景区；生长在阔叶树倒木和枯立木上；引起木材白色腐朽。

图 263　下延多年卧孔菌 *Perenniporia decurrata*

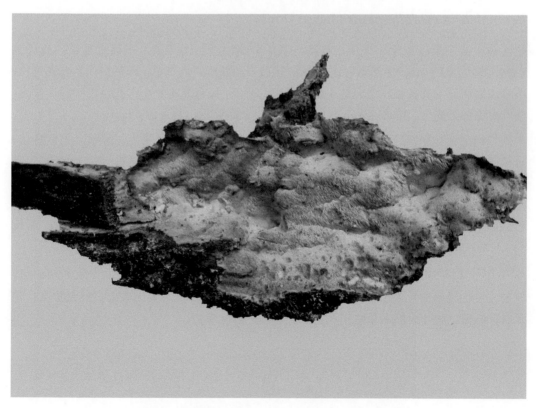

图 264　椭圆孢多年卧孔菌 *Perenniporia ellipsospora*

灰黄多年卧孔菌

Perenniporia isabelllina (Pat. ex Sacc.) Ryvarden

子实体：担子果一年生，平伏，贴生，新鲜时革质，干后木栓质，长可达 7 cm，宽可达 5 cm，中部厚可达 2 mm；孔口表面干后灰黄色至浅赭色；不育边缘明显；孔口圆形至多角形，每毫米 3–4 个；孔口边缘薄，全缘；菌肉奶油色至浅黄色，比菌管颜色浅，厚可达 0.4 mm；菌管灰黄色至浅赭色，木栓质，长可达 1.6 mm。

显微结构：菌丝系统二体系；生殖菌丝具锁状联合；菌管生殖菌丝少见，无色，薄壁，直径 1.8–3.2 μm；骨架菌丝占多数，厚壁，具窄内腔，频繁分枝，交织排列，IKI[+]，CB+，直径 3–3.3 μm；子实层中无囊状体；具纺锤形拟囊状体；担子桶状，大小为 17–26×10–12 μm；担孢子椭圆形，平截，无色，厚壁，光滑，IKI[+]，CB+，大小为 (10.9–)11–13.7(–14)×(6.5–)6.8–7.9(–8) μm，平均长 L = 12.3 μm，平均宽 W = 7.3 μm，长宽比 Q = 1.7 (n = 30/1)。

代表序列：KF181139，KF482839。

分布、习性和功能：腾冲市高黎贡山自然保护区；生长在阔叶树倒木上；引起木材白色腐朽。

 ## 狭髓多年卧孔菌

Perenniporia medulla-panis (Jacq.) Donk

子实体：担子果多年生，平伏，不易与基质分离，新鲜时革质，干后木栓质，长可达 8 cm，宽可达 3.5 cm，中部厚可达 5 mm；孔口表面新鲜时乳白色，干后白色至浅乳黄色；不育边缘明显，乳黄色，宽可达 1 mm；孔口圆形，每毫米 4–6 个；孔口边缘厚，全缘；菌肉白色至奶油色，厚可达 1 mm；菌管与孔口表面同色，长可达 4 mm。

显微结构：菌丝系统三体系；生殖菌丝具锁状联合；生殖菌丝无色，薄壁，频繁分枝，直径 2.1–3 μm；骨架菌丝占多数，无色，厚壁，频繁分枝，交织排列，IKI–，CB+，直径 1.5–2.1 μm；缠绕菌丝常见；子实层中无囊状体；具纺锤形拟囊状体，大小为 9.8–19.8×4.5–6.1 μm；担子棍棒形，大小为 10.5–20.5×5–9.9 μm；担孢子椭圆形，平截，无色，厚壁，光滑，IKI[+]，CB+，大小为 (4.7–)4.8–5.5(–6)×(3.7–)3.8–4.5(–4.8) μm，平均长 L = 5.07 μm，平均宽 W = 3.99 μm，长宽比 Q = 1.25–1.28 (n = 60/2)。

代表序列：FJ411088，FJ393876。

分布、习性和功能：保山市高黎贡山自然保护区百花岭，屏边县大围山自然保护区；生长在针叶树、阔叶树倒木和枯立木上；引起木材白色腐朽。

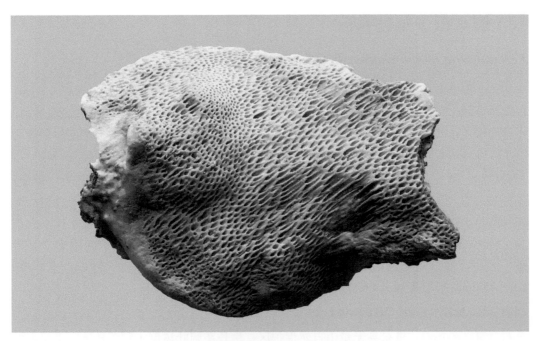

图 265　灰黄多年卧孔菌 *Perenniporia isabelllina*

图 266　狭髓多年卧孔菌 *Perenniporia medulla-panis*

磨盘山多年卧孔菌

Perenniporia mopanshanensis C.L. Zhao

子实体：担子果多年生，平伏，新鲜时软，干后软木栓质，长可达 15 cm，宽可达 6 cm，中部厚可达 2.5 mm；孔口表面新鲜时奶油色至浅米黄色，干后奶油色至米黄色或麦秆色；不育边缘薄，奶油色；孔口圆形，每毫米 3–5 个；孔口边缘薄，全缘至撕裂状；菌肉奶油色，厚可达 0.5 mm；菌管奶油色至浅黄褐色，长可达 2 mm。

显微结构：菌丝系统二体系；生殖菌丝具锁状联合；菌管生殖菌丝少见，无色，薄壁，不分枝，直径 1.5–3 μm；骨架菌丝占多数，无色，厚壁，具宽至窄内腔，不分枝，交织排列，IKI[+]，CB+，直径 2–3.5 μm；子实层中无囊状体；具纺锤形拟囊状体，大小为 13–19×4.5–6.5 μm；担子棍棒形，大小为 14–20×7–12 μm；担孢子椭圆形，不平截，无色，厚壁，光滑，IKI–，CB+，大小为 (5–)5.5–6.5(–7)×4–5(–5.5) μm，平均长 L = 6.15 μm，平均宽 W = 4.60 μm，长宽比 Q = 1.35–1.42 (n = 90/3)。

代表序列：MH784910，MH784911。

分布、习性和功能：景东县无量山自然保护区；生长在阔叶树倒木和落枝上；引起木材白色腐朽。

 ## 云杉多年卧孔菌

Perenniporia piceicola Y.C. Dai

子实体：担子果一年生，平伏，新鲜时软木栓质，干后木栓质，易与基质分离，长可达 5 cm，宽可达 3 cm，中部厚可达 5.5 mm；孔口表面干后浅黄色；不育边缘不明显；孔口圆形，每毫米 2–3 个；孔口边缘厚，全缘；菌肉黄赭色或稻草色，厚可达 2 mm；菌管与孔口表面同色，木栓质，长可达 3.5 mm。

显微结构：菌丝系统二体系至三体系；生殖菌丝具锁状联合；菌管生殖菌丝无色，薄壁，少分枝，直径 2–3.2 μm；骨架菌丝占多数，无色，厚壁，偶尔分枝，交织排列，IKI[+]，CB+，直径 2.5–4.5 μm；子实层具梨形囊状体，厚壁，光滑，大小为 25–40×8–14 μm；担子桶状，大小为 23–27×8–11 μm；担孢子长椭圆形，平截，无色，厚壁，光滑，IKI[+]，CB+，大小为 (10–)11–14(–16)×(5–)5.4–7.5(–8) μm，平均长 L = 12.73 μm，平均宽 W = 6.39 μm，长宽比 Q = 1.99 (n = 30/1)。

代表序列：JQ861742，JF706336。

分布、习性和功能：丽江市玉龙雪山景区云杉坪，维西县老君山自然保护区；生长在云杉、冷杉倒木上；引起木材白色腐朽。

图 267　磨盘山多年卧孔菌 *Perenniporia mopanshanensis*

图 268　云杉多年卧孔菌 *Perenniporia piceicola*

菌索多年卧孔菌

Perenniporia rhizomorpha B.K. Cui, Y.C. Dai & Decock

子实体：担子果一年生，平伏，与基质不易分离，新鲜时革质，干后木栓质，长可达15 cm，宽可达4 cm，中部厚可达3 mm；孔口表面新鲜时白色至奶油色，干后浅黄色；不育边缘具奶油色至浅黄色菌索；孔口圆形至多角形，每毫米4–6个；孔口边缘薄，全缘；菌肉奶油色至浅黄色，厚可达1 mm；菌管与孔口表面同色，长可达2 mm。

显微结构：菌丝系统二体系；生殖菌丝具锁状联合；菌管生殖菌丝少见，无色，薄壁，直径1.4–3 μm；骨架菌丝占多数，厚壁，偶尔分枝，弯曲，交织排列，IKI[+]，CB+，直径1.6–3 μm；子实层中无囊状体和拟囊状体；担孢子椭圆形，不平截，无色，厚壁，光滑，IKI[+]，CB+，大小为 (5–)5.3–6.5(–7)×(4–)4.1–5.2(–6) μm，平均长 L = 5.96 μm，平均宽 W = 4.78 μm，长宽比 Q = 1.22–1.28 (n = 90/3)。

代表序列：HQ654107，HQ654117。

分布、习性和功能：保山市高黎贡山自然保护区；生长在阔叶树倒木上；引起木材白色腐朽。

 ## 锈边多年卧孔菌

Perenniporia russeimarginata B.K. Cui & C.L. Zhao

子实体：担子果多年生，平伏，新鲜时软，干后木栓质，长可达8 cm，宽可达5 cm，中部厚可达7 mm；孔口表面新鲜时白色至奶油色，干后浅黄色；不育边缘明显，红褐色，宽可达6 mm；孔口圆形，每毫米6–8个；孔口边缘厚，全缘或撕裂状；菌肉粉黄色，厚可达0.5 mm；菌管肉桂黄色，比孔口表面颜色暗，木栓质，长可达6.5 mm。

显微结构：菌丝系统二体系；生殖菌丝具锁状联合；菌管生殖菌丝少见，无色，薄壁，直径1.7–2.3 μm；骨架菌丝占多数，厚壁，具宽内腔，不分枝，交织排列，IKI[+]，CB+，直径2.3–3.7 μm；子实层中无囊状体和拟囊状体；担子桶状，大小为10.3–14.1×4.9–7.2 μm；担孢子椭圆形，平截，无色，厚壁，光滑，IKI[+]，CB+，大小为 (3.5–)4–5.9×(2.5–)3–4 μm，平均长 L = 4.4 μm，平均宽 W = 3.3 μm，长宽比 Q = 1.31–1.36 (n = 90/3)。

代表序列：JQ861751，JQ861767。

分布、习性和功能：宾川县鸡足山风景区，楚雄市紫溪山森林公园；生长在栎树和其他阔叶树倒木和树桩上；引起木材白色腐朽。

图 269 菌索多年卧孔菌 *Perenniporia rhizomorpha*

图 270 锈边多年卧孔菌 *Perenniporia russeimarginata*

稻色多年卧孔菌

Perenniporia straminea (Bres.) Ryvarden

子实体：担子果一年生，平伏，易与基质分离，新鲜时革质至木栓质，干后木质，长可达 12 cm，宽可达 4 cm，中部厚可达 3.3 mm；孔口表面新鲜时鲜黄色，干后黄白色至浅黄褐色，无折光反应；不育边缘明显；孔口多角形，每毫米 6–7 个；孔口边缘薄，全缘；菌肉浅黄色，厚可达 0.2 mm；菌管浅黄褐色，长可达 3.1 mm。

显微结构：菌丝系统二至三体系；生殖菌丝具锁状联合；菌管生殖菌丝少见，无色，薄壁，偶尔分枝，直径 1–1.8 μm；骨架-缠绕菌丝占多数，无色，厚壁，具窄内腔或近实心，频繁分枝，交织排列，具黄色不规则结晶，IKI–，CB+，直径 0.7–3.2 μm；子实层中无囊状体；具纺锤形拟囊状体，大小为 10.4–16×3.3–4.2 μm；担子棍棒形，大小为 10–12.5×5–6 μm；担孢子宽椭圆形，平截或不平截，无色，厚壁，光滑，IKI[+]，CB+，大小为 (3.1–)3.2–4(–4.3)×(2.2–)2.4–3(–3.1) μm，平均长 L = 3.73 μm，平均宽 W = 2.76 μm，长宽比 Q = 1.35 (n = 30/1)。

代表序列：HQ876600，JF706335。

分布、习性和功能：景洪市西双版纳自然保护区三岔河，勐腊县望天树景区；生长在阔叶树倒木上；引起木材白色腐朽。

 ## 微酸多年卧孔菌

Perenniporia subacida (Peck) Donk

子实体：担子果多年生，平伏，新鲜时软木栓质，干后木栓质，长可达 22 cm，宽可达 15 cm，中部厚可达 17 mm；孔口表面新鲜时奶油色至浅黄色，干后黄色至黄褐色；不育边缘不明显；孔口圆形至多角形，每毫米 4–6 个；孔口边缘厚，全缘；菌肉浅黄色，厚可达 1 mm；菌管与孔口表面同色，软木栓质，长可达 16 mm。

显微结构：菌丝系统三体系；生殖菌丝具锁状联合；菌管生殖菌丝少见，无色，薄壁，直径 2.5–3.6 μm；骨架菌丝占多数，厚壁，不分枝，交织排列，IKI[+]，CB+，直径 3–4.6 μm；子实层中无囊状体和拟囊状体；担子棍棒形，大小为 20.3–22.5×7.4–8 μm；担孢子椭圆形，不平截，无色，厚壁，光滑，IKI–，CB+，大小为 (4.9–)5–6(–6.1)×(3.8–)4–4.5(–4.6) μm，平均长 L = 5.48 μm，平均宽 W = 4.14 μm，长宽比 Q = 1.32 (n = 30/1)。

代表序列：HQ876605，JF713024。

分布、习性和功能：香格里拉市普达措国家公园，腾冲市高黎贡山自然保护区百花岭，兰坪县罗古箐自然保护区，楚雄市紫溪山森林公园；生长在针叶树倒木、树桩和腐朽木上；引起木材白色腐朽；药用。

图 271　稻色多年卧孔菌 *Perenniporia straminea*

图 272　微酸多年卧孔菌 *Perenniporia subacida*

亚皮生多年卧孔菌

Perenniporia subcorticola Chao G. Wang & F. Wu

子实体：担子果多年生，平伏，贴生，新鲜时革质，干后木质，不易与基质分离，长可达 10 cm，宽可达 5 cm，中部厚可达 3.5 mm；孔口表面新鲜时鲜黄色，干后浅黄色至深黄色；孔口圆形，每毫米 7–8 个；孔口边缘厚，全缘；菌肉奶油色，木栓质，厚可达 2 mm；菌管比孔口表面颜色浅，木质，长可达 1.5 mm，分层明显，具白色菌丝束。

显微结构：菌丝系统二体系；生殖菌丝具锁状联合；菌管生殖菌丝少见，无色，薄壁，直径 1.5–3 μm；骨架菌丝占多数，无色，厚壁，偶尔分枝，弯曲，交织排列，IKI[+]，CB+，直径 2–3.3 μm；子实层中无囊状体；具纺锤形拟囊状体，大小为 14–18×5–8 μm；担子棍棒形，大小为 13–16×7–9 μm；担孢子椭圆形，平截，无色，厚壁，光滑，IKI[+]，CB+，大小为 (4–)4.2–5(–5.5)×(3–)3.5–4.2(–4.7) μm，平均长 L = 4.66 μm，平均宽 W = 3.91 μm，长宽比 Q = 1.16–1.23 (n = 60/2)。

代表序列：HQ654094，HQ654108。

分布、习性和功能：兰坪县罗古箐自然保护区；生长在阔叶树倒木或腐朽木上；引起木材白色腐朽。

 ## 薄多年卧孔菌

Perenniporia tenuis (Schwein.) Ryvarden

子实体：担子果一年生，平伏，不易与基质分离，新鲜时革质，干后木栓质，长可达 15.5 cm，宽可达 5.5 cm，中部厚可达 3.5 mm；孔口表面新鲜时奶油色，干后浅黄色至黄色；不育边缘明显；孔口圆形至多角形，每毫米 4–6 个；孔口边缘薄，全缘；菌肉奶油色，厚可达 0.5 mm；菌管与孔口表面同色，长可达 3 mm。

显微结构：菌丝系统三体系；生殖菌丝具锁状联合；菌管生殖菌丝无色，薄壁，直径 2.5–3.1 μm；骨架菌丝占多数，无色，厚壁，偶尔分枝，弯曲，交织排列，IKI–，CB+，直径 3.1–3.7 μm；缠绕菌丝常见；子实层中无囊状体；具纺锤形拟囊状体，大小为 14.1–23.5×4.1–6.1 μm；担子棍棒形，大小为 10.5–11.5×6.1–8.1 μm；担孢子长椭圆形，平截，无色，厚壁，光滑，IKI[+]，CB+，大小为 (5–)5.5–6.5(–7.1)×(4–)4.1–5(–6) μm，平均长 L = 6.26 μm，平均宽 W = 4.54 μm，长宽比 Q = 1.2–1.42 (n = 90/3)。

代表序列：JQ001858，JQ001848。

分布、习性和功能：兰坪县罗古箐自然保护区；生长在阔叶树倒木及枯立木上；引起木材白色腐朽。

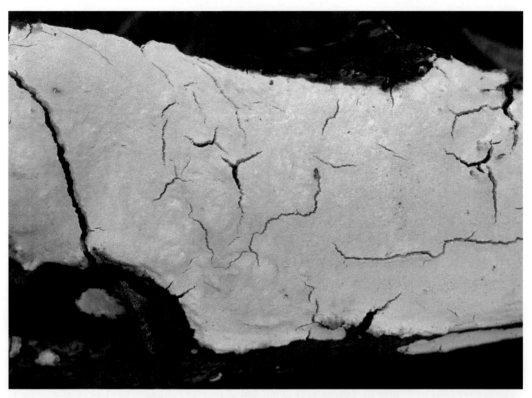

图 273　亚皮生多年卧孔菌 *Perenniporia subcorticola*

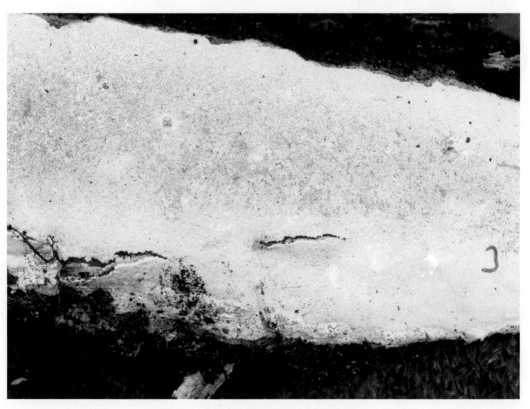

图 274　薄多年卧孔菌 *Perenniporia tenuis*

灰孔多年卧孔菌

***Perenniporia tephropora* (Mont.) Ryvarden**

子实体: 担子果多年生,平伏或平伏反卷,新鲜时木栓质,干后硬木栓质;菌盖窄半圆形,外伸可达 2 cm,宽可达 4 cm,基部厚可达 5 mm,上表面灰色至灰黑色,具黑色皮壳;平伏时长可达 20 cm,宽可达 10 cm,中部厚可达 5 mm;孔口表面初期灰土色、黏土色,后期灰色至茶褐色;孔口圆形或多角形,每毫米 5–7 个;孔口边缘厚,全缘或略撕裂状;菌肉褐色,厚可达 1.5 mm;菌管深褐色,比孔口和菌肉颜色略深,分层明显,长可达 3.5 mm。

显微结构: 菌丝系统二体系;生殖菌丝具锁状联合;菌丝组织在 KOH 试剂中变黑;菌管生殖菌丝少见,无色,薄壁,中度分枝,直径 1.8–3 μm;骨架菌丝占多数,无色至浅褐色,厚壁,具窄内腔,中度分枝,弯曲,交织排列,IKI[-],CB+,直径 2–3.5 μm;子实层中无囊状体和拟囊状体;担子棍棒形,大小为 17–20×5.5–7 μm;担孢子椭圆形,平截,无色,厚壁,光滑,IKI[-],CB+,大小为 4.4–5×3.4–4 μm,平均长 L = 4.77 μm,平均宽 W = 3.73 μm,长宽比 Q = 1.28 (n = 30/1)。

代表序列: HQ848473,HQ848484。

分布、习性和功能: 腾冲市高黎贡山自然保护区,勐腊县望天树景区,景洪市西双版纳自然保护区三岔河,普洱市太阳河森林公园;生长在多种针叶树、阔叶树枯立木、倒木或树桩上;引起木材白色腐朽。

 截孢多年卧孔菌

***Perenniporia truncatospora* (Lloyd) Ryvarden**

子实体: 担子果多年生,平伏反卷至盖状,新鲜时革质,干后木栓质;菌盖窄,外伸可达 0.7 cm,宽可达 1.5 cm,基部厚可达 5 mm,上表面深褐色,具同心环带和环沟;孔口表面新鲜时奶油色,触摸后变浅黄褐色,干后土黄色,无折光反应;不育边缘不明显;管口近圆形,每毫米 6–8 个;管口边缘厚,全缘;菌肉土黄色,干后木栓质,厚可达 3 mm;菌管与孔口表面同色,干后木栓质,长约 2 mm。

显微结构: 菌丝系统二体系;生殖菌丝具锁状联合;菌管生殖菌丝占少数,无色,薄壁,频繁分枝,直径 2–2.4 μm;骨架菌丝占多数,无色,厚壁,具宽内腔,频繁分枝,弯曲,交织排列,直径 1.8–3 μm;菌丝间具大量菱形结晶体;子实层中无囊状体;具梭形拟囊状体,薄壁,大小为 11–27×4–6 μm;担子卵球形或桶状,大小为 12–17×6.2–8 μm;担孢子椭圆形,无色,厚壁,光滑,顶部平截,IKI[-],CB+,大小为 (5–)5.3–7.5(–8)×(3.8–)4–5(–5.5) μm,平均长 L = 6.12 μm,平均宽 W = 4.56 μm,长宽比 Q = 1.27–1.43 (n = 60/2)。

代表序列: OL457968,OL457438。

分布、习性和功能: 牟定县化佛山自然保护区;生长在锥树活立木上;引起木材白色腐朽。

图 275 灰孔多年卧孔菌 *Perenniporia tephropora*

图 276 截孢多年卧孔菌 *Perenniporia truncatospora*

栗褐暗孔菌

***Phaeolus schweinitzii* (Fr.) Pat.**

子实体：担子果一年生，单生，具中生或侧生柄，新鲜时肉质，干后纤维状；菌盖圆形或不规则形状，直径可达 23 cm，中部厚可达 18 mm，上表面橘黄色、黄棕色、暗红棕色，被绒毛至长毛；孔口表面橘黄色、绿棕色、黄棕色至锈棕色；孔口多角形，每毫米 1–2 个；孔口边缘厚，全缘；菌肉黄棕色，厚可达 15 mm；菌管与孔口表面同色，长可达 3 mm；菌柄圆柱形，长可达 5 cm，直径达 20 mm。

显微结构：菌丝系统一体系；生殖菌丝具简单分隔；菌丝组织在 KOH 试剂中变黑；菌管菌丝黄色，薄壁至厚壁，偶尔分枝，直径 3–17 μm；子实层具囊状体，大小为 20–90×7–13 μm；担子棍棒形，大小为 20–30×7–8 μm；担孢子椭圆形至圆形，无色，薄壁，光滑，IKI–，CB–，大小为 6–9×4.5–5 μm，平均长 L = 7.97 μm，平均宽 W = 4.75 μm，长宽比 Q = 1.36–1.97 (n = 60/2)。

代表序列：KC585369，KC585198。

分布、习性和功能：香格里拉市普达措国家公园，维西县老君山自然保护区，兰坪县罗古箐自然保护区，南华县大中山自然保护区，新平县龙泉公园；生长在针叶树干部和根部；引起木材褐色腐朽；药用。

 无刚毛拟木层孔菌

***Phellinopsis asetosa* L.W. Zhou**

子实体：担子果一年生，平伏，不易与基质分离，新鲜时木栓质，干后木质，长可达 12 cm，宽可达 7 cm，中部厚可达 1 mm；孔口表面新鲜时红褐色，干后黑褐色，具弱折光反应；不育边缘明显，绒毛状，宽可达 1.5 mm；孔口圆形，每毫米 5–6 个；孔口边缘薄，全缘；菌肉黄褐色，厚可达 0.5 mm；菌管肉桂色，长可达 0.5 mm。

显微结构：菌丝系统二体系；生殖菌丝具简单分隔；菌丝组织在 KOH 试剂中变黑；菌管生殖菌丝少见，无色，薄壁至稍厚壁，不分枝，IKI–，CB(+)，直径 1.8–2 μm；骨架菌丝占多数，浅黄褐色，厚壁，具宽内腔，平直，与菌管平行排列，直径 2–3 μm；子实层无刚毛、囊状体和拟囊状体；担子棍棒形，大小为 15–19×4–7 μm；担孢子窄椭圆形至椭圆形，无色至浅黄色，厚壁，光滑，IKI–，CB–，大小为 (6–)6.1–7.2(–7.7)×(4.3–)4.5–5.1(–5.3) μm，平均长 L = 6.74 μm，平均宽 W = 4.8 μm，长宽比 Q = 1.4 (n = 30/1)。

代表序列：KJ425524，KJ425523。

分布、习性和功能：景东县哀牢山自然保护区；生长在阔叶树倒木上；引起木材白色腐朽。

图 277　栗褐暗孔菌 *Phaeolus schweinitzii*

图 278　无刚毛拟木层孔菌 *Phellinopsis asetosa*

贝状拟木层孔菌

***Phellinopsis conchata* (Pers.) Y.C. Dai**

子实体：担子果多年生，平伏反卷或盖形，偶尔完全平伏，覆瓦状叠生，新鲜时木栓质，干后硬木质；菌盖外伸可达 6 cm，宽可达 8 cm，基部厚可达 11 mm，上表面暗灰色至黑色，具不明显同心环沟和环带，光滑，具皮壳；平伏面长可达 10 cm，宽可达 4 cm；孔口表面古铜色至黄褐色，无折光反应；孔口圆形，每毫米 5–7 个；孔口边缘厚，全缘；菌肉暗褐色至污褐色，厚可达 1 mm；菌管浅褐灰色，具白色菌丝束，长可达 10 mm。

显微结构：菌肉菌丝系统二体系；生殖菌丝具简单分隔；菌丝组织在 KOH 试剂中变黑；菌管生殖菌丝无色，薄壁，偶尔分枝，IKI–，CB(+)，直径 1.5–2.5 μm；骨架菌丝占多数，浅黄褐色，厚壁，具窄内腔，不分枝，弯曲，交织排列，直径 2–3.5 μm；具锥形刚毛，锈褐色，厚壁，大小为 24–35×4–8 μm；担子棍棒形，大小为 8–11×5–6.5 μm；担孢子宽椭圆形，无色至浅黄色，厚壁，光滑，IKI–，CB(+)，大小为 (4.9–)5–6(–6.2)×(3.9–)4–5(–5.1) μm，平均长 L = 5.4 μm，平均宽 W = 4.48 μm，长宽比 Q = 1.19–1.22 (n = 60/2)。

代表序列：JQ975051。

分布、习性和功能：香格里拉市普达措国家公园，兰坪县罗古箐自然保护区；生长在柳树活立木、死树和倒木上；引起木材白色腐朽；药用。

 忍冬拟木层孔菌

***Phellinopsis lonicericola* L.W. Zhou**

子实体：担子果多年生，平伏至平伏反卷，覆瓦状叠生，新鲜时木栓质，干后硬木质；菌盖外伸可达 0.3 cm，宽可达 3 cm，基部厚可达 3 mm，上表面暗灰色，具不明显同心环沟和环带，光滑，具皮壳；平伏时长可达 8 cm，宽可达 4 cm；孔口表面黄色，无折光反应；孔口圆形，每毫米 3–4 个；孔口边缘厚，全缘；菌肉褐色，同质，厚可达 2 mm；菌管浅褐灰色，具白色菌丝束，长可达 2 mm。

显微结构：菌肉菌丝系统二体系；生殖菌丝具简单分隔；菌丝组织在 KOH 试剂中变黑；菌管生殖菌丝无色，薄壁，偶尔分枝，IKI–，CB(+)，直径 2–2.5 μm；骨架菌丝占多数，浅黄褐色，厚壁，具窄内腔，不分枝，弯曲，交织排列，直径 2–4 μm；具锥形刚毛，锈褐色，厚壁，大小为 18–32×5–7 μm；担子棍棒形，大小为 9–12×5–6 μm；担孢子宽椭圆形，无色至浅黄色，厚壁，光滑，IKI–，CB(+)，大小为 5–6.5(–7)×(4–)4.5–5.5(–6) μm，平均长 L = 5.93 μm，平均宽 W = 4.94 μm，长宽比 Q = 1.18–1.23 (n = 60/2)。

代表序列：OL473605，OL473618。

分布、习性和功能：香格里拉市普达措国家公园；生长在忍冬活立木和死树上；引起木材白色腐朽；药用。

图 279 贝状拟木层孔菌 *Phellinopsis conchata*

图 280 忍冬拟木层孔菌 *Phellinopsis lonicericola*

尖刚毛木层孔菌

***Phellinus cuspidatus* Y.C. Dai & F. Wu**

子实体：担子果多年生，平伏，垫状，不易与基质分离，新鲜时木栓质，干后木质，长可达 10 cm，宽可达 4.5 cm，中部厚可达 5 mm；孔口表面黄褐色至暗褐色，具强折光反应；不育边缘收缩；孔口圆形至多角形，每毫米 5–7 个；孔口边缘薄，全缘；菌肉暗褐色，厚可达 1 mm，具白色菌丝束；菌管浅黄色，具白色菌丝束，长可达 4 mm。

显微结构：菌丝系统二体系；生殖菌丝具简单分隔；菌丝组织在 KOH 试剂中变黑；菌管生殖菌丝常见，无色，薄壁，直径 1.5–2.8 μm；骨架菌丝占多数，黄褐色至锈褐色，厚壁，具窄内腔，交织排列，直径 2–3.5 μm；具子实层刚毛，腹鼓形至锥形，末端尖，大小为 18–30×10–14 μm；具纺锤形拟囊状体；担子桶状，大小为 9.5–12×5.5–6.5；具菱形结晶体；担孢子宽椭圆形至卵形，无色，薄壁，光滑，IKI–，CB+，大小为 (4.5–)4.7–5.2(–5.5)×(3.2–)3.5–4.2(–4.3) μm，平均长 L = 4.9 μm，平均宽 W = 3.86 μm，长宽比 Q = 1.28–1.32 (n = 60/2)。

代表序列：MZ484536，MZ437395。

分布、习性和功能：屏边县大围山自然保护区；生长在阔叶树倒木上；引起木材白色腐朽。

 隆氏木层孔菌

***Phellinus lundellii* Niemelä**

子实体：担子果多年生，平伏或平伏反卷至菌盖，单生或数个聚生，不易与基质分离，木质；菌盖三角形，外伸可达 3 cm，宽可达 6 cm，基部厚可达 30 mm，上表面黑色，具同心环带，光滑，具皮壳，后期开裂；孔口表面黄褐色至暗褐色，具弱折光反应；孔口圆形，每毫米 4–6 个；孔口边缘厚，全缘；菌肉深褐色，具白色菌丝束，厚可达 5 mm；菌管黄褐色或暗褐色，具白色菌丝束，长可达 25 mm。

显微结构：菌丝系统二体系；生殖菌丝具简单分隔；菌丝组织在 KOH 试剂中变黑；菌管生殖菌丝少见，无色，薄壁，直径 1.5–2 μm；骨架菌丝占多数，锈褐色，厚壁，具窄内腔，不分枝，交织排列，直径 2–3.5 μm；具锥形刚毛，大小为 13–18×4–6 μm；具纺锤形拟囊状体；担子粗棍棒形，大小为 8–10×5–7 μm；担孢子宽椭圆形，无色，厚壁，光滑，IKI–，CB(+)，大小为 (4.3–)4.5–5.5(–5.8)×(3.1–)3.5–4.5(–5) μm，平均长 L = 5.06 μm，平均宽 W = 4.16 μm，长宽比 Q = 1.21–1.22 (n = 60/2)。

代表序列：JQ828882。

分布、习性和功能：兰坪县长岩山自然保护区；生长在桦树活立木上；引起木材白色腐朽；药用。

图 281　尖刚毛木层孔菌 *Phellinus cuspidatus*

图 282　隆氏木层孔菌 *Phellinus lundellii*

高山木层孔菌

***Phellinus monticola* L.W. Zhou & Y.C. Dai**

子实体：担子果多年生，盖形，单生或覆瓦状叠生，不易与基质分离，木质；菌盖蹄形，外伸可达 4 cm，宽可达 8 cm，基部厚可达 40 mm，上表面鼠灰色至黑色，具同心环带和环沟，光滑，具皮壳，后期开裂；孔口表面土黄色至灰黄色，具弱折光反应；孔口圆形，每毫米 5–6 个；孔口边缘厚，全缘；菌肉暗褐色，厚可达 2 mm；菌管浅黄褐色，具白色菌丝束，长可达 38 mm。

显微结构：菌丝系统二体系；生殖菌丝具简单分隔；菌丝组织在 KOH 试剂中变黑；菌管生殖菌丝常见，无色至浅黄色，薄壁至稍厚壁，偶尔分枝，IKI–，CB(+)，直径 2–3 μm；骨架菌丝占多数，金黄色，厚壁，具窄内腔，不分枝，交织排列，直径 2.5–4 μm；具腹鼓形至锥形刚毛，大小为 10–17×4.5–6 μm；具纺锤形拟囊状体；担子桶状，大小为 6.5–11×5–6.5 μm；担孢子宽椭圆形，无色，厚壁，光滑，IKI–，CB(+)，大小为 4–5×(2.5–)3–3.5(–4) μm，平均长 L = 4.35 μm，平均宽 W = 3.27 μm，长宽比 Q = 1.29–1.39 (n = 180/6)。

代表序列：JQ828889。

分布、习性和功能：兰坪县长岩山自然保护区，玉龙县玉龙雪山自然保护区；生长在李属树木活立木上；引起木材白色腐朽；药用。

 ## 帕氏木层孔菌

***Phellinus parmastoi* L.W. Zhou & Y.C. Dai**

子实体：担子果多年生，平伏，不易与基质分离，木栓质，长可达 30 cm，宽可达 10 cm，中部厚可达 10 mm；孔口表面灰褐色、黑红褐色至黑褐色，具强折光反应；孔口圆形，每毫米 7–8 个；孔口边缘厚，全缘；菌肉深褐色，木质，厚可达 2 mm，具白色菌丝束；菌管与孔口表面同色，老菌管具白色菌丝束，长可达 8 mm。

显微结构：菌丝系统二体系；生殖菌丝具简单分隔；菌丝组织在 KOH 试剂中变黑；菌管生殖菌丝少见，无色，薄壁，直径 2–3 μm；骨架菌丝占多数，锈褐色，厚壁，具窄内腔，不分枝，与菌管近平行排列，直径 2.5–3.5 μm；具锥形刚毛，黑褐色，厚壁，大小为 13–19×3–5 μm；具纺锤形拟囊状体；担子粗棍棒形，大小为 8–12×4–6 μm；担孢子宽椭圆形，无色，厚壁，光滑，IKI–，CB(+)，大小为 3–4×(2–)2.5–3 μm，平均长 L = 3.56 μm，平均宽 W = 2.74 μm，长宽比 Q = 1.3 (n = 60/2)。

代表序列：JQ828899。

分布、习性和功能：香格里拉市普达措国家公园，兰坪县长岩山自然保护区；生长在桦树倒木上；引起木材白色腐朽；药用。

图 283　高山木层孔菌 *Phellinus monticola*

图 284　帕氏木层孔菌 *Phellinus parmastoi*

云杉木层孔菌

Phellinus piceicola B.K. Cui & Y.C. Dai

子实体：担子果多年生，盖形，单生，不易与基质分离，木质；菌盖蹄形，外伸可达 7 cm，宽可达 8 cm，基部厚可达 30 mm，上表面黑褐色，具同心环带和环沟，光滑，具皮壳，后期开裂；孔口表面黄褐色至灰褐色；孔口多角形，每毫米 6–8 个；孔口边缘薄，全缘；菌肉黄褐色，具白色菌丝束，厚可达 8 mm；菌管与孔口表面同色，具白色菌丝束，长可达 22 mm。

显微结构：菌丝系统二体系；生殖菌丝具简单分隔；菌丝组织在 KOH 试剂中变黑；菌管生殖菌丝少见，无色至浅黄色，直径 2–5 μm；骨架菌丝占多数，黄褐色，厚壁，具窄内腔至近实心，不分枝，略平直，交织排列，直径 2.8–5 μm；具腹鼓形至锥形刚毛，大小为 13–26×5–7 μm；具纺锤形拟囊状体；担子棍棒形，大小为 8–12×4–5 μm；担孢子宽椭圆形至近球形，无色，厚壁，光滑，IKI–，CB(+)，大小为 (3–)3.2–4×(2.6–)2.7–3(–3.2) μm，平均长 L = 3.59 μm，平均宽 W = 2.92 μm，长宽比 Q = 1.23–1.24 (n = 60/2)。

代表序列：JQ828910。

分布、习性和功能：维西县老君山自然保护区；生长在云杉树倒木上；引起木材白色腐朽；药用。

 ## 窄盖木层孔菌

Phellinus tremulae (Bondartsev) Bondartsev & P.N. Borisov

子实体：担子果多年生，盖形，单生，不易与基质分离，木质；菌盖三角形，外伸可达 7 cm，宽可达 12 cm，基部厚可达 40 mm，上表面灰褐色至黑褐色，具同心环带，光滑，具皮壳，后期开裂；孔口表面灰褐色、深褐色；孔口圆形，每毫米 5–6 个；孔口边缘厚，全缘；菌肉褐色至暗褐色，具白色菌丝束，厚可达 20 mm；菌管棕褐色至污褐色，具白色菌丝束，菌管层间具菌肉层，长可达 20 mm。

显微结构：菌丝系统二体系；生殖菌丝具简单分隔；菌丝组织在 KOH 试剂中变黑；菌管生殖菌丝少见，无色，薄壁，直径 2–3 μm；骨架菌丝占多数，锈褐色，厚壁，具狭窄至宽内腔，不分枝，与菌管平行排列，直径 3–4.2 μm；具子实层刚毛，中部腹鼓形至锥形，黑褐色，厚壁，大小为 11–20×5–7 μm；偶尔具近纺锤状拟囊状体；担子桶状，大小为 9–12×5–7 μm；担孢子宽椭圆形，无色，稍厚壁，光滑，IKI–，CB(+)，大小为 (4.2–)4.6–5.5(–5.8)×(3–)3.2–4.3(–4.5) μm，平均长 L = 4.96 μm，平均宽 W = 3.78 μm，长宽比 Q = 1.29–1.34 (n = 90/3)。

代表序列：JQ828916。

分布、习性和功能：腾冲市高黎贡山自然保护区；生长在杨树活立木上；引起木材白色腐朽；药用。

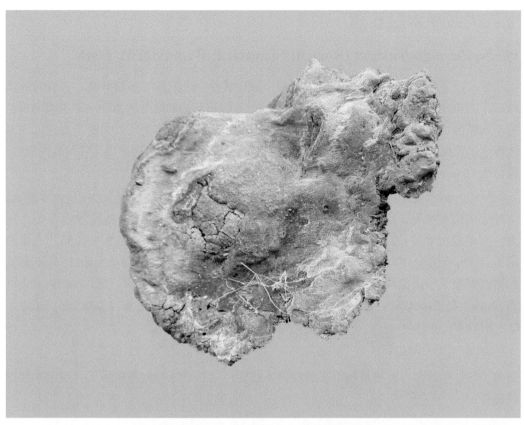

图 285　云杉木层孔菌 *Phellinus piceicola*

图 286　窄盖木层孔菌 *Phellinus tremulae*

黑线亚木层孔菌

Phellopilus nigrolimitatus **(Romell) Niemelä, T. Wagner & M. Fisch.**

子实体：担子果多年生，平伏反卷或盖形，覆瓦状叠生，不易与基质分离，新鲜时软木栓质，干后硬木质；菌盖外伸可达 6 cm，宽可达 8 cm，基部厚可达 40 mm，上表面黑红色至灰褐色，具不明显同心环带，粗糙；孔口表面蜜黄色至暗褐色，具折光反应；不育边缘逐年收缩；孔口圆形，每毫米 6–7 个；孔口边缘薄，全缘；菌肉异质，层间具黑线区，厚可达 10 mm；菌管浅黄褐色，长可达 30 mm。

显微结构：菌肉菌丝系统二体系；生殖菌丝具简单分隔；菌丝组织在 KOH 试剂中变黑；菌管生殖菌丝少见，菌髓边缘具莲花状结晶，直径 1.4–2.3 mm；骨架菌丝占多数，锈褐色，中度树状分枝，分枝菌丝逐渐变细，弯曲，交织排列，直径 2–3.3 μm；具锥形刚毛，大小为 18–35×4–6.5 μm；担子粗棍棒形，大小为 8–10×4.5–5.5 μm；具菱形结晶体；担孢子窄椭圆柱形至瓜子形，末端渐细，无色，薄壁，光滑，IKI–，CB–，大小为 (4–)4.8–6(–6.4)×(1.5–)1.6–2 μm，平均长 L = 5.17 μm，平均宽 W = 1.88 μm，长宽比 Q = 2.75 (n = 30/1)。

代表序列：AF311036。

分布、习性和功能：香格里拉市普达措国家公园；生长在针叶树腐朽木上；引起木材白色腐朽。

 ## 浅黄射脉孔菌

Phlebiporia bubalina **Jia J. Chen, B.K. Cui & Y.C. Dai**

子实体：担子果一年生，平伏，贴生，不易与基质分离，新鲜时革质，干后硬木栓质，长可达 11 cm，宽可达 5 cm，中部厚可达 1 mm；孔口表面新鲜时奶油色至浅黄色，干后粉黄色；不育边缘明显；孔口圆形至多角形，每毫米 6–9 个；孔口边缘薄，全缘至撕裂状；菌肉干后粉黄色，极薄至几乎无；菌管与孔口表面同色，长可达 1 mm。

显微结构：菌丝系统一体系；生殖菌丝具简单分隔；菌丝组织在 KOH 试剂中变为暗褐色；菌管菌丝无色至浅黄色，厚壁，具宽内腔，频繁分枝，略弯曲，与菌管近平行排列，IKI[+]，CB+，直径 2–4 μm；子实层中无囊状体；具拟囊状体，大小为 9–16×2–3 μm；担子近棍棒形，大小为 14–17×4–7 μm；担孢子椭圆形，无色，薄壁，光滑，IKI–，CB–，大小为 3–4(–4.2)×(1.9–)2–2.4(–2.5) μm，平均长 L = 3.53 μm，平均宽 W = 2.15 μm，长宽比 Q = 1.61–1.67 (n = 60/2)。

代表序列：KC782526，KC782528。

分布、习性和功能：瑞丽市莫里热带雨林景区，勐腊县望天树景区；生长在阔叶树腐朽木上；引起木材白色腐朽。

图 287　黑线亚木层孔菌 *Phellopilus nigrolimitatus*

图 288　浅黄射脉孔菌 *Phlebiporia bubalina*

黄皮叶孔菌

Phylloporia clausenae L.W. Zhou

子实体：担子果一年生，盖形，单生至覆瓦状叠生，新鲜时软木栓质，干后木栓质；菌盖半圆形，外伸可达 2.5 cm，宽可达 4.5 cm，基部厚可达 6 mm，上表面黄褐色，具同心环沟和厚绒毛；孔口表面蜜黄色；不育边缘明显，咖喱黄色，宽可达 2 mm；孔口圆形，每毫米 8–9 个；孔口边缘薄，全缘；菌肉蜜黄色，厚可达 5 mm，异质，层间具一黑色区；菌管肉桂黄色，长可达 1 mm。

显微结构：菌丝系统一体系；生殖菌丝具简单分隔；菌丝组织在 KOH 试剂中变黑；菌管菌丝浅黄色，薄壁至厚壁，具窄至宽内腔，少分枝，频繁分隔，与菌管近平行排列，直径 2–3 μm；子实层中无刚毛；担子粗棍棒形至桶状，大小为 7–11×3.5–6 μm；具菱形结晶体；担孢子宽椭圆形，浅黄色，厚壁，IKI–，CB(+)，大小为 3–3.5(–4)×2–3 μm，平均长 L = 3.28 μm，平均宽 W = 2.48 μm，长宽比 Q = 1.31–1.34 (n = 60/2)。

代表序列：KJ787796。

分布、习性和功能：勐腊县中国科学院西双版纳热带植物园绿石林；生长在阔叶树活立木上；引起木材白色腐朽。

 ## 拟囊体叶孔菌

Phylloporia cystidiolophora F. Wu, G.J. Ren & Y.C. Dai

子实体：担子果一年生，盖形，通常覆瓦状叠生，新鲜时木栓质至木质；菌盖半圆形，外伸可达 5 cm，宽可达 8 cm，基部厚可达 5 mm，上表面黄褐色至灰褐色，具同心环带和环沟，具绒毛；孔口表面橄榄黄色至蜜褐色；孔口圆形，每毫米 8–10 个；孔口边缘薄，全缘；菌肉黄褐色，厚可达 2 mm，双层，层间具一黑色区；菌管蜜黄色，分层明显，长可达 3 mm。

显微结构：菌丝系统一体系；生殖菌丝具简单分隔；菌丝组织在 KOH 试剂中变黑；菌管菌丝黄色，厚壁，偶尔分枝，直径 2.5–3 μm；子实层中无刚毛；具纺锤形拟囊状体，大小为 11–13×3–4 μm；担子粗棍棒形，大小为 11–14×4–5 μm；担孢子近球形，浅黄色，稍厚壁，偶尔塌陷，IKI–，CB–，大小为 (2.4–)2.5–3(–3.1)×(2–)2.1–2.8(–2.9) μm，平均长 L = 2.85 μm，平均宽 W = 2.29 μm，长宽比 Q = 1.13–1.21 (n = 60/2)。

代表序列：MG738799。

分布、习性和功能：水富市铜锣坝国家森林公园；生长在野桐属树木活立木和死树上；引起木材白色腐朽。

图 289　黄皮叶孔菌 *Phylloporia clausenae*

图 290　拟囊体叶孔菌 *Phylloporia cystidiolophora*

悬生叶孔菌

Phylloporia dependens Y.C. Dai

子实体：担子果多年生，盖形，悬生，覆瓦状叠生，新鲜时木栓质，干后木质；菌盖半圆形，外伸可达 4 cm，宽可达 5 cm，基部厚可达 5 mm，上表面酒红褐色至黑褐色，具同心环沟；孔口表面奶油色至浅黄色，具弱折光反应；孔口圆形至多角形，每毫米 7–9 个；孔口边缘薄，全缘；菌肉黄褐色，同质，厚可达 0.1 mm；菌管肉桂黄色，长可达 4.9 mm。

显微结构：菌丝系统一体系；生殖菌丝具简单分隔；菌丝组织在 KOH 试剂中变黑；菌管菌丝浅黄色至黄褐色，厚壁，具窄至宽内腔，偶尔分枝，平直，与菌管近平行排列，直径 2–3 μm；子实层中无刚毛；具纺锤形拟囊状体，大小为 9–17×3–4.5 μm；担子桶状，大小为 9–12×4–5 μm；具菱形结晶体；担孢子宽椭圆形，浅黄色，厚壁，通常塌陷，IKI–，CB(+)，大小为 3–3.4×2.7–3(–3.1) μm，平均长 L = 3.16 μm，平均宽 W = 2.9 μm，长宽比 Q = 1.09 (n = 30/1)。

代表序列：KP698746。

分布、习性和功能：瑞丽市莫里热带雨林景区；生长在阔叶树腐朽树桩上；引起木材白色腐朽。

 ## 极小叶孔菌

Phylloporia minutissima Y.C. Dai & F. Wu

子实体：担子果一年生，盖形，覆瓦状叠生，新鲜时软木栓质，干后木栓质；菌盖半圆形，外伸可达 0.5 cm，宽可达 1 cm，基部厚可达 1.5 mm，上表面肉桂色至锈褐色，具同心环区；孔口表面浅黄色；不育边缘窄至几乎无；孔口圆形至多角形，每毫米 12–13 个；孔口边缘厚，全缘；菌肉锈褐色，厚可达 0.5 mm，异质，层间具一黑线区；菌管与孔口表面同色，长可达 1 mm。

显微结构：菌丝系统一体系；生殖菌丝具简单分隔；菌丝组织在 KOH 试剂中变黑；菌管菌丝浅黄色至金黄色，厚壁，具窄至宽内腔，不分枝，平直，疏松交织排列或与菌管近平行排列，直径 2–3 μm；子实层中无刚毛；担子桶状，大小为 8–10×3.5–4 μm；担孢子椭圆形至窄椭圆形，浅黄色，厚壁，成熟后塌陷，IKI–，CB–，大小为 (2.9–)3–3.5(–3.6)×(1.8–)2–2.3(–2.5) μm，平均长 L = 3.16 μm，平均宽 W = 2.09 μm，长宽比 Q = 1.51 (n = 30/1)。

代表序列：MZ437408。

分布、习性和功能：勐腊县中国科学院西双版纳热带植物园绿石林；生长在阔叶树活立木上；引起木材白色腐朽。

图 291 悬生叶孔菌 *Phylloporia dependens*

图 292 极小叶孔菌 *Phylloporia minutissima*

雅孔叶孔菌

Phylloporia splendida F. Wu, G.J. Ren & Y.C. Dai

子实体：担子果一年生，盖形，单生，木栓质至木质；菌盖半圆形，外伸可达 1.6 cm，宽可达 3 cm，基部厚可达 5 mm，上表面肉桂黄色至黑褐色，具同心环带和环沟；孔口表面蜜黄色至黄褐色，具折光反应；孔口圆形至多角形，每毫米 9–10 个；孔口边缘厚，全缘；菌肉肉桂黄色，厚可达 2 mm，双层，层间具一黑线区，下层菌肉木栓质，上绒毛层软木栓质；菌管比菌肉颜色浅，长可达 3 mm。

显微结构：菌丝系统一体系；生殖菌丝具简单分隔；菌丝组织在 KOH 试剂中变黑；菌管菌丝金黄色，厚壁，偶尔分枝，与菌管近平行排列，直径 2.5–3 μm；子实层中无刚毛；具纺锤形拟囊状体，大小为 12–13×3–4 μm；担子粗棍棒形，大小为 13–15×5–6 μm；担孢子椭圆形，浅黄色，稍厚壁，光滑，IKI–，CB–，大小为 (3–)3.2–4(–4.1)×2.1–2.8(–3) μm，平均长 L = 3.63 μm，平均宽 W = 2.51 μm，长宽比 Q = 1.39–1.5 (n = 60/2)。

代表序列：MG738804。

分布、习性和功能：勐腊县中国科学院西双版纳热带植物园绿石林；生长在阔叶树活立木上；引起木材白色腐朽。

 椴树叶孔菌

Phylloporia tiliae L.W. Zhou

子实体：担子果多年生，盖形，覆瓦状叠生，新鲜时软木栓质，干后木质；菌盖半圆形，外伸可达 5.5 cm，宽可达 7.5 cm，基部厚可达 7.5 mm，上表面鼠灰色至黑褐色，无环区，具皮壳和绒毛层；孔口表面蜜黄色，具折光反应；不育边缘明显，咖喱黄色，宽可达 1 mm；孔口圆形，每毫米 9–12 个；孔口边缘薄，全缘；菌肉黄褐色，异质，层间具一黑色区，厚可达 6.5 mm；菌管黄褐色，长可达 1 mm。

显微结构：菌丝系统一体系；生殖菌丝具简单分隔；菌丝组织在 KOH 试剂中变黑；菌管菌丝无色至浅黄色，薄壁至厚壁，具窄至宽内腔，少分枝，平直，与菌管近平行排列，直径 2–4 μm；子实层中无刚毛；担子桶状，大小为 4–6×3–4.5 μm；具菱形结晶体；担孢子椭圆形，浅黄色，厚壁，IKI–，CB(+)，大小为 (2.8–)3–3.4(–3.5)×(1.9–)2–2.5(–2.6) μm，平均长 L = 3.17 μm，平均宽 W = 2.29 μm，长宽比 Q = 1.38 (n = 30/1)。

代表序列：KJ787805。

分布、习性和功能：景东县哀牢山自然保护区；生长在阔叶树活立木上；引起木材白色腐朽。

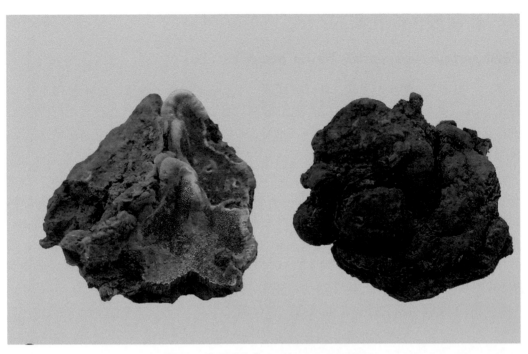

图 293　雅孔叶孔菌 *Phylloporia splendida*

图 294　椴树叶孔菌 *Phylloporia tiliae*

栲树变色卧孔菌

Physisporinus castanopsidis Jia J. Chen & Y.C. Dai

子实体：担子果一年生，平伏，新鲜时蜡质，干后硬木栓质至脆质，长可达 10 cm，宽可达 5 cm，中部厚可达 1 mm；孔口表面新鲜时白色，擦伤后变成红褐色，干后粉橙色；孔口圆形，多角形或不规则，每毫米 6–8 个；孔口边缘薄，撕裂状；菌肉非常薄至几乎无；菌管与孔口表面同色，长可达 1 mm。

显微结构：菌丝系统一体系；生殖菌丝具简单分隔；菌管菌丝无色，薄壁至厚壁，频繁分枝，与菌管近平行排列，IKI–，CB+，直径 4–6 μm；具囊状体，多存在于孔口边缘，棍棒形，薄壁，末端具结晶，25–45×5–7 μm；具拟囊状体，大小为 14–25×3.5–5 μm；担子短棍棒形，大小为 14–25×3.5–5 μm；具菱形结晶体；担孢子卵圆形，无色，薄壁，光滑，IKI–，CB(+)，大小为 4.8–5.6×3.8–4.3 μm，平均长 L = 5.09 μm，平均宽 W = 4.04 μm，长宽比 Q = 1.22–1.28 (n = 90/3)。

代表序列：MT309485，MT309470。

分布、习性和功能：新平县磨盘山森林公园；生长在栲属树木腐根上；引起木材白色腐朽。

 ## 突囊变色卧孔菌

Physisporinus eminens (Y.C. Dai) F. Wu, Jia J. Chen & Y.C. Dai

子实体：担子果一年生，平伏，易与基质分离，新鲜时多汁，干后缩水且开裂，脆质，长可达 100 cm，宽可达 60 cm，中部厚可达 5 mm；孔口表面新鲜时白色至奶油色，擦伤时浅棕色，干后奶油色至黄色；孔口多角形，每毫米 7–8 个；孔口边缘薄，撕裂状；菌肉奶油色，厚可达 3 mm；菌管白色至浅黄色，长 2 mm。

显微结构：菌丝系统一体系；生殖菌丝具简单分隔；菌管菌丝无色，薄壁至厚壁，不分枝，与菌管近平行排列，IKI–，CB+，直径 3–5 μm；子实层具菌丝囊状体，棍棒形，厚壁，末端具结晶，IKI–，CB+，直径 5–11 μm；具拟囊状体，纺锤形，大小为 12–18×5–8 μm；担子粗棍棒形，大小为 11–15×6–8 μm；担孢子球形，无色，薄壁，光滑，IKI–，CB(+)，大小为 4.2–6×3.9–5.2 μm，平均长 L = 5.07 μm，平均宽 W = 4.51 μm，长宽比 Q = 1.11–1.16 (n = 60/2)。

代表序列：MT840117，MT840135。

分布、习性和功能：兰坪县罗古箐自然保护区，水富市铜锣坝国家森林公园，屏边县大围山自然保护区；生长在阔叶树腐朽木上；引起木材白色腐朽。

图 295 栲树变色卧孔菌 *Physisporinus castanopsidis*

图 296 突囊变色卧孔菌 *Physisporinus eminens*

紫变色卧孔菌

Physisporinus lavendulus F. Wu, Jia J. Chen & Y.C. Dai

子实体：担子果一年生，盖形，数个聚生，软木栓质至木栓质；菌盖半圆形，外伸可达 2 cm，宽可达 5 cm，基部厚可达 5 mm，上表面奶油色、浅粉红色或蓝灰色，具环带，后期浅粉红色至深蓝灰色；孔口表面新鲜时紫色，擦伤时深灰色，干后浅蓝色至黑色；孔口圆形至多角形，每毫米 9–10 个；孔口边缘薄，全缘；菌肉厚可达 2 mm；菌管橄榄色至浅黄色，长可达 3 mm。

显微结构：菌丝系统一体系；生殖菌丝具简单分隔；菌管菌丝无色，薄至稍厚壁，具宽内腔，偶尔分枝，与菌管平行排列，IKI–，CB+，直径 4–5 μm；具菌丝囊状体，多存在于孔口边缘，棍棒形，厚壁，末端具结晶，长超过 100 μm，直径 6-8 μm；具拟囊状体，纺锤形，大小为 8–11×6–8 μm；担子桶状，大小为 9–12×7–9 μm；担孢子球形，无色，稍厚壁，光滑，IKI–，CB(+)，大小为 4.2–5×4–5 μm，平均长 L = 4.65 μm，平均宽 W = 4.52 μm，长宽比 Q = 1.02–1.04 (n = 60/2)。

代表序列：KY131859，KY131916。

分布、习性和功能：普洱市太阳河森林公园；生长在阔叶树倒木上；引起木材白色腐朽。

 ## 平丝变色卧孔菌

Physisporinus lineatus (Pers.) F. Wu, Jia J. Chen & Y.C. Dai

子实体：担子果一年生，通常盖形，覆瓦状叠生，偶尔平伏反卷，革质至木质；菌盖扇形至半圆形，外伸可达 3 cm，宽可达 8 cm，基部厚可达 8 mm，上表面浅黄粉色至红棕色，具同心环和沟槽；孔口表面亮奶油色、橙红色、赭色至浅灰色；孔口圆形，每毫米 6–8 个；孔口边缘薄，全缘；菌肉厚可达 3 mm；菌管层和孔口表面同色，长可达 5 mm。

显微结构：菌丝系统一体系；生殖菌丝具简单分隔；菌管菌丝无色，薄壁至厚壁，偶尔分枝，与菌管近平行排列，IKI–，CB+，直径 4–5 μm；子实层具菌丝囊状体，棍棒形，末端具结晶，厚壁，CB+，直径 10–13 μm；具纺锤形拟囊状体，大小为 13–16×5–6 μm，担子粗棍棒形至桶状，大小为 13–18×8–10 μm；担孢子球形至近球形，无色，薄壁，光滑，IKI–，CB(+)，大小为 4.7–5.5×4.1–5 μm，平均长 L = 5.16 μm，平均宽 W = 4.53 μm，长宽比 Q = 1.13 (n = 30/1)。

代表序列：MT840120，MT840138。

分布、习性和功能：屏边县大围山自然保护区；生长在水杉树木基部；引起木材白色腐朽。

图 297　紫变色卧孔菌 *Physisporinus lavendulus*

图 298　平丝变色卧孔菌 *Physisporinus lineatus*

玫瑰变色卧孔菌

Physisporinus roseus Jia J. Chen & Y.C. Dai

子实体：担子果多年生，平伏，新鲜时软木栓质，干后木栓质，长可达 20 cm，宽可达 10 cm，中部厚可达 15 mm；孔口表面新鲜时玫瑰色，干时葡萄灰色；不育边缘不明显；孔口圆形至多角形，每毫米 5–6 个；孔口边缘薄，全缘；菌肉浅粉黄色，厚可达 5 mm；菌管明显分层，层间具菌肉层，长可达 10 mm。

显微结构：菌丝系统一体系；生殖菌丝具简单分隔；菌管菌丝无色，厚壁，具宽内腔，偶尔分枝，IKI–，CB+，直径 4–7 μm；子实层具囊状体，棍棒形，20–45×7–8 μm；担子棍棒形，通常中间缢缩，大小为 14–17×7.5–8.5 μm；担孢子近球形，无色，薄壁，光滑，IKI–，CB(+)，大小为 3.5–4.1×3.1–3.8 μm，平均长 L = 3.95 μm，平均宽 W = 3.51 μm，长宽比 Q = 1.13 (n = 30/1)。

代表序列：MT840126，MT840144。

分布、习性和功能：屏边县大围山自然保护区；生长在阔叶树腐朽木上；引起木材白色腐朽。

 ## 褐黑柄多孔菌

Picipes badius (Pers.) Zmitr. et Kovalenko

子实体：担子果一年生，具侧生柄，单生或聚生，新鲜时软革质，干后硬革质；菌盖半圆形、圆形或扇形，外伸可达 6 cm，宽可达 8 cm，基部厚可达 4 mm，上表面深黄褐色至黑褐色，中心颜色较深；孔口表面初期白色，干后浅黄色至橘黄色，具折光反应；孔口近圆形，每毫米 6–8 个；孔口边缘薄，全缘；菌肉干后浅黄色，厚可达 3 mm；菌管与孔口表面同色，干后纤维质，长可达 1 mm；菌柄黑色，长可达 3 cm，直径可达 8 mm。

显微结构：菌丝系统二体系；生殖菌丝具简单分隔；菌管生殖菌丝少见，无色，薄壁，偶尔分枝，直径 1.5–3.0 μm；骨架菌丝占多数，无色，厚壁，具宽至窄内腔，偶尔分枝，IKI–，CB+，直径 1.5–3.2 μm；子实层中无囊状体和拟囊状体；担子棍棒形，大小为 16–18×6–7 μm；担孢子圆柱形，无色，薄壁，光滑，IKI–，CB–，大小为 (6–)6.5–8×3–3.8(–4) μm，平均长 L = 7.1 μm，平均宽 W = 3.25 μm，长宽比 Q = 2.19 (n = 34/1)。

代表序列：KC572015，KC572053。

分布、习性和功能：维西县老君山自然保护区，绿春县黄连山国家级自然保护区；生长在阔叶树倒木和落枝上；引起木材白色腐朽。

图 299　玫瑰变色卧孔菌 *Physisporinus roseus*

图 300　褐黑柄多孔菌 *Picipes badius*

海南黑柄多孔菌

Picipes hainanensis J.L. Zhou & B.K. Cui

子实体：担子果一年生，具侧生柄，单生或聚生，新鲜时软革质，干后木质；菌盖半圆形，外伸可达 2.5 cm，宽可达 3.5 cm，基部厚可达 1.2 mm，上表面新鲜时浅黄色至黑褐色，干后褐色，光滑，具皱褶和放射状条纹；孔口表面新鲜时白色，干后浅黄色；孔口多角形，每毫米 4–5 个；孔口边缘薄，略撕裂状；菌肉干后浅黄色，厚可达 0.5 mm；菌管与孔口表面同色，长可达 0.7 mm；菌柄黑色，长可达 5 cm，直径可达 4 mm。

显微结构：菌丝系统二体系；生殖菌丝具锁状联合；菌管生殖菌丝少见，无色，薄壁，偶尔分枝，直径 1.6–3.5 μm；骨架菌丝占多数，无色，厚壁，具窄内腔至近实心，树状分枝，交织排列，IKI–，CB+，直径 2–4.6 μm；子实层中无囊状体；具拟囊状体，大小为 12.5–18×3.5–5.8 μm；担子棍棒形，大小为 12–16×4–6 μm；担孢子圆柱形，无色，薄壁，光滑，IKI–，CB–，大小为 (5.6–)5.7–6.5(–6.8)×(2.1–)2.2–2.6 μm，平均长 L = 6.16 μm，平均宽 W = 2.38 μm，长宽比 Q = 2.59 (n = 49/1)。

代表序列：KU189751。

分布、习性和功能：金平县分水岭自然保护区；生长在阔叶树桩上；引起木材白色腐朽。

 ## 假变形褐黑柄多孔菌

Picipes pseudovarius J.L. Zhou & B.K. Cui

子实体：担子果一年生，具侧生柄，单生，新鲜时木栓质，干后木质；菌盖不规则扇形，外伸可达 2 cm，宽可达 3.3 cm，基部厚可达 2 mm，上表面干后灰褐色至黑褐色，无环区；孔口表面干后浅黄褐色至橘黄色；孔口多角形，每毫米 2–5 个；孔口边缘薄，略撕裂状；菌肉干后白色，木质，厚可达 1 mm；菌管与孔口表面同色，长可达 1 mm；菌柄黑色，具绒毛，长可达 0.5 cm，直径可达 5 mm。

显微结构：菌丝系统二体系；生殖菌丝具锁状联合；菌管生殖菌丝常见，无色，薄壁，偶尔分枝，直径 1.8–2.6 μm；骨架菌丝占多数，无色，厚壁，具窄内腔至近实心，频繁树状分枝，IKI–，CB+，直径 2.5–5 μm；子实层中无囊状体和拟囊状体；担子棍棒形，大小为 13–21×6–9 μm；担孢子圆柱形，无色，薄壁，光滑，IKI–，CB–，大小为 (6.7–)7.7–9.3(–9.6)×2.6–3.4(–3.7) μm，平均长 L = 8.3 μm，平均宽 W = 3.08 μm，长宽比 Q = 2.71 (n = 32/1)。

代表序列：KU189782，KU189813。

分布、习性和功能：香格里拉市普达措国家公园；生长在冷杉倒木上；引起木材白色腐朽。

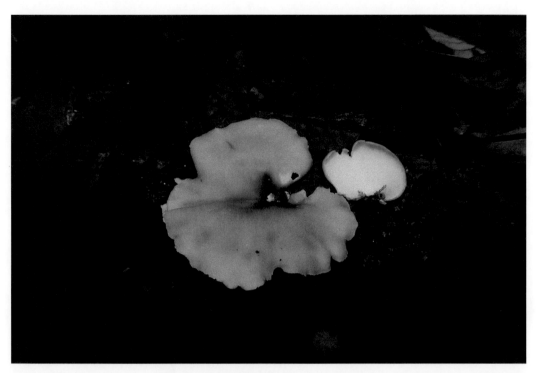

图 301　海南黑柄多孔菌 *Picipes hainanensis*

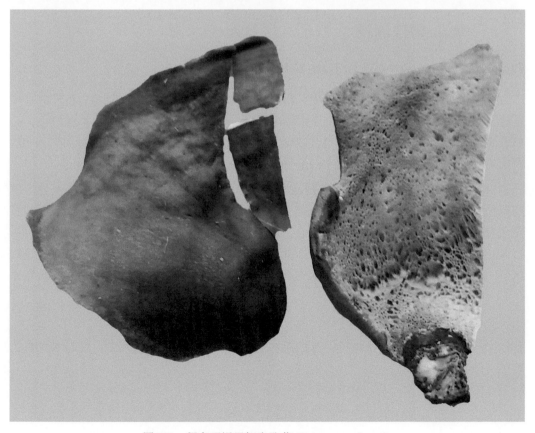

图 302　假变形褐黑柄多孔菌 *Picipes pseudovarius*

微小褐黑柄多孔菌

Picipes pumilus (Y.C. Dai & Niemela) J.L. Zhou & B.K. Cui

子实体：担子果一年生，具侧生柄，单生，新鲜时革质，干后木质；菌盖半圆形，外伸可达 1.3 cm，宽可达 2 cm，基部厚可达 2.5 mm，上表面新鲜时奶油色，干后浅黄色至稻草色，具环区和放射状条纹；孔口表面新鲜时奶油色，干后浅黄褐色；孔口圆形，每毫米 6–8 个；孔口边缘薄，全缘；菌肉干后浅黄色，厚可达 1 mm；菌管与孔口表面同色，长可达 1.5 mm；菌柄与菌盖同色，长可达 0.5 cm，直径可达 5 mm。

显微结构：菌丝系统二体系；生殖菌丝具锁状联合；菌管生殖菌丝少见，无色，薄壁，偶尔分枝，直径 2–4.2 μm；骨架菌丝占多数，无色，厚壁，具窄内腔至近实心，频繁树状分枝，交织排列，IKI–，CB+，直径 2.5–5.5 μm；子实层中无囊状体和拟囊状体；担子棍棒形，大小为 13–17×7–9 μm；担孢子圆柱形，无色，薄壁，光滑，IKI–，CB–，大小为 (5–)5.2–7.2(–8)×(2.2–)2.3–3(–3.1) μm，平均长 L = 6.17 μm，平均宽 W = 2.57 μm，长宽比 Q = 2.15–2.66 (n = 60/2)。

代表序列：KX851628，KX851682。

分布、习性和功能：景洪市西双版纳自然保护区，勐腊县中国科学院西双版纳热带植物园绿石林；生长在阔叶树落枝上；引起木材白色腐朽。

 ## 三角小剥管孔菌

Piptoporellus triqueter M.L. Han, B.K. Cui & Y.C. Dai

子实体：担子果一年生，盖形，单生，新鲜时软木栓质，干后脆质；菌盖三角形，外伸可达 3.5 cm，宽可达 2.3 cm，基部厚可达 15 mm，上表面浅黄色或浅橙色至棕橙色；孔口表面奶油色或浅黄色至浅褐色；孔口圆形至多角形，每毫米 3–4 个；孔口边缘薄，全缘；菌肉奶油色至粉黄色，厚可达 14.5 mm；菌管与孔口表面同色，长可达 0.5 mm。

显微结构：菌丝系统二体系；生殖菌丝具锁状联合；菌管生殖菌丝占少数，无色，薄壁至稍厚壁，偶尔分枝，直径 2–5 μm；骨架菌丝占多数，无色，厚壁，具宽或窄内腔，偶尔分枝，IKI–，CB–，直径 2.5–7 μm；子实层中无囊状体；具拟囊状体，大小为 13–21×3–4 μm；担子棍棒形，大小为 15–26×4.8–7 μm；担孢子椭圆形，无色，薄壁，光滑，IKI–，CB–，大小为 4–6×2.8–3 μm，平均长 L = 4.92 μm，平均宽 W = 2.96 μm，长宽比 Q = 1.66 (n = 60/1)。

代表序列：KR605807，KR605746。

分布、习性和功能：盈江县铜壁关自然保护区；生长在栲属树木倒木上；引起木材褐色腐朽。

图 303　微小褐黑柄多孔菌 *Picipes pumilus*

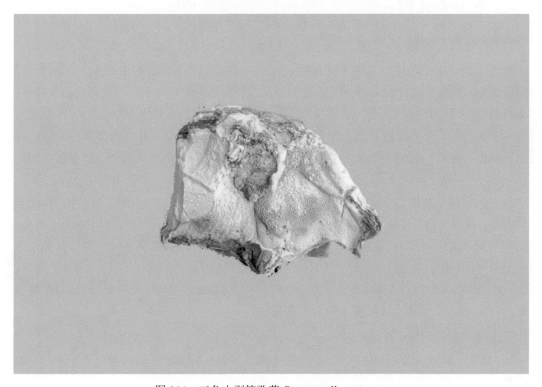

图 304　三角小剥管孔菌 *Piptoporellus triqueter*

漏斗多孔菌

***Polyporus arcularius* (Batsch) Fr.**

子实体：担子果一年生，具中生柄，通常数个聚生，新鲜时肉质，干后脆革质；菌盖圆形，直径可达 2 cm，中部厚可达 3 mm，上表面新鲜时乳黄色，干后黄褐色，具暗褐色或红褐色鳞片，中部凹陷；孔口表面新鲜时奶油色，干后浅黄色或橘黄色，无折光反应；孔口多角形，每毫米 1–4 个；孔口边缘薄，撕裂状；菌肉浅黄色至黄褐色，厚可达 1 mm；菌管与孔口表面同色，干后纤维质，长可达 2 mm；菌柄与菌盖表面颜色相同，表面干后皱缩，长可达 3 cm，直径可达 2 mm。

显微结构：菌丝系统二体系；生殖菌丝具锁状联合；菌管生殖菌丝常见，无色，薄壁，频繁分枝，直径 2–4 μm；骨架菌丝占多数，无色，厚壁，具宽至狭窄内腔，偶尔分枝，交织排列，IKI–，CB+，直径 2–5.5 μm；子实层中无囊状体；担子长桶状，大小为 18–24×5–8 μm；担孢子圆柱形，或略弯曲，无色，薄壁，光滑，IKI–，CB–，大小为 (6.8–)8.2–9.8(–10)×(2.7–)2.8–3.2(–3.5) μm，平均长 L = 8.78 μm，平均宽 W = 3 μm，长宽比 Q = 2.93 (n = 30/1)。

代表序列：KU189766，KU189797。

分布、习性和功能：普洱市太阳河森林公园；生长在阔叶树倒木上；引起木材白色腐朽；药用。

 冬生多孔菌

***Polyporus brumalis* (Pers.) Fr.**

子实体：担子果一年生，具中生或侧生柄，单生或数个聚生，新鲜时革质，干后脆质；菌盖圆形，直径可达 9 cm，中部厚可达 4 mm，上表面新鲜时深灰色、灰褐色或黑褐色，干后颜色不变，具短硬绒毛，后期脱落，无同心环纹；孔口表面初期奶油色，干后浅黄色至黄褐色，具折光反应；孔口圆形至多角形，每毫米 3–4 个；孔口边缘薄，全缘；菌肉乳白色，异质，层间具黑线区，厚可达 2 mm；菌管浅黄色或浅黄褐色，长可达 2 mm；菌柄稻草色，具厚绒毛或粗毛，长可达 3 cm，直径可达 5 mm。

显微结构：菌丝系统二体系；生殖菌丝具锁状联合；菌管生殖菌丝少见，无色，薄壁至稍厚壁，偶尔分枝，直径 1.5–3 μm；骨架缠绕菌丝占多数，无色，厚壁，中度分枝，弯曲，交织排列，IKI–，CB+，直径 2–4.5 μm；子实层中无囊状体和拟囊状体；菌丝钉偶尔存在；担子棍棒形，大小为 18–25×5–6 μm；担孢子圆柱形，稍弯曲，无色，薄壁，光滑，IKI–，CB–，大小为 (5.5–)6–7(–7.2)×(1.9–)2–2.4(–2.7) μm，平均长 L = 6.25 μm，平均宽 W = 2.09 μm，长宽比 Q = 2.76–3.11 (n = 150/5)。

代表序列：KU189765，KU189796。

分布、习性和功能：泸水市高黎贡山自然保护区；生长在阔叶树倒木上；引起木材白色腐朽。

图 305　漏斗多孔菌 *Polyporus arcularius*

图 306　冬生多孔菌 *Polyporus brumalis*

具皮多孔菌

***Polyporus cuticulatus* Y.C. Dai, Jing Si & Schigel**

子实体：担子果一年生，具侧生柄，单生或数个聚生，新鲜时软且多汁，干后脆质；菌盖圆形，直径可达 20 cm，中部厚可达 11 mm，上表面新鲜时浅灰色至灰褐色，具放射状条纹，无环区，具皮壳；孔口表面初期白色至奶油色，干后浅黄褐色；孔口圆形至多角形，每毫米 2–5 个；孔口边缘薄，全缘至略撕裂状；菌肉乳白色，厚可达 8 mm；菌管与孔口表面同色，长可达 3.5 mm；菌柄表面肉桂色，光滑，长可达 2 cm，直径可达 15 mm。

显微结构：菌肉菌丝系统二体系，菌管菌丝系统一体系；生殖菌丝具锁状联合；菌肉骨架–缠绕菌丝占多数，无色，厚壁，中度分枝，弯曲，交织排列，IKI–，CB+，直径 2–15 μm；菌管菌丝无色，薄壁，偶尔分枝，平行于菌管排列，直径 2–6 μm；子实层中无囊状体和拟囊状体；担子棍棒形，大小为 18–30×6–9 μm；担孢子圆柱形，稍弯曲，无色，薄壁，光滑，IKI–，CB–，大小为 (7.3–)7.7–10.4(–11.5)×(3–)3.2–4.5(–4.8) μm，平均长 L = 8.86 μm，平均宽 W = 3.76 μm，长宽比 Q = 2.03–2.92 (n = 179/4)。

代表序列：KX851613，KX851667。

分布、习性和功能：兰坪县罗古箐自然保护区，盈江县铜壁关自然保护区，瑞丽市莫里热带雨林景区，西双版纳原始森林公园，勐腊县望天树景区；生长在壳斗科树木倒木上；引起木材白色腐朽。

 ## 宽鳞多孔菌

***Polyporus squamosus* (Huds.) Fr.**

子实体：担子果一年生，具短柄或近无柄，通常数个聚生或覆瓦状叠生，新鲜时肉质，干后木栓质；菌盖圆形或扇形，直径可达 40 cm，中部厚可达 40 mm，上表面新鲜时乳黄色，干后浅黄褐色，具暗褐色或红褐色鳞片；孔口表面初期白色，干后浅黄色或黄褐色，无折光反应；孔口多角形，每毫米 0.5–1.5 个；孔口边缘薄，撕裂状；菌肉干后奶油色，厚可达 30 mm；菌管与孔口表面同色，长可达 10 mm；菌柄基部黑色，长可达 5 cm，直径可达 20 mm。

显微结构：菌丝系统二体系；生殖菌丝具锁状联合；菌管生殖菌丝无色，薄壁，频繁分枝，直径 2.5–3.8 μm；骨架菌丝占多数，无色，厚壁，具宽至狭窄内腔，树状分枝，IKI–，CB+，直径 3.5–6.5 μm；子实层中无囊状体；具纺锤形拟囊状体，大小为 33–42×7–9 μm；担子长桶状，大小为 22–27×6–8 μm；担孢子广圆柱形或略纺锤形，顶部渐窄，无色，薄壁，光滑，IKI–，CB–，大小为 13–16×4.5–5.6 μm，平均长 L = 14.71 μm，平均宽 W = 4.96 μm，长宽比 Q = 2.96 (n = 30/1)。

代表序列：KX851635，KX851688。

分布、习性和功能：兰坪县罗古箐自然保护区；生长在阔叶树活立木上；引起木材白色腐朽；药用。

图 307　具皮多孔菌 *Polyporus cuticulatus*

图 308　宽鳞多孔菌 *Polyporus squamosus*

变形多孔菌

Polyporus varius (Pers.) Fr.

子实体：担子果一年生，具侧生短柄，单生，新鲜时软革质，干后木栓质；菌盖圆形或扇形至漏斗形，直径可达 8 cm，中部厚可达 12 mm，从基部向边缘渐薄，上表面灰褐色至深褐色，具浅红褐色斑纹；孔口表面浅黄色或黄褐色，无折光反应；孔口多角形，每毫米 5–8 个；孔口边缘薄，全缘；菌肉干后乳白色至奶油色，厚可达 8 mm；菌管浅黄色，长可达 4 mm；菌柄基部黑褐色，具绒毛，长可达 4 cm，直径可达 1.5 mm。

显微结构：菌丝系统的二体系；生殖菌丝具锁状联合；菌管生殖菌丝少见，无色，薄壁，偶尔分枝，略细于菌肉中生殖菌丝；骨架菌丝占多数，无色至浅黄色，厚壁，具窄内腔，偶尔分枝，IKI–，CB+，直径 1.5–3.5 μm；子实层中无囊状体；担子棍棒形，大小为 18–30×7–9 μm；担孢子圆柱形，无色，薄壁，光滑，IKI–，CB–，大小为 (6.5–)7.2–9.6(–10.4)×(3–)3.1–4.1(–4.5) μm，平均长 L = 8.32 μm，平均宽 W = 3.65 μm，长宽比 Q = 1.82–2.71 (n = 102/3)。

代表序列：KU189777，KU189808。

分布、习性和功能：南华县大中山自然保护区；生长在阔叶树落枝上；引起木材白色腐朽；药用。

 # 粉软卧孔菌

Poriodontia subvinosa Parmasto

子实体：担子果一年生，平伏，不易与基质分离，新鲜时软，干后棉质，长可达 20 cm，宽可达 40 cm，宽可达 15 cm，中部厚可达 4 mm；孔口表面初期粉红色，后期暗红色，干后红褐色；孔口圆形、多角形至不规则迷宫状，每毫米 2–3 个，孔口边缘薄，全缘至略撕裂状；菌肉极薄至几乎无；菌管与孔口表面同色，干后软木栓质，长可达 4 mm。

显微结构：菌丝系统一体系；生殖菌丝具锁状联合；菌丝组织在 KOH 试剂中变褐色；菌管菌丝紫褐色，薄壁至稍厚壁，频繁分枝，疏松交织排列，具紫褐色结晶，IKI–，CB+，直径 2.5–4 μm，子实层具囊状体，棍棒形，厚壁，末端具结晶，大小为 30–90×3–8 μm；担子棍棒形，大小为 10–13×3.7–4.5 μm；担孢子椭圆形，无色，薄壁，光滑，IKI–，CB–，大小为 (4.1–)4.2–4.8(–4.9)×(1.8–)1.9–2.1(–2.2) μm，平均长 L = 4.57 μm，平均宽 W = 2 μm，长宽比 Q = 2.28 (n = 30/1)。

代表序列：KT203306，KT203327。

分布、习性和功能：腾冲市高黎贡山自然保护区；生长在针叶树倒木上；引起木材白色腐朽。

图 309　变形多孔菌 *Polyporus varius*

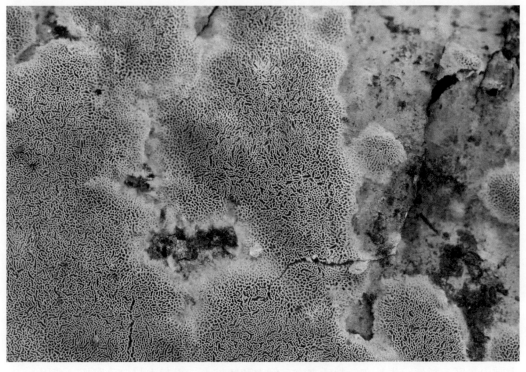

图 310　粉软卧孔菌 *Poriodontia subvinosa*

311

中国锈迷孔菌

***Porodaedalea chinensis* S.J. Dai & F. Wu**

子实体: 担子果多年生,盖形,单生或数个聚生,新鲜时木栓质,干后硬木质;菌盖半圆形,外伸可达 5 cm,宽可达 10 cm,基部厚可达 11 mm,上表面灰色至黑色,具同心环沟和狭窄环带,成熟后不规则开裂;孔口表面黄色至锈棕色,略具折光反应;孔口圆形至迷宫状,每毫米 2–3 个;孔口边缘薄,全缘;菌肉肉桂色,厚可达 5 mm;菌管黄褐色至棕褐色,长可达 6 mm。

显微结构: 菌丝系统二体系;生殖菌丝具简单分隔;菌丝组织在 KOH 试剂中变黑色;菌管生殖菌丝无色,在孔口边缘具结晶,IKI–,CB(+),直径 1.8–2.5 μm;骨架菌丝占多数,少分枝,与菌管平行排列,直径 2.5–5 μm;具锥形刚毛,孔口边缘处无,偶尔在菌髓里埋生,大小为 (33–)35–69(–74)×5–14(–15) μm;具棍棒形拟囊状体;担子棍棒形,大小为 15–20×4–7 μm;担孢子宽椭圆形,无色,薄壁至稍厚壁,光滑,IKI–,CB(+),大小为 (3.9–)4–6×3–4.8 μm,平均长 L = 4.95 μm,平均宽 W = 4 μm,长宽比 Q = 1.19–1.27 (n = 60/2)。

代表序列: KX673606,KX852283。

分布、习性和功能: 兰坪县罗古箐自然保护区,宾川县鸡足山风景区,楚雄市紫溪山森林公园,昆明市西山森林公园;生长在云南松等松属树木活立木上;引起木材白色腐朽;药用。

 ## 喜马拉雅锈迷孔菌

***Porodaedalea himalayensis* (Y.C. Dai) Y.C. Dai**

子实体: 担子果多年生,平伏反卷,通常叠生融合,新鲜时木栓质,干后木质;菌盖半圆形或贝壳形,外伸可达 6 cm,宽可达 10 cm,基部厚可达 30 mm,上表面暗褐色至灰褐色,具同心环带和环沟;孔口表面暗褐色,具折光反应;孔口圆形至多角形,每毫米 5–7 个;孔口边缘薄,全缘;菌肉赭黄色,厚可达 5 mm;菌管锈褐色,比菌肉颜色浅,长可达 25 mm。

显微结构: 菌丝系统二体系;生殖菌丝具简单分隔;菌丝组织在 KOH 试剂中变黑色;菌管生殖菌丝无色,在孔口边缘处具结晶,IKI–,CB(+),直径 2–3 μm;骨架菌丝占多数,与菌管平行排列,直径 2.7–3.8 μm;具锥形刚毛,多数源于菌髓菌丝,大小为 27–39×6–10 μm;具拟囊状体,大小为 20–30×4–5 μm;担子粗棍棒形,大小为 12–17×5–6 μm;担孢子卵圆形,无色,薄壁至稍厚壁,光滑,IKI–,CB(+),大小为 (4.1–)4.2–5.2(–5.3)×(3.3–)3.7–4.4(–4.6) μm,平均长 L = 4.7 μm,平均宽 W = 3.95 μm,长宽比 Q = 1.17–1.2 (n = 60/2)。

代表序列: KX673605,KX852286。

分布、习性和功能: 香格里拉市普达措国家公园,兰坪县长岩山自然保护区,丽江市玉龙雪山景区云杉坪;生长在云杉活立木、倒木和树桩上;引起木材白色腐朽;药用。

图 311　中国锈迷孔菌 *Porodaedalea chinensis*

图 312　喜马拉雅锈迷孔菌 *Porodaedalea himalayensis*

云南锈迷孔菌

***Porodaedalea yunnanensis* S.J. Dai, F. Wu & Y.C. Dai**

子实体: 担子果多年生, 盖形, 单生或数个聚生, 新鲜时木栓质, 干后木质; 菌盖半圆形, 外伸可达 3.3 cm, 宽可达 5 cm, 基部厚可达 6 mm, 上表面灰棕色至黑色, 后期不规则开裂, 具同心环带和环沟; 孔口表面浅棕色至浅黄色, 具弱折光反应; 孔口圆形至多角形, 每毫米 2–3 个; 孔口边缘厚, 全缘; 菌肉暗棕色, 厚可达 2 mm; 菌管肉桂色, 长可达 4 mm。

显微结构: 菌丝系统二体系; 生殖菌丝具简单分隔; 菌丝组织在 KOH 试剂中变黑色; 菌管生殖菌丝无色, 在孔口边缘处具结晶, IKI–, CB(+), 直径 2–2.5 μm; 骨架菌丝占多数, 与菌管平行排列, 直径 2.5–4 μm; 具锥形刚毛, 多数源于菌髓菌丝, 埋生于菌髓中, 孔口边缘处无, 大小为 36–56×6–10 μm; 具纺锤形拟囊状体; 担子粗棍棒形, 大小为 13–20×5–6 μm; 担孢子宽椭圆形至近球形, 无色, 薄壁至稍厚壁, 光滑, IKI–, CB(+), 大小为 (4.7–)4.8–5.2(–5.7)×4–4.6(–4.8) μm, 平均长 L = 5 μm, 平均宽 W = 4.38 μm, 长宽比 Q = 1.13–1.15 (n = 60/2)。

代表序列: MG585283。

分布、习性和功能: 丽江市白水河, 楚雄市紫溪山森林公园, 昆明市黑龙潭公园; 生长在华山松等活立木上; 引起木材白色腐朽; 药用。

 霉锁菌孔菌

***Porpomyces mucidus* (Pers.) Jülich**

子实体: 担子果一年生, 平伏, 不易与基质分离, 新鲜时软革质, 干后脆革质, 长可达 20 cm, 宽可达 8 cm, 中部厚可达 1 mm; 孔口表面初期为雪白色至奶油色, 后期稻草色至黄褐色, 干后黄褐色; 边缘具菌索; 孔口圆形, 每毫米 4–6 个; 孔口边缘薄, 全缘; 菌肉软木栓质, 厚可达 0.3 mm; 菌管与孔口表面同色, 干后软木栓质, 长可达 0.7 mm。

显微结构: 菌丝系统一体系; 生殖菌丝具锁状联合; 菌丝组织在 KOH 试剂中无变化; 菌管菌丝无色, 薄壁至稍厚壁, 通常不分枝, 疏松交织排列, IKI–, CB+, 直径 2–4.1 μm, 菌丝间具大量金黄色菱形或不规则晶状体; 子实层中无囊状体和拟囊状体; 担子棍棒形, 大小为 9–12×5.1–6.1 μm; 担孢子椭圆形, 无色, 薄壁, 光滑, IKI–, CB–, 大小为 (2.9–)3–3.9(–4.1)×(1.9–)2–2.7(–2.8) μm, 平均长 L = 3.43 μm, 平均宽 W = 2.12 μm, 长宽比 Q = 1.62 (n = 30/1)。

代表序列: KT157834, KT157839。

分布、习性和功能: 大关县黄连河森林公园; 生长在阔叶树倒木、树桩和腐朽木上; 引起木材白色腐朽。

图 313　云南锈迷孔菌 *Porodaedalea yunnanensis*

图 314　霉锁菌孔菌 *Porpomyces mucidus*

奶油波斯特孔菌

***Postia lactea* (Fr.) P. Karst.**

子实体：担子果一年生，盖形，覆瓦状叠生，新鲜时肉质，干后木栓质；菌盖扇形至半圆形，外伸可达 4.5 cm，宽可达 6 cm，基部厚可达 20 mm，上表面新鲜时奶油色，干后浅黄色；孔口表面新鲜时奶油色，干后浅黄色；孔口圆形至多角形，每毫米 4–5 个；孔口边缘薄，撕裂状；菌肉干后硬木栓质，厚可达 15 mm；菌管浅黄色，脆革质，长可达 5 mm。

显微结构：菌丝系统一体系；生殖菌丝具锁状联合；菌管生殖菌丝无色，厚壁，具宽内腔，偶尔分枝，直径 3–4 μm；子实层中无囊状体和拟囊状体；担子棍棒形至桶状，大小为 10–13×4–5 μm；担孢子腊肠形，无色，薄壁，光滑，IKI–，CB–，大小为 4–5×1–1.3 μm，平均长 L = 4.56 mm，平均宽 W = 1.15 μm，长宽比 Q = 3.86–4.11 (n = 60/2)。

代表序列：KX900891，KX900961。

分布、习性和功能：大理苍山洱海国家级自然保护区，兰坪县长岩山自然保护区，兰坪县罗古箐自然保护区；生长在针叶树倒木和树桩上；引起木材褐色腐朽；药用。

 赭白波斯特孔菌

***Postia ochraceoalba* L.L. Shen, B.K. Cui & Y.C. Dai**

子实体：担子果一年生，盖形，覆瓦状叠生，新鲜时软，干后脆质；菌盖扇形，外伸可达 5.5 cm，宽可达 11 cm，基部厚可达 12 mm，上表面新鲜时浅黄色、赭色至灰棕色，具环带和纵向沟纹，干后浅鼠灰色或深橄榄色；孔口表面新鲜时白色，干后奶油色至浅黄色；孔口多角形，每毫米 6–7 个；孔口边缘薄，锯齿状；菌肉白色，厚可达 10 mm；菌管白色至奶油色，长可达 2 mm。

显微结构：菌丝系统一体系；生殖菌丝具锁状联合；菌管菌丝无色，薄壁至稍厚壁，偶尔分枝，IKI–，CB–，直径 2–3.5 μm；子实层中无囊状体和拟囊状体；担子棍棒形，大小为 12–18×4–6 μm；担孢子腊肠形，无色，薄壁，光滑，IKI–，CB–，大小为 4–4.5×1–1.5 μm，平均长 L = 4.46 mm，平均宽 W = 1.37 μm，长宽比 Q = 3.18–4.02 (n = 60/2)。

代表序列：KM107903，KM107908。

分布、习性和功能：玉龙县九河乡老君山九十九龙潭景区，玉龙县玉龙雪山自然保护区，维西县老君山自然保护区，永德大雪山国家级自然保护区；生长在针叶树倒木和树桩上；引起木材褐色腐朽。

图 315 奶油波斯特孔菌 *Postia lactea*

图 316 赭白波斯特孔菌 *Postia ochraceoalba*

亚洛氏波斯特孔菌

Postia sublowei B.K. Cui, L.L. Shen & Y.C. Dai

子实体：担子果一年生，平伏反卷至盖形，通常单生，新鲜时软木栓质，干后易碎；菌盖窄半圆形，外伸可达 1 cm，宽可达 2 cm，基部厚可达 5 mm，上表面初期白色，后期橘色，被短绒毛，干后奶油色至棕褐色，光滑；孔口表面新鲜时白色，干后奶油色至浅黄色；不育边缘可达 1 mm；孔口多角形，每毫米 3–4 个；孔口薄壁，撕裂状；菌肉白色，软木栓质，厚可达 1 mm；菌管奶油色，脆而易碎，长可达 4 mm。

显微结构：菌丝系统一体系；生殖菌丝具锁状联合；菌管菌丝无色，稍厚壁，具宽内腔，偶尔分枝，直径 3–4.5 μm；子实层中无囊状体，具纺锤形拟囊状体，大小为 17–20×2–4 μm；担子棍棒形至桶状，大小为 16–20×4–4.5 μm；担孢子腊肠形至圆柱形，无色，薄壁，光滑，IKI–、CB–，大小为 4–4.5×1–1.5 μm，平均长 L = 4.78 μm，平均宽 W = 1.06 μm，长宽比 Q = 4.48–4.62 (n = 60/2)。

代表序列：KX900899，KX900900。

分布、习性和功能：香格里拉市普达措国家公园；生长在云杉腐朽木上；引起木材褐色腐朽。

 ## 浅红剖匣孔菌

Pouzaroporia subrufa (Ellis & Dearn.) Vampola

子实体：担子果一年生，平伏贴生，易与基质分离，新鲜时软革质，干后软木栓质，长可达 20 cm，宽可达 10 cm，中部厚达 5 mm；孔口表面初期白色至奶油色，后期浅黄色至黄褐色；不育边缘不明显；孔口多角形至不规则形，每毫米 2–4 个；孔口边缘薄，全缘至略撕裂；菌肉干后黄色，极薄至几乎无；菌管与菌肉同色，长达 5 mm。

显微结构：菌丝系统二体系；生殖菌丝具锁状联合；菌管生殖菌丝少见，无色，薄壁至稍厚壁，偶尔分枝，直径 2–3 μm；骨架菌丝占多数，淡黄色，厚壁，具宽或窄内腔，少分枝，交织排列，IKI–、CB+，直径 2.5–4 μm；子实层中无囊状体和拟囊状体；担子棍棒形，末端膨大呈球形，大小为 15–17×6–7 μm；担孢子椭圆形，无色，薄壁，光滑，具一大液泡，IKI–、CB–，大小为 (4–)5–6.5(–7)×(2.9–)3–4(–4.5) μm，平均长 L = 5.37 μm，平均宽 W = 3.6 μm，长宽比 Q = 1.47–1.52 (n = 60/2)。

代表序列：FJ496661，FJ496723。

分布、习性和功能：德钦县梅里雪山地质公园；生长在高山栎倒木上；引起木材白色腐朽。

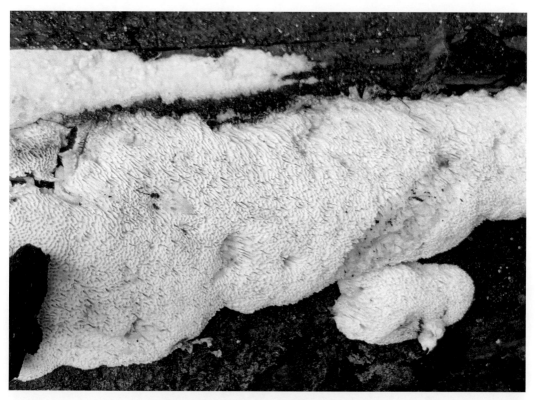

图 317　亚洛氏波斯特孔菌 *Postia sublowei*

图 318　浅红剖匝孔菌 *Pouzaroporia subrufa*

西藏假纤孔菌

***Pseudoinonotus tibeticus* (Y.C. Dai & M. Zang) Y.C. Dai, B.K. Cui & Decock**

子实体：担子果一年生，盖形，覆瓦状叠生，新鲜时脆革质，干后木栓质；菌盖半圆形，外伸可达 10 cm，宽可达 15 cm，基部厚可达 30 mm，上表面浅黄褐色至暗褐色，具同心环区，光滑，后期开裂；边缘浅黄色，钝；孔口表面新鲜时浅灰色，触摸后黑灰色，干后灰褐色，具折光反应；不育边缘明显比孔口颜色浅；孔口多角形，每毫米 4–6 个；孔口边缘薄，全缘至略撕裂状；菌肉栗褐色，纤维质，具环区，厚可达 10 mm；菌管比孔口表面颜色浅，脆质，长可达 20 mm。

显微结构：菌丝系统一体系；生殖菌丝具简单分隔；菌丝组织在 KOH 试剂中变黑色；菌管菌丝浅黄色至浅褐色，厚壁，具宽内腔，偶尔分枝，平直，与菌管平行排列，IKI–，CB–，直径 3.7–6.2 μm；具钩状刚毛，末端尖，大小为 21–35×10–25 μm；子实层中无囊状体和拟囊状体；担子桶状，大小为 10.5–15×8–10 μm；担孢子球形至卵圆形，无色，厚壁，光滑，IKI[+]，CB+，大小为 (6.5–)6.8–8(–8.5)×(5.5–)6–7.5(–8) μm，平均长 L = 7.53 μm，平均宽 W = 6.8 μm，长宽比 Q = 1.08–1.13 (n = 60/2)。

代表序列：OL473606，OL473619。

分布、习性和功能：香格里拉市普达措国家公园；生长在冷杉树桩上；引起木材白色腐朽。

 钩囊假赖特孔菌

***Pseudowrightoporia hamata* Y.C. Dai, Jia J. Chen & B.K. Cui**

子实体：担子果一年生，平伏，新鲜时软，干后软木栓质，长可达 12 cm，宽可达 7 cm，中部厚可达 3 mm，孔口表面新鲜时白色，干后肉桂色至橘黄色，具折光反应；孔口圆形至多角形，每毫米 6–9 个；孔口边缘薄至厚，全缘至撕裂状；菌肉土黄色至肉桂色，厚可达 1 mm；菌管与孔口表面同色，木栓质，长可达 2 mm。

显微结构：菌丝系统二体系；生殖菌丝具锁状联合；菌管生殖菌丝少见，无色，薄壁，频繁分枝，直径 1–2 μm；骨架菌丝占多数，无色，厚壁，具窄内腔，少分枝，交织排列，IKI[+]，CB+，直径 2–4 μm；子实层具胶化菌丝，厚壁，直径 4–9 μm；具棍棒形胶化囊状体，末端勾状，大小为 60–65×4–5 μm；担子短棍棒形至桶状，大小为 10–13×4–5 μm；担孢子窄椭圆形，无色，厚壁，具疣突，IKI+，CB+，大小为 3–3.8×1.9–2.2 μm，平均长 L = 3.28 μm，平均宽 W = 2.05 μm，长宽比 Q = 1.59–1.63 (n = 90/3)。

代表序列：KM107869，KM107888。

分布、习性和功能：屏边县大围山自然保护区；生长在阔叶树倒木上；引起木材白色腐朽。

图 319　西藏假纤孔菌 *Pseudoinonotus tibeticus*

图 320　钩囊假赖特孔菌 *Pseudowrightoporia hamata*

光亮小红孔菌

***Pycnoporellus fulgens* (Fr.) Donk**

子实体：担子果一年生，盖形，覆瓦状叠生，新鲜时肉质，干后脆革质；菌盖扇形，外伸可达 6 cm，宽可达 9 cm，基部厚可达 10 mm；上表面新鲜时为砖红色，具绒毛，具不明显同心环带，边缘为乳黄色，干后内卷；孔口表面新鲜时浅黄色，干后为红褐色，无折光反应；不育边缘窄至几乎无；孔口不规则，每毫米 1–2 个；孔口边缘薄，撕裂状；菌肉干后软木栓质，厚可达 6 mm；菌管淡红褐色，比菌肉颜色浅，干后木栓质，长可达 7 mm。

显微结构：菌丝系统一体系；生殖菌丝具简单分隔；菌丝组织在 KOH 试剂中变黑褐色；菌管菌丝无色至淡黄色，薄壁至稍厚壁，多分枝，与菌管近平行排列至疏松交织排列，直径 2.3–7.1 μm；菌丝间有大量晶状体；具棍棒形囊状体，薄壁，大小为 25–45×4.5–6 μm；担子棍棒形，大小为 17–21×4.5–6.5 μm；担孢子长椭圆形，无色，薄壁，光滑，IKI–，CB–，大小为 (4.7–)4.8–6(–6.2)×(2.2–)2.6–3(–3.2) μm，平均长 L = 5.5 μm，平均宽 W = 2.84 μm，长宽比 Q = 1.94 (n = 30/1)。

代表序列：OL435146，OL423572。

分布、习性和功能：香格里拉市普达措国家公园；生长在云杉死树上；引起木材褐色腐朽。

 硬红皮孔菌

***Pyrrhoderma adamantinum* (Berk.) Imazeki**

子实体：担子果一年生，通常盖形，单生或数个聚生，新鲜时木栓质，干后木质；菌盖半圆形或圆形，外伸可达 5 cm，宽可达 7 cm，基部厚可达 10 mm，上表面新鲜时黑褐色至黑色，干后灰褐色，光滑，具明显同心环带，具黑色皮壳；孔口表面新鲜时白色至奶油色，干后浅黄色至黄褐色；孔口圆形，每毫米 5–6 个；孔口边缘厚，全缘；菌肉褐色，具放射状白色菌丝束，厚可达 5 mm；菌管与孔口表面同色，长可达 5 mm。

显微结构：菌丝系统一体系；生殖菌丝具简单分隔；菌丝组织在 KOH 试剂中变黑色；菌管菌丝浅黄色至浅褐色，厚壁，具宽内腔，偶尔分枝，平直，与菌管平行排列，IKI–，CB+，直径 3.5–5.2 μm；子实层无刚毛；担子短棍棒形，大小为 14–18×7–9 μm；担孢子近球形，无色，薄壁，光滑，IKI–，CB(+)，大小为 (5.6–)6–7(–8)×(4–)4.5–5.9(–6) μm，平均长 L = 6.48 μm，平均宽 W = 5.08 μm，长宽比 Q = 1.28 (n = 30/1)。

代表序列：MF860734，MF860785。

分布、习性和功能：腾冲市高黎贡山自然保护区，永德大雪山国家级自然保护区，新平县磨盘山森林公园，景东县哀牢山自然保护区；生长在阔叶树死树和倒木上；引起木材白色腐朽；药用。

图 321　光亮小红孔菌 *Pycnoporellus fulgens*

图 322　硬红皮孔菌 *Pyrrhoderma adamantinum*

橡胶红皮孔菌

Pyrrhoderma lamaoense (Murrill) L.W. Zhou & Y.C. Dai

子实体: 担子果多年生，平伏、平伏反卷至盖形，单生至数个聚生，新鲜时硬木栓质，干后骨质；菌盖半圆形至扇形，外伸可达 6 cm，宽可达 13 cm，基部厚可达 15 mm，上表面暗褐色至黑色，具同心环纹区；平伏时长可达 80 cm，宽可达 12 cm，中部厚可达 18 mm；孔口表面新鲜时灰褐色，具折光反应，干后黑褐色；孔口圆形，每毫米 7–9 个；孔口边缘薄，全缘；菌肉黄褐色，异质，层间具一黑线区，厚可达 5 mm；菌管灰褐色，长可达 10 mm。

显微结构: 菌丝系统一体系；生殖菌丝具简单分隔；菌丝组织在 KOH 试剂中变黑色；菌管生殖菌丝少见，与菌管略平行排列，紧密黏结，IKI–，CB+，直径 3–5 µm；菌髓具菌丝状刚毛，偶尔弯曲并穿过子实层，末端锐，长可达数百微米，直径 4–7 µm；无子实层刚毛；具囊状体，大小为 16–22×5–6 µm；担子棍棒形，大小为 8–11×3.8–5 µm；担孢子窄椭圆形，无色，薄壁，光滑，IKI–，CB–，大小为 (3–)3.2–4.3(–4.5)×(1.9–)2–2.4 µm，平均长 L = 3.54 µm，平均宽 W = 2.07 µm，长宽比 Q = 1.71 (n = 31/1)。

代表序列: MF860748，MF860804。

分布、习性和功能: 腾冲市高黎贡山自然保护区，勐腊县望天树景区，河口县花渔洞森林公园；生长在阔叶树活立木、死树和倒木上；引起木材白色腐朽；药用。

 云南红皮孔菌

Pyrrhoderma yunnanense L.W. Zhou & Y.C. Dai

子实体: 担子果一年生，盖形，通常覆瓦状叠生，新鲜时木栓质，干后木质；菌盖半圆形至扇形，外伸可达 6 cm，宽可达 12 cm，基部厚可达 12 mm，上表面新鲜时红褐色，干后暗褐色，具明显同心环带，具黑褐色皮壳；孔口表面灰褐色，略具折光反应；孔口圆形，每毫米 6–8 个；孔口边缘厚，全缘；菌肉黄褐色，具环区，厚可达 10 mm；菌管与孔口表面同色，长可达 2 mm。

显微结构: 菌丝系统一体系；生殖菌丝具简单分隔；菌丝组织在 KOH 试剂中变黑色；菌管生殖菌丝浅黄色至浅褐色，厚壁，与菌管平行排列，IKI–，CB–，直径 2.5–4.5 µm；菌髓具菌丝状刚毛，末端钝，长可达数百微米，直径 5–8 µm；具锥形刚毛，末端偶尔具结晶，大小为 16–45×5–12 µm；具锥形至腹鼓形囊状体，大小为 12–20×4–6 µm；担子桶状，大小为 6–9×4–6 µm；担孢子椭圆形，无色，薄壁，光滑，IKI–，CB–，大小为 (3–)3.5–4(–4.5)×2–3 µm，平均长 L = 3.71 µm，平均宽 W = 2.43 µm，长宽比 Q = 1.49–1.56 (n = 60/2)。

代表序列: MF860755，MF860814。

分布、习性和功能: 勐腊县望天树景区；生长在阔叶树倒木上；引起木材白色腐朽；药用。

图 323 橡胶红皮孔菌 *Pyrrhoderma lamaoense*

图 324 云南红皮孔菌 *Pyrrhoderma yunnanense*

平伏伤褐孔菌

Radulotubus resupinatus Y.C. Dai, S.H. He & C.L. Zhao

子实体：担子果一年生，平伏，新鲜时蜡质，干后软木栓质至脆质，长可达 8 cm，宽可达 4 cm，中部厚可达 3 mm，孔口表面新鲜时白色，触摸后变褐色，干后奶油色至浅黄色；孔口圆形至多角形，每毫米 2–4 个；孔口边缘薄至厚，全缘至撕裂状；菌肉奶油色，厚可达 0.5 mm；菌管与孔口表面同色，长可达 2.5 mm。

显微结构：菌丝系统一体系；生殖菌丝具锁状联合；菌丝组织在 KOH 试剂中不变化；菌管生殖菌丝无色，薄壁至厚壁，偶尔分枝，IKI–，CB–，直径 2–3 μm；子实层中无囊状体和拟囊状体；担子梨形至桶状，大小为 18–21×8–10 μm；担孢子球形，无色，薄壁至稍厚壁，光滑，IKI–，CB–，大小为 (5–)5.5–6(–6.5)×(4.5–)5–5.5(–6) μm，平均长 L = 5.74 μm，平均宽 W = 5.3 μm，长宽比 Q = 1.01–1.09 (n = 120/4)。

代表序列：KU535660，KU535668。

分布、习性和功能：西双版纳原始森林公园，勐腊县中国科学院西双版纳热带植物园绿石林；生长在阔叶树腐朽木上；引起木材白色腐朽。

 粉红层孔菌

Rhodofomes cajanderi (P. Karst.) B.K. Cui, M.L. Han & Y.C. Dai

子实体：担子果多年生，盖形，通常覆瓦状叠生，新鲜时革质，干后木栓质；菌盖扇形至半圆形，外伸可达 5.6 cm，宽可达 9.7 cm，基部厚可达 7 mm，上表面浅褐色、浅粉红色、粉褐色至黑灰色，具明显环沟；孔口表面玫瑰色至粉褐色或褐色；孔口圆形至多角形，每毫米 5–7 个；孔口边缘厚，全缘；菌肉浅粉褐色，厚可达 3 mm；菌管长可达 4 mm。

显微结构：菌丝系统二体系；生殖菌丝具锁状联合；菌管生殖菌丝占少数，无色，薄壁至稍厚壁，少分枝，直径 2–3.5 μm；骨架菌丝占多数，浅黄色至浅黄褐色，厚壁，具宽至窄内腔或近实心，偶尔分枝，IKI–，CB–，直径 2–4 μm；子实层中无囊状体；具拟囊状体，大小为 10–22×3–3.5 μm；担子棍棒形，大小为 8–18×4–5 μm；担孢子腊肠形，向顶部渐窄，无色，薄壁，光滑，IKI–，CB–，大小为 4.9–5.8×1.8–2 μm，平均长 L = 5.26 μm，平均宽 W = 1.92 μm，长宽比 Q = 2.69–2.78 (n = 60/2)。

代表序列：KC507157，KC507167。

分布、习性和功能：德钦县白马雪山自然保护区；生长在冷杉倒木上；引起木材褐色腐朽；药用。

图 325　平伏伤褐孔菌 *Radulotubus resupinatus*

图 326　粉红层孔菌 *Rhodofomes cajanderi*

灰红层孔菌

Rhodofomes incarnatus (K.M. Kim, J.S. Lee & H.S. Jung) B.K. Cui, M.L. Han & Y.C. Dai

子实体：担子果多年生，盖形至平伏反卷，单生，木栓质；菌盖半圆形至不规则形，外伸可达 6 cm，宽可达 8 cm，基部厚可达 13 mm，上表面褐色至鼠灰色，粗糙或具明显环沟；孔口表面新鲜时白色，干后粉棕色；孔口圆形至多角形，每毫米 5–7 个；孔口边缘薄，全缘；菌肉肉桂棕色，厚可达 4 mm；菌管与孔口表面同色，长可达 9 mm。

显微结构：菌丝系统二体系；生殖菌丝具锁状联合；菌管生殖菌丝占少数，无色，薄壁，频繁分枝，直径 2–3 μm；骨架菌丝占多数，浅黄色至黄褐色，厚壁，具窄内腔或近实心，频繁分枝，IKI–，CB–，直径 1.8–4 μm；子实层中无囊状体；具拟囊状体，大小为 12–23×2.5–3 μm；担子棍棒形，大小为 13–19×4.5–5.5 μm；担孢子窄卵圆形，无色，薄壁，光滑，IKI–，CB–，大小为 4–4.8×2–2.1 μm，平均长 L = 4.42 μm，平均宽 W = 2.06 μm，长宽比 Q = 2.15 (n = 30/1)。

代表序列：KC844848，KC844853。

分布、习性和功能：兰坪县罗古箐自然保护区；生长在栎树倒木上；引起木材褐色腐朽；药用。

 # 玫瑰红层孔菌

Rhodofomes roseus (Alb. & Schwein.) Kotl. & Pouzar

子实体：担子果多年生，盖形，单生或数个聚生，新鲜时木栓质，干后木质；菌盖半球形、马蹄形，外伸可达 6 cm，宽可达 8 cm，基部厚可达 15 mm，上表面新鲜时粉灰色至灰褐色，干后红褐色至黑褐色，具同心环沟；孔口表面浅粉红色至粉棕色；孔口圆形至多角形，每毫米 4–6 个；孔口边缘厚，全缘；菌肉浅粉红色，厚可达 8 mm；菌管与菌肉同色，长可达 7 mm。

显微结构：菌丝系统二体系；生殖菌丝具锁状联合；菌管生殖菌丝占少数，无色，薄壁，偶尔分枝，直径 1.8–2.8 μm；骨架菌丝占多数，无色至浅黄色，厚壁，具窄内腔或近实心，频繁分枝，IKI–，CB–，直径 2–4 μm；子实层中无囊状体和拟囊状体；担子棍棒形，大小为 12–14×4.5–5 μm；担孢子椭圆形至圆柱形，无色，薄壁，光滑，IKI–，CB–，大小为 4.8–6×2–2.4 μm，平均长 L = 5.23 μm，平均宽 W = 2.1 μm，长宽比 Q = 2.46–2.54 (n = 60/2)。

代表序列：KC507162，KC507172。

分布、习性和功能：香格里拉市普达措国家公园，兰坪县罗古箐自然保护区，玉龙县玉龙雪山自然保护区；生长在针叶树倒木上；引起木材褐色腐朽；药用。

图 327　灰红层孔菌 *Rhodofomes incarnatus*

图 328　玫瑰红层孔菌 *Rhodofomes roseus*

斜管玫瑰孔菌

Rhodonia obliqua (Y.L. Wei & W.M. Qin) B.K. Cui, L.L. Shen & Y.C. Dai

子实体：担子果一年生，平伏，与基质不易分离，长可达 100 cm，宽可达 50 cm，中部厚可达 10 mm；孔口表面新鲜时白色，干后棕色；不育边缘不明显；孔口圆形至多角形，每毫米 2–3 个；孔口边缘薄，全缘至撕裂状；菌肉红棕色，很薄至几乎无；菌管奶油色至红棕色，倾斜生长，易碎，长可达 10 mm。

显微结构：菌丝系统一体系；生殖菌丝具锁状联合；菌管菌丝无色，薄壁，少分枝，IKI–，CB–，直径 2.5–5 μm；子实层中无囊状体和拟囊状体；担子棍棒形，大小为 13–20×5–7 μm；担孢子圆柱形，无色，薄壁，光滑，IKI–，CB–，大小为 4.8–6.2×2–2.5 μm，平均长 L = 5.53 m，平均宽 W = 2.2 μm，长宽比 Q = 2.39–2.51 (n = 60/2)。

代表序列：KX900926，KX900996。

分布、习性和功能：维西县老君山自然保护区；生长在云杉倒木上；引起木材褐色腐朽。

 ## 银杏硬孔菌

Rigidoporus ginkgonis (Y.C. Dai) F. Wu, Jia J. Chen & Y.C. Dai

子实体：担子果一年生，平伏，贴生，新鲜时软革质，干后革质，长可达 7 cm，宽可达 4 cm，中部厚可达 5 mm；孔口表面新鲜时白色至奶油色，干后奶油色至浅黄色，无折光反应；不育边缘窄至几乎无；孔口多角形，每毫米 4–5 个；孔口边缘薄，略撕裂状；菌肉干后奶油色，厚可达 0.5 mm；菌管干后奶油色，长可达 4.5 mm。

显微结构：菌丝系统一体系；生殖菌丝具简单分隔；菌丝组织在 KOH 试剂中无变化；菌管菌丝无色，薄壁，偶尔分枝，平直，与菌管近平行排列，IKI–，CB+，直径 2.5–3.5 μm；子实层中无囊状体；担子短棍棒形，大小为 16–21×5–7.2 μm；担孢子宽椭圆形至近球形，无色，薄壁，光滑，IKI–，CB–，大小为 (4.8–)5–6(–6.5)×(3.9–)4.1–5(–5.2) μm，平均长 L = 5.4 μm，平均宽 W = 4.5 μm，长宽比 Q = 1.2–1.22 (n = 60/2)。

代表序列：KY131877，KY131933。

分布、习性和功能：水富市铜锣坝国家森林公园；生长在阔叶树或竹子腐朽木上；引起木材和竹材白色腐朽。

图 329　斜管玫瑰孔菌 *Rhodonia obliqua*

图 330　银杏硬孔菌 *Rigidoporus ginkgonis*

浅褐硬孔菌

***Rigidoporus hypobrunneus* (Petch) Corner**

子实体：子实体一年生，平伏，贴生，不易与基质分离，新鲜时木栓质、硬木栓质至几乎木质，干后硬木质，长可达 30 cm，宽可达 8 cm，中部厚可达 2 mm；孔口表面新鲜时灰褐色、褐色、暗褐色，触摸后变为暗褐色，干后污褐色、暗褐色，具折光反应；不育边缘明显；孔口圆形至多角形，每毫米 8–10 个；孔口边缘薄，全缘；菌肉黄褐色至褐色，厚可达 0.5 mm；菌管干后与孔口表面同色，硬木栓质，长可达 1.5 mm。

显微结构：菌丝系统二体系；生殖菌丝具简单分隔；菌丝组织在 KOH 试剂中变黑色；菌管生殖菌丝常见，无色，薄壁至稍厚壁，少分枝，直径 2–4 μm；骨架菌丝占多数，厚壁，浅黄色，具明显内腔，偶尔膨胀，少分枝，疏松交织排列，IKI–，CB+，直径 2.5–5 μm；子实层具菌丝状囊状体，长棍棒形，厚壁，褐色，末端通常被结晶体，大小为 35–45×16–20 μm；担子粗棍棒形或桶状，大小为 13–15×5–7 μm；担孢子近球形，无色，薄壁，光滑，IKI–，CB–，大小为 4–5×3–4 μm，平均长 L = 4.21 μm，平均宽 W = 3.63 μm，长宽比 Q = 1.16 (n = 30/1)。

代表序列：KY131878，KY131935。

分布、习性和功能：勐腊县中国科学院西双版纳热带植物园；生长在阔叶树倒木上；引起木材白色腐朽。

 小孔硬孔菌

***Rigidoporus microporus* (Sw.) Overeem**

子实体：担子果多年生，盖形，通常覆瓦状叠生，新鲜时革质至软木栓质，干后硬木栓质；菌盖半圆形至扇形，外伸可达 2 cm，宽可达 3 cm，基部厚可达 7 mm，上表面新鲜时乳白色，后期黄褐色至红褐色，具同心环纹；孔口表面新鲜时乳白色、奶油色，干后灰褐色，具折光反应；孔口圆形，每毫米 8–11 个；孔口边缘薄，全缘；菌肉干后木材色，具环区，厚可达 5 mm；菌管干后浅灰褐色，分层明显，长可达 2 mm。

显微结构：菌丝系统一体系；生殖菌丝具简单分隔；菌管菌丝无色，薄壁至厚壁，少分枝，与菌管平行排列，IKI–，CB+，直径 3–7 μm；子实层偶尔具囊状体，棍棒形，厚壁，末端具结晶，IKI–，CB+，大小为 70–110×7–10 μm；具纺锤形拟囊状体，大小为 12–17×4–5.5 μm；担子短桶状或亚球形，大小为 10–15×7–9 μm；担孢子近球形，无色，薄壁至略厚壁，IKI–，CB(+)，大小为 (3.4–)3.8–5.3(–5.8)×(2.9–)3.1–5 μm，平均长 L = 4.75 μm，平均宽 W = 4.23 μm，长宽比 Q = 1.08–1.15 (n = 90/3)。

代表序列：OL473607，OL473620。

分布、习性和功能：水富市铜锣坝国家森林公园；生长在阔叶树和竹子倒木或树桩上；引起木材和竹材白色腐朽。

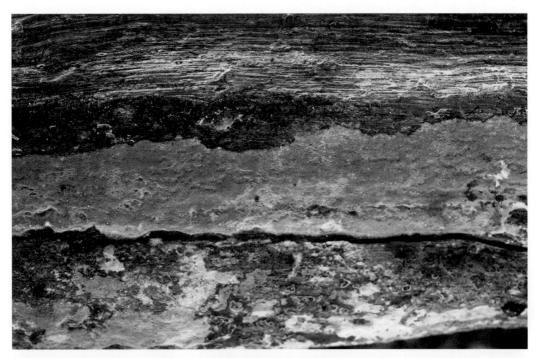

图 331　浅褐硬孔菌 *Rigidoporus hypobrunneus*

图 332　小孔硬孔菌 *Rigidoporus microporus*

云杉硬孔菌

***Rigidoporus piceicola* (B.K. Cui & Y.C. Dai) F. Wu, Jia J. Chen & Y.C. Dai**

子实体：担子果一年生，平伏，贴生，新鲜时软革质至脆质，干后革质，长可达 3 cm，宽可达 2 cm，中部厚可达 1 mm；孔口表面干后肉桂色，无折光反应；不育边缘窄至几乎无；孔口圆形，每毫米 4–6 个；孔口边缘薄，撕裂状；菌肉干后奶油色，厚可达 0.1 mm；菌管干后与孔口表面同色，长可达 0.9 mm。

显微结构：菌丝系统一体系；生殖菌丝具简单分隔；菌丝组织在 KOH 试剂中无变化；菌管菌丝无色，薄壁至稍厚壁，少分枝，平直，与菌管近平行排列，具结晶，IKI–，CB+，直径 2–4 μm；子实层具囊状体，棍棒形，薄壁至厚壁，末端具结晶，大小为 30–48×5–7 μm；担子棍棒形，大小为 13–22×5–6 μm；担孢子椭圆形，无色，薄壁，光滑，IKI–，CB–，大小为 (4.5–)4.6–5.3(–5.5)×(2.9–)3–3.6(–3.7) μm，平均长 L = 4.95 μm，平均宽 W = 3.27 μm，长宽比 Q = 1.5–1.53 (n = 90/3)。

代表序列：KT203301，KT203322。

分布、习性和功能：维西县老君山自然保护区；生长在针叶树倒木上；引起木材白色腐朽。

 杨硬孔菌

***Rigidoporus populinus* (Schumach.) Pouzar**

子实体：担子果多年生，盖形，覆瓦状叠生，新鲜时革质，干后硬木质；菌盖半圆形、贝壳形或长椭圆形，外伸可达 10 cm，宽可达 15 cm，基部厚可达 60 mm，上表面初期为白色至浅黄色，后期灰黄色，具绒毛至光滑，具不规则疣突，通常被苔藓覆盖；孔口表面新鲜时乳白色至奶油色，干后浅黄色，具折光反应；孔口圆形，每毫米 6–8 个；孔口边缘薄，全缘；菌肉奶油色至浅棕黄色，厚可达 10 mm；菌管与孔口表面同色，长可达 50 mm。

显微结构：菌丝系统一体系；生殖菌丝具简单分隔；菌丝组织在 KOH 试剂中无变化；菌管菌丝无色，薄壁至厚壁，频繁分枝，略平直至弯曲，与菌管平行排列，IKI–，CB+，直径 2.3–4 μm；子实层具囊状体，多源于菌髓菌丝，棍棒形，无色，厚壁，末端具结晶，大小为 22–49×7.5–12 μm；担子桶状，大小为 10–13×4.8–5.6 μm；担孢子近球形或卵圆形，无色，薄壁，光滑，IKI–，CB+，大小为 (3–)3.2–4.2(–4.4)×(2.9–)3–3.7(–3.9) μm，平均长 L = 3.69 μm，平均宽 W = 3.22 μm，长宽比 Q = 1.14–1.15 (n = 60/2)。

代表序列：KF111019，KF111021。

分布、习性和功能：德钦县梅里雪山地质公园，香格里拉市普达措国家公园，维西县老君山自然保护区；生长在阔叶树活立木上；引起木材白色腐朽。

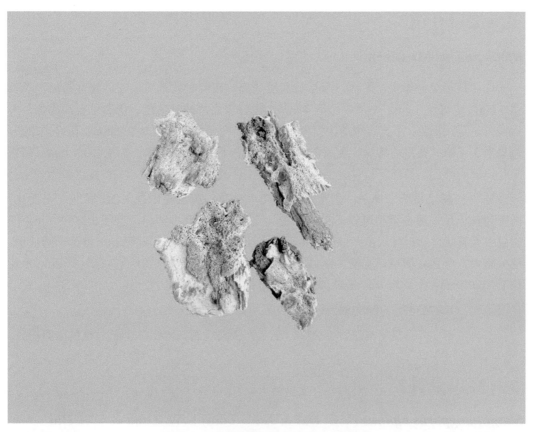

图 333　云杉硬孔菌 *Rigidoporus piceicola*

图 334　杨硬孔菌 *Rigidoporus populinus*

谦岸孔菌

Riopa pudens Miettinen

子实体：担子果一年生，平伏，不易与基质分离，新鲜时软木质，干后软且易碎，长可达 5 cm，宽可达 3 cm，中部厚可达 4 mm；孔口表面新鲜时白色、奶油色至浅褐色，干后浅黄色至浅褐色；不育边缘薄，白色至奶油色，羊毛状，宽可达 2.7 mm；孔口多角形，每毫米 3–4 个；孔口边缘厚，全缘至撕裂状；菌肉白色至奶油色，厚可达 0.4 mm；菌管与孔口表面同色，易碎，长可达 3.6 mm。

显微结构：菌丝系统一体系；生殖菌丝具简单分隔；菌丝组织在 KOH 试剂中无变化；菌管菌丝无色，薄壁至稍厚壁，频繁分枝，交织排列，具小结晶，直径 2.3–3.8 μm；子实层中无囊状体和拟囊状体；担子棍棒形，大小为 15–23.2×4.8–6.4 μm；担孢子圆柱形，部分略弯，无色，薄壁，光滑，IKI–，CB–，大小为 (5–)5.1–7(–8)×(2–)2.1–3 μm，平均长 L = 6.02 μm，平均宽 W = 2.63 μm，长宽比 Q = 2.29 (n = 30/1)。

代表序列：OL470307，OL462822。

分布、习性和功能：昆明市筇竹寺公园；生长在板栗树腐朽木上；引起木材白色腐朽。

高山桑黄

Sanghuangporus alpinus (Y.C. Dai & X.M. Tian) L.W. Zhou & Y.C. Dai

子实体：担子果多年生，盖形，单生或覆瓦状叠生，新鲜时木栓质，干后木质；菌盖半圆形至马蹄形，外伸可达 7.5 cm，宽可达 12 cm，基部厚可达 50 mm，上表面鼠灰色至黑色，光滑至粗糙，具同心环沟和环区，具皮壳，后期开裂；边缘钝，暗褐色；孔口表面新鲜时蜜黄色，干后黄褐色，具折光反应；不育边缘明显，宽可达 4 mm；孔口圆形至多角形，每毫米 5–7 个；孔口边缘薄，全缘；菌肉暗褐色，厚可达 5 mm；菌管黄褐色，长可达 45 mm。

显微结构：菌丝系统二体系；生殖菌丝具简单分隔；菌丝组织在 KOH 试剂中变黑色；菌管生殖菌丝无色至浅黄色，薄壁至略厚壁，IKI–，CB(+)，直径 2–3 μm；骨架菌丝占多数，黄色，厚壁，不分枝，疏松交织排列至与菌管近平行排列，直径 2.5–3.5 μm；具腹鼓状刚毛，末端尖，大小为 13–30×6–8 μm；子实层中无囊状体和拟囊状体；担子桶状，大小为 7–9×4–5 μm；担孢子宽椭圆形，黄色，厚壁，光滑，IKI–，CB–，大小为 (3–)3.1–3.9(–4)×(2.5–)2.6–3.2(–3.3) μm，平均长 L = 3.46 μm，平均宽 W = 2.96 μm，长宽比 Q = 1.13–1.21 (n = 90/3)。

代表序列：JQ860310，KP030771。

分布、习性和功能：香格里拉市普达措国家公园；生长在忍冬活立木上；引起木材白色腐朽；药用。

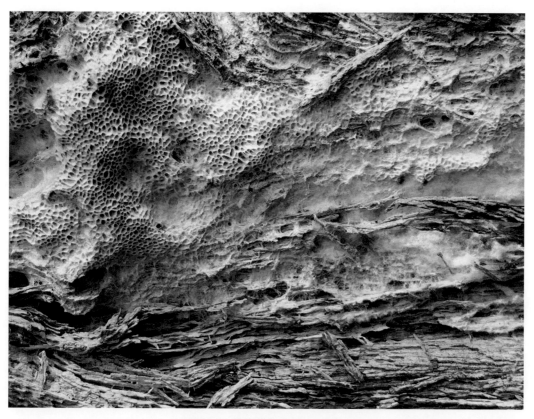

图 335　谦岸孔菌 *Riopa pudens*

图 336　高山桑黄 *Sanghuangporus alpinus*

桑黄

Sanghuangporus sanghuang (Sheng H. Wu、T. Hatt. & Y.C. Dai) Sheng H. Wu, L.W. Zhou & Y.C. Dai

子实体：担子果多年生，盖形，通常单生，新鲜时木栓质，干后木质；菌盖马蹄形，外伸可达 5 cm，宽可达 7 cm，基部厚可达 40 mm，上表面黄褐色至灰褐色，具绒毛至光滑，具同心环沟和环区；边缘钝，鲜黄色；孔口表面新鲜时黄色，干后褐色，略具折光反应；孔口圆形至多角形，每毫米 8–9 个；孔口边缘薄，全缘；菌肉黄色，具环区，厚可达 35 mm；菌管褐色，长可达 5 mm。

显微结构：菌丝系统二体系；生殖菌丝具简单分隔；菌丝组织在 KOH 试剂中变黑色；菌管生殖菌丝无色至浅黄色，薄壁至略厚壁，IKI–，CB(+)，直径 2–2.8 μm；骨架菌丝金黄色，厚壁，具宽至窄内腔，与菌管近平行排列，直径 2.3–3.8 μm；具腹鼓状刚毛，末端尖，大小为 17–32×8–11 μm；子实层中无囊状体和拟囊状体；担子桶状，大小为 6–9×4–5 μm；担孢子宽椭圆形，黄色，厚壁，光滑，IKI–，CB–，大小为 (3.5–)3.6–4.6(–4.8)×(2.8–)3–3.5(–3.8) μm，平均长 L = 4.04 μm，平均宽 W = 3.19 μm，长宽比 Q = 1.27 (n = 30/1)。

代表序列：MF772789，MF772810。

分布、习性和功能：昆明市黑龙潭公园；生长在桑树活立木上；引起木材白色腐朽；药用。

 粗柄雪芝

Sanguinoderma elmerianum (Murrill) Y.F. Sun & B.K. Cui

子实体：担子果一年生，具偏生至中生柄或盖形，通常覆瓦状叠生；菌盖半圆形或扇形，外伸可达 12 cm，宽可达 10 cm，中部厚可达 11 mm，上表面粗糙，灰褐色或褐色，干后几乎黑褐色，具同心环沟和放射状皱纹，无漆样光泽；孔口表面灰色，触摸后迅速变为血红色；孔口近圆形，每毫米 5–7 个；孔口边缘薄，全缘；菌肉干后黑色，硬木质，厚可达 5 mm，上表面形成一硬皮壳；菌管灰褐色至黑色，长可达 6 mm；菌柄圆柱形，长可达 14 cm，直径可达 12 mm。

显微结构：菌丝系统三体系；生殖菌丝具锁状联合；菌丝组织在 KOH 试剂中变黑色；菌管生殖菌丝占少数，直径 2.8–3.5 μm；骨架菌丝占多数，黄褐色，频繁树状分枝，交织排列，IKI–，CB+，直径 5–7 μm；缠绕菌丝广泛存在；皮壳构造似栅栏状，栅栏菌丝大小为 30–50×5–9 μm；子实层中无囊状体和拟囊状体；担子桶状，大小为 22–25×10–17 μm；担孢子球形至近球形，浅黄色，双层壁，外壁光滑，无色，内壁具小刺，IKI–，CB+，大小为 9.2–11×9–10 μm，平均长 L = 10.26 μm，平均宽 W = 9.5 μm，长宽比 Q = 1.07–1.09 (n = 60/2)。

代表序列：MK119834，MK119913。

分布、习性和功能：西双版纳自然保护区尚勇；生长在阔叶树林地上；引起木材白色腐朽。

图 337　桑黄 *Sanghuangporus sanghuang*

图 338　粗柄雪芝 *Sanguinoderma elmerianum*

乌血芝

Sanguinoderma rugosum (Blume & T. Nees) Y.F. Sun, D.H. Costa & B.K. Cui

子实体：担子果一年生，具中生或侧生柄，单生或数个聚生，新鲜时革质，干后木质；菌盖近圆形至扇形，直径可达 12 cm，中部厚可达 8 mm，上表面深褐色至近黑色，具同心环沟和放射状皱纹；孔口表面灰白色，触摸后变血红色；孔口近圆形至多角形，每毫米 5–7 个；孔口边缘厚，全缘；菌肉干后肉桂色至深褐色，厚可达 5 mm；菌管与孔口表面同色，长可达 3 mm；菌柄圆柱形，与菌盖同色，长可达 12 cm，直径可达 1 cm。

显微结构：菌丝系统三体系；生殖菌丝具锁状联合；菌丝组织在 KOH 试剂中变黑色；菌管生殖菌丝占少数，直径 4–6 μm；骨架菌丝占多数，黄褐色至深褐色，频繁树状分枝，交织排列，IKI–，CB+，直径 4–6 μm；缠绕菌丝广泛存在；皮壳构造似栅栏状，栅栏菌丝大小为 20–50×6–10 μm；子实层中无囊状体；具棍棒形拟囊状体，大小为 20–28×3–5 μm；担孢子宽椭圆形，浅黄色，双层壁，外壁光滑，无色，内壁具小刺，IKI–，CB+，大小为 10.2–11.3×8.3–9.2 μm，平均长 L = 10.75 μm，平均宽 W = 8.86 μm，长宽比 Q = 1.21–1.22 (n = 60/2)。

代表序列：MK119843，MK119922。

分布、习性和功能：普洱市太阳河森林公园，勐腊县勐腊自然保护区，西双版纳自然保护区尚勇，景洪市西双版纳自然保护区；生长在阔叶树林地上；引起木材白色腐朽；药用。

 ## 多孢萨尔克孔菌

Sarcoporia polyspora P. Karst.

子实体：担子果一年生，平伏至反卷或盖形，单生，新鲜时肉质，干后软木栓质；菌盖扇形，外伸可达 5 cm，宽可达 8 cm，基部厚可达 21 mm，上表面新鲜时白色至黄红色，光滑，干后奶油色至深红棕色；孔口表面新鲜时白色，干后浅黄色；孔口圆形至多角形，每毫米 1–3 个；孔口边缘薄，撕裂状；菌肉浅黄色，厚可达 1 mm；菌管与孔口表面同色，长可达 20 mm。

显微结构：菌丝系统一体系；生殖菌丝具锁状联合；菌管菌丝无色，薄壁至稍厚壁，偶尔分枝，IKI–，CB–，直径 2.4–4 μm；子实层中无囊状体和拟囊状体；担子棍棒形，大小为 17.6–22.4×5.6–6.4 μm；担孢子椭圆形至近圆柱形，无色，薄壁至稍厚壁，光滑，IKI[+]，CB+，大小为 4.4–5.6×2.4–2.8 μm，平均长 L = 4.8 μm，平均宽 W = 2.49 μm，长宽比 Q = 1.57–2.4 (n = 60/2)。

代表序列：MW377326，MW377403。

分布、习性和功能：宾川县鸡足山风景区，兰坪县罗古箐自然保护区，武定县狮子山森林公园；生长在针叶树倒木上；引起木材褐色腐朽。

图 339 乌血芝 *Sanguinoderma rugosum*

图 340 多孢萨尔克孔菌 *Sarcoporia polyspora*

平行灰孔菌

***Sidera parallela* Y.C. Dai, F. Wu, G.M. Gates & Rui Du**

子实体：担子果一年生，平伏，新鲜时软木栓质，干后木栓质，长可达 11 cm，宽可达 4 cm，中部厚可达 1.5 mm；孔口表面新鲜时白色，干后奶油色至浅黄色；不育边缘明显，菌索状；孔口圆形，每毫米 6–8 个；孔口边缘厚，全缘；菌肉乳白色，厚可达 0.1 mm；菌管与孔口表面同色，长可达 1.4 mm。

显微结构：菌丝系统二体系；生殖菌丝具锁状联合；菌管生殖菌丝无色，薄壁，少分枝，直径 1–2 μm；骨架菌丝占多数，无色，厚壁，具窄内腔至近实心，不分枝，平直，与菌管平行排列，IKI–，CB–，直径 2–3 μm；菌髓末端生殖菌丝占多数，具莲花状结晶；子实层中无囊状体；具纺锤形拟囊状体，大小为 8–17×2.3–4 μm；担子桶状，大小为 7–9×4–5 μm；担孢子半月形，无色，薄壁，光滑，IKI–，CB–，大小为 (2.7–)2.8–3.3×(0.8–)0.9–1.2 μm，平均长 L = 3 mm，平均宽 W = 1.07 mm，长宽比 Q = 2.72–2.87 (n = 60/2)。

代表序列：MK346145。

分布、习性和功能：兰坪县罗古箐自然保护区；生长在阔叶树倒木和腐朽木上；引起木材白色腐朽。

 ## 白边干皮孔菌

***Skeletocutis albomarginata* (Zipp. ex Lév.) Rui Du & Y.C. Dai**

子实体：担子果多年生，平伏反卷至盖形，单生至覆瓦状叠生，新鲜时木栓质，干后木质；菌盖窄半圆形，外伸可达 4 cm，宽可达 20 cm，基部厚可达 30 mm，上表面新鲜时红褐色，干后红棕色，具同心环区和皮壳；孔口表面新鲜时白色，干后浅橙色至砖红色，具折光反应；孔口多角形，每毫米 4–5 个；孔口边缘薄，全缘；菌肉砖红色，木质，厚可达 25 mm；菌管黄褐色，长可达 5 mm。

显微结构：菌丝系统二体系；生殖菌丝具锁状联合；菌丝组织在 KOH 试剂中变樱桃红色；菌管生殖菌丝无色，薄壁，频繁分枝，直径 2–4 μm；骨架菌丝占多数，黄褐色，厚壁，具窄内腔至近实心，平直，不分枝，与菌管平行排列，IKI–，CB–，直径 4–6 μm；子实层中无囊状体；具纺锤形拟囊状体，大小为 6–9×2.5–4 μm；担子棍棒形，大小为 6–9×2.5–4 μm；担孢子细腊肠形，无色，薄壁，光滑，IKI–，CB–，大小为 3–4×0.5–0.8 mm，平均长 L = 3.41 mm，平均宽 W = 0.59 mm，长宽比 Q = 5.77 (n = 30/1)。

代表序列：JN048764。

分布、习性和功能：勐腊县中国科学院西双版纳热带植物园绿石林；生长在阔叶树倒木上；引起木材白色腐朽。

图 341 平行灰孔菌 *Sidera parallela*

图 342 白边干皮孔菌 *Skeletocutis albomarginata*

竹生干皮孔菌

Skeletocutis bambusicola L.W. Zhou & W.M. Qin

子实体： 担子果一年生，平伏，新鲜时软革质，干后木栓质，长可达 13 cm，宽可达 3.5 cm，中部厚可达 1 mm；孔口表面新鲜时奶油色，干后浅黄色，略具折光反应；孔口多角形至圆形，每毫米 8–11 个；孔口边缘薄，全缘至略撕裂状；菌肉浅黄色，软木栓质，厚可达 0.2 mm；菌管比孔口表面颜色浅，长可达 0.8 mm。

显微结构： 菌丝系统二体系；生殖菌丝具锁状联合；菌管生殖菌丝少见，无色，薄壁，直径 1.5–3 μm；骨架菌丝占多数，无色，稍厚壁至厚壁，具窄内腔，强烈弯曲，交织排列，IKI–，CB–，直径 2–3 μm；菌髓末端具生殖菌丝和骨架菌丝，生殖菌丝具刺状结晶；子实层中无囊状体；具纺锤形拟囊状体，大小为 10–17×3–5 μm；担子棍棒形，大小为 12–20×4–5 μm；担孢子椭圆形，无色，薄壁，光滑，IKI–，CB–，大小为 (2–)2.2–2.8(–2.9)×(1.3–)1.4–1.8(–1.9) μm，平均长 L = 2.54 μm，平均宽 W = 1.6 μm，长宽比 Q = 1.59 (n = 30/1)。

代表序列： MN908949，MN908951。

分布、习性和功能： 勐腊县中国科学院西双版纳热带植物园；生长在死竹子木上；引起竹材白色腐朽。

 ## 肉灰干皮孔菌

Skeletocutis carneogrisea A. David

子实体： 担子果一年生，平伏至平伏反卷，覆瓦状叠生，新鲜时软革质，干后硬革质；菌盖半圆形，外伸可达 2 cm，宽可达 4 cm，基部厚可达 1.5 mm，上表面白色至浅褐色，具绒毛，具同心环区；孔口表面新鲜时奶油色至粉灰色，干后暗灰色；孔口多角形，每毫米 4–5 个；孔口边缘薄，全缘至撕裂状；菌肉白色，厚可达 0.3 mm；菌管与孔口表面同色，与菌肉间具一窄脆骨区，长可达 1.2 mm。

显微结构： 菌丝系统二体系；生殖菌丝具锁状联合；菌丝组织在 KOH 试剂中变黑褐色；菌管生殖菌丝无色，直径 2–4 μm；骨架菌丝占多数，厚壁，具窄内腔至近实心，与菌管近平行排列，IKI–，CB–，直径 3–5 μm；菌髓末端具生殖菌丝和骨架菌丝，生殖菌丝具刺状结晶；子实层中无囊状体；具纺锤形拟囊状体，大小为 10–16×3.5–5.5 μm；担子棍棒形，大小为 12–16×4–5 μm；担孢子腊肠形，无色，薄壁，光滑，IKI–，CB–，大小为 (3–)3.2–4.2(–4.4)×0.9–1.1(–1.2) μm，平均长 L = 3.63 μm，平均宽 W = 1.03 μm，长宽比 Q = 3.52 (n = 30/1)。

代表序列： OL471393。

分布、习性和功能： 兰坪县罗古箐自然保护区；生长在针叶树倒木和树桩上；引起木材白色腐朽。

图 343 竹生干皮孔菌 *Skeletocutis bambusicola*

图 344 肉灰干皮孔菌 *Skeletocutis carneogrisea*

磨盘山干皮孔菌

Skeletocutis mopanshanensis C.L. Zhao

子实体：担子果一年生，平伏，不易与基质分离，新鲜时软革质，干后软木栓质，长可达 7 cm，宽可达 4 cm，中部厚可达 1 mm；孔口表面新鲜时白色，干后奶油色；不育边缘明显，宽可达 2 mm；孔口圆形，每毫米 4–5 个；孔口边缘薄，全缘；菌肉白色至奶油色，厚可达 0.3 mm；菌管与孔口表面同色，长可达 0.7 mm。

显微结构：菌丝系统二体系；生殖菌丝具锁状联合；菌管生殖菌丝无色，薄壁，不分枝，具细小结晶，交织排列，直径 2–3 μm；骨架菌丝占多数，无色，厚壁，偶尔分枝，交织排列，IKI–，CB–，直径 2.5–4.5 μm；子实层中无囊状体；具纺锤形拟囊状体，大小为 7–10×2–3 μm；担子梨形，大小为 9–13×5.5–8 μm；担孢子椭圆形，无色，薄壁，光滑，IKI–，CB–，大小为 (4.5–)4.7–6.6(–6.8)×(3–)3.2–4.5(–4.8) μm，平均长 L = 5.51 μm，平均宽 W = 3.69 μm，长宽比 Q = 1.41–1.65 (n = 60/2)。

代表序列：MF924720，MF924721。

分布、习性和功能：新平县磨盘山森林公园；生长在松树落枝上；引起木材白色腐朽。

 ## 白干皮孔菌

Skeletocutis nivea (Jungh.) Jean Keller

子实体：担子果一年生，平伏、平伏反卷或盖形，单生或覆瓦状叠生，木栓质；平伏时长可达 6 cm，宽可达 3 cm，中部厚可达 4 mm；菌盖窄半圆形，外伸可达 1.5 cm，宽可达 5 cm，基部厚可达 4 mm，上表面乳白色、浅黄色至黑色；孔口表面乳白色、奶油色至灰色，具折光反应；孔口多角形，每毫米 7–8 个；孔口边缘薄，全缘；菌肉乳白色，厚可达 3 mm；菌管与孔口表面同色，长可达 1 mm。

显微结构：菌丝系统二体系；生殖菌丝具锁状联合；菌管中生殖菌丝占多数，无色，薄壁至略厚壁，偶尔被细微结晶，偶尔分枝，近平行排列，直径 2–5 μm；骨架菌丝少见，IKI–，CB–；子实层中无囊状体；具纺锤形拟囊状体，大小为 9–12×3–4 μm；担子棍棒形，大小为 9–11×3.8–4.5 μm；担孢子细圆柱形至腊肠形，无色，薄壁，光滑，IKI–，CB–，大小为 3–3.8×0.5–0.8 μm，平均长 L = 3.38 μm，平均宽 W = 0.59 μm，长宽比 Q = 5.74 (n = 32/1)。

代表序列：OL635986。

分布、习性和功能：水富市铜锣坝国家森林公园；生长在阔叶树倒木、腐朽木和落枝上；引起木材白色腐朽。

图 345　磨盘山干皮孔菌 *Skeletocutis mopanshanensis*

图 346　白干皮孔菌 *Skeletocutis nivea*

香味干皮孔菌

Skeletocutis odora (Sacc.) Ginns

子实体：担子果一年生，平伏，不易与基质分离，新鲜时蜡质，软，干后软骨质，长可达 10 cm，宽可达 3 cm，中部厚可达 1 mm；孔口表面新鲜时白色，干后浅黄色至黄褐色；不育边缘不明显；孔口圆形，每毫米 6–8 个；孔口边缘薄，全缘；菌肉干后浅黄色，厚可达 0.1 mm；菌管与孔口表面同色，长可达 0.9 mm。

显微结构：菌丝系统二体系；生殖菌丝具锁状联合；菌管生殖菌丝无色，薄壁，频繁分枝，直径 2.5–3.5 μm；骨架菌丝在菌管基部占多数，无色，厚壁，具窄内腔，偶尔分枝，弯曲，交织排列，IKI–，CB–，直径 3–5 μm；菌髓末端只有生殖菌丝，具刺状结晶；子实层中无囊状体；具纺锤形拟囊状体，大小为 10–14×3.5–5 μm；担子棍棒形，大小为 10–17×4–6.7 μm；担孢子腊肠形，无色，薄壁，光滑，IKI–，CB–，大小为 (3.5–)4–4.6(–5)×0.9–1.2(–1.3) μm，平均长 L = 4.3 μm，平均宽 W = 1.07 μm，长宽比 Q = 3.96–4.12 (n = 60/2)。

代表序列：OL583992。

分布、习性和功能：腾冲市高黎贡山自然保护区；生长在针叶树腐朽木上；引起木材白色腐朽。

 假香味干皮孔菌

Skeletocutis pseudo-odora L.F. Fan & Jing Si

子实体：担子果一年生，平伏，不易与基质分离，新鲜时软革质，干后硬木栓质，长可达 6 cm，宽可达 2 cm，中部厚可达 1 mm；孔口表面新鲜时白色，干后浅黄色至黄褐色，偶尔开裂；不育边缘明显，棉絮状，宽可达 2 mm；孔口圆形，每毫米 6–8 个；孔口边缘厚，全缘；菌肉干后白色，厚可达 0.1 mm；菌管与孔口表面同色，长可达 0.9 mm。

显微结构：菌丝系统二体系；生殖菌丝具锁状联合；菌管生殖菌丝常见，无色，薄壁，少分枝，直径 2–3 μm；骨架菌丝在菌管基部占多数，无色，厚壁，具窄内腔至近实心，交织排列，黏结，IKI–，CB–，直径 2.5–3.5 μm；菌髓末端只有生殖菌丝，具刺状结晶；子实层中无囊状体；具纺锤形拟囊状体，大小为 8–10×3–4 μm；担子粗棍棒形，大小为 7–9×4–5 μm；担孢子腊肠形，无色，薄壁，光滑，IKI–，CB–，大小为 (3.9–)4–5(–5.7)×(0.9–)1–1.1(–1.2) μm，平均长 L = 4.43 μm，平均宽 W = 1.06 μm，长宽比 Q = 4.18 (n = 30/1)。

代表序列：OL470306，OL462821。

分布、习性和功能：盈江县铜壁关自然保护区；生长在阔叶树落枝上；引起木材白色腐朽。

图 347　香味干皮孔菌 *Skeletocutis odora*

图 348　假香味干皮孔菌 *Skeletocutis pseudo-odora*

半盖干皮孔菌

***Skeletocutis semipileata* (Peck) Miettinen & A. Korhonen**

子实体：担子果一年生，平伏反卷或盖形，单生，新鲜时革质，干后木栓质；平伏时长可达 3 cm，宽可达 2 cm，中部厚可达 1.5 mm；菌盖窄半圆形，外伸可达 1.5 cm，宽可达 3 cm，基部厚可达 1.5 mm，上表面灰褐色至暗褐色，无环区；孔口表面初期白色至奶油色，后期和干后浅黄色至黄褐色，具折光反应；孔口圆形至拉长形，每毫米 8–9 个；孔口边缘薄，全缘；菌肉乳白色，厚可达 0.5 mm；菌管与孔口表面同色，长可达 1 mm。

显微结构：菌丝系统二体系；生殖菌丝具锁状联合；菌管生殖菌丝占多数，无色，薄壁至稍厚壁，频繁分枝，具刺状结晶，直径 1–2 μm；骨架菌丝无色，厚壁至近实心，不分枝，弯曲，交织排列，IKI–，CB–，直径 2–3 μm；子实层中无囊状体；具纺锤形拟囊状体，大小为 8–10×2–3 μm；担子棍棒形，大小为 8–9×3–4 μm；担孢子细腊肠形，无色，薄壁，光滑，IKI–，CB–，大小为 (2.9–)3–3.1×0.4–0.7(–0.8) μm，平均长 L = 3.02 μm，平均宽 W = 0.52 μm，长宽比 Q = 5.81 (n = 30/1)。

代表序列：OL473610，OL473623。

分布、习性和功能：牟定县化佛山自然保护区；生长在阔叶树落枝上；引起木材白色腐朽。

 ## 亚白边干皮孔菌

***Skeletocutis subalbomarginata* Rui Du & Y.C. Dai**

子实体：担子果多年生，平伏反卷至盖形，单生至覆瓦状叠生，新鲜时木栓质，干后木质；菌盖窄半圆形，外伸可达 6 cm，宽可达 16 cm，基部厚可达 8 mm，上表面新鲜时红褐色，干后黑褐色，具不明显同心环区；孔口表面新鲜时黄褐色，干后浅黄褐色；孔口圆形，每毫米 8–10 个；孔口边缘薄，略撕裂状；菌肉红褐色，木质，厚可达 3 mm；菌管橘黄褐色，长可达 5 mm。

显微结构：菌丝系统二体系；生殖菌丝具简单分隔；菌丝组织在 KOH 试剂中变黑色；菌管生殖菌丝无色，薄壁，具刺状结晶，直径 1.5–2.5 μm；骨架菌丝占多数，黄褐色，厚壁，具窄内腔至近实心，与菌管平行排列，IKI–，CB–，直径 2.5–4 μm；子实层中无囊状体；具纺锤形拟囊状体，大小为 6.5–9×2.5–3.5 μm；担子桶状，大小为 7–11×2.8–4 μm；担孢子细腊肠形，无色，薄壁，光滑，IKI–，CB–，大小为 (2.6–)2.7–3.4(–3.5)×0.5–0.8 μm，平均长 L = 3.03 μm，平均宽 W = 0.61 μm，长宽比 Q = 4.9–5.03 (n = 60/2)。

代表序列：MN908953。

分布、习性和功能：盈江县铜壁关自然保护区；生长在阔叶树腐朽木上；引起木材白色腐朽。

图 349　半盖干皮孔菌 *Skeletocutis semipileata*

图 350　亚白边干皮孔菌 *Skeletocutis subalbomarginata*

玉成干皮孔菌

Skeletocutis yuchengii **Miettinen & A. Korhonen**

子实体：担子果一年生，平伏、平伏反卷，新鲜时软棉质，干后软木栓质；平伏时长可达 6 cm，宽可达 3 cm，中部厚可达 3 mm；菌盖窄半圆形，外伸可达 1.5 cm，宽可达 3 cm，基部厚可达 3 mm，上表面乳白色至浅黄色；孔口表面奶油色至浅黄色，具折光反应；孔口多角形，每毫米 8–11 个；孔口边缘薄，全缘；菌肉赭色，厚可达 2.7 mm；菌管与孔口表面同色，长可达 0.3 mm。

显微结构：菌丝系统二体系，菌管菌丝系统一体系；生殖菌丝具锁状联合；菌管中菌丝无色，薄壁至略厚壁，偶尔被细微结晶体，偶尔分枝，与菌管平行排列，直径 1–2 μm；子实层中无囊状体；具纺锤形拟囊状体，大小为 8–11×3–4 μm；担子棍棒形，大小为 9–13×3.5–4 μm；担孢子细圆柱形至腊肠形，无色，薄壁，光滑，IKI–，CB–，大小为 (2.7–)2.8–3.1(–3.2)×(0.4–)0.5–0.7 μm，平均长 L = 2.96 μm，平均宽 W = 0.59 μm，长宽比 Q = 4.1–6 (n = 90/3)。

代表序列：OL473611，OL473624。

分布、习性和功能：勐腊县中国科学院西双版纳热带植物园热带雨林；生长在阔叶树倒木和落枝上；引起木材白色腐朽。

 ## 云南干皮孔菌

Skeletocutis yunnanensis **L.S. Bian, C.L. Zhao & F. Wu**

子实体：担子果一年生，平伏，不易与基质分离，新鲜时软革质，干后软木栓质至脆质，长可达 5 cm，宽可达 2 cm，中部厚可达 1.4 mm；孔口表面新鲜时白色，干后浅黄色；不育边缘不明显；孔口多角形，每毫米 5–6 个；孔口边缘薄，全缘；菌肉白色，厚可达 0.4 mm；菌管与孔口表面同色，脆质，长可达 1 mm。

显微结构：菌丝系统二体系；生殖菌丝具锁状联合；菌管生殖菌丝常见，无色，薄壁至稍厚壁，偶尔分枝，直径 1.5–2.5 μm；骨架菌丝占多数，无色，厚壁，具窄内腔至近实心，不分枝，黏结，与菌管近平行排列，IKI–，CB–，直径 2–3 μm；菌髓末端生殖菌丝占多数，具刺状结晶；子实层中无囊状体；具瓶状拟囊状体，大小为 7.8–10×3.2–4 μm；担子棍棒形，大小为 8–12×3–4.5 μm；担孢子腊肠形，无色，薄壁，光滑，IKI–，CB–，大小为 (3.2–)3.5–4.5×1–1.2(–1.5) μm，平均长 L = 3.99 μm，平均宽 W = 1.08 μm，长宽比 Q = 3.54–3.83 (n = 60/2)。

代表序列：KU950434，KU950436。

分布、习性和功能：宾川县鸡足山风景区；生长在阔叶树腐朽木上；引起木材白色腐朽。

图 351　玉成干皮孔菌 *Skeletocutis yuchengii*

图 352　云南干皮孔菌 *Skeletocutis yunnanensis*

莲蓬稀管菌

Sparsitubus nelumbiformis L.W. Xu & J.D. Zhao

子实体：担子果一年生至二年生，平伏反卷或盖形，单生或数个聚生，新鲜时革质，干后木栓质；菌盖窄半圆形至盘形，外伸可达 1.5 cm，宽可达 3 cm，基部厚可达 11 mm，上表面新鲜时黄褐色，干后暗灰褐色，具不明显同心环纹；孔口表面新鲜时浅灰色，干后灰褐色；孔口各自分离，圆形，每毫米 2–4 个；菌肉粉黄褐色，厚可达 10 mm；菌管鼠灰色，比孔口表面颜色深，长可达 1 mm。

显微结构：菌丝系统二体系；生殖菌丝具锁状联合和简单分隔；菌管生殖菌丝无色，薄壁，不分枝，直径 1.5–2.5 μm；骨架菌丝厚壁，具窄内腔，频繁分枝，与菌管平行排列，IKI[+]，CB+，直径 2–3 μm；担子桶状，大小为 15–17×7–8 μm；担孢子宽椭圆形至近球形，黄色，厚壁，光滑，具疣突，IKI–，CB+，大小为 (4.3–)4.5–5.4(–5.8)×(3.6–)3.8–4.4(–5) μm，平均长 L = 4.99 μm，平均宽 W = 4.07 μm，长宽比 Q = 1.19–1.25 (n = 90/3)。

代表序列：KX880632，KX880671。

分布、习性和功能：勐腊县望天树景区；生长在阔叶树腐朽木上；引起木材白色腐朽。

 ## 香绵孔菌

Spongiporus balsameus (Peck) A. David

子实体：担子果一年生，盖形，覆瓦状叠生，新鲜时软而多汁，干后脆革质；菌盖扇形，外伸可达 3 cm，宽可达 4 cm，基部厚可达 10 mm，上表面浅黄褐色，干后褐色；孔口表面新鲜时白色，干后棕色；不育边缘不明显；孔口圆形，每毫米 5–6 个；孔口边缘薄，撕裂状；菌肉浅褐色，厚可达 5 mm；菌管褐色，长可达 5 mm。

显微结构：菌丝系统一体系；生殖菌丝具锁状联合；菌管菌丝无色，厚壁，具宽内腔，偶尔分枝，IKI–，CB–，直径 3–4 μm；子实层具囊状体，大小为 11–22×5–7 μm；担子棍棒形至桶状，大小为 18–20×4–5 μm；担孢子圆柱形，无色，薄壁，光滑，IKI–，CB–，大小为 4–5×2.5–3 μm，平均长 L = 4.82 μm，平均宽 W = 2.59 μm，长宽比 Q = 1.86–2.01 (n = 60/2)。

代表序列：KX900916，KX900986。

分布、习性和功能：腾冲市高黎贡山自然保护区，昆明市西山森林公园；生长在松树桩上；引起木材褐色腐朽。

图 353　莲蓬稀管菌 *Sparsitubus nelumbiformis*

图 354　香绵孔菌 *Spongiporus balsameus*

莲座绵孔菌

***Spongiporus floriformis* (Quél.) Zmitr.**

子实体： 担子果一年生，盖形，覆瓦状叠生，新鲜时软而多汁，干后软木栓质；菌盖扇形，外伸可达 3 cm，宽可达 5 cm，基部厚可达 15 mm，上表面新鲜时白色，干后浅黄色；孔口表面新鲜时白色，干后浅黄色；孔口多角形，每毫米 6–8 个；孔口边缘薄，撕裂状；菌肉浅黄色，厚可达 10 mm；菌管浅棕色，长可达 5 mm。

显微结构： 菌丝系统一体系；生殖菌丝具锁状联合；菌管菌丝无色，厚壁，具宽内腔，偶尔分枝，IKI–，CB–，直径 3–4 μm；子实层中无囊状体和拟囊状体；担子棍棒形至桶状，大小为 17–20×4–5 μm；担孢子圆柱形，无色，薄壁，光滑，IKI–，CB–，大小为 3.5–4.5×2–2.5 μm，平均长 L = 4.27 μm，平均宽 W = 2.26 μm，长宽比 Q = 1.79–1.85 (n = 60/2)。

代表序列： KM107899，KM107904。

分布、习性和功能： 兰坪县长岩山自然保护区，兰坪县罗古箐自然保护区，昆明市黑龙潭公园；生长在针叶树桩或腐朽木上；引起木材褐色腐朽。

 ## 米黄色孔菌

***Tinctoporellus bubalinus* H.S. Yuan**

子实体： 担子果多年生，平伏，贴生，极难与基质分离，新鲜时硬木质至脆骨质，易碎，长可达 10 cm，宽可达 5 cm，中部厚可达 1.5 mm；孔口表面初期白色至奶油色，干后浅黄色，具灰色痕迹；不育边缘明显；孔口多角形，每毫米 3–5 个；孔口边缘薄，撕裂状；菌肉极薄至几乎无；菌管肉桂色，长可达 1.5 mm。

显微结构： 菌丝系统二体系；生殖菌丝具锁状联合；菌丝组织在 KOH 试剂中变黑色；菌管生殖菌丝无色，直径 1.5–2.5 μm；骨架菌丝无色至黄褐色，厚壁至近实心，紧密交织排列，IKI[+]，CB–，直径 1.8–2.8 μm；子实层中无囊状体；具纺锤形拟囊状体，大小为 11–14×4–5 μm；子实层和孔口边缘具频繁树状分枝菌丝；担子棍棒形，大小为 15–21×4.5–6 μm；担孢子椭圆形，无色，薄壁，光滑，IKI–，CB–，大小为 (4.6–)4.7–5.4(–5.6)×(2.7–)2.8–3.3(–3.4) μm，平均长 L = 4.99 μm，平均宽 W = 3.01 μm，长宽比 Q = 1.57–1.75 (n = 60/2)。

代表序列： JQ319494。

分布、习性和功能： 西双版纳自然保护区曼搞；生长在阔叶树桩上；引起木材白色腐朽。

图 355　莲座绵孔菌 *Spongiporus floriformis*

图 356　米黄色孔菌 *Tinctoporellus bubalinus*

红木色孔菌

***Tinctoporellus epimiltinus* (Berk. & Broome) Ryvarden**

子实体：担子果多年生，平伏，通常垫状，贴生，极难与基质分离，新鲜时硬木质至脆骨质，易碎，长可达 200 cm，宽可达 50 cm，中部厚可达 2 mm；孔口表面初期灰色、灰红色，触摸后变为红褐色，具弱折光反应，干后颜色几乎不变；孔口多角形至圆形，每毫米 7–9 个；孔口边缘薄，全缘至稍撕裂状；菌肉极薄，红褐色；菌管灰红褐色，明显比孔口表面颜色深；长可达 2 mm。

显微结构：菌丝系统二体系；生殖菌丝具锁状联合；菌丝组织在 KOH 试剂中变黑色；菌管生殖菌丝无色，薄壁至稍厚壁，偶尔分枝，直径 1.5–2.5 μm；骨架菌丝无色至浅黄褐色，厚壁至近实心，紧密交织排列，IKI[+]，CB–，直径 2–4 μm；子实层中无囊状体和拟囊状体；担子棍棒形，大小为 10–14×4–6 μm；担孢子宽椭圆形至近球形，无色，薄壁，光滑，IKI–，CB–，大小为 (3–)3.5–4.1(–4.2)×(2.1–)2.5–3.5(–3.8) μm，平均长 L = 3.65 μm，平均宽 W = 2.72 μm，长宽比 Q = 1.24–1.47 (n = 60/2)。

代表序列：JQ319491。

分布、习性和功能：水富市铜锣坝国家森林公园；生长在阔叶树腐朽木上；引起木材白色腐朽。

 ## 锐栓孔菌

***Trametes acuta* (Berk.) Imazeki**

子实体：担子果一年生，盖形，偶尔具短柄状基部，覆瓦状叠生，干后木栓质，菌盖半圆形至扇形，外伸可达 3 cm，宽可达 5.5 cm，基部厚可达 9 mm，上表面奶油色至浅黄褐色，光滑，具同心环纹和环沟；子实层体表面浅黄色至浅黄褐色，孔状或迷宫状，边缘为褶状；孔口多角形，每毫米 0.5–1 个，菌管边缘厚，全缘，菌褶边缘不等长，二叉分枝，放射状排列；菌肉白色至奶油色，无环区，厚可达 6 mm；菌管与菌肉同色，长可达 3 mm。

显微结构：菌丝系统三体系；生殖菌丝具锁状联合；菌管或菌褶生殖菌丝少见，无色，薄壁，中度分枝，直径 2–2.8 μm；骨架菌丝占多数，无色，厚壁，具窄内腔至近实心，偶尔分枝，弯曲，交织排列，IKI–，CB–，直径 3.5–5 μm；缠绕菌丝常见；子实层中无囊状体和拟囊状体；担子长棍棒形，大小为 18–24×4–6 μm；担孢子短圆柱形，无色，薄壁，光滑，IKI–，CB–，大小为 (5.8–)6–7(–8)×(2.8–)2.9–3.5(–3.6) μm，平均长 L = 6.67 μm，平均宽 W = 3.08 μm，长宽比 Q = 2.1–2.12 (n = 29/2)。

代表序列：KX900643，KX900690。

分布、习性和功能：云南元江国家级自然保护区，勐腊县望天树景区；生长在阔叶树倒木和树桩上；引起木材白色腐朽；药用。

图 357　红木色孔菌 *Tinctoporellus epimiltinus*

图 358　锐栓孔菌 *Trametes acuta*

红栓孔菌

Trametes coccinea (Fr.) Hai J. Li & S.H. He

子实体：担子果一年生，平伏反卷至盖形，单生或覆瓦状叠生，新鲜时革质，干后木栓质；菌盖半圆形、肾形或圆形，外伸可达 7 cm，宽可达 8 cm，基部厚可达 10 mm，上表面橘黄色、红褐色至红色，无环区；孔口表面红色，无折光反应；孔口圆形至多角形，每毫米 6–8 个；孔口边缘薄，全缘；菌肉浅红色，具环区，厚可达 9 mm；菌管与孔口表面同色，长可达 1 mm。

显微结构：菌丝系统三体系；生殖菌丝具锁状联合；菌丝组织在 KOH 试剂中变黑色；菌管生殖菌丝少见，无色，薄壁，具红色结晶，直径 1.4–2 μm；骨架菌丝占多数，黄色，厚壁，具宽至窄内腔，偶尔分枝，交织排列，具红色结晶，IKI–，CB–，直径 2.2–3 μm；缠绕菌丝常见；子实层中无囊状体和拟囊状体；担子棍棒形，大小为 10–13×4–5 μm；担孢子圆柱形至腊肠形，无色，薄壁，光滑，IKI–，CB–，大小为 4–5.9×1.8–2.2 μm，平均长 L = 4.55 μm，平均宽 W = 2.01 μm，长宽比 Q = 2.26 (n = 40/1)。

代表序列：KC848330，KC848414。

分布、习性和功能：双柏县爱尼山乡；生长在阔叶树桩上；引起木材白色腐朽；药用。

 ## 拟囊体栓孔菌

Trametes cystidiolophora B.K. Cui & Hai J. Li

子实体：担子果一年生，盖形，覆瓦状叠生，新鲜时革质，干后木栓质；菌盖半圆形至扇形，外伸可达 4 cm，宽可达 7 cm，基部厚可达 7 mm，上表面浅灰褐色至肉桂色，具同心环区和放射状条纹；孔口表面奶油色至浅黄色，具折光反应；孔口圆形至多角形，每毫米 2–3 个；孔口边缘薄，撕裂状；菌肉乳白色，无环区，厚可达 3 mm；菌管奶油色至浅黄色，长可达 4 mm。

显微结构：菌丝系统三体系；生殖菌丝具锁状联合；骨架菌丝和缠绕菌丝在 KOH 试剂中膨胀；菌管生殖菌丝少见，直径 1.7–3 μm；骨架菌丝占多数，无色，厚壁，具窄内腔或近实心，交织排列，IKI–，CB–，直径 2.3–5 μm；缠绕菌丝常见；子实层中无囊状体；具纺锤形拟囊状体，偶尔具分隔，大小为 16–24×4–6 μm；担子棍棒形，大小为 16–18.2×5–7.8 μm；担孢子圆柱形，略弯曲，无色，薄壁，光滑，IKI–，CB–，大小为 (6–)6.6–9.2(–10)×(2.2–)2.4–3(–3.3) μm，平均长 L = 8.1 μm，平均宽 W = 2.79 μm，长宽比 Q = 2.78–3.04 (n = 60/2)。

代表序列：KX880635，KX880677。

分布、习性和功能：腾冲市高黎贡山自然保护区；生长在阔叶树死树上和倒木上；引起木材白色腐朽。

图 359　红栓孔菌 *Trametes coccinea*

图 360　拟囊体栓孔菌 *Trametes cystidiolophora*

雅致栓孔菌

***Trametes elegans* (Spreng.) Fr.**

子实体: 担子果一年生,盖形,单生或数个聚生,新鲜时革质,干后硬革质;菌盖半圆形至扇形,外伸可达 6 cm,宽可达 10 cm,基部厚可达 15 mm,上表面新鲜时白色至奶油色,后期浅灰白色至棕灰色,近基部具瘤状突起,具不明显同心环带;孔口表面初期奶油色,后期浅黄色;孔口多角形至迷宫状,放射状排列,每毫米 2–3 个;孔口边缘薄或厚,全缘;菌肉乳白色,厚可达 9 mm;菌管奶油色,比孔口表面颜色稍浅,长可达 6 mm。

显微结构: 菌丝系统三体系;生殖菌丝具锁状联合;菌管生殖菌丝少见,无色,薄壁,偶尔分枝,直径 1.8–4 μm;骨架菌丝占多数,无色,厚壁,具窄内腔或近实心,偶尔分枝,交织排列,IKI–,CB–,直径 2.5–5 μm;缠绕菌丝常见;子实层中无囊状体和拟囊状体;担子棍棒形,大小为 18–23.5×4.2–6 μm;担孢子圆柱形,无色,薄壁,光滑,IKI–,CB–,大小为 (5–)5.8–7(–7.3)×(2.1–)2.3–3 μm,平均长 L = 6.32 μm,平均宽 W = 2.77 μm,长宽比 Q = 2.28–2.29 (n = 60/2)。

代表序列: KC848263,JQ797672。

分布、习性和功能: 腾冲市高黎贡山自然保护区,腾冲市樱花谷,屏边县大围山自然保护区,勐腊县中国科学院西双版纳热带植物园绿石林,勐腊县望天树景区;生长在阔叶树倒木和树桩上;引起木材白色腐朽;药用。

 ## 椭圆栓孔菌

***Trametes ellipsoidea* Hai J. Li, Y.C. Dai & B.K. Cui**

子实体: 担子果一年生,平伏反卷至盖形,通常覆瓦状叠生,新鲜时革质,干后软木栓质;菌盖半圆形,外伸可达 2.5 cm,宽可达 3.5 cm,基部厚可达 2.2 mm,上表面奶油色、黄褐色至浅灰色,具绒毛,具不明显同心环带;孔口表面奶油色至浅黄色;孔口圆形至多角形,每毫米 1.5–2 个;孔口边缘薄,全缘至略撕裂状;菌肉乳白色,厚可达 1 mm;菌管奶油色,长可达 1.2 mm。

显微结构: 菌丝系统三体系;生殖菌丝具锁状联合;菌管生殖菌丝少见,无色,薄壁,偶尔分枝,直径 1.5–2.5 μm;骨架菌丝占多数,无色,厚壁,具窄内腔或近实心,偶尔分枝,弯曲,交织排列,IKI–,CB–,直径 2.2–3.8 μm;缠绕菌丝常见;子实层中无囊状体和拟囊状体;担子棍棒形,大小为 12–17×3.5–5 μm;担孢子椭圆形,无色,薄壁,光滑,IKI–,CB–,大小为 3–4×2–2.9 μm,平均长 L = 3.68 μm,平均宽 W = 2.5 μm,长宽比 Q = 1.51–1.74 (n = 90/3)。

代表序列: KC848257,KC848344。

分布、习性和功能: 西双版纳原始森林公园;生长在阔叶树倒木上;引起木材白色腐朽。

图 361　雅致栓孔菌 *Trametes elegans*

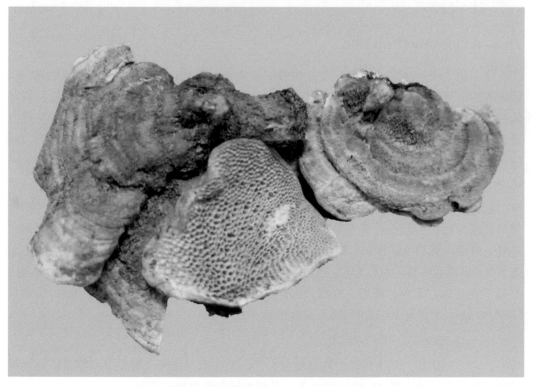

图 362　椭圆栓孔菌 *Trametes ellipsoidea*

椭圆孢栓孔菌

***Trametes ellipsospora* Ryvarden**

子实体：担子果一年生，盖形至平伏反转，通常覆瓦状叠生，新鲜时革质，干后木栓质；菌盖半圆形至近圆形，具脐状基部与基质相连，外伸可达 2.5 cm，宽可达 4 cm，基部厚可达 2 mm，上表面奶油色至浅赭色或浅灰色，具绒毛，具同心环纹和环沟；孔口表面奶油色至稻草色，具折光反应；孔口圆形至多角形，每毫米 4–6 个；孔口边缘薄，全缘；菌肉白色，厚可达 1.3 mm；菌管白色至浅稻草色，厚可达 0.7 mm。

显微结构：菌丝系统三体系；生殖菌丝具锁状联合；菌管生殖菌丝少见，无色，薄壁，偶尔分枝，直径 1.5–3 μm；骨架菌丝占多数，无色，厚壁至近实心，少分枝，交织排列，IKI–、CB–，直径 2–3.5 μm；缠绕菌丝常见；子实层具囊状体，球形、梨形、棍棒形至纺锤形，无色，薄壁，大小为 11–25×7–10.5 μm；具纺锤形拟囊状体；担子棍棒形，大小为 9–17×3.7–5 μm；担孢子椭圆形，无色，薄壁，光滑，IKI–、CB–，大小为 (3–)3.2–4.6(–5.1)×(2.1–)2.6–3.2(–3.5) μm，平均长 L = 3.86 μm，平均宽 W = 2.98 μm，长宽比 Q = 1.29–1.31 (n = 90/3)。

代表序列：KC848248，KC848335。

分布、习性和功能：勐腊县中国科学院西双版纳热带植物园绿石林；生长在阔叶树倒木上；引起木材白色腐朽。

 迷宫栓孔菌

***Trametes gibbosa* (Pers.) Fr.**

子实体：担子果一年生，盖形，覆瓦状叠生，新鲜时革质，具弱芳香味，干后木栓质；菌盖半圆形至扇形，外伸可达 10 cm，宽可达 15 cm，基部厚可达 20 mm，上表面新鲜时乳白色，后期奶油色至浅棕黄色，具同心环带；子实层表面初期乳白色，后期浅乳黄色至稻草色，具折光反应；子实层体孔状、拉长孔状或褶状，孔口每毫米约 2 个；孔口或菌褶边缘薄，全缘；菌肉乳白色，无环区，厚可达 10 mm；菌管奶油色或浅黄色，长可达 10 mm。

显微结构：菌丝系统三体系；生殖菌丝具锁状联合；菌管生殖菌丝少见，无色，薄壁，偶尔分枝，直径 2–3 μm；骨架菌丝占多数，无色至浅黄色，厚壁，具宽或窄内腔，偶尔分枝，弯曲，强烈交织排列，IKI–、CB–，直径 2.5–4 μm；缠绕菌丝常见；子实层中无囊状体；具拟囊状体，大小为 13–15×3–5 μm；担子棍棒形，大小为 15.5–18×4.5–6 μm；担孢子圆柱形，无色，薄壁，光滑，IKI–、CB–，大小为 3.1–4.9×1.9–2.5 μm，平均长 L = 4.05 μm，平均宽 W = 2.08 μm，长宽比 Q = 2.05–2.10 (n = 60/2)。

代表序列：KX880638，KX880679。

分布、习性和功能：兰坪县罗古箐自然保护区，丽江市白水河，腾冲市高黎贡山自然保护区；生长在杨树或其他阔叶树倒木上；引起木材白色腐朽；药用。

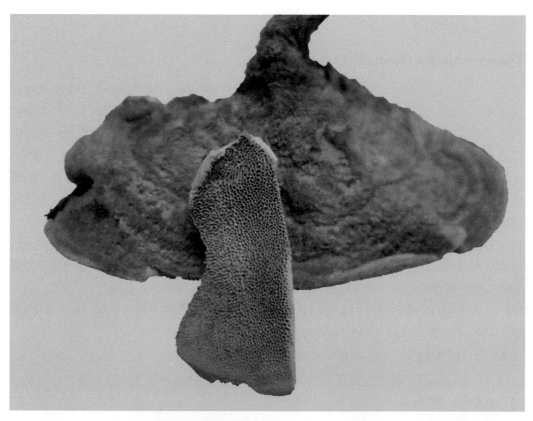
图 363　椭圆孢栓孔菌 *Trametes ellipsospora*

图 364　迷宫栓孔菌 *Trametes gibbosa*

毛栓孔菌

Trametes hirsuta (Wulfen) Lloyd

子实体：担子果一年生，盖形，覆瓦状叠生，新鲜时韧革质，干后木栓质，菌盖半圆形至扇形，外伸可达 4 cm，宽可达 10 cm，基部厚可达 8 mm，上表面新鲜时乳白色至灰绿色，干后奶油色、浅棕黄色、灰色至灰褐色，具硬毛或厚绒毛，具同心环带和环沟；孔口表面初期乳白色，后期乳黄色至灰褐色，具折光反应；孔口圆形至多角形，每毫米 3–5 个；孔口边缘厚，全缘；菌肉白色至奶油色，厚可达 5 mm；菌管奶油色或浅黄色，长可达 3 mm。

显微结构：菌丝系统三体系；生殖菌丝具锁状联合；菌管生殖菌丝少见，无色，薄壁，偶尔分枝，直径 2–3.3 μm；骨架菌丝占多数，无色至浅黄色，厚壁至近实心，少分枝，强烈交织排列，IKI–，CB–，直径 2–3.5 μm；缠绕菌丝常见；子实层中无囊状体和拟囊状体；担子棍棒形，大小为 13–20×4–6 μm；担孢子圆柱形，无色，薄壁，光滑，IKI–，CB–，大小为 (5–)5.3–8(–10.8)×(2.1–)2.5–3.2 (–4) μm，平均长 L = 6.65 μm，平均宽 W = 2.95 μm，长宽比 Q = 2.06–2.92 (n = 390/13)。

代表序列：KC848297，KC848382。

分布、习性和功能：腾冲市高黎贡山自然保护区；生长在阔叶树倒木和树桩上；引起木材白色腐朽；药用。

 ## 大栓孔菌

Trametes maxima (Mont.) A. David & Rajchenb.

子实体：担子果一年生，盖形，单生或数个聚生，新鲜时革质，干后木栓质；菌盖半圆形至扇形，外伸可达 2.5 cm，宽可达 3.4 cm，基部厚可达 2 mm，上表面浅黄褐色至黄褐色，光滑，具明显同心环纹和环沟；孔口表面浅黄色至稻草色；孔口多角形，每毫米 3–4 个；孔口边缘薄，略撕裂状；菌肉奶油色，无环区，具黑色皮层，厚可达 1.2 mm；菌管奶油色至浅稻草色，长可达 0.8 mm。

显微结构：菌丝系统三体系；生殖菌丝具锁状联合；菌管生殖菌丝少见，无色，薄壁，少分枝，直径 1.6–2.4 μm；骨架菌丝占多数，无色，厚壁至近实心，中度分枝，交织排列，IKI–，CB–，直径 2.5–3.8 μm；缠绕菌丝常见；子实层中无囊状体和拟囊状体；担子棍棒形，大小为 10–15×3–5 μm；担孢子长椭圆形，无色，薄壁，光滑，IKI–，CB–，大小为 (4.1–)4.2–5.1(–5.8)×2–2.4(–2.5) μm，平均长 L = 4.78 μm，平均宽 W = 2.18 μm，长宽比 Q = 2.19 (n = 30/1)。

代表序列：KC848310，KC848394。

分布、习性和功能：景洪市西双版纳自然保护区三岔河，勐腊县中国科学院西双版纳热带植物园热带雨林；生长在阔叶树倒木上；引起木材白色腐朽。

图 365　毛栓孔菌 *Trametes hirsuta*

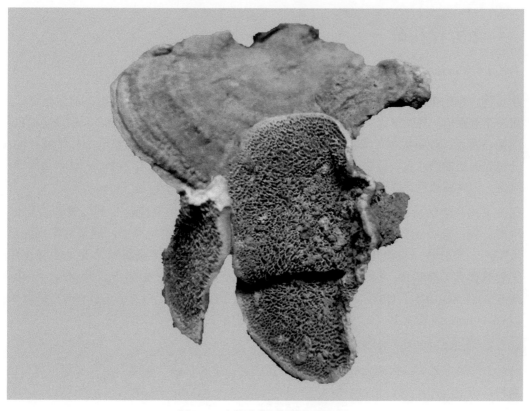

图 366　大栓孔菌 *Trametes maxima*

粉灰栓孔菌

Trametes menziesii (Berk.) Ryvarden

子实体: 担子果一年生, 盖形, 数个聚生, 新鲜时革质, 干后木栓质; 菌盖半圆形至扇形, 外伸可达 4 cm, 宽可达 5 cm, 基部厚可达 2 mm, 上表面浅灰白色至灰褐色, 光滑或具瘤状突起, 具明显同心环带; 孔口表面初期白色至奶油色, 后期浅黄色至稻草色, 具折光反应; 孔口多角形, 每毫米 3–5 个; 孔口边缘薄, 撕裂状; 菌肉白色, 厚可达 0.8 mm; 菌管比孔口表面颜色稍浅, 长可达 1.2 mm; 菌柄与菌盖表面同色, 长可达 1.2 mm, 直径可达 5 mm。

显微结构: 菌丝系统三体系; 生殖菌丝具锁状联合; 菌管生殖菌丝少见, 无色, 薄壁, 偶尔分枝, 直径 2–3 μm; 骨架菌丝占多数, 无色, 厚壁, 具窄内腔或近实心, 偶尔分枝, 交织排列, IKI–, CB–, 直径 3–4.5 μm; 缠绕菌丝常见; 子实层中无囊状体和拟囊状体; 担子棍棒形, 大小为 14–18×4–5.5 μm; 担孢子圆柱形, 无色, 薄壁, 光滑, IKI–, CB–, 大小为 (4.8–)5–6(–6.4)×1.9–2.3(–2.4) μm, 平均长 L = 5.43 μm, 平均宽 W = 2.09 μm, 长宽比 Q = 2.6 (n = 40/1)。

代表序列: KC848289, KC848374。

分布、习性和功能: 景洪市西双版纳自然保护区, 勐腊县中国科学院西双版纳热带植物园绿石林; 生长在阔叶树倒木上; 引起木材白色腐朽。

 ## 东方栓孔菌

Trametes orientalis (Yasuda) Imazeki

子实体: 担子果一年生, 盖形, 覆瓦状叠生, 新鲜时木栓质, 干后木质; 菌盖半圆形、扇形至近圆形, 外伸可达 7 cm, 宽可达 10 cm, 基部厚可达 17 mm, 上表面初期奶油色, 后期浅黄色、浅黄褐色、灰黄色至灰色, 基部具瘤状突起, 具不明显同心环带和环沟; 孔口表面初期奶油色, 后期浅黄色至浅黄褐色; 孔口圆形, 每毫米 3–4 个; 孔口边缘薄, 全缘; 菌肉奶油色, 厚可达 12 mm; 菌管与孔口表面同色, 长可达 5 mm。

显微结构: 菌丝系统三体系; 生殖菌丝具锁状联合; 菌管生殖菌丝少见, 薄壁, 无色, 中度分枝, 直径 2–2.8 μm; 骨架菌丝占多数, 无色至浅黄色, 厚壁, 通常具窄内腔至近实心, 少分枝, 交织排列, IKI–, CB–, 直径 3.5–5 μm; 缠绕菌丝常见; 子实层中无囊状体和拟囊状体; 担子棍棒形, 大小为 14–20×4–6 μm; 担孢子长椭圆形, 无色, 薄壁, 光滑, IKI–, CB–, 大小为 (5–)5.2–7.8(–8.4)×(2.3–)2.5–3.1(–3.2) μm, 平均长 L = 6.48 μm, 平均宽 W = 2.79 μm, 长宽比 Q = 2.18–2.46 (n = 60/2)。

代表序列: KX880645, KX880687。

分布、习性和功能: 云南元江国家级自然保护区; 生长在阔叶树倒木上; 引起木材白色腐朽; 药用。

图 367 粉灰栓孔菌 *Trametes menziesii*

图 368 东方栓孔菌 *Trametes orientalis*

羊毛栓孔菌

***Trametes pocas* (Berk.) Ryvarden**

子实体：担子果一年生，盖形，单生或覆瓦状叠生，新鲜时韧革质，干后硬革质；菌盖半圆形至扇形，外伸可达 0.8 cm，宽可达 1.8 cm，基部厚可达 9 mm，上表面新鲜时乳白色至浅灰色，干后奶油色至褐灰色，具长绒毛，具不明显同心环带和环沟；孔口表面初期白色，后期乳黄色，无折光反应；孔口多角形，每毫米 1–2 个；孔口边缘薄，全缘；菌肉乳白色，无环区，厚可达 1 mm；菌管比孔口表面颜色略浅，长可达 8 mm。

显微结构：菌丝系统三体系；生殖菌丝具锁状联合；菌管生殖菌丝少见，无色，薄壁，中度分枝，直径 1.5–2.5 μm；骨架菌丝占多数，无色，厚壁至近实心，频繁分枝，交织排列，IKI–，CB–，直径 2.5–4.5 μm；缠绕菌丝常见；子实层中无囊状体和拟囊状体；担子棍棒形，大小为 9–20×4–6 μm；担孢子椭圆形，无色，薄壁，光滑，IKI–，CB–，大小为 (4–)4.6–6(–7)×(2.1–)2.3–3(–3.1) μm，平均长 L = 5.01 μm，平均宽 W = 2.66 μm，长宽比 Q = 1.79–1.99 (n = 60/2)。

代表序列：KC848253，KC848340。

分布、习性和功能：勐腊县中国科学院西双版纳热带植物园绿石林；生长在阔叶树倒木上；引起木材白色腐朽。

 ## 多带栓孔菌

***Trametes polyzona* (Pers.) Justo**

子实体：担子果一年生，盖形，覆瓦状叠生，新鲜时革质，干后木栓质；菌盖半圆形至扇形，外伸可达 6 cm，宽可达 10 cm，基部厚可达 8 mm，上表面新鲜时浅黄褐色，干后黄褐色，具密绒毛，具明显同心环带；孔口表面新鲜时奶油色至浅黄色，后期浅黄色至浅黄褐色，具折光反应；孔口多角形，每毫米 2–4 个；孔口边缘薄，全缘；菌肉浅黄褐色，干后软木栓质，厚可达 4 mm；菌管干后奶油色至浅黄色，长可达 4 mm。

显微结构：菌丝系统三体系；生殖菌丝具锁状联合；菌管生殖菌丝少见，无色，薄壁，中度分枝，直径 1.5–2.7 μm；骨架菌丝无色至浅黄褐色，厚壁，具窄内腔，偶尔分枝和具结晶，交织排列，IKI–，CB–，直径 3.5–5 μm；缠绕菌丝常见；子实层中无囊状体和拟囊状体；担子棍棒形，大小为 13–18×4.5–6 μm；担孢子窄圆柱形，无色，薄壁，光滑，IKI–，CB–，大小为 (6–)6.2–8(–9)×(2.4–)2.8–3.5(–4) μm，平均长 L = 7.12 μm，平均宽 W = 3.01 μm，长宽比 Q = 2.23–2.48 (n = 100/3)。

代表序列：KX900665，KX900715。

分布、习性和功能：云南元江国家级自然保护区，勐腊县中国科学院西双版纳热带植物园绿石林，勐腊县望天树景区；生长在阔叶树倒木上；引起木材白色腐朽。

图 369　羊毛栓孔菌 *Trametes pocas*

图 370　多带栓孔菌 *Trametes polyzona*

绒毛栓孔菌

Trametes pubescens (Schumach.) Pilát

子实体：担子果一年生，盖形，覆瓦状叠生，新鲜时革质，干后木栓质；菌盖半圆形或扇形，外伸可达 5 cm，宽可达 8 cm，基部厚可达 7 mm，上表面初期奶油色，后期浅黄色、灰白色至灰褐色，具密绒毛，具明显同心环带；孔口表面初期白色至奶油色，后期浅黄色，干后浅黄色至稻草色；孔口多角形，每毫米 3–5 个；孔口边缘薄，全缘至撕裂状；菌肉白色至奶油色，厚可达 4 mm；菌管白色至奶油色，长可达 3 mm。

显微结构：菌丝系统三体系；生殖菌丝具锁状联合；菌管生殖菌丝少见，无色，薄壁，中度分枝，直径 2–3 μm；骨架菌丝占多数，无色，厚壁至近实心，少分枝，交织排列，IKI–，CB–，直径 3–4.5 μm；缠绕菌丝常见；子实层中无囊状体和拟囊状体；担子棍棒形，大小为 10–20×4–6 μm；担孢子圆柱形，无色，薄壁，光滑，IKI–，CB–，大小为 (4–)5–7(–7.6)×(1.6–)1.8–2.3(–2.7) μm，平均长 L = 5.75 μm，平均宽 W = 1.98 μm，长宽比 Q = 2.56–3.36 (n = 120/4)。

代表序列：KC848292，KC848377。

分布、习性和功能：香格里拉市千湖山；生长在桦树倒木上；引起木材白色腐朽；药用。

 血红栓孔菌

Trametes sanguinea (L.) Lloyd

子实体：担子果一年生，盖形，通常覆瓦状叠生，新鲜时革质，干后木栓质；菌盖半圆形、扇形至肾形，外伸可达 5 cm，宽可达 8 cm，基部厚可达 15 mm，上表面新鲜时浅红褐色、砖红色，后期褪色为灰白色，具明显或不明显同心环纹；孔口表面砖红色，无折光反应；孔口近圆形，每毫米 5–6 个；孔口边缘薄，全缘；菌肉浅红褐色，厚可达 13 mm；菌管红褐色，比孔口表面颜色稍浅，长可达 2 mm。

显微结构：菌丝系统三体系；生殖菌丝具锁状联合；菌管生殖菌丝少见，无色，薄壁，中度分枝，具红色结晶，直径 1.8–2.3 μm；骨架菌丝占多数，橘黄色，厚壁，具宽或窄内腔，偶尔分枝，弯曲，交织排列，具红色结晶，IKI–，CB–，直径 2.5–3.8 μm；缠绕菌丝常见；子实层中无囊状体和拟囊状体；担子长棍棒形，大小为 11–15×4–5.5 μm；担孢子圆柱形，无色，薄壁，光滑，IKI–，CB–，大小为 (3.5–)3.6–4.4(–4.6)×1.7–2(–2.3) μm，平均长 L = 3.98 μm，平均宽 W = 1.85 μm，长宽比 Q = 2.15 (n = 30/1)。

代表序列：KX880627，KX880665。

分布、习性和功能：镇沅县哀牢山，镇沅县竭气坡森林公园，勐腊县中国科学院西双版纳热带植物园；生长在阔叶树倒木上；引起木材白色腐朽；药用。

图 371　绒毛栓孔菌 *Trametes pubescens*

图 372　血红栓孔菌 *Trametes sanguinea*

柄栓孔菌

***Trametes stipitata* Hai J. Li, Y.C. Dai & B.K. Cui**

子实体：担子果一年生，盖形，基部通常具短柄，干后木栓质；菌盖漏斗形至扇形，外伸可达 2.5 cm，宽可达 3 cm，基部厚可达 3 mm，上表面干后浅黄色，光滑，具同心环纹和槽沟；孔口表面干后浅黄色；孔口多角形，每毫米 2–3 个；孔口边缘薄，全缘；菌肉白色至奶油色，厚可达 1 mm；菌管奶油色至浅黄色，长可达 2 mm。

显微结构：菌丝系统三体系；生殖菌丝具锁状联合；菌管生殖菌丝少见，无色，薄壁，少分枝，直径 2–3.4 μm；骨架菌丝占多数，无色，厚壁，具宽或窄内腔，偶尔分枝，弯曲，交织排列，IKI–，CB–，直径 2.5–3.8 μm；缠绕菌丝常见；子实层中无囊状体；具葫芦状拟囊状体，大小为 11–18×9–12 μm；担子长棍棒形，大小为 20–30×8–13 μm；担孢子椭圆形至宽椭圆形，无色，薄壁，光滑，IKI–，CB–，大小为 (8.2–)8.8–12×(5.5–)5.8–7.2(–7.3) μm，平均长 L = 10.08 μm，平均宽 W = 6.57 μm，长宽比 Q = 1.53 (n = 30/1)。

代表序列：KC848275，KC848360。

分布、习性和功能：景东县哀牢山自然保护区；生长在阔叶树落枝上；引起木材白色腐朽。

 灰白栓孔菌

***Trametes tephroleuca* Berk.**

子实体：担子果一年生，盖形，覆瓦状叠生，干后木栓质；菌盖半圆形至扇形，外伸可达 5 cm，宽可达 7.8 cm，基部厚可达 12 mm，上表面干后灰棕色，具同心环沟和厚绒毛；孔口表面干后灰黑色；孔口圆形至多角形，每毫米 1–2 个；孔口边缘厚，全缘；菌肉白色至奶油色，无环区，厚可达 7 mm；菌管奶油色至灰黑色，长可达 5 mm。

显微结构：菌丝系统三体系；生殖菌丝具锁状联合；菌丝组织在 KOH 试剂中变黑色；菌管生殖菌丝少见，无色，薄壁，偶尔分枝，直径 1.3–3.5 μm；骨架菌丝占多数，无色至浅黄色，厚壁至近实心，少分枝，弯曲，交织排列，IKI–，CB–，直径 2–5 μm；缠绕菌丝常见；子实层中无囊状体；具纺锤形拟囊状体，大小为 13–17×4–6 μm；担子棍棒形，大小为 12–16×4–5.5 μm；担孢子圆柱形，无色，薄壁，光滑，IKI–，CB–，大小为 (4.5–)4.8–7(–9)×(2–)2.5–3.3 μm，平均长 L = 5.87 μm，平均宽 W = 2.88 μm，长宽比 Q = 1.90–2.19 (n = 60/2)。

代表序列：KC848296，KC848381。

分布、习性和功能：腾冲市高黎贡山自然保护区；生长在阔叶树倒木上；引起木材白色腐朽。

图 373　柄栓孔菌 *Trametes stipitata*

图 374　灰白栓孔菌 *Trametes tephroleuca*

云芝栓孔菌

***Trametes versicolor* (L.) Lloyd**

子实体：担子果一年生，盖形，覆瓦状叠生，新鲜时革质，干后木栓质；菌盖近圆形、半圆形、扇形，外伸可达 8 cm，宽可达 10 cm，基部厚可达 5 mm，上表面颜色变化多样，浅灰色、浅黄色、棕黄色、褐色、红褐色或蓝灰色至紫灰色，具同心环带，具细密绒毛；孔口表面奶油色至烟灰色，无折光反应；孔口多角形至近圆形，每毫米 3–5 个；孔口边缘薄，撕裂状；菌肉乳白色，厚可达 2 mm；菌管烟灰色至灰褐色，长可达 3 mm。

显微结构：菌丝系统三体系；生殖菌丝具锁状联合；菌管生殖菌丝无色，薄壁，偶尔分枝，直径 1.8–3 μm；骨架菌丝无色，厚壁，中度分枝，弯曲，偶尔塌陷，强烈交织排列，IKI–，CB–，直径 2–4.2 μm；缠绕菌丝常见；子实层中无囊状体和拟囊状体；担子棍棒形，大小为 13–18×4–6 μm；担孢子短圆柱形，无色，薄壁，光滑，IKI–，CB–，大小为 (4–)4.1–6(–6.1)×(1.7–)1.8–2.2(–2.3) μm，平均长 L = 4.83 μm，平均宽 W = 1.96 μm，长宽比 Q = 2.29–2.66 (n = 120/4)。

代表序列：KC848267，KC848352。

分布、习性和功能：昆明市中国科学院昆明植物所；生长在李子树倒木上；引起木材白色腐朽；药用。

 ## 浅黄拟栓孔菌

***Trametopsis cervina* (Schwein.) Tomšovský**

子实体：担子果一年生，盖形，覆瓦状叠生，新鲜时革质或软木栓质，干后木栓质；菌盖半圆形、近贝壳形，外伸可达 5 cm，宽可达 7 cm，基部厚可达 14 mm，上表面蛋壳色或浅黄褐色，具粗硬毛和同心环带和放射状纵条纹；孔口表面初期近白色，触摸后变为黄褐色，后期浅黄褐色至暗褐色；孔口圆形至多角形，每毫米 0.5–2 个；孔口边缘薄，裂齿状；菌肉浅黄色，厚可达 5 mm；菌管与菌肉同色，长可达 9 mm。

显微结构：菌丝系统二体系；生殖菌丝具锁状联合；菌管生殖菌丝常见，无色，薄壁，频繁分枝，平直，直径 1.5–3.5 μm；骨架菌丝占多数，无色至浅黄褐色，厚壁，具宽至狭窄内腔，偶尔分枝，平直或弯曲，略平行于菌管排列，IKI–，CB(+)，直径 2–4.5 μm；子实层中无囊状体和拟囊状体；担子棍棒形，大小为 17–27×4.2–7.5 μm；担孢子腊肠形至圆柱形，无色，薄壁，光滑，IKI–，CB–，大小为 5.6–6.9×2–3 μm，平均长 L = 6.09 μm，平均宽 W = 2.57 μm，长宽比 Q = 2.37 (n = 30/1)。

代表序列：OL470314，OL462829。

分布、习性和功能：德钦县梅里雪山地质公园，香格里拉市普达措国家公园，兰坪县罗古箐自然保护区，维西县老君山自然保护区；生长在阔叶树倒木上；引起木材白色腐朽。

图 375　云芝栓孔菌 *Trametes versicolor*

图 376　浅黄拟栓孔菌 *Trametopsis cervina*

冷杉附毛孔菌

Trichaptum abietinum (Pers. ex J.F. Gmel.) Ryvarden

子实体：担子果一年生，平伏至反卷或盖形，覆瓦状叠生；菌盖半圆形至扇形，外伸可达 1.5 cm，宽可达 8 cm，基部厚可达 2.5 mm，上表面被绒毛，干后灰色，具同心环；孔口表面新鲜时浅紫色，干后赭黄色；孔口多角形，每毫米 4–6 个；孔口边缘初期厚，逐渐变薄，撕裂状；菌肉双层，上层软毛质，下层硬纤维状，厚可达 1 mm；菌管与菌肉同色，干后木栓质，长可达 1.5 mm。

显微结构：菌丝系统二体系；生殖菌丝具锁状联合；菌丝组织在 KOH 试剂中变黑；菌管生殖菌丝占少数，无色，薄壁，不分枝，直径 2–4 μm；骨架菌丝占多数，无色，厚壁，不分枝，与菌管近平行排列，IKI–，CB+，直径 2.5–5 μm；子实层具结晶囊状体，大小为 17–25×4–7 μm；担子棍棒形至桶状，大小为 13–20×5–6 μm；担孢子圆柱形，略弯曲，无色，薄壁，光滑，IKI–，CB–，大小为 6–7.3×2.2–3 μm，平均长 L = 6.32 μm，平均宽 W = 2.63 μm，长宽比 Q = 2.40 (n = 30/1)。

代表序列：OL504712，OL477386。

分布、习性和功能：景洪市西双版纳自然保护区三岔河；生长在松树干、倒木、树桩和落枝上；引起木材白色腐朽；药用。

 二形附毛孔菌

Trichaptum biforme (Fr.) Ryvarden

子实体：担子果一年生，盖形，覆瓦状叠生，新鲜时革质，干后硬革质；菌盖扇形至半圆形，外伸可达 3 cm，宽可达 5 cm，基部厚可达 5 mm，上表面乳白色、灰黄色、棕黄色至淡黄褐色，被细密绒毛，具同心环带；子实层体初期孔状，后期齿状，新鲜时淡紫色、紫褐色，干后深紫褐色；不育边缘明显，浅紫色，宽可达 1 mm；菌齿尖锐，每毫米 1–2 个；菌肉异质，厚可达 3 mm；菌齿淡褐色，长可达 5 mm。

显微结构：菌丝系统二体系；生殖菌丝具锁状联合；菌丝组织在 KOH 试剂中变黑色；菌管生殖菌丝占少数，无色，薄壁至稍厚壁，中度分枝，直径 1.8–3 μm；骨架菌丝占多数，无色至淡黄色，厚壁，具宽至窄内腔，少分枝，与菌齿平行排列，IKI–，CB+，直径 1.8–3.5 μm；具纺锤形囊状体，厚壁，末端具结晶体，大小为 21–25×3.5–4.5 μm；担子棍棒形，大小为 17–21×4–5 μm；担孢子圆柱形，稍弯曲，无色，薄壁，光滑，IKI–，CB–，大小为 4.5–5.6×2–2.3 μm，平均长 L = 57 μm，平均宽 W = 2.15 μm，长宽比 Q = 2.36 (n = 30/1)。

代表序列：OL470317，OL462832。

分布、习性和功能：香格里拉市普达措国家公园；生长在桦树死树和倒木上；引起木材白色腐朽；药用。

图 377　冷杉附毛孔菌 *Trichaptum abietinum*

图 378　二形附毛孔菌 *Trichaptum biforme*

伯氏附毛孔菌

***Trichaptum brastagii* (Corner) T. Hatt.**

子实体：担子果一年生，盖形，覆瓦状叠生，新鲜时革质，干后软木栓质；菌盖扇形至匙形，外伸可达 3 cm，宽可达 4 cm，基部厚可达 3.5 mm，上表面浅橘色，从基部向边缘颜色渐浅，基部具绒毛，具同心环纹；边缘尖锐，全缘至撕裂状；孔口表面新鲜时浅橘色，干后灰橘色，无折光反应；孔口多角形，每毫米 4–5 个；孔口边缘薄，撕裂状；菌肉灰白色，厚可达 1 mm；菌管与菌肉同色，长可达 2.5 mm。

显微结构：菌丝系统二体系；生殖菌丝具锁状联合；菌管生殖菌丝占少数，无色，薄壁至稍厚壁，频繁分枝，直径 2–3.5 μm；骨架菌丝占多数，无色，厚壁，具宽内腔至近实心，不分枝，IKI–，CB+，直径 3–4.5 μm；子实层具纺锤形囊状体，部分具结晶，大小为 17–22×4–5 μm；担子棍棒形，大小为 10–15×3.5–4 μm；担孢子长椭圆形，无色，薄壁，光滑，IKI–，CB+，大小为 3.5–5×2–2.5 μm，平均长 L = 4.37 μm，平均宽 W = 2.12 μm，长宽比 Q = 2.06 (n = 30/1)。

代表序列：OL470320，OL462834。

分布、习性和功能：普洱市太阳河森林公园，西双版纳自然保护区尚勇；生长在阔叶树枯立木以及倒木上；引起木材白色腐朽。

 硬附毛孔菌

***Trichaptum durum* (Jungh.) Corner**

子实体：担子果多年生，平伏反卷至盖形，覆瓦状叠生，新鲜时硬木质；菌盖窄半圆形，外伸可达 6 cm，宽可达 8 cm，基部厚可达 15 mm，上表面灰色至黑褐色，具疣；孔口表面新鲜时褐紫色至深褐色，干后深褐色至黑灰色，具折光反应；孔口近圆形，每毫米 8–10 个；孔口边缘厚，全缘；菌肉棕褐色至深褐色，厚可达 10 mm；菌管褐紫色，长可达 5 mm。

显微结构：菌丝系统二体系；生殖菌丝具锁状联合；菌丝组织在 KOH 试剂中变黑色；菌管生殖菌丝占少数，无色，薄壁，偶尔分枝，直径 1.5–3.5 μm；骨架菌丝占多数，暗黄色，厚壁，具窄内腔至近实心，不分枝，IKI–，CB+，直径 3–4.5 μm，菌丝末端偶尔膨大，直径可达 11 μm；子实层具囊状体，梨形至近棍棒形，大小为 7–13×5–6 μm；担子棍棒形至桶状，大小为 6–8×3–4 μm；担孢子椭圆形至近圆柱形，无色，薄壁，光滑，IKI–，CB–，大小为 3–5×2–3 μm，平均长 L = 4.03 μm，平均宽 W = 2.23 μm，长宽比 Q = 1.81 (n = 30/1)。

代表序列：OL470318，OL462833。

分布、习性和功能：景洪市西双版纳自然保护区三岔河，西双版纳自然保护区尚勇；生长在阔叶树倒木上；引起木材白色腐朽。

图 379　伯氏附毛孔菌 *Trichaptum brastagii*

图 380　硬附毛孔菌 *Trichaptum durum*

褐紫附毛孔菌

Trichaptum fuscoviolaceum (Ehrenb.) Ryvarden

子实体：担子果一年生，平伏至反卷，覆瓦状叠生，新鲜时革质，干后脆革质；平伏时长可达 100 cm，宽可达 10 cm，厚可达 4 mm；菌盖外伸可达 2 cm，宽可达 5 cm，厚可达 4 mm，上表面灰白色、赭色、紫褐色，被细微绒毛，具同心环带；边缘锐，白色至淡黄褐色，干后内卷；子实层体齿状至刺状，新鲜时亮紫色，干后紫褐色；不育边缘几乎无，紫褐色；菌齿每毫米 2–4 个；菌肉异质，厚可达 1 mm；菌齿与子实层体表面同色，干后纤维质，长可达 3 mm。

显微结构：菌丝系统二体系；生殖菌丝具锁状联合；菌管生殖菌丝占少数，无色，薄壁，少分枝，直径 2–3 μm；骨架菌丝占多数，无色至淡黄色，厚壁，具窄内腔至近实心，不分枝，与菌齿近平行排列，IKI–，CB+，直径 2–4 μm；子实层具结晶囊状体，棍棒形，壁厚，大小为 17–21×5–6 μm；担子棍棒形，大小为 16–22×5–6 μm；担孢子圆柱形，略弯曲，无色，薄壁，光滑，IKI–，CB–，大小为 5.7–7.2×2.3–2.8 μm，平均长 L = 6.34 μm，平均宽 W = 2.53 μm，长宽比 Q = 2.51 (n = 30/1)。

代表序列：OL470316，OL462831。

分布、习性和功能：牟定县化佛山自然保护区；生长在油杉倒木上；引起木材白色腐朽；药用。

 ## 高山附毛孔菌

Trichaptum montanum (Pers. ex J.F. Gmel.) Ryvarden

子实体：担子果一年生，平伏至平伏反卷，覆瓦状叠生，新鲜时革质，干后软木栓质，平伏时长可达 6 cm，宽可达 4 cm，中部厚可达 2.5 mm；菌盖扇形至半圆形，外伸可达 4 cm，宽可达 7 cm，基部厚可达 2.5 mm，上表面密被绒毛，具同心环；孔口表面新鲜时浅棕褐色，干后棕褐色，具折光反应；边缘紫色；孔口多角形，每毫米 4–6 个；孔口边缘厚，撕裂状；菌肉双层，厚可达 1 mm；菌管浅棕色具粉紫色调，长可达 1.5 mm。

显微结构：菌丝系统二体系；生殖菌丝具锁状联合；菌管生殖菌丝占少数，无色，薄壁，偶尔分枝，直径 2–3 μm；骨架菌丝占多数，无色，厚壁，具窄内腔，几乎不分枝，与菌管近平行排列，IKI–，CB+，直径 3–5 μm；子实层具结晶囊状体，大小为 15–20×4–6 μm；担子棍棒形，大小为 16–25×4–5 μm；担孢子圆柱形，略弯曲，无色，薄壁，光滑，IKI–，CB–，大小为 5.2–7.5×1.2–2.2 μm，平均长 L = 6.23 μm，平均宽 W = 1.81 μm，长宽比 Q = 3.11–3.56 (n = 90/3)。

代表序列：OL470322，OL462836。

分布、习性和功能：玉龙县玉龙雪山自然保护区；生长在冷杉活立木干上；引起木材白色腐朽；药用。

图 381 褐紫附毛孔菌 *Trichaptum fuscoviolaceum*

图 382 高山附毛孔菌 *Trichaptum montanum*

多年附毛孔菌

Trichaptum perenne Y.C. Dai & H.S. Yuan

子实体：担子果多年生，盖形，单生，新鲜时木栓质，干后木质；菌盖蹄形，外伸可达 6 cm，宽可达 10 cm，基部厚可达 50 mm，上表面蟹青色至黄褐色，具疣状；孔口表面新鲜时褐紫色，干后烟灰色或棕土色，具弱折光反应；孔口圆形至多角形，每毫米 2–3 个；孔口边缘厚，全缘；菌肉棕色，厚可达 5 mm；菌管灰黄色，比菌肉颜色浅，长可达 45 mm。

显微结构：菌丝系统二体系；生殖菌丝具锁状联合；菌丝组织在 KOH 试剂中变黑色；菌管生殖菌丝无色，薄壁，偶尔分枝，直径 2–3.5 μm；骨架菌丝占多数，黄褐色，厚壁，具宽内腔至近实心，频繁分枝，IKI–，CB+，直径 3–5.5 μm；子实层具结晶囊状体，棍棒形，大小为 13–17×3.5–5.5 μm；担子棍棒形，大小为 10–12×4–5 μm；担孢子长椭圆形，无色，薄壁，光滑，IKI–，CB–，大小为 4–5.2×2–2.5 μm，平均长 L = 4.68 μm，平均宽 W = 2.36 μm，长宽比 Q = 1.98 (n = 43/3)。

代表序列：OL470315。

分布、习性和功能：宾川县鸡足山风景区，腾冲市高黎贡山自然保护区；生长在壳斗科树木活立木树干上；引起木材白色腐朽。

 ## 苎麻热带孔菌

Tropicoporus boehmeriae L.W. Zhou & F. Wu

子实体：担子果一年生，平伏，贴生，不易与基质分离，新鲜时木栓质，干后木质，长可达 17 cm，宽可达 7 cm，基部厚可达 6 mm；孔口表面粉黄色至蜜黄色，具折光反应；不育边缘明显，肉桂黄色；孔口多角形，每毫米 7–9 个；孔口边缘薄，全缘；菌肉肉桂黄色，厚可达 0.5 mm；菌管与孔口表面同色，长可达 5.5 mm。

显微结构：菌丝系统二体系；生殖菌丝具简单分隔；菌丝组织在 KOH 试剂中变黑色；菌管生殖菌丝浅黄色，稍厚壁，IKI–，CB(+)，直径 1.5–3 μm；骨架菌丝黄色，厚壁，具宽至窄内腔，不分枝，不分隔，与菌管近平行排列，直径 2.5–3.5 μm；具腹鼓状刚毛，暗褐色，厚壁，末端尖，大小为 13–25×5–9 μm；子实层中无囊状体和拟囊状体；担子桶状，大小为 5–8×3–5 μm；具菱形结晶体；担孢子近球形，浅黄色，稍厚壁，光滑，IKI–，CB–，大小为 (2–)2.2–2.9(–3)×2–2.5(–2.7) μm，平均长 L = 2.58 μm，平均宽 W = 2.23 μm，长宽比 Q = 1.13–1.18 (n = 60/2)。

代表序列：MZ484586，MZ437419。

分布、习性和功能：勐腊县中国科学院西双版纳热带植物园热带雨林；生长在阔叶树腐朽木上；引起木材白色腐朽。

图 383 多年附毛孔菌 *Trichaptum perenne*

图 384 苎麻热带孔菌 *Tropicoporus boehmeriae*

泛热带孔菌

***Tropicoporus detonsus* (Fr.) Y.C. Dai & F. Wu**

子实体：担子果一年生，平伏，贴生，不易与基质分离，新鲜时木栓质，干后木质，长可达 17 cm，宽可达 7 cm，基部厚可达 6 mm；孔口表面粉黄色至灰褐色，具折光反应；不育边缘明显，肉桂黄色；孔口多角形，每毫米 8–10 个；孔口边缘薄，全缘；菌肉肉桂黄色，厚可达 0.5 mm；菌管与孔口表面同色，长可达 5.5 mm。

显微结构：菌丝系统二体系；生殖菌丝具简单分隔；菌丝组织在 KOH 试剂中变黑色；菌管生殖菌丝无色至浅黄色，薄壁至略厚壁，少分枝，多分隔，IKI–，CB(+)，直径 2–2.8 µm；骨架菌丝金黄色，厚壁，具宽至窄内腔，与菌管近平行排列，直径 2.5–4 µm；具腹鼓状刚毛，暗褐色，厚壁，末端尖，大小为 17–30×6–12 µm；子实层中无囊状体和拟囊状体；担子桶状，大小为 6–9×4–5 µm；担孢子宽椭圆形，黄色，厚壁，光滑，IKI–，CB–，大小为 (3.7–)3.8–4.1(–4.3)×3–3.5 µm，平均长 L = 4 µm，平均宽 W = 3.15 µm，长宽比 Q = 1.27 (n = 30/1)。

代表序列：OL457969，OL457439。

分布、习性和功能：勐腊县雨林谷；生长在阔叶树倒木上；引起木材白色腐朽；药用。

 大孢截孢孔菌

***Truncospora macrospora* B.K. Cui & C.L. Zhao**

子实体：担子果一年生，盖形，单生，干后木栓质；菌盖半圆形，外伸可达 1.5 cm，宽可达 3.5 cm，基部厚可达 5 mm，上表面新鲜时土黄色至橘黄色，干后红褐色至灰褐色，具黑褐色皮壳；孔口表面新鲜时乳白色，干后浅黄色；孔口近圆形，每毫米 3–4 个；孔口边缘厚，全缘；菌肉肉桂色，厚可达 1 mm；菌管与孔口表面同色，长可达 4 mm。

显微结构：菌丝系统二体系；生殖菌丝具锁状联合；骨架菌丝在 KOH 试剂中膨胀；菌管生殖菌丝少见，直径 2–4 µm；骨架菌丝占多数，交织排列，IKI[+]，CB+，直径 3–5.5 µm；子实层中无囊状体；具纺锤形拟囊状体，大小为 17–23×4–5 µm；担子桶状，大小为 20–29×11–15.5 µm；担孢子椭圆形，平截，无色，厚壁，光滑，IKI[+]，CB+，大小为 (16–)16.5–19.5(–20)×(7.5–)8–9.5(–10) µm，平均长 L = 18.2 µm，平均宽 W = 8.67 µm，长宽比 Q = 2.07–2.11 (n = 60/2)。

代表序列：JX941574，JX941597。

分布、习性和功能：腾冲市高黎贡山自然保护区；生长在阔叶树落枝上；引起木材白色腐朽。

图 385　泛热带孔菌 *Tropicoporus detonsus*

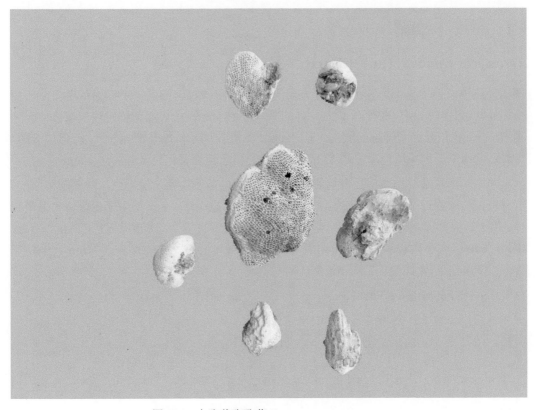

图 386　大孢截孢孔菌 *Truncospora macrospora*

白赭截孢孔菌

***Truncospora ochroleuca* (Berk.) Pilát**

子实体：担子果多年生，盖形，通常左右连生或覆瓦状叠生，新鲜时革质，干后木栓质；菌盖近圆形或马蹄状，外伸可达 1.7 cm，宽可达 2.6 cm，基部厚可达 15 mm，上表面奶油色、乳褐色、赭色至黄褐色，具同心环带；孔口表面新鲜时乳白色，干后土黄色；孔口近圆形，每毫米 4–5 个；孔口边缘厚，全缘；菌肉土黄褐色，厚可达 1 mm；菌管与孔口表面同色，长可达 14 mm。

显微结构：菌丝系统二体系；生殖菌丝具锁状联合；菌管生殖菌丝少见，直径 1.5–3.1 μm；骨架菌丝占多数，无色，厚壁，交织排列，IKI[+]，CB+，直径 3.1–4.7 μm；子实层中无囊状体；具纺锤形拟囊状体，大小为 13.1–17×6–8 μm；担子棍棒形，大小为 20–28×11–12 μm；担孢子椭圆形，平截，无色，厚壁，光滑，IKI[+]，CB+，大小为 (11.2–)13.1–15.1(–16.7)×(7.1–)7.3–8.7(–9.1) μm，平均长 L = 14.7 μm，平均宽 W = 8.04 μm，长宽比 Q = 1.78–1.88 (n = 90/3)。

代表序列：HQ654105，JF706349。

分布、习性和功能：沾益区珠江源自然保护区，富源县十八连山自然保护区，师宗县菌子山风景区，昆明市黑龙潭公园，新平县石门峡森林公园，华宁县华溪镇；生长在阔叶树死树、倒木、树桩或落枝上；引起木材白色腐朽。

 薄皮干酪菌

***Tyromyces chioneus* (Fr.) P. Karst.**

子实体：担子果一年生，盖形，单生或数个聚生，新鲜时肉革质，干后韧革质；菌盖扇形，外伸可达 4.3 cm，宽可达 4 cm，基部厚可达 18 mm，上表面新鲜时浅灰褐色，无环沟和环区；孔口表面新鲜时奶油色，干后浅褐色；孔口圆形，每毫米 4–5 个；孔口边缘薄，全缘；菌肉干后韧革质，厚可达 15 mm；菌管乳黄色至浅黄褐色，长可达 3 mm。

显微结构：菌丝系统一体系；生殖菌丝具锁状联合；菌管生殖菌丝无色，薄壁至稍厚壁，少分枝，与菌管近平行排列，IKI–，CB–，直径 2.2–3.9 μm；子实层中无囊状体和拟囊状体；担子长棍棒形，大小为 11–13×4–4.8 μm；担孢子圆柱形至腊肠形，无色，薄壁，光滑，IKI–，CB–，大小为 (3.3–)3.6–4.4(–4.7)×(1.2–)1.3–1.8 μm，平均长 L = 3.94 μm，平均宽 W = 1.57 μm，长宽比 Q = 2.51 (n = 30/1)。

代表序列：KF698745，KF698756。

分布、习性和功能：腾冲市高黎贡山自然保护区；生长在阔叶树倒木上；引起木材白色腐朽。

图 387 白赭截孢孔菌 *Truncospora ochroleuca*

图 388 薄皮干酪菌 *Tyromyces chioneus*

裂皮干酪菌

***Tyromyces fissilis* (Berk. & M.A. Curtis) Donk**

子实体：担子果一年生，盖形，新鲜时软而多汁，干后硬纤维质；菌盖半圆形至三角形，外伸可达 10 cm，宽可达 12 cm，基部厚可达 30 mm，上表面初期白色，后期奶油色至赭色，具软毛；孔口表面白色至奶油色；孔口圆形至多角形，每毫米 2–3 个；孔口边缘薄，全缘；菌肉白色至奶油色，厚可达 20 mm；菌管褐色，长可达 10 mm。

显微结构：菌丝系统一体系；生殖菌丝具锁状联合；菌管菌丝无色，薄壁至厚壁，频繁分枝，交织排列，IKI–，CB–，直径 3.5–5 μm；子实层中无囊状体；具纺锤形拟囊状体，无色，薄壁，大小为 13–14×1.5–2.5 μm；担子棍棒形，大小为 15–18×6–8 μm；担孢子长椭圆形至卵圆形，无色，薄壁，光滑，IKI–，CB–，大小为 (3.9–)4.1–5.8(–6.2)×3–3.8(–4) μm，平均长 L = 5 μm，平均宽 W = 3.4 μm，长宽比 Q = 1.37–1.45 (n = 150/5)。

代表序列：MH859897，HQ729001。

分布、习性和功能：昆明市金殿公园；生长在阔叶树倒木上；引起木材白色腐朽。

 毛蹄干酪菌

***Tyromyces galactinus* (Berk.) J. Lowe**

子实体：担子果一年生，盖形，单生或覆瓦状叠生，新鲜时软而多汁，干后脆质；菌盖半圆形，外伸可达 6 cm，宽可达 8 cm，基部厚可达 20 mm，上表面初期白色至浅灰色，后期黄色至赭色，具绒毛；孔口表面初期白色至奶油色，后期黄色至浅赭色；孔口圆形至多角形，每毫米 5–6 个；孔口边缘薄，全缘；菌肉双层，中间具蜡质区，白色，厚可达 12 mm；菌管白色至奶油色，长可达 8 mm。

显微结构：菌丝系统一体系；生殖菌丝具锁状联合；菌管生殖菌丝无色，薄壁，不分枝，与菌管近平行排列，IKI–，CB–，直径 3–4.5 μm；子实层中无囊状体；具纺锤形拟囊状体，无色，薄壁，大小为 10–11×1.5–2.5 μm；担子棍棒形，大小为 12–14×4–5 μm；担孢子近球形，无色，薄壁，光滑，IKI–，CB–，大小为 (2.4–)2.5–2.9(–3.1)×2–2.4(–2.6) μm，平均长 L = 2.7 μm，平均宽 W = 2.2 μm，长宽比 Q = 1.1–1.3 (n = 180/6)。

代表序列：MZ413279。

分布、习性和功能：楚雄市紫溪山森林公园；生长在阔叶树倒木上；引起木材白色腐朽。

图 389　裂皮干酪菌 *Tyromyces fissilis*

图 390　毛蹄干酪菌 *Tyromyces galactinus*

楷米干酪菌

***Tyromyces kmetii* (Bres.) Bondartsev & Singer**

子实体：担子果一年生，盖形，新鲜时软而多汁，干后脆质；菌盖半圆形，外伸可达 3 cm，宽可达 5 cm，基部厚可达 4 mm，上表面初期浅橙色，干后橙黄色至奶油色，无环带；孔口表面浅橙色，干后奶油色；孔口多角形，每毫米 3–4 个；孔口边缘薄，全缘；菌肉白色，双层，厚可达 2 mm；菌管白色至奶油色，长可达 2 mm。

显微结构：菌丝系统一体系；生殖菌丝具锁状联合；菌丝组织在 KOH 试剂中变成浅粉色；菌管菌丝无色，薄壁，偶尔分枝，交织排列，IKI–，CB–，直径 3–4 μm；子实层中无囊状体；具纺锤形拟囊状体，无色，薄壁，大小为 12–13×1.5–2.5 μm；担子棍棒形，大小为 16–19×4.5–6 μm；担孢子宽椭圆形，无色，薄壁，光滑，IKI–，CB–，大小为 (4–)4.1–4.5(–4.6)×(2.3–)2.5–2.9(–3.1) μm，平均长 L = 4.3 μm，平均宽 W = 2.7 μm，长宽比 Q = 1.5–1.6 (n = 180/6)。

代表序列：MN749591，KF698757。

分布、习性和功能：腾冲市高黎贡山自然保护区；生长在阔叶树倒木上；引起木材白色腐朽。

 小干酪菌

***Tyromyces minutulus* Y.C. Dai & C.L. Zhao**

子实体：担子果一年生，盖形，偶尔具侧生短柄，数个聚生，新鲜时肉质多汁，干后木栓质；菌盖窄半圆形，外伸可达 1 cm，宽可达 4 cm，基部厚可达 1.5 mm，上表面新鲜时白色，干后巧克力色，具同心环带；孔口表面新鲜时白色，干后奶油色；孔口圆形至多角形，每毫米 7–9 个；孔口边缘薄，全缘；菌肉白色，厚可达 0.5 mm；菌管与孔口表面同色，长可达 1 mm。

显微结构：菌丝系统一体系；生殖菌丝具锁状联合；菌管菌丝无色，薄壁至稍厚壁，频繁分枝，交织排列，IKI–，CB–，直径 2–3 μm；子实层中无囊状体；具拟囊状体，大小为 7–8×3–3.5 μm；担子长桶状，大小为 9–11×3–4.5 μm；担孢子圆柱形，无色，薄壁，光滑，IKI–，CB–，大小为 (3.5–)3.7–4(–4.2)×1–1.3(–1.5) μm，平均长 L = 3.89 μm，平均宽 W = 1.18 μm，长宽比 Q = 3.19–3.45 (n = 60/2)。

代表序列：KM598443，KM598445。

分布、习性和功能：腾冲市来凤山森林公园；生长在阔叶树倒木上；引起木材白色腐朽。

图 391 楷米干酪菌 *Tyromyces kmetii*

图 392 小干酪菌 *Tyromyces minutulus*

白蜡范氏孔菌

Vanderbylia fraxinea (Bull.) D.A. Reid

子实体：担子果多年生，盖形，覆瓦状叠生，新鲜时韧革质，干后木质；菌盖半圆形，外伸可达 12 cm，宽可达 13 cm，基部厚可达 35 mm，上表面初期赭色，逐渐变褐色至灰黑色，具疣状突起和薄皮壳；孔口表面新鲜时木材色，干后浅褐色；孔口圆形，每毫米 4–6 个；孔口边缘厚，全缘；菌肉浅黄色、木材色至浅褐色，厚可达 8 mm；菌管分层，长可达 27 mm。

显微结构：菌丝系统二体系；生殖菌丝具锁状联合；菌管生殖菌丝少见，直径 2–4.1 μm；骨架菌丝占多数，IKI[+]，CB+，直径 3–6.1 μm；子实层具纺锤形拟囊状体，大小为 9–12×4–5 μm；担子棍棒形，大小为 15–20×8–9.5 μm；担孢子近球形至水滴状，不平截，无色，厚壁，光滑，IKI[+]，CB+，大小为 (5.8–)6–6.4(–7.1)×(4.8–)5–5.3(–6) μm，平均长 L = 6.2 μm，平均宽 W = 5.1 μm，长宽比 Q = 1.16–1.26 (n = 120/4)；具厚垣孢子，形状各异，大小为 11–18×10–16 μm。

代表序列：AM269789，AM269853。

分布、习性和功能：昆明市黑龙潭公园，大理市蝴蝶泉景区，大理市大理古城；生长在阔叶树活立木、死树和树桩上；引起木材白色腐朽；药用。

 ## 伸展黑柄栓孔菌

Whitfordia scopulosa (Berk.) Núñez & Ryvarden

子实体：担子果多年生，盖形或具侧生柄，单生，新鲜时革质，具芳香味，干后木栓质；菌盖半圆形、贝壳形，外伸可达 5 cm，宽可达 9 cm，基部厚可达 15 mm，上表面新鲜时奶油色至浅灰色，具明显同心环纹和环沟；孔口表面初期白色至奶油色，手触后变灰褐色，干后浅灰褐色；孔口圆形至多角形，每毫米 6–8 个；孔口边缘薄，全缘；菌肉浅黄褐色，厚可达 9 mm；菌管浅褐色至褐色，长可达 6 mm；短柄黑色。

显微结构：菌丝系统三体系；生殖菌丝具锁状联合；菌管生殖菌丝无色，薄壁，偶尔分枝，直径 2–4 μm；骨架菌丝占多数，无色，厚壁，不分枝，交织排列，IKI–，CB–，直径 3–5 μm；缠绕菌丝常见；子实层具拟囊状体，棍棒形或纺锤形，大小为 14–19×3–6 μm；担子棍棒形，大小为 13.3–15.5×6–7 μm；担孢子窄椭圆形，无色，薄壁，光滑，IKI–，CB–，大小为 5–7(–7.4)×2–2.5(–2.8) μm，平均长 L = 6.21 μm，平均宽 W = 2.32 μm，长宽比 Q = 2.68 (n = 60/1)。

代表序列：KC867363，KC867483。

分布、习性和功能：屏边县大围山自然保护区，沧源县班老乡；生长在阔叶树倒木上；引起木材白色腐朽。

图 393　白蜡范氏孔菌 *Vanderbylia fraxinea*

图 394　伸展黑柄栓孔菌 *Whitfordia scopulosa*

茯苓孔菌

Wolfiporia hoelen **(Rumph.) Y.C. Dai & V. Papp**

子实体：担子果一年生，平伏，贴生，不易与基质分离，新鲜时软革质，干后脆革质，长可达 20 cm，宽可达 10 cm，中部厚可达 5.5 mm；孔口表面新鲜时白色至浅灰色，干后肉桂黄色；孔口圆形、多角形或拉长形，每毫米 1–2 个；孔口边缘厚，撕裂状；菌肉肉桂黄色，厚可达 1.5 mm；菌管与菌肉同色或略浅，脆质，长可达 4 mm。

显微结构：菌丝系统二体系；生殖菌丝具简单分隔；菌管生殖菌丝常见，直径 3–5 μm；骨架菌丝占多数，无色，厚壁，具宽内腔，频繁分枝，稍弯曲，交织排列，直径 4–8 μm；担子棍棒形，大小为 25–32×7–8 μm；担孢子圆柱形，无色，薄壁，光滑，IKI–，CB–，大小为 7–9.6×2.9–4 μm，平均长 L = 8.24 μm，平均宽 W = 3.2 μm，长宽比 Q = 2.4–2.7 (n = 90/3)；通常形成大型菌核，近球形至不规则形，重可达 20 kg，表面具红褐色皮壳，内含物白色，木栓质，干后脆质。

代表序列：MW251877，MW251866。

分布、习性和功能：双柏县爱尼山乡；生长在松树倒木和树桩上；引起木材褐色腐朽；食药用。

 锥拟沃菲孔菌

Wolfiporiopsis castanopsidis **(Y.C. Dai) B.K. Cui & Shun Liu**

子实体：担子果一年生，平伏，与基质不易分离，新鲜时软木栓质，干后木栓质至脆质，长可达 10 cm，宽可达 4 cm，中部厚可达 3 mm；孔口表面新鲜时奶油色至灰色，干后奶油色至浅黄色；孔口圆形，每毫米 2–3 个；孔口边缘厚，全缘至略撕裂状；菌肉浅黄色，木栓质，厚可达 2 mm；菌管浅黄色，脆质，长可达 1 mm。

显微结构：菌丝系统二体系；生殖菌丝具锁状联合；菌盖生殖菌丝无色，薄壁，偶尔分枝，直径 4–8 μm；骨架菌丝占多数，厚壁，近实心，频繁分枝，交织排列，IKI–，CB–，直径 5–11 μm；子实层中无囊状体；具纺锤形拟囊状体，大小为 23.2–31.5×2.8–5.2 μm；担子棍棒形，大小为 27–35×7.5–9.3 μm；担孢子椭圆形至宽椭圆形，无色，薄壁，光滑，IKI–，CB–，大小为 7.6–10×5–7 μm，平均长 L = 8.7 μm，平均宽 W = 6.13 μm，长宽比 Q = 1.42 (n = 30/1)。

代表序列：MW377408，MW377408。

分布、习性和功能：楚雄市紫溪山森林公园；生长在石栎属树木倒木上；引起木材褐色腐朽。

图 395　茯苓孔菌 *Wolfiporia hoelen*

图 396　锥拟沃菲孔菌 *Wolfiporiopsis castanopsidis*

淀粉丝拟赖特孔菌

Wrightoporiopsis amylohypha Y.C. Dai, Jia J. Chen & B.K. Cui

子实体：担子果多年生，盖形，新鲜时软而多汁，干后软木栓质；菌盖半圆形或扇形，外伸可达 4 cm，宽可达 7 cm，基部厚可达 25 mm，上表面橘黄色至黄褐色，无环区，边缘钝；孔口圆形至多角形，每毫米 5–6 个；孔口边缘薄，全缘至略撕裂状；菌肉黄色，棉质，厚可达 15 mm；菌管与孔口表面同色，软木栓质，长可达 10 mm。

显微结构：菌丝系统二体系；生殖菌丝具锁状联合；菌丝组织在 KOH 试剂中变黑色；菌管生殖菌丝无色，具黄色结晶，直径 1.5–4 μm；骨架菌丝占多数，浅黄色，厚壁，交织排列，具黄色结晶，IKI[+]，CB+，直径 3–5 μm；胶化菌丝存在，直径 5–8 μm；具拟囊状体，大小为 7–13×3.5–4 μm；担子桶状，大小为 10–12×4–5 μm；担孢子宽椭圆形至近球形，无色，厚壁，具疣突，IKI+，CB+，大小为 (2.5–)2.7–3.6(–3.8)×2–3 μm，平均长 L = 3.11 μm，平均宽 W = 2.5 μm，长宽比 Q = 1.21–1.29 (n = 90/3)。

代表序列：KM107877，KM107896。

分布、习性和功能：勐腊县中国科学院西双版纳热带植物园热带雨林；生长在阔叶树桩上；引起木材白色腐朽。

 ## 二年拟赖特孔菌

Wrightoporiopsis biennis (Jia J. Chen & B.K. Cui) Y.C. Dai, Jia J. Chen & B.K. Cui

子实体：担子果二年生，平伏，干后软木栓质，长可达 10 cm，宽可达 7 cm，中部厚可达 4 mm，孔口表面干后浅黄色至黄褐色；不育边缘明显，褐色，宽可达 5 mm；孔口圆形至多角形，每毫米 6–9 个；孔口边缘薄，全缘；菌肉肉桂褐色，厚可达 3 mm；菌管与孔口表面同色，硬木栓质，长可达 1 mm。

显微结构：菌丝系统二体系；生殖菌丝具锁状联合；菌丝组织在 KOH 试剂中变黑色；菌管生殖菌丝无色，具黄色结晶，直径 1–2.5 μm；骨架菌丝占多数，交织排列，具黄色结晶，IKI[+]，CB+，直径 1.5–3 μm；胶化菌丝厚壁，直径 5–9 μm；囊状体棍棒形，大小为 22–25×4–6 μm；拟囊状体纺锤形，大小为 9–12×3–5 μm；担子桶状，大小为 12–17×5–7 μm；担孢子宽椭圆形至近球形，无色，厚壁，具疣突，IKI+，CB+，大小为 (3.2–)3.3–4(–4.1)×2.6–3.5(–33.6) μm，平均长 L = 3.64 μm，平均宽 W = 3.06 μm，长宽比 Q = 1.18–1.21 (n = 60/2)。

代表序列：KJ807067，KJ807075。

分布、习性和功能：勐腊县中国科学院西双版纳热带植物园绿石林，勐腊县望天树景区；生长在阔叶树倒木上；引起木材白色腐朽。

图 397　淀粉丝拟赖特孔菌 *Wrightoporiopsis amylohypha*

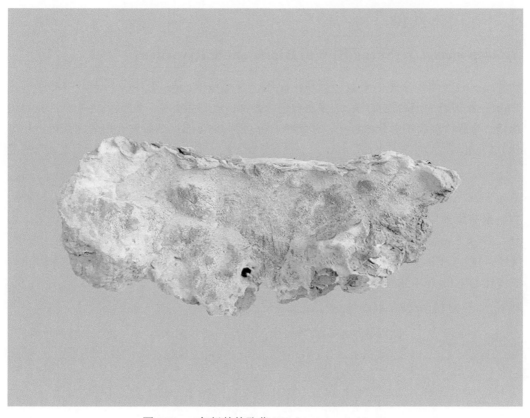

图 398　二年拟赖特孔菌 *Wrightoporiopsis biennis*

浅黄木孔菌

Xylodon flaviporus (Berk. & M.A. Curtis ex Cooke) Riebesehl & Langer

子实体：担子果一年生，平伏，贴生，不易与基质分离，新鲜时革质，干后木栓质，长可达 26 cm，宽可达 5 cm，中部厚可达 1.7 mm；孔口表面新鲜时浅黄色，干后土黄色；不育边缘明显，奶油色，渐薄；孔口圆形、多角形至不规则形，每毫米 5–6 个；孔口边缘薄，全缘至撕裂状；菌肉干后浅黄色，厚可达 0.2 mm；菌管与孔口表面同色，长可达 1.5 mm。

显微结构：菌丝系统一体系；生殖菌丝具锁状联合；菌管菌丝无色，薄壁至厚壁，频繁分枝，具结晶，有些菌丝末端膨大呈球状，IKI–，CB+，直径 2–3 μm；子实层中无囊状体；具拟囊状体，纺锤形至头状，大小为 10–18×3–6 μm；担子棍棒形，中间缢缩，大小为 10–20×4–5 μm；担孢子宽椭圆形，无色，薄壁，光滑，IKI–，CB–，通常具液泡，大小为 4–4.6×(2.8–)3–3.7(–3.9) μm，平均长 L = 4.23 μm，平均宽 W = 3.23 μm，长宽比 Q = 1.31 (n = 30/1)。

代表序列：OL473612，OL473625。

分布、习性和功能：香格里拉市普达措国家公园；生长在高山栎倒木上；引起木材白色腐朽。

 涅氏木孔菌

Xylodon niemelaei (Sheng H. Wu) Hjortstam & Ryvarden

子实体：担子果一年生，平伏，膜质，贴生，长可达 5 cm，宽可达 3 cm，中部厚可达 1 mm；孔口表面干后浅黄色；边缘灰白色，渐薄；孔口多角形，每毫米 2–4 个；孔口边缘薄，全缘；菌肉干后软木栓质，浅黄色，厚可达 0.5 mm；菌管与孔口表面同色，长可达 0.5 mm。

显微结构：菌丝系统一体系；生殖菌丝具锁状联合；菌管菌丝无色，薄壁至稍厚壁，平直，偶尔分枝，紧密交织排列，具结晶，IKI–，CB+，直径 2–3 μm；具两种囊状体；一种头状，末端膨大呈球状，大小为 20–38×3–4 μm；另一种尖顶囊状体，末端较尖，大小为 16–25×4–6 μm；担子棍棒形，大小为 15–23×4–6 μm；担孢子宽椭圆形，无色，薄壁，光滑，IKI–，CB–，大小为 5–6×3.3–4.1 μm，平均长 L = 5.38 μm，平均宽 W = 3.84 μm，长宽比 Q = 1.4 (n = 30/1)。

代表序列：MT319628，MT319363。

分布、习性和功能：西双版纳原始森林公园；生长在阔叶树倒木上；引起木材白色腐朽。

图 399　浅黄木孔菌 *Xylodon flaviporus*

图 400　涅氏木孔菌 *Xylodon niemelaei*

卵孢木孔菌

Xylodon ovisporus (Corner) Riebesehl & Langer

子实体：担子果一年生，平伏，不易与基质分离，新鲜时肉质，干后软木栓质，长可达 50 cm，宽可达 8 cm，中部厚可达 2 mm；孔口表面新鲜时奶油色、浅黄色至土黄色，干后浅黄色至肉色；孔口圆形、多角形至不规则形，每毫米 3–6 个；孔口边缘厚，全缘至撕裂状；菌肉浅黄色，极薄至几乎无；菌管与菌肉同色，长可达 2 mm。

显微结构：菌丝系统二体系；生殖菌丝具锁状联合；菌管生殖菌丝无色，薄壁至稍厚壁，直径 3–4.8 μm；骨架菌丝无色，厚壁，具结晶，疏松交织排列，IKI–，CB+，直径 3–5 μm；菌管末端菌丝具大量结晶体；具头状囊状体，薄壁或厚壁，大小为 12–40×3–5 μm；担子棍棒形，大小为 9–14×4–5 μm；担孢子宽椭圆形至卵圆形，无色，薄壁，光滑，IKI–，CB–，大小为 3.5–4.2×2.5–3.1 μm，平均长 L = 3.92 μm，平均宽 W = 2.96 μm，长宽比 Q = 1.32 (n = 30/1)。

代表序列：MT319588，MT319326。

分布、习性和功能：在云南几乎所有地区都有分布；生长在针阔叶树死树、倒木、树桩和落枝上；引起木材白色腐朽。

 ## 奇形木孔菌

Xylodon paradoxus (Schrad.) Chevall.

子实体：担子果一年生，平伏，不易与基质分离，新鲜时革质，干后软木栓质，长可达 16 cm，宽可达 5 cm，中部厚可达 5 mm；子实层体初期孔状，后期齿状至不规则形状，新鲜时奶油色、浅黄褐色，干后黄褐色；孔口不规则齿裂，每毫米 2–5 个；孔口边缘薄，撕裂状；菌肉浅黄褐色，厚达 1 mm；菌管或菌齿与菌肉同色，长可达 4 mm。

显微结构：菌丝系统二体系；生殖菌丝具锁状联合；菌髓生殖菌丝无色，薄壁至稍厚壁，直径 2–3.7 μm；骨架菌丝无色，厚壁，不分枝，具结晶，与菌齿近平行排列，IKI–，CB+，直径 2.6–4 μm；子实层中具头状囊状体，无色，薄壁至稍厚壁，大小为 8.3–24×3–5 μm；担子棍棒形，大小为 12–17×4.2–5.1 μm；担孢子宽椭圆形，无色，薄壁，光滑，IKI–，CB–，大小为 5–6.2×3.9–4.5 μm，平均长 L = 5.6 μm，平均宽 W = 4.14 μm，长宽比 Q = 1.35 (n = 30/1)。

代表序列：MT319519，MT319267。

分布、习性和功能：腾冲市高黎贡山自然保护区；生长在阔叶树倒木上；引起木材白色腐朽。

图 401　卵孢木孔菌 *Xylodon ovisporus*

图 402　奇形木孔菌 *Xylodon paradoxus*

菌索木孔菌

***Xylodon rhizomorphus* (C.L. Zhao, B.K. Cui & Y.C. Dai) Riebesehl, Yurchenko & Langer**

子实体：担子果一年生，平伏，贴生，新鲜时软，干后软木栓质，长达可 11 cm，宽可达 7 cm，中部厚可达 1 mm；孔口表面白色至奶油色，初期孔状，后期齿状；不育边缘具菌索；孔口圆形至不规则形，每毫米 1–2 个；孔口边缘薄，撕裂状；菌肉奶油色，厚可达 0.2 mm；菌管与孔口表面同色，长可达 0.8 mm。

显微结构：菌丝系统一体系；生殖菌丝具锁状联合；菌管生殖菌丝无色，薄壁至稍厚壁，频繁分枝，偶尔具结晶，弯曲，交织排列，IKI–，CB+，直径 3.5–5 μm；子实层中具头状囊状体，大小为 20–27×6–7 μm；担子棍棒形至梨形，大小为 18–23×5–7 μm；担孢子椭圆形至宽椭圆形，无色，薄壁，光滑，IKI–，CB–，大小为 (4.1–)4.3–5.5(–5.9)×(3.5–)3.7–4.1(–4.3) μm，平均长 L = 4.94 μm，平均宽 W = 3.9 μm，长宽比 Q = 1.26–1.27 (n = 90/3)。

代表序列：NR154067。

分布、习性和功能：普洱市太阳河森林公园，屏边县大围山自然保护区；生长在栗属或其他阔叶树倒木上；引起木材白色腐朽。

 亚黄孔木孔菌

***Xylodon subflaviporus* C.C. Chen & Sheng H. Wu**

子实体：担子果一年生，平伏，贴生，膜质至软木栓质，长达可 18 cm，宽可达 6 cm，中部厚可达 3 mm；孔口表面奶油色至浅黄色；孔口多角形至不规则形，每毫米 4–6 个；孔口边缘薄，全缘至略撕裂状；菌肉奶油色，厚可达 1 mm；菌管奶油色至浅黄色，长可达 2 mm。

显微结构：菌丝系统二体系；生殖菌丝具锁状联合；菌管生殖菌丝无色，薄壁至稍厚壁，偶尔具结晶，直径 2–3.8 μm；骨架菌丝无色，厚壁，与菌管近平行排列，IKI–，CB+，直径 2.5–5 μm；子实层中具头状囊状体，光滑或具结晶，大小为 24–39×5–10 μm；担子棍棒形，大小为 20–35×5–8 μm；担孢子宽椭圆形，无色，薄壁，光滑，IKI–，CB–，大小为 3.8–4.6×2.8–3.6 μm，平均长 L = 4.25 μm，平均宽 W = 3.15 μm，长宽比 Q = 1.35 (n = 30/1)。

代表序列：KX857803，KX857815。

分布、习性和功能：勐腊县望天树景区；生长在阔叶树和松树落枝、倒木、树桩和腐朽木上；引起木材白色腐朽。

图 403 菌索木孔菌 *Xylodon rhizomorphus*

图 404 亚黄孔木孔菌 *Xylodon subflaviporus*

纳雷姆玉成孔菌

Yuchengia narymica (Pilát) B.K. Cui, C.L. Zhao & K.T. Steffen

子实体：担子果多年生，平伏，不易与基质分离，新鲜时革质，干后木栓质，长可达 10 cm，宽可达 5 cm，中部厚可达 5 mm；孔口表面新鲜时乳黄色至黄褐色，后期浅黄褐色至红褐色，无折光反应；孔口角形或近圆形，每毫米 4–5 个；孔口边缘薄，全缘或略撕裂状；菌肉浅黄褐色，厚可达 1 mm；菌管与孔口表面同色，长可达 4 mm。

显微结构：菌丝系统二体系；生殖菌丝具锁状联合；骨架菌丝在 KOH 试剂中强烈膨胀或消解；菌管生殖菌丝少见，直径 2–2.8 μm；骨架菌丝占多数，无色，厚壁，具窄内腔，不分枝，交织排列，IKI–，CB+，直径 2.2–4 μm；子实层中无囊状体和拟囊状体；担子桶状，大小为 9–11×5–6 μm；担孢子宽椭圆形，无色，厚壁，光滑，平截，IKI[+]，CB+，大小为 4–4.8(–5)×(2.9–)3.1–3.9 μm，平均长 L = 4.31μm，平均宽 W = 3.39 μm，长宽比 Q = 1.27 (n = 30/1)。

代表序列：JN048776，JN048795。

分布、习性和功能：腾冲市高黎贡山自然保护区，盈江县铜壁关自然保护区；生长在阔叶树倒木和腐朽木上；引起木材白色腐朽。

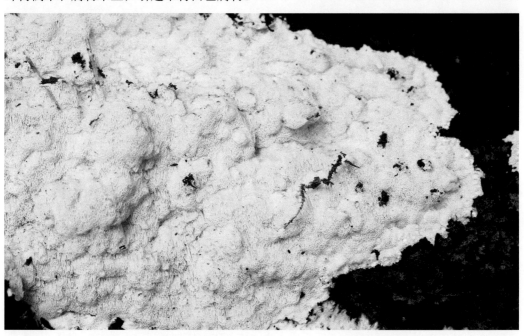

图 405　纳雷姆玉成孔菌 *Yuchengia narymica*

革菌和齿菌种类论述

厚白小盘革菌

Aleurocystidiellum disciforme (DC.) Boidin, Terra & Lanq.

子实体：担子果一年生，盘状，聚生，相互不连接，易与基质分离，直径可达 1.5 cm，厚可达 2 mm；子实层体表面白色至奶油色，光滑，开裂；不育边缘明显，略反转；菌肉极薄至几乎无。

显微结构：菌丝系统一体系；生殖菌丝具锁状联合；子实层生殖菌丝无色，薄壁至厚壁，直径 2–3 μm；菌肉菌丝浅黄色，厚壁，具锁状联合，直径 2–4 μm；亚子实层菌丝具结晶体；子实层无棘状侧丝；具胶化囊状体，多数为亚念珠状，无色，厚壁，基部具锁状联合，SA+，大小为 68–115×12–14 μm；担子近棍棒形，无色，厚壁，大小为 60–92×10–15 μm；担孢子宽椭圆形，无色，厚壁，具刺，IKI+，CB–，大小为 (17–)18–21(–22)×14–16(–18.5) μm，平均长 L = 19.48 μm，平均宽 W = 15.3 μm，长宽比 Q = 1.27 (n = 30/1)。

代表序列：KU559340，KU574831。

分布、习性和功能：牟定县化佛山自然保护区；生长在阔叶树倒木上；引起木材白色腐朽。

 ## 松杉小盘革菌

Aleurocystidiellum tsugae (Yasuda) S.H. He & Y.C. Dai

子实体：担子果一年生，垫状至盘状，易与基质分离，直径可达 1 cm，厚可达 1.2 mm；子实层体表面奶白色至土黄色，光滑，后期干裂；不育边缘明显，与子实层体表面同色；菌肉极薄至几乎无。

显微结构：菌丝系统一体系；生殖菌丝具锁状联合，薄壁至厚壁，光滑，频繁分枝，直径 2–6 μm；子实层具棘状侧丝，薄壁，频繁分枝，表面光滑，弯曲，大小为 89–150×4–8 μm；具胶化囊状体，近念珠状，薄壁，SA–，大小为 100–112×10–13 μm；担子近棍棒形，大小为 89–113×12.3–16.7 μm；担孢子宽椭圆形，薄壁，具刺，IKI+，CB–，大小为 15–20(–24)×10–16 μm，平均长 L = 17.5 μm，平均宽 W = 12.5 μm，长宽比 Q = 1.39 (n = 30/1)。

代表序列：KY706210，KY706222。

分布、习性和功能：昆明市金殿公园；生长在松树枯木上；引起木材白色腐朽。

图 406　厚白小盘革菌 *Aleurocystidiellum disciforme*

图 407　松杉小盘革菌 *Aleurocystidiellum tsugae*

高山盘革菌

Aleurodiscus alpinus Sheng H. Wu

子实体：担子果一年生，盘状，贴生，易与基质分离；初期为不规则斑块，后期融合，长可达 5 cm，宽可达 2 cm，厚可达 0.8 mm；子实层体表面浅黄色、浅黄褐色或黄褐色，有时近白色，被晶体包裹，不开裂；不育边缘比子实层体颜色浅；菌肉极薄至几乎无。

显微结构：菌丝系统一体系；生殖菌丝具锁状联合，无色，厚壁，频繁分枝，直径 3.5–8 μm；子实层具胶化囊状体，棍棒形，浸没或稍突出，无色，薄壁，SA+，大小为 (50–)70–200×4.5–12.5 μm；具侧丝，大小为 40–130×2–6.5 μm；担子长棍棒形，大小为 85–165×16–20 μm；担孢子椭圆形至窄椭圆形，薄壁，具小刺，IKI+，CB–，大小为 (22–)22.2–26(–27.8)×(11–)11.8–13.5(–14.8) μm，平均长 L = 24.5 μm，平均宽 W = 12.56 μm，长宽比 Q = 1.95 (n = 30/1)。

代表序列：MF043522，MF043527。

分布、习性和功能：香格里拉市普达措国家公园；生长在杜鹃、栎树等阔叶树枯枝上；引起木材白色腐朽。

 葡萄丝盘革菌

Aleurodiscus botryosus Burt

子实体：担子果一年生，初期小片状，后期汇集成大片，革状，长可达 5 cm，宽可达 0.3 cm，厚可达 1.5 mm；子实层体表面初期白色至灰色，光滑，开裂；不育边缘明显，与子实层体同色，陡峭；菌肉极薄至几乎无。

显微结构：菌丝系统一体系；生殖菌丝具简单分隔，分叉，薄壁至厚壁，直径 2–2.5 μm；子实层具棘状侧丝，近棍棒形或瓶状，棘状刺 IKI+，厚壁，大小为 43–74×14–23 μm；具树状侧丝，棍棒形，穿插于子实层，刺为葡萄丝状，薄壁，大小为 32.5–69×3–4 μm；具胶化囊状体，近棍棒形，末端偶尔具突起，厚壁，SA–，大小为 39–83×13–17 μm；担子近棍棒形或梭形，厚壁，大小为 38–72×12–23 μm；担孢子椭圆形，薄壁，具刺，IKI+，CB–，大小为 13–18×(7–)8–11 μm，平均长 L = 15.6 μm，平均宽 W = 13.2 μm，长宽比 Q = 1.2 (n = 60/1)。

代表序列：KX306877，KY450788。

分布、习性和功能：永德大雪山国家级自然保护区，禄劝县转龙镇；生长在阔叶树枯枝上；引起木材白色腐朽。

410

图 408　高山盘革菌 *Aleurodiscus alpinus*

图 409　葡萄丝盘革菌 *Aleurodiscus botryosus*

浅黄盘革菌

Aleurodiscus isabellinus S.H. He & Y.C. Dai

子实体：担子果一年生，平伏，贴生，不易与基质分离，长可达 15 cm，宽可达 1 cm，中部厚可达 0.3 mm；子实层体表面浅橙色、灰橙色、橙色至棕黄色，光滑，不开裂；不育边缘较清晰，与子实层体同色；菌肉极薄至几乎无。

显微结构：菌丝系统一体系；生殖菌丝具简单分隔，无色，薄壁至稍厚壁，疏松交织排列，频繁分枝和分隔，直径 2–4 μm；子实层具棘状侧丝，棍棒形或圆柱形，无色至黄色，壁厚，末端具刺，大小为 30–50×5–7 μm；具胶化囊状体，圆柱形或近念珠状，无色，不伸出子实层，SA–，大小为 35–110×5–8 μm；担子棍棒形，大小为 40–55×6–7 μm；担孢子椭圆形至长椭圆形，无色，薄壁，光滑，IKI+，CB–，大小为 (5.5–)6–8.5×(2.8–)3–4 μm，平均长 L = 7 μm，平均宽 W = 3.7 μm，长宽比 Q = 1.9 (n = 24/1)。

代表序列：MH109052，MH109046。

分布、习性和功能：大理苍山洱海国家级自然保护区，景东县哀牢山自然保护区；生长在腐朽竹子上；引起竹材白色腐朽。

 ## 刺丝盘革菌

Aleurodiscus mirabilis (Berk. & M.A. Curtis) Höhn.

子实体：担子果一年生，盘状或杯状，直径可达 4 cm，厚可达 1 mm；子实层体表面奶白色至粉红色，光滑，柔软，后期开裂；不育边缘明显，后期反卷；菌肉极薄至几乎无。

显微结构：菌丝系统一体系；生殖菌丝具锁状联合，无色，薄壁，不分枝，光滑，直径 2–4 μm；子实层具棘状侧丝，偶尔分枝伸出子实层，薄壁，大小为 89–210×10–12 μm；具胶化囊状体，末端缢缩，基部具刺，SA–，大小为 135–200×10–12 μm；担子近棍棒形，大小为 120–220×18–21 μm；担孢子 D 字形，橘子瓣状或水滴状，薄壁，具刺，IKI+，CB–，大小为 26–31(–36)×14–19(–20) μm，平均长 L = 27.5 μm，平均宽 W = 16.58 μm，长宽比 Q = 1.66 (n = 30/1)。

代表序列：KX306878，KY450789。

分布、习性和功能：景东县哀牢山自然保护区，昆明市黑龙潭公园；生长在樟树活立木皮上；引起木材白色腐朽；药用。

图 410　浅黄盘革菌 *Aleurodiscus isabellinus*

图 411　刺丝盘革菌 *Aleurodiscus mirabilis*

吕氏盘革菌

Aleurodiscus ryvardenii S.H. He & Y.C. Dai

子实体：担子果一年生，平伏，壳状、革状，初期一小片状，后期汇合，长可达 16 cm，宽可达 4 cm，厚可达 3.5 mm；子实层体表面初期灰黄色，具小突起，后期黄褐色，开裂；不育边缘深褐色，陡峭，向上翻卷；菌肉与子实层体表面同色。

显微结构：菌丝系统一体系；生殖菌丝具简单分隔，无色，薄壁，分隔处具缢缩，少分枝，直径 2–4 μm；子实层具侧丝，多数棍棒形，薄壁，分隔处缢缩，大小为 38–53×4.1–6 μm；具胶化囊状体，圆柱形或念珠状，稍厚壁，SA–，大小为 85–167×11–15 μm；担子棍棒形，大小为 55–73×17–22.7 μm；担孢子宽椭圆形，无色，厚壁，具疣，IKI+，CB–，大小为 12–17×10–15 μm，平均长 L = 14.5 μm，平均宽 W = 13.2 μm，长宽比 Q = 1.1 (n = 60/1)。

代表序列：KX306879。

分布、习性和功能：景东县哀牢山自然保护区；生长在阔叶树皮上；引起木材白色腐朽。

 四川盘革菌

Aleurodiscus sichuanensis Sheng H. Wu

子实体：担子果一年生，平伏，贴生，膜质，长可达 4 cm，宽可达 2 cm，厚可达 0.4 mm，新鲜时子实层体表面浅橙色至浅粉色，干后浅黄色，光滑，偶尔开裂；不育边缘明显；菌肉白色，极薄至几乎无。

显微结构：菌丝系统一体系；生殖菌丝具简单分隔，无色，薄壁，频繁分枝，弯曲，内含小油滴，交织排列，直径 2.5–5.5 μm；子实层具胶化囊状体，圆柱形至棍棒形，淡黄色至浅棕黄色，厚壁，SA+，大小为 70–135×7–14 μm；具棘状侧丝，不规则圆柱形或亚梭形，无色，薄壁，末端具突起，大小为 30–70×3–8(–12) μm；具侧丝，大小为 35–85×2.5–4.5 μm；担子棍棒形，大小为 100–130×20–25 μm；担孢子 D 形或宽椭圆形，薄壁至厚壁，IKI+，CB–，大小为 (25–)26–28.2(–29)×(14.5–)15.2–17(–19) μm，平均长 L = 27.5 μm，平均宽 W = 16.1 μm，长宽比 Q = 1.71 (n = 30/1)。

代表序列：MH596852，MF043534。

分布、习性和功能：香格里拉市普达措国家公园；生长在栎树或其他阔叶树倒木上；引起木材白色腐朽。

图 412　吕氏盘革菌 *Aleurodiscus ryvardenii*

图 413　四川盘革菌 *Aleurodiscus sichuanensis*

韦克菲尔德盘革菌

Aleurodiscus wakefieldiae Boidin & Beller

子实体：担子果一年生，杯状或盘状，后期融合，皮革质，长可达 5 cm，宽可达 0.5 cm，厚可达 0.7 mm；子实层体表面粉红色、灰白色、奶油色、灰红色或灰褐色，光滑；不育边缘与子实体同色，略反卷，向内弯曲，渐薄；菌肉极薄至几乎无。

显微结构：菌丝系统一体系；生殖菌丝具锁状联合和简单分隔，无色，薄壁至厚壁，少分枝，与基质平行排列，直径 2–5 μm；子实层具棘状侧丝，近念珠状或棍棒形，具小刺，大小为 27–82×5.5–15.5 μm；具胶化囊状体，近棍棒形或念珠形，略厚壁，末端尖锐，弯曲，SA–，大小为 87–173×6–10 μm；担子棍棒形，大小为 82–150×18–26 μm；担孢子椭圆形，无色，薄壁至厚壁，具刺，IKI+，CB–，大小为 21–27(–32)×(12–)14–18 μm，平均长 L = 24.5 μm，平均宽 W = 15.4 μm，长宽比 Q = 1.6 (n = 30/1)。

代表序列：KU559353，KU574841。

分布、习性和功能：景东县哀牢山自然保护区，永德大雪山国家级自然保护区，宾川县鸡足山风景区，玉龙县黎明老君山国家公园，牟定县化佛山自然保护区；生长在阔叶树死枝上；引起木材白色腐朽。

 ## 网状淀粉质韧革菌

Amylostereum areolatum (Chaillet ex Fr.) Boidin

子实体：担子果一年生，平伏反卷，贝壳形，新鲜时近革质，干后脆质，直径可达 3 cm，后期多个汇合，整体浅褐色或黄褐色，表面具紧贴褐色绒毛，反卷菌盖具环状带；不育边缘波状，奶油色，基部为黑灰色，基于结节或小柄附生；子实层体表面浅橙褐色，光滑，偶尔具小瘤或结节，稍被粉，干后开裂。

显微结构：菌丝系统二体系；生殖菌丝具锁状联合，菌肉生殖菌丝无色，薄壁，频繁分枝，直径 2–3 μm；骨架菌丝黄褐色，厚壁，直径 4–5 μm；子实层具囊状体，圆柱形或纺锤形，末端具结晶，大小为 50–80×5–6 μm；担子棍棒形，大小为 18–20×2.5–3.5 μm；担孢子长圆柱形或窄椭圆形，薄壁，光滑，IKI+，CB–，大小为 4.8–6.5×2.5–3.5 μm，平均长 L = 5.3 μm，平均宽 W = 2.87 μm，长宽比 Q = 1.84 (n = 30/1)。

代表序列：JX049992。

分布、习性和功能：香格里拉市普达措国家公园；生长在针叶树倒木上；引起木材白色腐朽。

图 414　韦克菲尔德盘革菌 *Aleurodiscus wakefieldiae*

图 415　网状淀粉质韧革菌 *Amylostereum areolatum*

东方淀粉质韧革菌

***Amylostereum orientale* S.H. He & Hai J. Li**

子实体： 担子果一年生，平伏，贴生，新鲜时革质，干后木栓质，长可达 15 cm，宽可达 4 cm，中部厚可达 2 mm；子实层体表面新鲜时玫瑰色，干后浅褐色至赭色，光滑，后期开裂；不育边缘不明显至几乎无；菌肉极薄至几乎无。

显微结构： 菌丝系统一体系；生殖菌丝具锁状联合，无色至浅黄色，薄壁至厚壁，频繁分枝，直径 2.5–3.5 μm；子实层具锥形囊状体，褐色，厚壁，末端具结晶，大小为 26–29×6–8 μm；担子棍棒形，大小为 20–25×4.8–5.8 μm；担孢子窄椭圆形，薄壁，光滑，IKI+，CB–，大小为 (7.2–)7.5–9.8(–10.2)×(3.3–)3.4–3.6(–4) μm，平均长 L = 8.98 μm，平均宽 W = 3.38 μm，长宽比 Q = 2.65 (n = 30/1)。

代表序列： OL470310，OL462825。

分布、习性和功能： 云南轿子山国家级自然保护区；生长在柏树死树上；引起木材白色腐朽。

 ## 苔生星座革菌

***Asterostroma muscicola* (Berk. & M.A. Curtis) Massee**

子实体： 担子果一年生，平伏，膜质，新鲜时软，干后韧革质，长可达 10 cm，宽可达 6 cm，厚可达 0.3 mm；子实层体表面奶油色至黄褐色，光滑至具小瘤，后期不开裂；不育边缘与子实层体表面同色或略浅，逐渐变薄；菌肉黄褐色，软棉质，极薄至几乎无。

显微结构： 菌丝系统二体系；生殖菌丝具简单分隔；骨架菌丝星状刚毛状，IKI[+]，CB+；菌肉生殖菌丝少见，直径 2–4 μm；骨架菌丝占多数，星状刚毛状，金黄色至黄褐色，厚壁，光滑，IKI[+]，CB+；子实层为不整子实层；星状刚毛与菌肉中相似，末端通常二分叉；具胶化囊状体，近纺锤形，末端渐细，稍厚壁，SA+，大小为 30–70×6–13 μm；担子棍棒形，具 2 个担子梗，大小为 40–50×5–7 μm；担孢子近球形，无色，薄壁，具钝刺，IKI+，CB+，大小为 (6–)6.5–8×(5–)5.5–7.2 μm，平均长 L = 7.1 μm，平均宽 W = 6.1 μm，长宽比 Q = 1.14–1.18 (n = 60/2)。

代表序列： KY263861，KY263873。

分布、习性和功能： 瑞丽市莫里热带雨林景区；生长在阔叶树倒木上；引起木材白色腐朽。

图 416　东方淀粉质韧革菌 *Amylostereum orientale*

图 417　苔生星座革菌 *Asterostroma muscicola*

乳色巴氏垫革菌

***Baltazaria galactina* (Fr.) Leal-Dutra, Dentinger & G.W. Griff.**

子实体：担子果一年生，平伏，新鲜时软，膜质，干后革质，长可达 6 cm，宽可达 2 cm，厚可达 0.3 mm；子实层体表面灰白色至浅粉黄色，光滑，后期不开裂；不育边缘白色或与子实层体表面同色，逐渐变薄；菌肉极薄至几乎无。

显微结构：菌丝系统二体系；生殖菌丝具锁状联合；骨架菌丝在 KOH 试剂中膨胀；菌肉生殖菌丝少见，直径 2–3 μm；骨架菌丝占多数，无色至淡黄色，厚壁，IKI[+]，CB+，直径 1.3–2 μm；子实层为不整子实层；骨架菌丝占多数，无色至浅黄色，厚壁，中度分枝，末端分枝尖，IKI[+]，CB+，直径 1.3–2 μm；具胶化囊状体，近棍棒形，无色，薄壁，具内含物，SA+，大小为 40–60×5–8 μm；担子近圆柱形，大小为 25–35×4–5.5 μm；担孢子椭圆形，无色，薄壁，IKI–，大小为 4–5×2.5–3 μm，平均长 L = 4.3 μm，平均宽 W = 2.8 μm，长宽比 Q = 1.50–1.55 (n = 60/2)。

代表序列：AF506466。

分布、习性和功能：牟定县化佛山自然保护区；生长在阔叶树落枝上；引起木材白色腐朽。

 革毡干朽菌

***Byssomerulius corium* (Pers.) Parmasto**

子实体：担子果一年生，平伏反卷，紧密贴生，革质；菌盖窄半圆形，外伸可达 0.5 cm，宽可达 2 cm，厚可达 0.6 mm，上表面新鲜时奶油色至浅黄色，具同心环区，光滑；边缘白色；子实层体表面浅黄色，网纹状；不育边缘白色；菌肉奶油色，软革质，厚可达 0.5 mm。

显微结构：菌丝系统一体系；生殖菌丝具简单分隔；亚子实层生殖菌丝无色，薄壁至稍厚壁，具宽内腔，频繁分枝，略弯曲，交织排列，IKI–，CB(+)，直径 2–3.5 μm；担子棍棒形，大小为 25–37×4–5 μm；担孢子窄椭圆形至圆柱形，无色，薄壁，光滑，IKI–，CB(+)，大小为 (4.4–)4.5–5.5×2.1–2.7(–3.1) μm，平均长 L = 4.97 μm，平均宽 W = 2.39 μm，长宽比 Q = 2.08 (n = 30/1)。

代表序列：OL473600，OL473614。

分布、习性和功能：香格里拉市普达措国家公园；生长在阔叶树倒木上；引起木材白色腐朽。

图 418　乳色巴氏垫革菌 *Baltazaria galactina*

图 419　革毡干朽菌 *Byssomerulius corium*

丽极肉齿耳

***Climacodon pulcherrimus* (Berk. & M.A. Curtis) M.I. Nikol.**

子实体：担子果一年生，盖形，覆瓦状叠生，新鲜时肉质，干后软木栓质；菌盖扇形至半圆形，外伸可达 3 cm，宽可达 5 cm，基部厚可达 5 mm，上表面新鲜时乳白色，干后黄褐色，具不明显环区，具粗毛；菌齿表面新鲜时白色，干后黄褐色；菌齿锥状，末端锐，每毫米 3–5 个；菌肉软木栓质，厚可达 3 mm；菌齿干后黄褐色，纤维质，长可达 2 mm。

显微结构：菌丝系统一体系；生殖菌丝具简单分隔和锁状联合；菌丝组织在 KOH 试剂中无变化；菌齿生殖菌丝无色，薄壁至稍厚壁，频繁分枝，与菌齿近平行排列，IK–，CB+，直径 2–4 μm；子实层中无囊状体和拟囊状体，担子棍棒形，大小为 12–16×3.5–4.5 μm；担孢子短圆柱形至椭圆形，无色，薄壁，光滑，IKI–，CB–，大小为 (4–)4.1–5.1(–5.5)×2.1–2.5(–2.6) μm，平均长 L = 4.53 μm，平均宽 W = 2.23 μm，长宽比 Q = 2.03 (n = 30/1)。

代表序列：OL47139。

分布、习性和功能：腾冲市高黎贡山自然保护区，泸水市高黎贡山自然保护区，金平县分水岭自然保护区；生长在阔叶树倒木上；引起木材白色腐朽。

 红斑肉齿耳

***Climacodon roseomaculatus* (Henn. & E. Nyman) Jülich**

子实体：担子果一年生，盖形，单生或覆瓦状叠生，新鲜时肉质，干后脆质；菌盖扇形，外伸可达 3 cm，宽可达 4 cm，基部厚可达 2.5 mm，上表面洋红色至鲜红色，干后玫瑰色或淡紫色，无环带，具放射状条带；菌齿表面被白色粉状物，干后黄褐色；菌齿锥形或扁平，每毫米 3–4 个；菌肉同质，与菌盖颜色同，无环带，厚可达 0.5 mm；菌齿长可达 2 mm。

显微结构：菌丝系统一体系；生殖菌丝具简单分隔和锁状联合；菌丝组织在 KOH 试剂中无变化；菌齿生殖菌丝无色，薄壁至稍厚壁，交织排列，IKI–，CB–，直径 3–5.5 μm；子实层具棍棒形囊状体，薄壁，末端具结晶，伸出子实层，大小为 50–80×5–9 μm；担子棍棒形，大小为 17–21×3.5–5 μm；担孢子椭圆形，无色，薄壁，光滑，IKI–，CB–，大小为 4–6(–6.5)×2–2.7(–3.1) μm，平均长 L = 4.90 μm，平均宽 W = 2.48 μm，长宽比 Q = 1.98 (n = 30/1)。

代表序列：KP323409，OL457162。

分布、习性和功能：南华县大中山自然保护区；生长在阔叶树腐朽木上；引起木材白色腐朽。

图 420　丽极肉齿耳 *Climacodon pulcherrimus*

图 421　红斑肉齿耳 *Climacodon roseomaculatus*

变形隔孢伏革菌

Dendrophora versiformis (Berk. & M.A. Curtis) Bourdot & Galzin

子实体：担子果一年生，平伏至平伏反卷，紧密贴生，革质，后期汇合；平伏时长可达 50 cm，宽可达 6 cm，厚可达 0.8 mm；子实体初期亮褐色至褐色，不开裂，后期黑褐色至黑色，光滑，表面具凸起，开裂；不育边缘陡峭，初期白色，后期浅褐色，反卷；菌肉极薄至几乎无。

显微结构：菌丝系统一体系；生殖菌丝具锁状联合；菌丝组织在 KOH 试剂中变黑褐色；生殖菌丝无色至褐色，薄壁至厚壁，交织排列，直径 3–6 μm；子实层具树状侧丝，褐色，厚壁，直径 3–8 μm；具囊状体，圆锥形至近梭形，褐色，厚壁，具结晶，大小为 40–80×12–19 μm；具胶化囊状体，圆锥形或纺锤形，褐色，薄壁至稍厚壁，大小为 25–55×6–10 μm；担孢子腊肠形，无色，薄壁，末端具喙，光滑，IKI+，CB–，大小为 5–7.5×2–3 μm，平均长 L = 6.3 μm，平均宽 W = 2.3 μm，长宽比 Q = 2.7 (n = 30/1)。

代表序列：MK588756，MK588796。

分布、习性和功能：腾冲市高黎贡山自然保护区百花岭，腾冲市曲石镇双河村；生长在阔叶树枯枝和倒木上；引起木材白色腐朽。

 ## 热带软齿菌

Dentipellis tropicalis L.L. Shen & Min Wang

子实体：担子果一年生，平伏，易与基质分离，新鲜时软，干后脆质，长可达 12 cm，宽可达 6 cm，中部厚可达 2.5 mm；子实层体菌齿状，新鲜时白色至奶油色，干后奶油色至浅黄色；不育边缘浅黄色，棉质，宽可达 4 mm；菌齿锥形，基部每毫米 4–5 个；菌肉浅黄色，软木栓质，厚可达 1 mm；菌齿长可达 1.5 mm。

显微结构：菌丝系统一体系；生殖菌丝具锁状联合；菌肉菌丝无色，薄壁至厚壁，频繁分枝，交织排列，IKI–，CB+，直径 1.5–4 μm；菌齿菌丝无色，薄壁至厚壁，偶尔分枝，与菌齿近平行排列，直径 2.5–3 μm；子实层具胶化囊状体，棍棒形，无色，长可达 150 μm，直径 2–6 μm；担子棍棒形，大小为 16–20×3.5–6 μm，担孢子窄椭圆形，无色，稍厚壁，表面粗糙，IKI+，CB–，大小为 (4.6–)5–5.5×2.5–3.2(–3.5) μm，平均长 L = 5.21 μm，平均宽 W = 3.09 μm，长宽比 Q = 1.55–1.72 (n = 60/2)。

代表序列：KR108236，KR108240。

分布、习性和功能：耿马县南滚河国家级自然保护区，勐腊县望天树景区，西双版纳原始森林公园；生长在阔叶树倒木上；引起木材白色腐朽。

图 422　变形隔孢伏革菌 *Dendrophora versiformis*

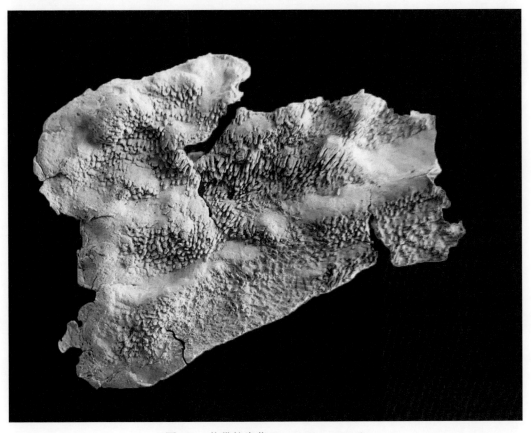

图 423　热带软齿菌 *Dentipellis tropicalis*

薄盘革耳

Eichleriella tenuicula (Lév.) Spirin & Malysheva

子实体：担子果一年生，平伏，平展，贴生，革质，初期为圆形小斑点状，后期汇合连片，易与基质分离，长可达 5 cm，宽可达 2 cm，厚可达 1 mm；子实层体新鲜时浅褐色至土褐色，干后为浅肉桂色；具刺柱，不规则散生，褐色，突出子实层；不育边缘贴生，干后稍反卷，比子实层颜色浅；菌肉极薄至几乎无。

显微结构：菌丝系统二体系；生殖菌丝具锁状联合；菌肉层厚，淡黄色；生殖菌丝无色，薄壁，频繁分枝，交织排列，直径 1.5–3 μm；骨架菌丝无色至淡黄色，厚壁，直径 2–4 μm；子实层具囊状体，棍棒形，不规则弯曲；侧丝纤细，分枝；担子卵形至椭圆形，纵分隔，大小为 15–21×9–11.5 μm；担孢子长圆柱形，无色，薄壁，弯曲，末端尖，IKI–，CB+，大小为 16–22×6–7.5 μm，平均长 L = 19.6 μm，平均宽 W = 6.4 μm，长宽比 Q = 3.0 (n = 30/1)。

代表序列：MH178256，MH178279。

分布、习性和功能：瑞丽市莫里热带雨林景区；生长在阔叶树枯枝上；引起木材白色腐朽。

 硬锈红革菌

Erythromyces crocicreas (Berk. & Broome) Hjortstam & Ryvarden

子实体：担子果多年生，平伏，不易与基质分离，新鲜时木栓质，干后硬木质，长可达 200 cm，宽可达 60 cm，中部厚可达 0.5 mm；子实层体表面新鲜时白色至乳白色，干后灰褐色、锈褐色，光滑，具强烈折光反应，后期开裂；不育边缘不明显；菌肉红褐色，硬木质，与菌肉相连的木材红褐色。

显微结构：菌丝系统一体系；生殖菌丝具锁状联合；菌丝组织在 KOH 试剂中变黑色；菌肉生殖菌丝无色至浅黄褐色，厚壁至近实心，具结晶，紧密交织排列，IKI–，CB–，直径 2–4 μm；子实层具大量结晶囊状体，黄褐色，大小为 60–100×10–12 μm；担子棍棒形，大小为 20–30×4–5 μm；担孢子圆柱形至窄椭圆形，无色，薄壁，光滑，IKI–，CB–，大小为 6–8×2.8–3.2 μm，平均长 L = 7.6 μm，平均宽 W = 3.05 μm，长宽比 Q = 2.49 (n = 30/1)。

代表序列：JQ319490。

分布、习性和功能：勐腊县望天树景区；生长在阔叶树死树、倒木或树桩上；引起木材白色腐朽。

图 424　薄盘革耳 *Eichleriella tenuicula*

图 425　硬锈红革菌 *Erythromyces crocicreas*

射脉状胶质韧革菌

Gelatinostereum phlebioides **S.H. He, S.L. Liu & Y.C. Dai**

子实体：担子果一年生，平伏反卷，易与基质分离，不规则形状；菌盖外伸可达 2.3 cm，宽可达 5.5 cm，基部厚可达 0.3 mm；子实层体表面淡橘色至灰黄色，光滑或具小疣突，后期开裂；菌肉白色；不育边缘明显，灰黄色、棕黄色；菌肉极薄至几乎无。

显微结构：菌丝系统二体系；生殖菌丝具简单分隔；菌肉生殖菌丝无色，薄壁，频繁分枝，直径 1.9–4 μm；骨架菌丝厚壁，不分枝，直径 2.6–4.9 μm；子实层无棘状囊状体；具胶化囊状体，末端尖，薄壁至略厚壁，内含物丰富，大小为 35–60×7–14 μm；担子棒棒形，大小为 24–40×3.9–5.2 μm；担孢子椭圆形，无色，薄壁，光滑，IKI+，CB–，大小为 (6–)6.1–7.8(–8.3)×(2.1–)2.2–3(–3.8) μm，平均长 L = 6.94 μm，平均宽 W = 2.63 μm，长宽比 Q = 2.64 (n = 30/1)。

代表序列：MW533097，MW528943。

分布、习性和功能：玉龙县黎明老君山国家公园，景东县哀牢山自然保护区，富源县十八连山自然保护区；生长在杜鹃或其他阔叶树枯木和枯枝上；引起木材白色腐朽。

 糖圆齿菌

Gyrodontium sacchari **(Spreng.) Hjortstam**

子实体：担子果一年生，盖形，覆瓦状叠生，易与基质分离，新鲜时软，肉质，干后皱缩变脆；菌盖半圆形至扇形，外伸可达 8 cm，宽可达 10 cm，基部厚可达 10 mm，上表面新鲜时奶油色、橘黄色至浅黄褐色，干后棕褐色；子实层体齿状，新鲜时黄色至黄绿色或浅棕黄色，干后深棕褐色；不育边缘明显，乳白色，宽达 4 mm；菌齿扁平至锥形，长达 8 mm，每毫米 1–2 个；菌肉淡黄色，厚可达 2 mm；菌齿与子实层表面同色，长可达 8 mm。

显微结构：菌丝系统一体系；生殖菌丝具简单分隔；菌齿菌丝无色至浅黄色，薄壁至稍厚壁，偶尔分枝，频繁分隔，弯曲，与菌齿近平行排列，直径 2.3–6 μm；子实层和菌丝具微小黄色结晶；担子棒棒形，大小为 13–20×3–5 μm；担孢子椭圆形，金黄色，厚壁，光滑，IKI–，CB–，大小为 (3.5–)3.7–4.2(–4.4)×(2.3–)2.5–2.9(–3) μm，平均长 L = 3.98 μm，平均宽 W = 2.75 μm，长宽比 Q = 1.41–1.5 (n = 60/2)。

代表序列：OL435147，OL423573。

分布、习性和功能：勐腊县望天树景区，景洪市西双版纳自然保护区三岔河；生长在阔叶树或竹子活立木或死树上；引起木材和竹材白色腐朽。

图 426　射脉状胶质韧革菌 *Gelatinostereum phlebioides*

图 427　糖圆齿菌 *Gyrodontium sacchari*

凯氏异齿菌

Heteroradulum kmetii (Bres.) Spirin & Malysheva

子实体：担子果多年生，平伏，革质，初期为小斑点状，后期汇合连接，长可达 8 cm，宽可达 5 cm，厚可达 2 mm；子实层体表面淡赭色至灰褐色，具带状环纹，凹凸不平，具硬糙毛，后期具不规则分布小刺；不育边缘明显，乳白色；菌肉极薄至几乎无。

显微结构：菌丝系统二体系，生殖菌丝具锁状联合；菌肉生殖菌丝少见，无色，薄壁至厚壁，直径 2.5–6 μm；骨架菌丝褐色，交织排列，直径 2–6 μm；子实层具骨架囊状体，纺锤形至近球形，厚壁，末端膨大；具棍棒形囊状体；侧丝常见，分枝；担子倒圆锥形，纵分隔，大小为 38–62×10–15 μm；担孢子肾形至圆柱形，略弯曲，无色，薄壁，末端尖，IKI–，CB+，大小为 13.5–20×6.5–9 μm，平均长 L = 16.9 μm，平均宽 W = 7.8 μm，长宽比 Q = 2.2 (n = 30/1)。

代表序列：MH178262，MH178286。

分布、习性和功能：香格里拉市普达措国家公园；生长在阔叶树倒木和枯枝上；引起木材白色腐朽。

 ## 异常锈革菌

Hymenochaete anomala Burt

子实体：担子果一年生，平伏，紧密贴生，新鲜时革质，干后木质坚硬，长可达 10 cm，在切片中厚可达 200 μm；子实层体表面成熟后灰褐色至黄褐色，光滑，无环纹，不规则开裂；不育边缘明显，浅黄色，比子实层体表面颜色浅，逐渐变薄和窄；菌肉极薄至几乎无。

显微结构：菌肉支撑刚毛组；生殖菌丝具简单分隔，黄褐色，薄壁至厚壁，紧密交织排列，偶尔具颗粒，直径 2–4 μm；子实层：菌丝黄褐色，厚壁，交织排列，直径 2–4 μm；刚毛锥形，弯曲，末端尖，光滑，大小为 17–43×4–6 μm，突出子实层达 15 μm；具囊状体，末端具颗粒状物质；担子棍棒形，大小为 15–20×3–4 μm；担孢子椭圆形，无色，薄壁，IKI–，CB–，大小为 (2–)2.8–4(–4.2)×1.5–2(–2.5) μm，平均长 L = 3.23 μm，平均宽 W = 1.92 μm，长宽比 Q = 1.68 (n = 30/1)。

代表序列：JQ279566，JQ279650。

分布、习性和功能：勐腊县中国科学院西双版纳热带植物园；生长在阔叶树落枝上；引起木材白色腐朽。

图 428　凯氏异齿菌 *Heteroradulum kmetii*

图 429　异常锈革菌 *Hymenochaete anomala*

贝尔泰罗锈革菌

Hymenochaete berteroi Pat.

子实体：担子果一年生，平伏，紧密贴生，新鲜时和干后革质，长可达 15 cm，宽可达 6 cm，切片中厚可达 800 μm；子实层体表面灰色至灰褐色，光滑，无环纹，不开裂；不育边缘明显，肉桂色至黄褐色，比子实层体表面颜色浅，逐渐变薄，宽可达 2.5 mm；菌肉极薄至几乎无。

显微结构：菌肉锈革菌组；刚毛状菌丝常见，长可达 150 μm；生殖菌丝具简单分隔，厚壁，念珠状，疏松交织排列，直径 3–4.8 μm；子实层：菌丝黄色至黄褐色，厚壁，交织排列，直径 2.5–4.5 μm；由 2–3 排重叠刚毛组成；刚毛暗褐色，锥形或纺锤形，通常覆盖一层薄菌丝鞘，末端尖，大小为 40–60×6–10 μm，突出子实层达 25 μm；无囊状体和侧丝；担子棍棒形，大小为 11–20×3–4 μm；担孢子椭圆形，无色，薄壁，IKI–，CB–，大小为 (3–)3.5–4(–4.2)×1.9–2.2(–2.4) μm，平均长 L = 3.92 μm，平均宽 W = 2.09 μm，长宽比 Q = 1.88 (n = 60/1)。

代表序列：KU975459，KU975498。

分布、习性和功能：盈江县铜壁关自然保护区；生长在阔叶树落枝上；引起木材白色腐朽。

 ## 两型刚毛锈革菌

Hymenochaete biformisetosa Jiao Yang & S.H. He

子实体：担子果一年生，平伏，紧密贴生，新鲜时木栓质，干后木质，长可达 6 cm，宽可达 2 cm，切片中厚可达 2.5 mm；子实层体表面浅灰色至暗灰褐色，光滑，成熟后开裂；不育边缘明显，初期锈褐色至黑褐色，比子实层体表面颜色暗，逐渐变薄，宽可达 1 mm；菌肉极薄至几乎无。

显微结构：菌肉裸刚毛组；生殖菌丝具简单分隔；菌肉生殖菌丝少见，直径 2–4 μm；骨架菌丝占多数，直径 3–4.5 μm；子实层：菌丝红褐色，厚壁，交织排列；刚毛层厚，由几排重叠刚毛组成；刚毛 2 种类型，均具 1–3 个刺突，类型 I 锥形，具结晶，大小为 80–130×9–14 μm，突出子实层达 90 μm；类型 II 锥形，末端类似菌丝，埋生，大小为 35–50×4–8 μm；担子棍棒形，大小为 20–25×3–5 μm；担孢子椭圆形至宽椭圆形，无色，薄壁，IKI–，CB–，大小为 4.3–6×3–4.2 μm，平均长 L = 5.20 μm，平均宽 W = 3.50 μm，长宽比 Q = 1.5 (n = 60/1)。

代表序列：KF908247，KU975499。

分布、习性和功能：腾冲市高黎贡山自然保护区百花岭；生长在阔叶树落枝上；引起木材白色腐朽。

图 430 贝尔泰罗锈革菌 *Hymenochaete berteroi*

图 431 两型刚毛锈革菌 *Hymenochaete biformisetosa*

肉桂锈革菌

***Hymenochaete cinnamomea* (Pers.) Bres.**

子实体：担子果一年生，平伏，疏松贴生，新鲜时软木栓质，干后革质至脆质，长可达 10 cm，宽可达 2 cm，切片中厚可达 1 mm；子实层体表面土黄色、浅褐色、褐色至锈褐色，光滑，无环纹，干后不规则开裂；不育边缘与子实层体表面同色，逐渐变薄，宽达 1 mm；菌肉极薄至几乎无。

显微结构：菌肉支撑刚毛组；菌丝分层，具刚毛层；菌肉生殖菌丝具简单分隔，无色至黄褐色，直径 2.7–5.2 μm；子实层：菌丝黄褐色，频繁分枝，具隔膜，交织排列，直径 2.5–3.8 μm；刚毛锥形，深褐色，厚壁，末端尖，光滑，大小为 53–100×6–8 μm，突出子实层达 60 μm；无侧丝和囊状体；担子棍棒形，大小为 12–17×3–4 μm；担孢子短圆柱形至腊肠形，无色，薄壁，IKI–，CB–，大小为 4.8–6.1×2–2.5 μm，平均长 L = 5.41 μm，平均宽 W = 2.28 μm，长宽比 Q = 2.37 (n = 30/1)。

代表序列：JQ279548，JQ279658。

分布、习性和功能：腾冲市高黎贡山自然保护区百花岭；生长在阔叶树落枝上；引起木材白色腐朽。

 长矛锈革菌

***Hymenochaete contiformis* G. Cunn.**

子实体：担子果一年生，平伏，紧密贴生，膜质，长可达 10 cm，宽可达 3 cm，切片中厚可达 130 μm；子实层体表面初期锈褐色，后期褐色至深褐色，光滑，不开裂；不育边缘明显，乳白色至浅黄色，比子实层体表面颜色浅，逐渐变薄；菌肉极薄至几乎无。

显微结构：菌肉裸刚毛组；子实层：生殖菌丝具简单分隔，黄褐色，厚壁，强烈黏结，紧密交织排列，直径 1–2.5 μm；刚毛锥形，红褐色，光滑或刚毛两侧具少量结晶，末端尖，大小为 110–160×10–15 μm，突出子实层达 105 μm；无囊状体和侧丝；担子棍棒形，大小为 23–35×5–6 μm；担孢子圆柱形，略弯曲，无色，薄壁，IKI–，CB–，大小为 (7.6–)7.8–9.8×(3.2–)3.5–4(–4.5) μm，平均长 L = 8.64 μm，平均宽 W = 3.91 μm，长宽比 Q = 2.21 (n = 30/1)。

代表序列：KU975461，KU975501。

分布、习性和功能：维西县攀天阁；生长在阔叶树落枝上；引起木材白色腐朽。

图 432　肉桂锈革菌 *Hymenochaete cinnamomea*

图 433　长矛锈革菌 *Hymenochaete contiformis*

疏松锈革菌

Hymenochaete epichlora (Berk. & M.A. Curtis) Cooke

子实体：担子果一年生，平伏，紧密贴生，长可达 10 cm，宽可达 2 cm，切片中厚可达 200 μm；子实层体表面深褐色至黄褐色，光滑，无环纹，干后不开裂；不育边缘不明显，初期浅黄色，后期与子实层体表面同色；菌肉极薄至几乎无。

显微结构：菌肉支撑刚毛组；子实层：生殖菌丝简单分隔，黄褐色，中度分枝，光滑，厚壁，紧密交织排列，直径 3–5 μm；刚毛成层排列，披针形，末端尖，大小为 35–55×5–6.5 μm，突出子实层达 35 μm；无囊状体和侧丝；担子棍棒形，大小为 15–25×4–6 μm；担孢子卵圆形至椭圆形，无色，薄壁，IKI–，CB–，大小为 3–5.1(–5.3)×2–3.1(–3.8) μm，平均长 L = 4 μm，平均宽 W = 2.37 μm，长宽比 Q = 1.69 (n = 20/1)。

代表序列：KU975463，KU975503。

分布、习性和功能：普洱市太阳河森林公园；生长在阔叶树落枝上；引起木材白色腐朽。

 ## 裂纹锈革菌

Hymenochaete fissurata S.H. He & Hai J. Li

子实体：担子果多年生，贴生，平伏至平伏反卷，新鲜时革质，干后木质或脆质，长可达 20 cm，宽可达 5 cm，切片中厚 800 μm；子实层体表面浅灰色至棕褐色，光滑或具分散小瘤，后期开裂；不育边缘明显，肉桂色至黄褐色，比子实层体表面颜色浅，略开裂反卷；菌肉极薄至几乎无。

显微结构：菌肉锈革菌组；皮层菌丝强烈黏结，厚 15–80 μm；生殖菌丝简单分隔，中度分枝，规则排列，直径 2–3 μm；子实层：菌丝黄褐色，厚壁，交织排列，直径 2–2.5 μm；刚毛层厚，由一排或几排重叠刚毛组成；刚毛锥形，红褐色，覆盖一层薄菌丝鞘，末端尖，大小为 30–60×5–8 μm，突出子实层达 30 μm；无囊状体；担子棍棒形，大小为 10–15×3–3.5 μm；担孢子椭圆形，无色，薄壁，IKI–，CB–，大小为 3.6–5×2–2.8 μm，平均长 L = 4.20 μm，平均宽 W = 2.50 μm，长宽比 Q = 1.6–1.7 (n = 60/2)。

代表序列：KU975464，KU975504。

分布、习性和功能：兰坪县长岩山自然保护区，香格里拉市普达措国家公园；生长在杜鹃枯枝上；引起木材白色腐朽。

图 434　疏松锈革菌 *Hymenochaete epichlora*

图 435　裂纹锈革菌 *Hymenochaete fissurata*

黄锈革菌

Hymenochaete fulva **Burt**

子实体：担子果一年生，平伏，紧密贴生，新鲜时革质，干后木栓质，长可达 8 cm，宽可达 3 cm，切片中厚可达 300 μm；子实层体表面褐色、黄褐色至土黄色，光滑，无环纹，后期开裂；不育边缘明显，黄褐色，比子实层体表面颜色浅，逐渐变薄；菌肉极薄至几乎无。

显微结构：菌肉锈革菌组；皮层菌丝强烈黏结，厚 10–20 μm；生殖菌丝具简单分隔，厚壁，覆盖树脂状物质，疏松交织排列，直径 2.5–5 μm；子实层：菌丝黄色至黄褐色，厚壁，交织排列，直径 2–4.8 μm；子实层由 1–3 排重叠刚毛组成刚毛层；刚毛锥形，红褐色，有时刚毛两侧覆盖菌丝鞘，末端尖，大小为 60–100×7–11 μm，突出子实层达 80 μm；担子棍棒形，大小为 15–22×4–5 μm；担孢子宽椭圆形，无色，薄壁，IKI–，CB–，大小为 5–6×3.5–4 μm，平均长 L = 5.43 μm，平均宽 W = 3.82 μm，长宽比 Q = 1.40–1.44 (n = 60/2)。

代表序列：KU975466，KU975507。

分布、习性和功能：普洱市太阳河森林公园；生长在阔叶树落枝上；引起木材白色腐朽。

 齿锈革菌

Hymenochaete hydnoides **T. Wagner & M. Fisch.**

子实体：担子果一年生，平伏，紧密贴生，新鲜时革质，干后坚硬，脆质，长可达 10 cm，宽可达 3 cm，切片中厚可达 1.5 mm；子实层体暗茶褐色至灰褐色，齿状，干后开裂；不育边缘茶褐色至红褐色，逐渐变窄；菌齿浅红褐色，圆形至稍扁平，每毫米 3–4 个，长度可达 1 mm；菌肉锈褐色，与基质间具一条黑线，厚可达 0.5 mm。

显微结构：菌丝系统二体系；菌肉生殖菌丝具简单分隔，频繁分枝，弯曲，直径 2–3 μm；骨架菌丝占多数，锈褐色，厚壁或近实心，强烈黏结，直径 2.5–4.5 μm；子实层：菌髓菌丝紧密交织排列；刚毛埋生于菌肉层和菌髓中，突出子实层，锥形，暗褐色，末端尖，大小为 40–120×7–14 μm；无囊状体和拟囊状体；担子棍棒形，大小为 9–14×4–5 μm；担孢子圆柱形，无色，薄壁，IKI–，CB–，大小为 3.9–5.1×2–3 μm，平均长 L = 4.41 μm，平均宽 W = 2.29 μm，长宽比 Q = 1.93 (n = 20/1)。

代表序列：JQ279590，JQ279680。

分布、习性和功能：勐腊县中国科学院西双版纳热带植物园热带雨林；生长在阔叶树落枝上；引起木材白色腐朽。

图 436　黄锈革菌 *Hymenochaete fulva*

图 437　齿锈革菌 *Hymenochaete hydnoides*

微锈革菌

Hymenochaete minor S.H. He & Y.C. Dai

子实体：担子果一年生，平伏，紧密贴生，新鲜时和干后革质，长可达 15 cm，宽可达 4 cm，切片中厚可达 160 μm；子实层体表面肉桂色至土黄色，光滑或具小瘤状突起，无环纹，成熟时通常开裂；不育边缘不明显，与子实层体表面同色或略浅，逐渐变薄和窄；菌肉极薄至几乎无。

显微结构：菌肉近裸刚毛组；子实层：生殖菌丝具简单分隔，薄壁至厚壁，黏结，交织排列，直径 2–3 μm；刚毛少见，锥形，红褐色，厚壁，覆盖一层薄菌丝鞘，末端具黄褐色颗粒，大小为 25–50×6–8 μm；无囊状体和侧丝；子实层菌丝末端偶尔具颗粒状物质；担子棍棒形，大小为 9–13×3–3.8 μm；担孢子椭圆形，略弯曲，末端稍尖，无色，薄壁，IKI–，CB–，大小为 (2.8–)3–4.5(–4.8)×(1.5–)1.7–2(–2.2) μm，平均长 L = 3.54 μm，平均宽 W = 1.88 μm，长宽比 Q = 1.73–2.01 (n = 90/3)。

代表序列：JQ279555，JQ279654。

分布、习性和功能：普洱市太阳河森林公园，景洪市西双版纳自然保护区野象谷；生长在阔叶树枯枝和倒木上；引起木材白色腐朽。

 帕氏锈革菌

Hymenochaete parmastoi S.H. He & Hai J. Li

子实体：担子果一年生，平伏，紧密贴生，革质，长可达 15 cm，宽可达 4 cm，切片中厚可达 250 μm；子实层体表面肉桂色至土黄色，光滑，初期不开裂，后期具裂纹；不育边缘不明显，初期白色至黄色，后期与子实层体表面同色，逐渐变薄；菌肉极薄至几乎无。

显微结构：菌肉裸刚毛组；子实层：生殖菌丝具简单分隔，黄褐色，厚壁，黏结，直径 2–3 μm；刚毛层由 1–3 排重叠刚毛组成；刚毛少见，锥形，红褐色，覆盖一层菌丝鞘，末端具黄色非结晶物质，大小为 40–75×6–10 μm，突出子实层达 30 μm；无囊状体和侧丝，菌丝末端有时伸入子实层，具非结晶物质；担子棍棒形，大小为 15–20×3–4.8 μm；担孢子椭圆形，无色，薄壁，IKI–，CB–，大小为 4–5.5×2.6–3.2 μm，平均长 L = 4.84 μm，平均宽 W = 2.94 μm，长宽比 Q = 1.55–1.76 (n = 210/7)。

代表序列：JQ780063，KU975518。

分布、习性和功能：昆明市野鸭湖森林公园；生长在阔叶树枯枝和倒木上；引起木材白色腐朽。

图 438　微锈革菌 *Hymenochaete minor*

图 439　帕氏锈革菌 *Hymenochaete parmastoi*

红边锈革菌

Hymenochaete rufomarginata Imazeki

子实体：担子果一年生，平伏或反卷，疏松贴生，易与基质分离，新鲜时革质，干后木质，平伏长可达 10 cm，宽可达 4 cm，切片中厚可达 1 mm；子实层体表面褐色至肉桂色，光滑，不开裂；不育边缘明显，肉桂色至浅黄色，初期比子实层体表面颜色浅，后期与子实层体表面同色，逐渐变薄，宽可达 1.5 mm；菌肉极薄至几乎无。

显微结构：菌肉锈革菌组；皮层菌丝强烈黏结，厚 50–80 μm；生殖菌丝具简单分隔，薄壁至厚壁，直径 2–3 μm；骨架菌丝厚壁，直径 2–2.8 μm；子实层：菌丝黄褐色，厚壁，黏结，直径 2–2.5 μm；刚毛层由几排重叠的刚毛组成；刚毛锥形或纺锤形，具一层薄菌丝鞘，大小为 25–50×5–8 μm，突出子实层达 25 μm；具侧丝；担子棍棒形，大小为 12–18×3–3.8 μm；担孢子椭圆形，无色，薄壁，IKI–，CB–，大小为 2.8–3.5×2–2.5 μm，平均长 L = 3.06 μm，平均宽 W = 2.22 μm，长宽比 Q = 1.38 (n = 30/1)。

代表序列：KU975477，KU975524。

分布、习性和功能：普洱市太阳河森林公园，盈江县铜壁关自然保护区，西双版纳原始森林公园；生长在阔叶树倒木和腐朽木上；引起木材白色腐朽。

 ## 匙毛锈革菌

Hymenochaete spathulata J.C. Léger

子实体：担子果一年生，平伏，紧密贴生，新鲜时和干后革质，长可达 20 cm，宽可达 4 cm，切片中厚可达 280 μm；子实层体表面浅土黄色至浅黄褐色，光滑，无环纹，不开裂；不育边缘明显，初期白色和毛缘状，后期与子实层体表面同色，逐渐变薄；菌肉极薄至几乎无。

显微结构：菌肉近裸刚毛组：菌丝强烈黏结；子实层：生殖菌丝具简单分隔，紧密交织排列，直径 1.8–3.6 μm；刚毛层由几排重叠刚毛组成；刚毛分散，匙形，末端钝，偶尔具一层薄菌丝鞘，末端具结晶，大小为 65–100×8–13 μm，突出子实层达 50 μm；担子棍棒形，大小为 12–16×3.5–4 μm；担孢子圆柱形至腊肠形，无色，薄壁，IKI–，CB–，大小为 6–7.1(–7.5)×1.8–2.1 μm，平均长 L = 6.65 μm，平均宽 W = 1.98 μm，长宽比 Q = 3.36 (n = 30/1)。

代表序列：JQ279591，KU975529。

分布、习性和功能：普洱市太阳河森林公园；生长在阔叶树倒木和腐朽木上；引起木材白色腐朽。

图 440　红边锈革菌 *Hymenochaete rufomarginata*

图 441　匙毛锈革菌 *Hymenochaete spathulata*

球生锈革菌

Hymenochaete sphaericola Loyd

子实体：担子果一年生，平伏，易与基质分离，新鲜时革质，干后硬木质，长可达 10 cm，宽可达 5 cm，切片中厚可达 500 μm；子实层体表面新鲜时黑红色，干后红褐色，光滑，偶尔具疣状突起，无同心环纹；不育边缘初期黄褐色，后期与子实层体表面同色，宽可达 1 mm；菌肉极薄至几乎无。

显微结构：菌肉裸刚毛组；生殖菌丝具简单分隔，直径 2–3.5 μm；子实层：菌丝黄色至黄褐色，厚壁菌丝占多数，黏结，交织排列，直径 2–4 μm；刚毛分散，埋于子实层和菌肉层，锥形，暗褐色，厚壁，通常具一层菌丝鞘，末端尖，偶尔具结晶，大小为 70–95×7–9 μm；囊状体少见；具树状侧丝，黄色，厚壁；担子棍棒形，大小为 18–25×4–7 μm；担孢子圆柱形，略弯曲，大小为 (7–)7.4–9(–10)×(2.4–)2.5–3(–3.4) μm，平均长 L = 8.13 μm，平均宽 W = 2.9 μm，长宽比 Q = 2.8 (n = 30/1)。

代表序列：KU975480，KU975530。

分布、习性和功能：香格里拉市普达措国家公园，兰坪县罗古箐自然保护区，昆明市野鸭湖森林公园，西畴县莲花塘乡，广南县八宝镇；生长在杜鹃、栎树、桦树倒木和枯枝上；引起木材白色腐朽。

 ## 球孢锈革菌

Hymenochaete sphaerospora J.C. Léger & Lanq.

子实体：担子果一年生，平伏，紧密贴生，新鲜时革质，干后木质坚硬，长可达 20 cm，宽可达 6 cm，切片中厚可达 400 μm；子实层体表面浅土黄色至灰褐色，光滑，无环纹，不开裂或略开裂；不育边缘明显，浅黄褐色至肉桂色，比子实层体表面颜色浅，逐渐变薄，宽达 2 mm；菌肉极薄至几乎无。

显微结构：菌肉近裸刚毛组；子实层：生殖菌丝具简单分隔，厚壁，黏结，紧密交织排列，直径 2.0–3.0 μm；刚毛层由几排重叠刚毛组成；刚毛锥形，红褐色，具一层薄结晶，末端尖，大小为 65–110×9–16 μm，突出子实层达 40 μm；无囊状体；简单侧丝常见；担子棍棒形，大小为 23–34×4.5–6 μm；担孢子宽椭圆形至近球形，无色，薄壁，IKI–，CB–，大小为 5–6×4–5 μm，平均长 L = 5.52 μm，平均宽 W = 4.33 μm，长宽比 Q = 1.27 (n = 30/1)。

代表序列：JQ279594，KU975531。

分布、习性和功能：普洱市太阳河森林公园；生长在阔叶树倒木和枯枝上；引起木材白色腐朽。

图 442　球生锈革菌 *Hymenochaete sphaericola*

图 443　球孢锈革菌 *Hymenochaete sphaerospora*

近锈色锈革菌

Hymenochaete subferruginea Bres. & Syd.

子实体：担子果一年生，盖形或平伏反卷，通常覆瓦状叠生，新鲜时革质，干后木质或脆质；菌盖扇形或半圆形，外伸可达 5 cm，宽可达 7 cm，基部厚可达 1 mm，上表面褐色至暗褐色，具绒毛，成熟后绒毛多数易脱落，具同心环纹和褶皱；子实层体表面沙土色至污褐色，光滑，不开裂；不育边缘金黄褐色，宽达 1 mm；菌肉厚可达 0.5 mm。

显微结构：菌肉支撑刚毛组；生殖菌丝具简单分隔，薄壁至厚壁，中度分枝，规则排列，直径 2.0–3.5 μm；子实层：菌丝黄色至黄褐色，厚壁，交织排列，直径 2–3 μm；刚毛分散，锥形，分层排列，具一层薄菌丝鞘，末端尖，大小为 30–50×5–7 μm，突出子实层达 20 μm；担子大棍棒形，大小为 15–22×2.5–3.5 μm；担孢子宽椭圆形至卵形，无色，薄壁，IKI–，CB–，大小为 2.8–3.5×2–2.5 μm，平均长 L = 3.1 μm，平均宽 W = 2.24 μm，长宽比 Q = 1.38 (n = 30/1)。

代表序列：KU975481。

分布、习性和功能：保山市高黎贡山自然保护区；生长在栲树、栎树和栗树或其他阔叶树枯枝和倒木上；引起木材白色腐朽。

 ## 热带锈革菌

Hymenochaete tropica S.H. He & Y.C. Dai

子实体：担子果一年生，平伏，紧密贴生，新鲜时和干后革质，长可达 20 cm，宽可达 8 cm，切片中厚可达 250 μm；子实层体表面初期暗褐色至黄褐色，后期灰色，光滑，无环纹，不开裂；不育边缘明显，初期比子实层体表面颜色浅，后期与子实层体表面同色，逐渐变薄；菌肉极薄至几乎无。

显微结构：菌肉支撑刚毛组；生殖菌丝具简单分隔，厚壁，交织排列，直径 1.8–2.5 μm；子实层：菌丝黄褐色，交织排列，直径 2–3 μm；刚毛少见，锥形，具一层薄菌丝鞘，末端尖，大小为 50–90×7–11 μm，突出子实层达 50 μm；无囊状体；具侧丝，弯曲；具块状结晶；担子棍棒形，大小为 15–18×3–3.8 μm；担孢子椭圆形，无色，薄壁，IKI–，CB–，大小为 (3–)3.2–5(–5.5)×1.8–2.8 μm，平均长 L = 4.10 μm，平均宽 W = 2.11 μm，长宽比 Q = 1.77–2.07 (n = 120/4)。

代表序列：KU975482，KU975533。

分布、习性和功能：景洪市西双版纳自然保护区野象谷；生长在阔叶树枯枝和倒木上；引起木材白色腐朽。

图 444　近锈色锈革菌 *Hymenochaete subferruginea*

图 445　热带锈革菌 *Hymenochaete tropica*

柔毛锈革菌

Hymenochaete villosa (Lév.) Bres.

子实体：担子果一年生，平伏反卷，覆瓦状叠生，新鲜时和干后革质；菌盖半圆形，外伸可达 5 cm，宽可达 7 cm，切片中厚可达 600 μm，上表面褐色，具绒毛和细密同心环纹；子实层体表面褐色，光滑，后期开裂，有时具疣状突；不育边缘明显，黄褐色，比子实层体表面颜色浅；菌肉厚可达 0.3 mm。

显微结构：菌肉锈革菌组；皮层厚 20–50 μm；生殖菌丝具简单分隔，厚壁，接近子实层末端菌丝念珠状，直径 2–4 μm；子实层：菌丝无色至黄褐色，厚壁，规则排列，直径 2.5–5 μm；刚毛锥形，偶尔具结晶和菌丝鞘，末端尖，大小为 30–60×5–9 μm，突出子实层达 40 μm；无侧丝和囊状体；担子棍棒形，大小为 25–30×4–5 μm；担孢子椭圆形，无色，薄壁，IKI–，CB–，大小为 3–4×1.8–2 μm，平均长 L = 3.3 μm，平均宽 W = 1.9 μm，长宽比 Q = 1.74 (n = 30/1)。

代表序列：KU975485，KU975537。

分布、习性和功能：西双版纳自然保护区曼搞；生长在阔叶树枯枝和倒木上；引起木材白色腐朽。

 ## 安田锈革菌

Hymenochaete yasudae Imazeki

子实体：担子果一年生，平伏反卷或盖形，新鲜时和干后革质；菌盖窄，外伸可达 0.5 cm，宽可达 7 cm，切片中厚可达 500 μm，上表面棕褐色，具绒毛；子实层体表面红褐色，光滑和具疣突，后期开裂；不育边缘明显，金黄色，比子实层体表面颜色浅；菌肉厚可达 0.2 mm。

显微结构：菌肉锈革菌组；皮层厚 20–60 μm；生殖菌丝具简单分隔，厚壁，直径 2–3.5 μm；子实层：菌丝无色至黄褐色，厚壁，规则排列，直径 2.5–5 μm；刚毛锥形至棍棒形，末端尖或钝，具结晶，大小为 45–75×8–11 μm；无侧丝和囊状体；担子棍棒形，大小为 6–10×3–4.5 μm；担孢子圆柱形，无色，薄壁，IKI–，CB–，大小为 4.5–6.5×2–3 μm，平均长 L = 5.63 μm，平均宽 W = 2.18 μm，长宽比 Q = 2.58 (n = 30/1)。

代表序列：OL470309，OL462824。

分布、习性和功能：云南轿子山国家级自然保护区；生长在华山松倒木上；引起木材白色腐朽。

图 446　柔毛锈革菌 *Hymenochaete villosa*

图 447　安田锈革菌 *Hymenochaete yasudae*

云南锈革菌

***Hymenochaete yunnanensis* S.H. He & Hai J. Li**

子实体：担子果一年生，平伏至平伏反卷，贴生，易与基质分离，新鲜时革质，干后脆质，长可达 8 cm，宽可达 3 cm，反卷部分可达 0.3 cm，切片中厚可达 300 μm；菌盖表面锈褐色至暗褐色，具绒毛；子实层体表面灰褐色至土黄色，光滑或具分散小瘤，具黄色树脂状物质，不开裂或略开裂；不育边缘明显，浅黄色，比子实层体表面颜色浅；菌肉极薄至几乎无。

显微结构：菌肉锈革菌组；皮层菌丝强烈黏结，厚 20–50 μm；生殖菌丝具简单分隔，具树脂状物质；直径 2–4 μm；骨架菌丝红褐色，厚壁；具刚毛状菌丝，长可达 200 μm；子实层：菌丝无色，厚壁，直径 2–5 μm；刚毛层由几排重叠刚毛组成；刚毛锥形或纺锤形，大小为 40–75×6–7 μm，突出子实层达 45 μm；担子棍棒形，大小为 12–20×3.8–5 μm；担孢子椭圆形，末端尖细，无色，薄壁，IKI–，CB–，大小为 5–6.5×3–3.5 μm，平均长 L = 5.79 μm，平均宽 W = 3.16 μm，长宽比 Q = 1.79–1.87 (n = 60/2)。

代表序列：KU975486，KU975538。

分布、习性和功能：普洱市太阳河森林公园；生长在阔叶树枯枝和倒木上；引起木材白色腐朽。

 奇异脊革菌

***Lopharia mirabilis* (Berk. & Broome) Pat.**

子实体：担子果一年生，平伏，新鲜时革质，干后软木栓质，长可达 20 cm，宽可达 10 cm，中部厚可达 3 mm；偶尔反卷形成菌盖，窄半圆形，外伸可达 1 cm，宽可达 6 cm，基部厚可达 3 mm，上表面灰白色，具绒毛和同心环区；子实层体表面浅黄色至黄褐色，具脊状突起，不规则孔状或同心环状；不育边缘逐渐变薄，与子实层体表面同色或略白；菌肉浅褐色，厚可达 0.3 mm。

显微结构：菌丝系统二体系；生殖菌丝具锁状联合，菌丝组织在 KOH 试剂中变暗褐色；生殖菌丝无色，薄壁，频繁分枝，直径 2–3 μm；骨架菌丝无色至浅黄色，厚壁，弯曲，偶尔分枝，直径 2.5–4.5 μm；子实层具巨大结晶囊状体，末端锥形，突出子实层，厚壁，大小为 80–200×15–40 μm；担子棍棒形，大小为 30–50×10–15 μm；担孢子椭圆形，无色，薄壁，IKI–，CB–，大小为 9–13×5–8 μm，平均长 L = 10.6 μm，平均宽 W = 6.5 μm，长宽比 Q = 1.6 (n = 60/2)。

代表序列：MF626342，MF626365。

分布、习性和功能：香格里拉市普达措国家公园，南华县大中山自然保护区，瑞丽市莫里热带雨林景区；生长在阔叶树死树、倒木或枯枝上；引起木材白色腐朽。

图 448　云南锈革菌 *Hymenochaete yunnanensis*

图 449　奇异脊革菌 *Lopharia mirabilis*

结晶米氏革菌

***Michenera incrustata* S.H. He, S.L. Liu & Nakasone**

子实体：担子果一年生，平伏，略垫状，新鲜时和干后革状，初期小斑块状，后期汇合，长可达 16 cm，宽可达 5 cm，厚可达 1.1 mm；子实层体表面光滑，具隆起，中部深黄褐色；不育边缘奶油色；菌肉浅黄色，厚可达 0.6 mm。

显微结构：菌丝系统二体系；生殖菌丝具简单分隔，菌肉生殖菌丝无色，薄壁，频繁分枝，直径 2–4 μm；骨架菌丝占多数，褐色，厚壁，交织排列，直径 3–5 μm；子实层无棘状侧丝，具拟胶化囊状体，棍棒形或圆柱状，具油滴，后期为空腔，厚壁，SA−，大小为 105–230×16–25 μm；具结晶囊状体，蘑菇状，末端膨大，厚壁，大小为 14–17×16–25 μm；担子棍棒形，大小为 84–103×14–17 μm；担孢子球形，具明显喙，无色，厚壁，光滑，IKI−，CB−，大小为 15–19×15.5–19 μm，平均长 L = 17.8 μm，平均宽 W = 17.02 μm，长宽比 Q = 1.05 (n = 30/1)。

代表序列：MH142906，MH142910。

分布、习性和功能：永德大雪山国家级自然保护区，宾川县鸡足山风景区，牟定县化佛山自然保护区，腾冲市高黎贡山自然保护区，景东县哀牢山自然保护区；生长在阔叶树皮上；引起木材白色腐朽。

 富士新小盘革菌

***Neoaleurodiscus fujii* Sheng H. Wu**

子实体：担子果一年生，盘状，新鲜时皮革质，干后脆质，直径可达 2 cm，厚可达 0.7 mm；子实层体表面粉红色、橙色至灰红色，光滑，后期开裂；不育边缘略反卷，向内弯曲；菌肉层极薄至几乎无。

显微结构：菌丝系统一体系；生殖菌丝具锁状联合；菌肉菌丝无色，薄壁至厚壁，与基质略平行排列，直径 2–5 μm；子实层无棘状侧丝；具胶化囊状体，念珠形，厚壁，突出子实层，SA−，大小为 83–150×6–10 μm；具侧丝，不分枝；担子近棍棒形，弯曲，大小为 100–190×13–20 μm；担孢子椭圆形至宽椭圆形，无色，厚壁，光滑，IKI+，CB−，大小为 23–27(–30)×(12–)16–21 μm，平均长 L = 24.8 μm，平均宽 W = 18.1 μm，长宽比 Q = 1.4 (n = 30/1)。

代表序列：KU559357，KU574845。

分布、习性和功能：玉龙县黎明老君山国家公园；生长在杜鹃树活立木枝上；引起木材白色腐朽。

图 450 　结晶米氏革菌 *Michenera incrustata*

图 451 　富士新小盘革菌 *Neoaleurodiscus fujii*

灰隔孢伏革菌

Peniophora cinerea (Pers.) Cooke

子实体：担子果一年生，平伏，紧密贴生，新鲜时近蜡质，干后革质，成熟后汇合，长可达 26 cm，宽可达 5 cm，厚可达 0.15 mm；子实层体表面初期浅褐色、棕灰色至灰色，光滑，后期干裂成不规则小块；不育边缘陡峭，比子实层体表面颜色浅；菌肉层极薄至几乎无。

显微结构：菌丝系统一体系；生殖菌丝具锁状联合；菌丝组织在 KOH 试剂中变褐色；菌肉菌丝褐色，厚壁，直径 2.5–5 μm；子实层具结晶囊状体，圆锥状，褐色，厚壁，结晶在 KOH 溶液中溶解，大小为 20–7×6–10 μm；具胶化囊状体，圆柱形，无色至褐色，厚壁，大小为 20–40×6–10 μm；担孢子香肠形至近圆柱形，无色，薄壁，光滑，末端具喙，IKI+，CB–，大小为 7–10×2–3.2 μm，平均长 L = 8.3 μm，平均宽 W = 2.7 μm，长宽比 Q = 3.1 (n = 30/1)。

代表序列：MK588769，MK588809。

分布、习性和功能：宾川县鸡足山风景区，永德大雪山国家级自然保护区，牟定县化佛山自然保护区；生长在阔叶树枯枝和倒木上；引起木材白色腐朽。

 厚壁隔孢伏革菌

Peniophora crassitunicata Boidin, Lanq. & Gilles

子实体：担子果一年生，平伏，紧密贴生，成熟后汇合，新鲜时革质至近蜡质，干后坚硬，长可达 46 cm，宽可达 5 cm，中部厚度可达 0.4 mm；子实层体表面灰色、亮褐色至褐色，光滑至具小凸起，后期开裂；不育边缘变薄陡峭，与子实层体同色或稍暗；菌肉浅褐色，厚可达 0.2 mm。

显微结构：菌丝系统一体系；生殖菌丝具锁状联合；菌丝组织在 KOH 试剂中变黑色；菌肉菌丝褐色，薄壁至稍厚壁，直径 2–3.5 μm；子实层具结晶囊状体，圆锥形，无色，厚壁，结晶在 KOH 溶液中溶解，大小为 25–50×8–18 μm；具胶化囊状体，圆柱形至近念珠形，无色，厚壁，大小为 35–100×8–13 μm；担子近棍棒形，大小为 20–25×4–5 μm；担孢子圆柱形至近腊肠状，无色，薄壁，末端具喙，光滑，IKI+，CB–，大小为 5.2–6.8(–7)×2–3 μm，平均长 L = 5.9 μm，平均宽 W = 2.4 μm，长宽比 Q = 2.6 (n = 30/1)。

代表序列：MK588770，MK588810。

分布、习性和功能：昆明市西山森林公园；生长在阔叶树枯枝上；引起木材白色腐朽。

图 452　灰隔孢伏革菌 *Peniophora cinerea*

图 453　厚壁隔孢伏革菌 *Peniophora crassitunicata*

裸隔孢伏革菌

Peniophora nuda (Fr.) Bres.

子实体：担子果一年生，平伏，紧密贴生，新鲜时蜡质，干后革质，成熟后汇合，长可达 15 cm，宽可达 4 cm，厚可达 0.4 mm；子实层体棕橙色至灰色，光滑至具瘤状突起，后期开裂；不育边缘变薄陡峭，与子实层体同色或白色；菌肉层极薄至几乎无。

显微结构：菌丝系统一体系；生殖菌丝具锁状联合；菌丝组织在 KOH 试剂中变褐色；菌肉菌丝无色至褐色，薄壁至稍厚壁，不规则交织排列，直径 3–5 μm；子实层具结晶囊状体，圆锥形至钝圆柱形，褐色，厚壁，结晶在 KOH 溶液中溶解，大小为 22–35×7–12 μm；具胶化囊状体，长椭圆形至圆柱形，无色，厚壁，大小为 15–40×7–11 μm；担子圆柱形，大小为 30–50×5–6 μm；担孢子圆柱形，无色，薄壁，末端具喙，光滑，IKI+，CB–，大小为 6.5–9×2.5–3.2 μm，平均长 L = 7.5 μm，平均宽 W = 2.9 μm，长宽比 Q = 2.6 (n = 30/1)。

代表序列：MK588778，MK588818。

分布、习性和功能：昆明市西山森林公园；生长在阔叶树枯枝上；引起木材白色腐朽。

 ## 假杂色隔孢伏革菌

Peniophora pseudoversicolor Boidin

子实体：担子果一年生，平伏，紧密贴生，新鲜时柔软，近蜡质，干后膜质，成熟后汇合，长可达 22 cm，宽可达 6 cm，厚可达 0.3 mm；子实层体深橙色至橙色，不开裂，光滑；不育边缘陡峭，初期乳白色，后期橙色；菌肉层极薄至几乎无。

显微结构：菌丝系统一体系；生殖菌丝具锁状联合；菌丝组织在 KOH 试剂中变褐色；菌肉菌丝无色，薄壁，频繁分枝，直径 3–4 μm；子实层具结晶囊状体，圆锥形至近圆柱形，薄壁至厚壁壁，结晶在 KOH 溶液中溶解，大小为 30–45×5–7 μm；具胶化囊状体，圆柱形，无色，薄壁至厚壁，大小为 25–80×6–12 μm；担子棍棒形，大小为 30–40×4–5 μm；担孢子棍棒形或芒果形，无色，薄壁，光滑，末端具喙，IKI+，CB–，大小为 6.5–9.2×3–4 μm，平均长 L = 7.6 μm，平均宽 W = 3.2 μm，长宽比 Q = 2.4 (n = 30/1)。

代表序列：MK588785，MK588825。

分布、习性和功能：泸水市高黎贡山自然保护区；生长在阔叶树枯枝上；引起木材白色腐朽。

图 454　裸隔孢伏革菌 *Peniophora nuda*

图 455　假杂色隔孢伏革菌 *Peniophora pseudoversicolor*

红隔孢伏革菌

Peniophora rufa (Fr.) Boidin

子实体：担子果一年生，平伏，紧密贴生，新鲜时蜡质或软骨质，干后革质，近圆形，直径可达 6 mm，厚可达 1.5 mm；子实层体表面皱褶，橙粉色、红色至红褐色，干后紫罗兰色，具瘤突，不开裂；不育边缘贴生或略隆起，与子实层体同色；菌肉浅褐色，厚可达 1 mm。

显微结构：菌丝系统一体系；生殖菌丝具锁状联合；菌丝组织在 KOH 试剂中变褐色；菌肉菌丝无色，厚壁，交织排列，直径 2.5–10.5 μm；子实层具结晶囊状体，圆柱形至圆锥形，薄壁至厚壁，结晶在 KOH 溶液中溶解，大小为 20–32×4–10 μm；具胶化囊状体，纺锤形至近圆柱形，无色，大小为 40–150×7–25 μm；担子近棍棒形，大小为 35–50×4–5 μm；担孢子腊肠形，无色，薄壁，末端具喙，光滑，IKI+，CB–，大小为 6–8×2–2.5 μm，平均长 L = 6.7 μm，平均宽 W = 2.1 μm，长宽比 Q = 3.1 (n = 30/1)。

代表序列：MK588786，MK588826。

分布、习性和功能：大理苍山洱海国家级自然保护区，昆明市野鸭湖森林公园，景东县哀牢山自然保护区；生长在阔叶树枯枝上；引起木材白色腐朽。

 ## 喜马拉雅灰拟射脉菌

Phaeophlebiopsis himalayensis Floudas & Hibbett

子实体：担子果一年生，平伏，新鲜时和干后革质，长可达 5 cm，宽可达 2 cm，厚可达 0.2 mm；子实层体表面灰褐色、浅褐色至红褐色，光滑；不育边缘不明显，与子实层体表面同色；菌肉层极薄至几乎无。

显微结构：菌丝系统一体系；生殖菌丝具简单分隔；子实层具结晶囊状体，厚壁，末端弯曲，镶嵌入菌丝之中，大小为 15–50×7–14 μm；担子窄棍棒形，具隔膜，大小为 12–23×3–4 μm；担孢子卵形至宽椭圆形，无色，薄壁，光滑，顶具尖，IKI–，CB–，大小为 (3.2–)3.6–5(–5.2)×(2–)2.2–3 μm，平均长 L = 4 μm，平均宽 W = 2.59 μm，长宽比 Q = 1.57 (n = 60/2)。

代表序列：MT386378，MT447410。

分布、习性和功能：宾川县鸡足山风景区，牟定县化佛山自然保护区，昆明市野鸭湖森林公园，勐腊县望天树景区；生长在阔叶树枯枝上；引起木材白色腐朽。

图 456 红隔孢伏革菌 *Peniophora rufa*

图 457 喜马拉雅灰拟射脉菌 *Phaeophlebiopsis himalayensis*

合生原毛平革菌

***Phanerochaete concrescens* V. Spirin & S. Volobuev**

子实体：担子果一年生，平伏，贴生，新鲜时革质，干后膜质，初期为圆形小点状，后期汇合连接成一片，长可达 6 cm，宽可达 3 cm，厚可达 1 mm；子实层体表面初期乳白色至淡黄色，后期不规则开裂；不育边缘纤维状，与子实层同色；菌肉层极薄至几乎无。

显微结构：菌丝系统一体系；生殖菌丝具简单分隔和锁状联合；菌肉菌丝厚壁，交织排列，具小结晶，直径 4–7 μm；子实层具囊状体，胡萝卜形，稍厚壁至厚壁，基部向末端渐细，末端钝，具次生横隔，末端具结晶，伸出子实层可达 30 μm，大小为 34–70×6–12 μm；担子棍棒形，大小为 16–32×3.7–5 μm；担孢子圆柱形，无色，薄壁，光滑，末端渐尖，IKI–，CB–，大小为 (4–)4.2–6(–6.1)×(2–)2.1–3(–3.1) μm，平均长 L = 5.08 μm，平均宽 W = 2.46 μm，长宽比 Q = 2.07 (n = 60/2)。

代表序列：MT235662，MT248142。

分布、习性和功能：腾冲市高黎贡山自然保护区，腾冲市来凤山森林公园，永平县宝台山森林公园，牟定县化佛山自然保护区，昆明市野鸭湖森林公园，禄劝县转龙镇，富源县十八连山自然保护区；生长在针阔叶树干和枯枝上；引起木材白色腐朽。

 厚囊原毛平革菌

***Phanerochaete metuloidea* Y.L. Xu & S.H. He**

子实体：担子果一年生，平伏，疏松贴生，新鲜时革质，干后膜质，易碎，易与基质分离，长可达 20 cm，宽可达 6 cm，厚可达 1 mm，在 KOH 试剂中变红褐色；子实层体表面乳白色、灰橙色、棕橙色至浅褐色，光滑，不开裂或稍开裂；不育边缘与子实层表面同色，棉絮状；菌肉层极薄至几乎无。

显微结构：菌丝系统一体系；生殖菌丝具简单分隔和锁状联合；菌肉菌丝稍厚壁，频繁分枝，与基质平行排列，直径 3–7 μm；子实层具囊状体，锥形至近纺锤形，无色，厚壁，末端具结晶，偶尔具 1–2 个次生横隔，伸出子实层，大小为 40–80×5–8 μm；担子棍棒形，大小为 40–70×5–8.5 μm；担孢子椭圆形，无色，薄壁，光滑，末端渐尖，IKI–，CB–，大小为 (4.5–)5–6×2.5–3 μm，平均长 L = 5.51 μm，平均宽 W = 2.78 μm，长宽比 Q = 1.98 (n = 30/1)。

代表序列：MT235682，MT248164。

分布、习性和功能：景东县哀牢山自然保护区，永德大雪山国家级自然保护区，永平县宝台山森林公园，昆明市野鸭湖森林公园，禄劝县转龙镇；生长在栎属等阔叶树活立木、倒木、树桩和枯枝上；引起木材白色腐朽。

图 458 合生原毛平革菌 *Phanerochaete concrescens*

图 459 厚囊原毛平革菌 *Phanerochaete metuloidea*

孔韧革原毛平革菌

Phanerochaete porostereoides S.L. Liu & S.H. He

子实体：担子果一年生，贴生，平伏或平伏至稍反卷，初期为圆形小斑点，后期汇合，干后革质，长可达 8 cm，宽可达 3 cm，厚可达 0.2 mm；子实层体浅褐色、褐色至深褐色，不开裂或后期略开裂，光滑或具瘤状突起；不育边缘初期白色、橘色至棕橘色，后期与子实层体表面同色；菌肉层极薄至几乎无。

显微结构：菌丝系统一体系；生殖菌丝具简单分隔；菌肉菌丝黄褐色，厚壁，直角分枝，与基质略平行排列，直径 3–7 μm；子实层中无囊状体；菌丝末端钝且黄褐色，厚壁，不伸出子实层；担子棍棒形，大小为 23–35×4–5.3 μm；担孢子椭圆形，无色，薄壁，光滑，末端渐尖，IKI–，CB–，大小为 (4.5–)4.7–5.3(–5.5)×(2.3–)2.5–3.1(–3.3) μm，平均长 L = 4.98 μm，平均宽 W = 2.85 μm，长宽比 Q = 1.76 (n = 60/2)。

代表序列：KX212217，KX212221。

分布、习性和功能：宾川县鸡足山风景区，牟定县化佛山自然保护区，师宗县菌子山风景区；生长在阔叶树枯枝上；引起木材白色腐朽。

 ## 菌索原毛平革菌

Phanerochaete rhizomorpha C.C. Chen & Sheng H. Wu

子实体：担子果一年生，平伏，贴生，新鲜时革质，干后膜质，长可达 5 cm，宽可达 3 cm，厚可达 1 mm；子实层体新鲜时乳白色至浅橘红色，初期光滑，后期开裂；不育边缘白色，絮状，具菌索；菌肉层极薄至几乎无。

显微结构：菌丝系统一体系；生殖菌丝具简单分隔和锁状联合，偶尔具双锁状联合；菌肉菌丝频繁分枝，稍厚壁至厚壁，具结晶，交织排列，直径 4–7 μm；子实层具囊状体，圆柱形，偶尔基部稍厚壁，基部具锁状联合，大小为 32–60×3.5–5 μm；担子棍棒形，大小为 26–37×4–6 μm；担孢子椭圆形至窄椭圆形，无色，薄壁，光滑，末端渐尖，IKI–，CB–，大小为 (4.5–)4.8–5.5×(2.2–)2.4–3 μm，平均长 L = 5.03 μm，平均宽 W = 2.63 μm，长宽比 Q = 1.91 (n = 30/1)。

代表序列：MT235674，MT248155。

分布、习性和功能：泸水市高黎贡山自然保护区；生长在杜鹃属树木倒木上；引起木材白色腐朽。

图 460 孔韧革原毛平革菌 *Phanerochaete porostereoides*

图 461 菌索原毛平革菌 *Phanerochaete rhizomorpha*

中国原毛平革菌

***Phanerochaete sinensis* Y.L. Xu, C.C. Chen & S.H. He**

子实体：担子果一年生，平伏，疏松贴生，新鲜时软革质，干后膜质，易与基质分离，长可达 10 cm，宽可达 4 cm，厚可达 0.8 mm；子实层体白色、奶油色、浅橘色至灰橘色，干后不开裂或稍开裂；不育边缘与子实层体表面同色，毛絮状，具菌索；菌索白色至橘黄色，在 KOH 试剂中变红褐色；菌肉层极薄至几乎无。

显微结构：菌丝系统一体系；生殖菌丝具简单分隔和锁状联合；菌肉菌丝无色，稍厚壁，频繁分枝，具结晶，交织排列，直径 3–7 μm；子实层具囊状体，圆柱状，薄壁，光滑，大小为 35–50×4–6 μm；担子棍棒形，薄壁，大小为 17–22×4–5 μm；担孢子椭圆形至近圆柱形，无色，薄壁，光滑，末端渐尖，IKI–，CB–，大小为 4–5(–5.5)×2–2.5 μm，平均长 L = 4.92 μm，平均宽 W = 2.16 μm，长宽比 Q = 2.28 (n = 30/1)。

代表序列：MT235688，MT248175。

分布、习性和功能：屏边县大围山自然保护区；生长在阔叶树枯枝上；引起木材白色腐朽。

 ## 污原毛平革菌

***Phanerochaete sordida* (P. Karst.) J. Erikss. & Ryvarden**

子实体：担子果一年生，平伏，贴生，新鲜时革质，干后膜质，易与基质分离，长可达 9 cm，宽可达 5 cm，厚可达 1 mm；子实层体表面初期白色，后期乳白色、奶油色至浅土灰色，偶尔偏红色，成熟后开裂；不育边缘白色至淡红色，絮状至流苏状，紧密附着在基质上；菌肉层极薄至几乎无。

显微结构：菌丝系统一体系；生殖菌丝具简单分隔和锁状联合；菌肉菌丝厚壁，频繁分枝，交织排列，直径 4–8 μm；子实层具囊状体，圆柱形，薄壁至稍厚壁，中部至末端具结晶，伸出子实层或埋生，大小为 44–70×5–9 μm；担子棍棒形，大小为 19–30×4.5–6 μm；担孢子椭圆形，无色，薄壁，光滑，末端渐尖，IKI–，CB–，大小为 5.5–6.3(–6.5)×2.8–3.3(–3.5) μm，平均长 L = 5.96 μm，平均宽 W = 3.02 μm，长宽比 Q = 1.97 (n = 30/1)。

代表序列：MT235676，MT248157。

分布、习性和功能：腾冲市高黎贡山自然保护区百花岭，牟定县化佛山自然保护区，屏边县大围山自然保护区，文山市老君山自然保护区薄竹山；生长在阔叶树或藤本植物倒木和枯枝上；引起木材白色腐朽。

图 462　中国原毛平革菌 *Phanerochaete sinensis*

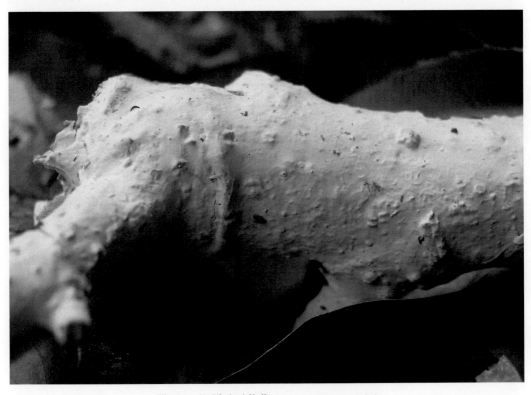

图 463　污原毛平革菌 *Phanerochaete sordida*

毡毛原毛平革菌

Phanerochaete velutina (DC.) P. Karst.

子实体：担子果一年生，平伏，贴生，新鲜时革质，干后膜质，长可达 7 cm，宽可达 2 cm，厚可达 0.8 mm；子实层体表面初期奶油色，后期褐色至红褐色，开裂；不育边缘奶油色至浅橘红色，比子实层体表面颜色浅，絮状；菌肉层极薄至几乎无。

显微结构：菌丝系统一体系；生殖菌丝具简单分隔和锁状联合；菌肉菌丝厚壁，交织排列，具结晶，直径 5–9 μm；子实层具囊状体，圆柱形，厚壁，中部至末端具结晶，埋生或伸出子实层，大小为 70–140×8–15 μm；担子棍棒形，大小为 27–36×5–6 μm；担孢子椭圆形，无色，薄壁，光滑，末端渐尖，IKI–，CB–，大小为 (4.8–)5–6×3–3.5 μm，平均长 L = 5.32 μm，平均宽 W = 3.18 μm，长宽比 Q = 1.67 (n = 30/1)。

代表序列：MT235681，MT248162。

分布、习性和功能：屏边县大围山自然保护区；生长在阔叶树倒木上；引起木材白色腐朽。

 葡萄原毛平革菌

Phanerochaete viticola (Schwein.) Parmasto

子实体：担子果一年生，平伏，贴生，新鲜时革质，干后膜质，长可达 5 cm，宽可达 2 cm，厚可达 0.4 mm；子实层体表面初期橘黄色，后期灰粉色，开裂；不育边缘橘红色至橘黄色，比子实层体表面颜色深，絮状；菌肉层极薄至几乎无。

显微结构：菌丝系统一体系；生殖菌丝具简单分隔；菌肉菌丝无色，稍厚壁，具宽内腔，具黄色结晶，偶尔分枝，弯曲，交织排列，IKI–，CB–，直径 1.5–3 μm；具子实层囊状体，棍棒形，厚壁，光滑，偶尔具结晶，大小为 67–80×7.5–10 μm；担子棍棒形，大小为 30–33×6–9 μm；担孢子椭圆状，无色，薄壁，光滑，IKI–，CB–，大小为 8–10(–10.5)×(5.1–)5.2–6.3(–6.4) μm，平均长 L = 9.07 μm，平均宽 W = 5.82 μm，长宽比 Q = 1.56 (n = 30/1)。

代表序列：OL473615。

分布、习性和功能：兰坪县罗古箐自然保护区；生长在红豆杉死枝上；引起木材白色腐朽。

图 464　毡毛原毛平革菌 *Phanerochaete velutina*

图 465　葡萄原毛平革菌 *Phanerochaete viticola*

云南原毛平革菌

***Phanerochaete yunnanensis* Y.L. Xu & S.H. He**

子实体：担子果一年生，平伏，紧密贴生，新鲜时革质，干后膜质，长可达 20 cm，宽可达 2.5 cm；子实层体表面初期乳白色、乳黄色至浅橙色，后期灰橙色，具小颗粒状突起，开裂；不育边缘与子实层体表面同色，不明显；菌肉层极薄至几乎无。

显微结构：菌丝系统一体系；生殖菌丝具简单分隔和锁状联合；菌肉菌丝无色，厚壁，频繁分枝，交织排列，直径 3–5 μm；子实层中无囊状体；具结晶圆柱状菌丝，有时聚在一起；担子棍棒形，薄壁，大小为 16–35×3.5–5 μm；担孢子椭圆形至近圆柱形，无色，薄壁，光滑，末端渐尖，IKI–，CB–，大小为 4.5–6×2–3 μm，平均长 L = 5.60 μm，平均宽 W = 2.53 μm，长宽比 Q = 2.21 (n = 30/1)。

代表序列：MT235683，MT248166。

分布、习性和功能：永德大雪山国家级自然保护区，文山市老君山自然保护区薄竹山；生长在栎属树木或藤本植物枯枝上；引起木材白色腐朽。

 ## 胶质射脉革菌

***Phlebia tremellosa* (Schrad.) Nakasone & Burds.**

子实体：担子果一年生，平伏至反卷，覆瓦状叠生，新鲜时肉质或胶质，软，易与基质分离，干后脆质；菌盖窄半圆形、扇形或贝壳形，外伸可达 2 cm，宽可达 4 cm，基部厚可达 2 mm，上表面奶油色、灰白色至土灰色，具绒毛；子实层体表面浅肉桂色、锈橘色、红褐色，具放射状脊，干后似浅孔状；不育边缘明显，奶油色，流苏状，宽可达 3 mm；菌肉灰白色，软木质，厚可达 0.5 mm。

显微结构：菌丝系统一体系；生殖菌丝具锁状联合；菌丝组织在 KOH 试剂中无变化；近子实层菌丝无色，薄壁，光滑，频繁分枝，交织排列，直径 1–4 μm；子实层中无囊状体和拟囊状体；担子棍棒形，大小为 16–25.2×4–4.5 mm；菌丝间具大量黄褐色油性物质；担孢子腊肠形，无色，薄壁，光滑，IKI–，CB–，大小为 4–4.5×1–1.5 μm，平均长 L = 4.11 μm，平均宽 W = 1.3 μm，长宽比 Q = 3.16 (n = 30/1)。

代表序列：OL505454，OL476384。

分布、习性和功能：腾冲市高黎贡山自然保护区，牟定县化佛山自然保护区；生长在阔叶树倒木和腐朽木上；引起木材白色腐朽；药用。

图 466　云南原毛平革菌 *Phanerochaete yunnanensis*

图 467　胶质射脉革菌 *Phlebia tremellosa*

厚拟射脉菌

***Phlebiopsis crassa* (Lév.) Floudas & Hibbett**

子实体：担子果一年生，平伏，紧贴，新鲜时革质，干后棉质，长可达 40 cm，宽可达 6 cm，中部厚可达 3 mm；子实层体表面咖啡色、褐色、紫褐色至深褐色；不育边缘灰白色，比子实层体表面颜色浅；菌肉浅褐色，厚可达 2 mm。

显微结构：菌丝系统一体系；生殖菌丝具简单分隔；菌肉菌丝无色，厚壁，交织排列，直径可达 10 μm；子实层具囊状体，长锥形，厚壁，末端具结晶，大小为 64–160×7–13 μm；担子棍棒形，大小为 11–36×4–7 μm；担孢子卵形至宽椭圆形，偶尔肾形，无色，薄壁，光滑，顶部带尖，IKI–，CB–，大小为 (5.2–)6.2–6.8(–7)×(3–)3.6–4.2(–4.8) μm，平均长 L = 6.25 μm，平均宽 W = 3.78 μm，长宽比 Q = 1.66 (n = 30/1)。

代表序列：MT386376，MT447408。

分布、习性和功能：泸水市高黎贡山自然保护区；生长在阔叶树枯枝上；引起木材白色腐朽。

 ## 大拟射脉菌

***Phlebiopsis gigantea* (Fr.) Jülich**

子实体：担子果一年生，平伏，贴生，新鲜时蜡质，干后革质，长可达 30 cm，宽可达 6 cm，厚可达 1 mm；子实层体表面灰白色、灰褐色至褐白色，近光滑；不育边缘与子实层体表面同色或略浅；菌肉奶油色，厚可达 0.5 mm。

显微结构：菌丝系统一体系；生殖菌丝具简单分隔；菌肉菌丝无色，偶尔分枝，稍弯曲，交织排列，直径 4–6 μm；子实层具结晶囊状体，锥形，厚壁，前部渐尖，大小为 40–63×7–13 μm；担子圆柱形至棍棒形，大小为 20–36×4–5 μm；担孢子椭圆形，无色，薄壁，光滑，顶部具尖，IKI–，CB–，大小为 5.4–6×(2.9–)3–3.2 μm，平均长 L = 5.73 μm，平均宽 W = 3.04 μm，长宽比 Q = 1.89 (n = 30/1)。

代表序列：MT386381，MT447416。

分布、习性和功能：大理苍山洱海国家级自然保护区；生长在针叶树倒木、树桩和枯枝上；引起木材白色腐朽。

图 468   厚拟射脉菌 *Phlebiopsis crassa*

图 469   大拟射脉菌 *Phlebiopsis gigantea*

深紫斑点革菌

***Punctularia atropurpurascens* (Berk. & Broome) Petch**

子实体：担子果一年生，平伏，新鲜时软革质，干后革质，长可达 10 cm，宽可达 4 cm，厚可达 1 mm；子实层体表面新鲜时灰色，绒毛状，后期不开裂；不育边缘浅紫色至紫灰色，逐渐变薄，棉絮状；菌肉浅灰色，革质，厚可达 1 mm。

显微结构：菌肉菌丝系统一体系；生殖菌丝具锁状联合；菌丝组织在 KOH 试剂中变黑色；菌肉生殖菌丝浅紫红色，薄壁至稍厚壁，具宽内腔和小结晶，偶尔分枝，平直，与基质近平行排列至略交织排列，IKI–，CB–，直径 2–3.5 μm；子实层未见；分生孢子椭圆形至宽椭圆形，初期无色，之后变为淡紫红色，厚壁，光滑，有时平截，IKI–，CB(+)，大小为 6–7.5(–8)×(3.8–)4–5.5(–6) μm，平均长 L = 6.29 μm，平均宽 W = 4.61 μm，长宽比 Q = 1.36 (n = 30/1)。

代表序列：OL457970，OL457440。

分布、习性和功能：宾川县鸡足山风景区；生长在阔叶树死树上；引起木材白色腐朽。

 拷氏齿舌革菌

***Radulomyces copelandii* (Pat.) Hjortstam & Spooner**

子实体：担子果一年生，平伏，贴生，不易与基质分离，新鲜时软革质，干后硬革质，长可达 17 cm，宽可达 5 cm，厚可达 10 mm；子实层体齿状，新鲜时蜜黄色至灰黄色，干后浅黄褐色；菌齿长圆柱形，末端逐渐变细，长可达 8 mm，基部直径可达 1 mm；不育边缘窄至几乎无，乳白色；菌肉奶油色，厚可达 2 mm。

显微结构：菌丝系统一体系；生殖菌丝具锁状联合；菌丝组织在 KOH 试剂中变暗褐色；菌齿菌丝无色，薄壁至厚壁，偶尔分枝，直径 2–4 μm；子实层具囊状体，大小为 21–36×4–6 μm；担子棍棒形，具 4 个担孢子梗，大小为 23–26×6–7.5 μm；担孢子近球形，无色，稍厚壁，光滑，IKI–，CB–，大小为 (6.2–)6.3–7(–8)×(5.5)5.8–6.5(–6.7) μm，平均长 L = 6.82 μm，平均宽 W = 6.1 μm，长宽比 Q = 1.12 (n = 30/1)。

代表序列：OL470329，OL455714。

分布、习性和功能：屏边县大围山自然保护区；生长在阔叶树倒木上；引起木材白色腐朽。

图 470　深紫斑点革菌 *Punctularia atropurpurascens*

图 471　拷氏齿舌革菌 *Radulomyces copelandii*

放射根毛革菌

Rhizochaete radicata (Henn.) Gresl., Nakasone & Rajchenb.

子实体：担子果一年生，平伏，新鲜时软革质，干后革质，长可达 35 cm，宽可达 7 cm，厚可达 2 mm；子实层体表面新鲜时浅肉桂褐色，具瘤突，后期不开裂；不育边缘绿褐色，逐渐变薄，具菌索；菌肉浅褐色，革质，厚可达 1 mm。

显微结构：菌丝系统一体系；生殖菌丝具简单分隔；菌丝组织在 KOH 试剂中变紫色；亚子实层生殖菌丝浅黄褐色，稍厚壁至厚壁，具宽内腔和结晶，频繁分枝，略弯曲，交织排列，IKI–，CB–，直径 2–4 μm；具子实层囊状体，棍棒形至锥形，厚壁，光滑或末端具结晶，大小为 30–65×4–6 μm；担子棍棒形，大小为 22–37×5–6 μm；担孢子椭圆形，无色，薄壁，光滑，IKI–，CB–，大小为 4–4.5×3–3.3 μm，平均长 L = 4.14 μm，平均宽 W = 3.09 μm，长宽比 Q = 1.34 (n = 30/1)。

代表序列：OL457971，OL457441。

分布、习性和功能：兰坪县罗古箐自然保护区；生长在松树腐朽木上；引起木材白色腐朽。

 ## 硫色根毛革菌

Rhizochaete sulphurina (P. Karst.) K.H. Larss.

子实体：担子果一年生，平伏，新鲜时软革质，干后棉质，长可达 10 cm，宽可达 4 cm，厚可达 0.6 mm；子实层体表面新鲜时硫磺色，具瘤突，后期不开裂；不育边缘白色，逐渐变薄，棉絮状；菌肉浅黄色，棉质，厚可达 0.5 mm。

显微结构：菌丝系统一体系；生殖菌丝具锁状联合，偶见次生分隔；亚子实层生殖菌丝浅黄色，薄壁至稍厚壁，具宽内腔和结晶，频繁分枝，弯曲，交织排列，IKI–，CB–，直径 2–3 μm；具子实层囊状体，棍棒形至锥形，厚壁，末端具结晶，大小为 45–71×7–14 μm；担子棍棒形，大小为 23–32×4.5–6 μm；担孢子椭圆状，无色，薄壁，光滑，IKI–，CB–，大小为 4.5–5.3(–5.5)×2.8–3.5(–4) μm，平均长 L = 4.91 μm，平均宽 W = 3.10 μm，长宽比 Q = 1.58 (n = 30/1)。

代表序列：OL473601。

分布、习性和功能：宁蒗县泸沽湖自然保护区；生长在松树过火木上；引起木材白色腐朽。

图 472　放射根毛革菌 *Rhizochaete radicata*

图 473　硫色根毛革菌 *Rhizochaete sulphurina*

裂褶菌

Schizophyllum commune Fr.

子实体：担子果一年生，盖形，覆瓦状叠生，有时达数百个菌盖聚生，新鲜时肉革质，干后革质；菌盖扇形、侧耳形、肾形或掌状，外伸可达 3 cm，宽可达 5 cm，基部厚可达 3 mm，上表面灰白色至黄褐色，具绒毛或粗毛，具同心环区；边缘多瓣裂；子实层体假褶状，假菌褶白色、黄褐色、灰褐色，每厘米 14–26 片，不等长，沿中部纵裂成深沟纹；不育边缘几乎无；褶缘钝且宽，锯齿状；菌肉乳白色，韧革质，厚可达 1 mm。

显微结构：菌丝系统二体系；生殖菌丝具锁状联合；菌褶生殖菌丝占多数，无色，薄壁，频繁分枝，弯曲，与菌褶平行排列，直径 2.2–3 μm；骨架菌丝无色，厚壁，不分枝，具宽内腔，偶尔具微小结晶体，KI–，CB–，直径 3–5 μm；子实层中无囊状体；担子近棍棒形，大小为 18–22×4–4.5 μm；担孢子圆柱形至腊肠形，无色，薄壁，光滑，KI–，CB–，大小为 5–7.3×1.7–2.5 μm，平均长 L = 6.05 μm，平均宽 W = 2.21 μm，长宽比 Q = 2.67–2.8 (n = 90/3)。

代表序列：OL505452，OL476382。

分布、习性和功能：在云南几乎所有地区都有分布；生长在阔叶树倒木、树桩和枯枝上；引起木材白色腐朽；食药用。

 ## 硬垫革菌

Scytinostroma duriusculum (Berk. & Broome) Donk

子实体：担子果一年生，平伏，新鲜时膜质，干后革质，长可达 15 cm，宽可达 5 cm，厚可达 1 mm；子实层体表面灰白色至赭红色，光滑，后期不开裂；不育边缘白色或与子实层体表面同色，逐渐变薄；菌肉白色，革质，厚可达 0.7 mm。

显微结构：菌丝系统二体系；生殖菌丝具简单分隔；骨架菌丝在 KOH 试剂中膨胀；菌肉生殖菌丝少见，无色，稍厚壁，直径 2–3 μm；骨架菌丝无色至黄色，厚壁，少分枝，IKI[+]，CB+，直径 2–3 μm；子实层为不整子实层；具胶化囊状体，近棍棒形，无色，厚壁，具内含物，SA+，大小为 (60–)90–150×(6–)8–13 μm；担子近圆柱形，大小为 40–55×5–6 μm；担孢子宽椭圆形至近球形，无色，薄壁，IKI+，大小为 5–6.5(–7)×5–6(–7) μm，平均长 L = 6 μm，平均宽 W = 5.6 μm，长宽比 Q = 1.04 (n = 60/2)。

代表序列：MH861477，MH873216。

分布、习性和功能：瑞丽市莫里热带雨林景区，丘北县普者黑风景区；生长在阔叶树枯枝和倒木上；引起木材白色腐朽。

图 474 裂褶菌 *Schizophyllum commune*

图 475 硬垫革菌 *Scytinostroma duriusculum*

香味垫革菌

Scytinostroma odoratum (Fr.) Donk

子实体： 担子果一年生，平伏，新鲜时革质，干后膜质，长可达 6 cm，宽可达 2 cm，厚可达 0.1 mm；子实层体表面黄褐色，光滑，后期不开裂；不育边缘与子实层体表面同色，逐渐变薄；菌肉层极薄至几乎无。

显微结构： 菌丝系统二体系；生殖菌丝具简单分隔；骨架菌丝在 KOH 试剂中膨胀；菌肉生殖菌丝少见，无色，薄壁，直径 2–4 μm；纤维状骨架菌丝占多数，无色至黄色，厚壁，IKI[+]，CB+，直径 1.5–2.5 μm；子实层为不整子实层；具胶化囊状体，近圆柱形至近纺锤形，薄壁，SA–，大小为 25–50×4–10 μm；担子近圆柱形，大小为 30–40×4–5 μm；担孢子椭圆形至卵形，无色，薄壁，IKI–，大小为 (6–)6.5–8×(3.5–)3.8–4.5(–5) μm，平均长 L = 7.3 μm，平均宽 W = 4 μm，长宽比 Q = 1.8–1.9 (n = 60/2)。

代表序列： AF506469。

分布、习性和功能： 永平县宝台山森林公园；生长在阔叶树枯枝和倒木上；引起木材白色腐朽。

 ## 扇索状干腐菌

Serpula himantioides (Fr.) P. Karst.

子实体： 担子果一年生，平伏，不易与基质分离，新鲜时肉质，干后软木栓质，易碎，长可达 24 cm，宽可达 6 cm，基部厚可达 1 mm；子实层体表面灰褐色、黄褐色、橘红褐色，干后污褐色；不育边缘明显，白色至奶油色，棉絮状至菌索状，宽可达 2 mm；子实层体皱孔状至网纹褶状；皱孔边缘厚，全缘；菌肉奶油色，干后软木栓质，厚达 0.5 mm；皱孔干后红褐色，软木栓质，厚达 0.5 mm。

显微结构： 菌丝系统二体系；生殖菌丝具锁状联合；菌丝组织在 KOH 试剂中变黑；菌髓生殖菌丝占绝大多数，无色，薄壁，频繁分枝，弯曲，规则排列，直径 3–7 μm；骨架菌丝占少数，厚壁，不分枝，弯曲，有时塌陷，规则排列，直径 2.9–3.5 μm；子实层中无囊状体和拟囊状体；担子棍棒形，大小为 28–40×7–9 μm；担孢子宽椭圆形，黄色，厚壁，光滑，IKI–，CB+，大小为 8.5–10×4.8–5.3 μm，平均长 L = 8.96 μm，平均宽 W = 5.05 μm，长宽比 Q = 1.77 (n = 30/1)。

代表序列： OL457972。

分布、习性和功能： 大理苍山洱海国家级自然保护区；生长在柏树桩上；引起木材褐色腐朽。

图 476　香味垫革菌 *Scytinostroma odoratum*

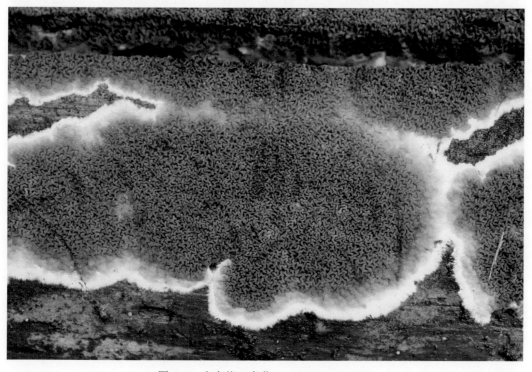

图 477　扇索状干腐菌 *Serpula himantioides*

囊状体绣球菌扇片变形

Sparassis cystidiosa f. *flabelliformis* Q. Zhao, Zhu L. Yang & Y.C. Dai

子实体：担子果一年生，具柄，单生，新鲜时肉质，干后硬革质，绣球形，直径可达 30 cm，高可达 25 cm；叶片黄褐色至灰褐色；单个叶片长可达 1.2 cm，宽可达 1.5 cm，厚可达 2 mm；菌柄大部分地下生，逐渐变细，长可达 25 cm，与担子果着生处直径可达 16 mm。

显微结构：菌丝系统一体系；生殖菌丝具锁状联合；菌肉菌丝无色，薄壁至稍厚壁，偶尔分枝，IKI–，CB–，直径 3–10 μm；具胶化菌丝；子实层中具囊状体，大小为 100–144×7–11 μm；担子棍棒形，大小为 65–74×8–9.5 μm；担孢子近球形或宽椭圆形，无色，光滑，薄壁，IKI–，CB–，大小为 7–9×6–7 μm，平均长 L = 7.8 μm，平均宽 W = 6.6 μm，长宽比 Q = 1.2 (n = 30/1)。

代表序列：JQ743078，JQ743088。

分布、习性和功能：腾冲市高黎贡山自然保护区，屏边县大围山自然保护区；生长在栎树腐根上；引起木材褐色腐朽；食用。

 广叶绣球菌

Sparassis latifolia Y.C. Dai & Zheng Wang

子实体：担子果一年生，具柄，单生，新鲜时肉质，干后脆质，绣球形，高可达 30 cm，直径可达 27 cm；叶片新鲜时白色至乳白色，干后乳白色至浅棕白色；单个叶片长可达 3 cm，宽可达 1.5 cm，厚可达 0.5 mm；菌柄大部分地下生，逐渐变细，长可达 25 cm，与担子果着生处直径可达 15 mm。

显微结构：菌丝系统一体系；生殖菌丝具锁状联合和简单分隔；菌肉菌丝无色，薄壁至稍厚壁，偶尔分枝，IKI–，CB–，直径 3–14.6 μm；子实层中无囊状体和拟囊状体；担子棍棒形，大小为 26–31×5.5–6.5 μm；担孢子椭圆形，无色，薄壁，光滑，IKI–，CB–，大小为 4.5–5.5×3.5–4 μm，平均长 L = 5.03 μm，平均宽 W = 3.85 μm，长宽比 Q = 1.23–1.35 (n = 90/3)。

代表序列：AY218423，AY218385。

分布、习性和功能：南华县大中山自然保护区；生长在松树基部；引起木材褐色腐朽；食药用。

图 478　囊状体绣球菌扇片变形 *Sparassis cystidiosa* f. *flabelliformis*

图 479　广叶绣球菌 *Sparassis latifolia*

亚高山绣球菌

Sparassis subalpina Q. Zhao, Zhu L. Yang & Y.C. Dai

子实体: 担子果一年生，具柄，单生，新鲜时肉质，干后脆质，绣球形，高可达 16 cm，直径可达 15 cm；叶片新鲜时浅灰色，干后浅褐色；单个叶片长可达 3.5 cm，宽可达 2 cm，厚可达 2 mm；菌柄大部分地下生，逐渐变细，长可达 7 cm，与担子果着生处直径可达 30 mm。

显微结构: 菌丝系统一体系；生殖菌丝具简单分隔；菌肉菌丝无色，薄壁，偶尔分枝，IKI–，CB–，直径 4–10 μm；具胶化菌丝，直径 4–10 μm；子实层中无囊状体和拟囊状体；担子棍棒形，大小为 73–85×5.5–7.5 μm；担孢子宽椭圆形至近球形，无色，薄壁，光滑，IKI–，CB–，大小为 (4.5–)5–6.3(–7)×(3.8–)4–4.9(–5) μm，平均长 L = 5.64 μm，平均宽 W = 4.36 μm，长宽比 Q = 1.29 (n = 30/1)。

代表序列: JN387094，JN387105。

分布、习性和功能: 玉龙县黎明老君山国家公园；生长在针阔叶林地树根上；引起木材褐色腐朽；食用。

 ## 穆氏齿耳菌

Steccherinum murashkinskyi (Burt) Maas Geest.

子实体: 担子果一年生，平伏至反卷，覆瓦状叠生，新鲜时革质，干后木栓质；菌盖半圆形，外伸可达 0.5 cm，宽可达 1 cm，基部厚可达 4.5 mm，上表面暗黄褐色，具不明显环纹；子实层体表面齿状，菌齿下部暗褐色至赭石色，上部颜色较淡，灰褐色，稠密均匀排列；菌齿锥形，尖端光滑，不分叉，每毫米 3–4 个；菌齿间子实层体粗糙，比菌齿颜色浅；菌齿长 4 mm；菌肉层土黄色，无环纹，厚可达 0.5 mm。

显微结构: 菌丝系统二体系；生殖菌丝具锁状联合；菌齿生殖菌丝少见，无色，薄壁，偶尔分枝，直径 2.5–3.5 μm；骨架菌丝占多数，厚壁，具明显内腔，不分枝，与菌齿平行排列，IKI–，CB+，直径 2.5–6 μm；子实层具骨架囊状体，棍棒形，厚壁，自菌髓中伸出，埋生或突出子实层，末端钝，具晶体，大小为 18–160×7–18 μm；担子棍棒形，大小为 12–16×4–5 μm；担孢子椭圆形，无色，薄壁，光滑，IKI–，CB–，大小为 (3–)3.1–3.6(–3.8)×1.7–1.9(–2) μm，平均长 L = 3.31 μm，平均宽 W = 1.83 μm，长宽比 Q = 1.81 (n = 30/1)。

代表序列: OL505455，OL476385。

分布、习性和功能: 腾冲市高黎贡山自然保护区；生长在阔叶树倒木上；引起木材白色腐朽。

图 480　亚高山绣球菌 *Sparassis subalpina*

图 481　穆氏齿耳菌 *Steccherinum murashkinskyi*

赭黄齿耳菌

Steccherinum ochraceum (Pers. ex J.F. Gmelin) Gray

子实体：担子果一年生，平伏、平伏反卷至盖形，覆瓦状叠生，新鲜时和干后革质；菌盖扇形或半圆形，外伸可达 1 cm，宽可达 3 cm，基部厚可达 2.4 mm，上表面淡灰黄色，具同心环纹和环沟，具短绒毛；子实层体表面齿状，肉色至赭石色；菌齿稠密，均匀排列，锥形或侧向连接呈桶状，尖端光滑，单生或连生，每毫米 4–6 个；菌齿间子实层体光滑，与刺同色或稍浅；菌齿长可达 2 mm；菌肉分层，上层黄褐色至灰褐色，下层奶油色，厚可达 0.4 mm。

显微结构：菌丝系统二体系；生殖菌丝具锁状联合；菌齿生殖菌丝无色，薄壁，偶尔分枝，直径 1.5–3 μm；骨架菌丝厚壁至近实心，弯曲，不分枝，交织排列，IKI–，CB+，直径 2–5 μm；子实层具骨架囊状体，棍棒形，厚壁，埋生或突出子实层，末端圆钝，具结晶，大小为 16–70×4–12 μm；担子棍棒形，大小为 9–15×4–5 μm；担孢子椭圆形，无色，薄壁，光滑，IKI–，CB–，大小为 3–3.4(–3.6)×(1.9–)2–2.3(–2.6) μm，平均长 L = 3.24 μm，平均宽 W = 2.18 μm，长宽比 Q = 1.48 (n = 30/1)。

代表序列：OL437265，OL434414。

分布、习性和功能：昆明市野鸭湖森林公园，普洱市太阳河森林公园犀牛坪景区；生长在阔叶树死树、倒木和腐朽木上；引起木材白色腐朽。

 烟色韧革菌

Stereum gausapatum (Fr.) Fr.

子实体：担子果一年生，平伏反卷，菌盖左右连生，覆瓦状叠生，新鲜时革质，干后硬革质；菌盖半圆形或扇形，外伸可达 2 cm，宽可达 5 cm，基部厚可达 1 mm，上表面土黄色、黄褐色、灰褐色、锈褐色，具不明显同心环纹和放射状纹，具束状绒毛；不育边缘锐，波状；子实层体浅黄色、黄褐色、灰褐色、棕灰色，新鲜时手触后迅速变为血红色，干后黄褐色、棕灰色、污褐色，光滑，有时具不规则疣突，具放射状纹；菌肉浅黄色，厚可达 0.5 mm。

显微结构：菌丝系统一体系；生殖菌丝具简单分隔；菌肉菌丝无色，厚壁，偶尔分枝，直径 3–6 μm；子实层体具 2 种囊状体；一种为假囊状体，长桶状，末端略膨大，薄壁，下部厚壁，长可达 100 μm，直径 6–9 μm；另一种为尖顶囊状体，无色，薄壁，末端锐，大小为 20–30×2–4 μm；担子棍棒形，大小为 25–40×4–6.5 μm；担孢子长椭圆形至圆柱形，无色，薄壁，光滑，IKI+，CB–，大小为 (6.1–)7–8(–9)×3–4 μm，平均长 L = 7.38 μm，平均宽 W = 3.36 μm，长宽比 Q = 2.2 (n = 30/1)。

代表序列：MH121178，MW263956。

分布、习性和功能：玉龙县黎明老君山国家公园，昆明市西山森林公园；生长在阔叶树倒木或枯枝上；引起木材白色腐朽；药用。

图 482　赭黄齿耳菌 *Steccherinum ochraceum*

图 483　烟色韧革菌 *Stereum gausapatum*

粗毛韧革菌

***Stereum hirsutum* (Willid.) Pers.**

子实体：担子果一年生，平伏、反卷至盖状，覆瓦状叠生，新鲜时韧革质，干后硬革质；菌盖圆形至贝壳形，外伸可达 3 cm，宽可达 10 cm，基部厚可达 2 mm，上表面浅黄色、土黄色、锈黄色，具同心环纹，被灰白色至深灰色粗绒毛；不育边缘锐，波状，干后内卷；子实层体奶油色、浅黄色、米黄色、橘黄色或褐色，光滑或具瘤状突起；菌肉异质，层间具一黑线区，厚可达 1 mm。

显微结构：菌丝系统一体系；生殖菌丝具简单分隔；菌肉菌丝无色，厚壁，偶尔分枝，直径 2.5–8 μm；子实层具 2 种囊状体；一种为假囊状体，长桶状，末端略膨大，长可达 100 μm，直径 6–10 μm；另一种为尖顶囊状体，无色，薄壁，末端锐，大小为 20–30×2–4 μm；担子棍棒形，大小为 28–40×6–8 μm；担孢子圆柱形，无色，薄壁，光滑，IKI+，CB–，大小为 6.5–9×3–4 μm，平均长 L = 7.04 μm，平均宽 W = 3.16 μm，长宽比 Q = 2.23 (n = 30/1)。

代表序列：MH121184。

分布、习性和功能：香格里拉市普达措国家公园，丽江市黑龙潭公园；生长在阔叶树枯枝、倒木和树桩上；引起木材白色腐朽；药用。

 非凡韧革菌

***Stereum insigne* Bres.**

子实体：担子果一年生，平伏反卷至盖形，易与基质分离，新鲜时革质，干后木栓质；菌盖不规则形状，外伸可达 3 cm，宽可达 4 cm，基部厚可达 1 mm；子实层体表面新鲜时浅褐色至灰褐色，后期苍白色至灰褐色，不开裂，光滑；不育边缘明显；菌肉褐色，厚可达 0.4 mm。

显微结构：菌丝系统一体系；生殖菌丝具简单分隔；菌肉菌丝厚壁，不分枝，规则排列，直径 3–4 μm；子实层具骨架囊状体和棘状侧丝；骨架囊状体无色，厚壁，大小为 17–92×4–7.7 μm；棘状侧丝薄壁，大小为 16–44×3.9–6 μm；担孢子椭圆形，无色，薄壁，光滑，IKI+，CB–，大小为 (4.5–)4.9–6.8(–7)×2.9–3.6(–3.8) μm，平均长 L = 5.69 μm，平均宽 W = 3.16 μm，长宽比 Q = 1.8 (n = 30/1)。

代表序列：MW263981，MW263962。

分布、习性和功能：泸水市高黎贡山自然保护区，景东县哀牢山自然保护区，宾川县鸡足山风景区；生长在栲树或其他阔叶树枯枝和倒木上；引起木材白色腐朽。

图 484　粗毛韧革菌 *Stereum hirsutum*

图 485　非凡韧革菌 *Stereum insigne*

石栎韧革菌

***Stereum lithocarpi* Y.C. Dai**

子实体：担子果一年生，盖形，覆瓦状叠生，新鲜时韧革质，干后软木栓质；菌盖外伸可达 6 cm，宽可达 10 cm，基部厚达 2 mm，上表面干后为浅粉黄色、浅黄色至土黄色，具不明显同心环状带，具绒毛；不育边缘锐，波状；子实层体表面新鲜时浅黄色，触摸不变色，光滑；菌肉异质，层间具一黑线区，厚可达 1 mm。

显微结构：菌丝系统一体系；生殖菌丝具简单分隔；绒毛菌丝浅黄色，具明显内腔，不分枝，少分隔，在 KOH 试剂中内壁膨胀，直径 4–6 μm；菌肉层菌丝浅黄色，薄壁至厚壁，少分枝，频繁分隔，直径 3.5–6 μm；子实层具囊状体，圆柱体，无色至浅黄色，长可达 100 μm，直径 4–8 μm；担子棍棒形，大小为 31–38×5–7 μm；担孢子椭球形，无色，薄壁，光滑，IKI+，CB–，大小为 (5–)5.1–6.7(–7)×(2.9–)3–4(–4.1) μm，平均长 L = 5.77 μm，平均宽 W = 3.47 μm，长宽比 Q = 1.66 (n = 30/1)。

代表序列：MH121195。

分布、习性和功能：楚雄市紫溪山森林公园，景东县哀牢山自然保护区，永德大雪山国家级自然保护区；生长在石栎属倒木上；引起木材白色腐朽。

 扁韧革菌

***Stereum ostrea* (Blume & T. Nees) Fr.**

子实体：担子果一年生，盖状，覆瓦状叠生，新鲜时革质，干后较脆；菌盖贝壳形，外伸可达 6 cm，宽可达 14 cm，基部厚可达 1 mm，上表面土黄色、黄褐色至浅栗色，具多同心环纹，具短绒毛；不育边缘薄而锐，全缘；子实层体新鲜时肉色、土黄色、蛋壳色，光滑，具同心环纹或放射状纹；菌肉土黄色，厚可达 0.5 mm。

显微结构：菌丝系统一体系；生殖菌丝具简单分隔；菌肉菌丝无色至浅黄色，厚壁，不分枝，规则排列，直径 3.5–5 μm；子实层具 2 种囊状体，一种为假囊状体，长桶状，下部厚壁，长可达 100 μm，直径 5–8 μm；另一种为尖顶囊状体，无色，薄壁，末端锐或具 2–3 个棘刺状分枝，大小为 20–35×2–4 μm；担子棍棒形，大小为 25–40×4–6 μm；担孢子宽椭圆形，无色，薄壁，光滑，IKI+，CB–，大小为 5–6×2.2–3 μm，平均长 L = 5.34 μm，平均宽 W = 2.75 μm，长宽比 Q = 1.94 (n = 30/1)。

代表序列：KU574826，KU559366。

分布、习性和功能：新平县金山原始森林公园，弥勒市锦屏山风景区，个旧市清水河热带雨林，绿春县黄连山国家级自然保护区，金平县分水岭自然保护区，屏边县南溪河，普洱市太阳河森林公园，景东县无量山自然保护区，景东县哀牢山自然保护区，澜沧县上允镇，沧源县班老乡；生长在阔叶树倒木和树桩上；引起木材白色腐朽。

图 486　石栎韧革菌 *Stereum lithocarpi*

图 487　扁韧革菌 *Stereum ostrea*

血红韧革菌

***Stereum sanguinolentum* (Alb. & Schwein.) Fr.**

子实体：担子果一年生，平伏反卷或盖形，覆瓦状叠生，新鲜时革质，干后脆质；菌盖半圆形或扇形，外伸可达 3 cm，宽可达 5 cm，基部厚可达 1 mm，上表面新鲜时乳黄色至污黄色，干后浅黄褐色或污黄褐色，具明显环沟，具粗绒毛；不育边缘锐，波状；子实层体新鲜时乳白色至粉褐色，手触后迅速变为血红色，干后污黄色至棕灰色，光滑，或具不规则疣突，具放射状纹；菌肉浅褐色，厚可达 0.5 mm。

显微结构：菌丝系统一体系；生殖菌丝具简单分隔；菌肉菌丝无色，厚壁，偶尔分枝，规则排列，直径 1.5–3 µm；子实层体具 2 种囊状体，一种为假囊状体，长桶状，末端稍膨大，偶具乳状突，下部厚壁，长可达 100 µm，直径 5–8 µm；另一种为棘刺囊状体，无色，薄壁，末端具多个棘刺状分枝，大小为 30–40×3–5 µm；担子棍棒形，大小为 28–40×6–8 µm；担孢子窄椭圆形至圆柱形，无色，薄壁，光滑，IKI+，CB–，大小为 5.2–6.2×2.7–3 µm，平均长 L = 5.98 µm，平均宽 W = 2.05 µm，长宽比 Q = 2.92 (n = 30/1)。

代表序列：KU559367，KU574827。

分布、习性和功能：德钦县白马雪山自然保护区，香格里拉市普达措国家公园，玉龙县玉龙雪山保护区，云南轿子山国家级自然保护区；生长在针叶树活立木、活倒木、树桩和落枝上；引起木材白色腐朽。

 金丝韧革菌

***Stereum spectabile* Klotzsch**

子实体：担子果一年生，盖形，单生或覆瓦状叠生，新鲜时革质，干后木栓质；菌盖扇形，外伸可达 1 cm，宽可达 6 cm，基部厚可达 1 mm；不育边缘波状；子实层体橘黄色、黄灰色或浅褐色，触摸后变血红色，表面光滑，具明显辐射状细纹，干后略开裂；不育边缘乳白色，比子实层体颜色浅；菌肉浅黄色，厚可达 0.4 mm。

显微结构：菌丝系统二体系；生殖菌丝具简单分隔；菌肉菌丝无色，薄壁，规则排列，直径 4–5.5 µm；骨架菌丝少见，暗黄色，厚壁至近实心，直径 4.5–6 µm；子实层具 2 种囊状体，一种为棘状囊状体，棍棒形，薄壁，末端具密棘，大小为 35–48×4.5–6 µm；另一种囊状体处于子实层和菌丝之间，薄壁，光滑，具胶质内含物，IKI[+]，长度可达 100 µm；担子棍棒形，大小为 45–50×7.5–8.5 µm；担孢子圆柱形，无色，光滑，KI+，CB–，大小为 6.5–8.5(–9)×(3.1–)3.5–4.1 µm，平均长 L = 6.72 µm，平均宽 W = 3.71 µm，长宽比 Q = 1.81 (n = 30/1)。

代表序列：MH121183。

分布、习性和功能：勐腊县南沙河电站；生长在阔叶树枯枝、树皮或腐朽木上；引起木材白色腐朽。

490

图 488　血红韧革菌 *Stereum sanguinolentum*

图 489　金丝韧革菌 *Stereum spectabile*

软质蓝革菌

Terana coerulea (Lam.) Kuntze

子实体：担子果一年生，平伏，紧密贴生，不易与基质分离，新鲜时革质，干后膜质，长可达 12 cm，宽可达 4 cm，厚可达 0.5 mm；子实层体表面深蓝色，光滑或具瘤状物，后期开裂；不育边缘明显，浅蓝色，比子实层体表面颜色浅，逐渐变薄；菌肉层极薄至几乎无。

显微结构：菌丝系统一体系；生殖菌丝具锁状联合；菌丝组织在 KOH 试剂中变黑；亚子实层生殖菌丝蓝色，薄壁至微厚壁，具结晶，频繁分枝，平直，略交织排列，IKI–，CB–，直径 2–3.2 μm；具树状菌丝，基部厚壁，末端薄壁，具细小结晶，大小为 41–54×4–5 μm；担子长棍棒形，大小为 41–50×6–7 μm；担孢子椭圆状，无色，薄壁，光滑，IKI–，CB–，大小为 6–8.5(–9.8)×(4–)4.1–5 μm，平均长 L = 7.34 μm，平均宽 W = 4.60 μm，长宽比 Q = 1.59 (n = 30/1)。

代表序列：OL457973，OL457442。

分布、习性和功能：大理苍山地质公园；生长在阔叶树枯枝上；引起木材白色腐朽。

 ## 双体叉丝革菌

Vararia amphithallica Boidin, Lanq. & Gilles

子实体：担子果一年生，平伏，紧密贴生，易与基质分离，新鲜时软，干后膜质，长可达 7 cm，宽可达 3 cm，厚可达 0.4 mm；子实层体表面浅棕黄色，光滑，后期不开裂；不育边缘白色，逐渐变薄；菌肉层褐色，厚可达 0.2 mm。

显微结构：菌丝系统二体系；生殖菌丝具锁状联合；菌肉层生殖菌丝无色，薄壁至厚壁，偶尔分枝，直径 1.5–3 μm；骨架菌丝占多数，二分叉，浅黄色，厚壁，频繁分枝，IKI[+]，CB+；子实层为不整子实层；具胶化囊状体，棍棒形至近棍棒形，无色，薄壁，SA–，大小为 22–40×4–6 μm；担子圆柱形或近圆柱形，末端具 2 个担子梗，大小为 26–45×4–6.5 μm；担孢子窄椭圆形至近圆柱形，无色，薄壁，光滑，IKI–，大小为 10–13(–14)×4.2–5.2 μm，平均长 L = 12 μm，平均宽 W = 4.8 μm，长宽比 Q = 2.5 (n = 30/1)。

代表序列：MK674474，MK625542。

分布、习性和功能：景东县哀牢山自然保护区，永平县宝台山森林公园；生长在阔叶树枯枝上；引起木材白色腐朽。

图 490　软质蓝革菌 *Terana coerulea*

图 491　双体叉丝革菌 *Vararia amphithallica*

高山叉丝革菌

Vararia montana S.L. Liu & S.H. He

子实体: 担子果一年生, 平伏, 紧密贴生, 易与基质分离, 新鲜时软, 干后膜质至皮革质, 易碎, 长可达 5 cm, 宽可达 3 cm, 厚可达 0.5 mm; 子实层体表面橘色至黄褐色, 光滑, 后期开裂; 不育边缘与子实层体表面同色, 平截; 菌肉层褐色, 厚可达 0.3 mm。

显微结构: 菌丝系统二体系; 生殖菌丝具锁状联合; 菌肉生殖菌丝无色, 薄壁至厚壁, 偶尔分枝, 直径 1.5–3 μm; 二分叉骨架菌丝占多数, 黄色, 厚壁, 频繁分枝, IKI[+], CB+; 子实层为不整子实层; 具胶化囊状体, 棍棒形, 末端具乳突, 无色, 薄壁, SA–, 大小为 50–100×4–9 μm; 担子圆柱形, 大小为 70–110×10–16 μm; 担孢子宽椭圆形, 无色, 薄壁, 光滑, IKI–, 大小为 (16–)18–23(–24)×(8–)9.5–13(–14) μm, 平均长 L = 20 μm, 平均宽 W = 11.1 μm, 长宽比 Q = 1.7–1.9 (n = 60/2)。

代表序列: MK625588, MK625524。

分布、习性和功能: 玉龙县九河乡老君山九十九龙潭景区, 香格里拉市普达措国家公园; 生长在阔叶树倒木和腐朽木上; 引起木材白色腐朽。

 ## 球孢叉丝革菌

Vararia sphaericospora Gilb.

子实体: 担子果一年生, 平伏, 贴生, 新鲜时和干后革质, 长可达 5 cm, 宽可达 2 cm, 厚可达 0.1 mm; 子实层体表面光滑, 黄褐色, 不开裂; 不育边缘逐渐变薄, 乳白色或与子实层体表面同色; 菌肉层极薄至几乎无。

显微结构: 菌丝系统二体系; 生殖菌丝具锁状联合; 骨架菌丝纤维状, 中度分枝, IKI[+], CB+; 菌肉层生殖菌丝少见, 无色, 薄壁, 直径 2–3 μm; 二分叉菌丝占多数, 黄褐色, 明显厚壁, IKI[+]; 子实层为不整子实层; 具胶化囊状体, 近纺锤形, 无色, 薄壁, SA–; 担子棍棒形, 略弯曲, 无色, 薄壁, 大小为 60–75×7–11 μm; 担孢子近球形, 无色, 薄壁, IKI–, 直径 7–8 μm, 平均长 L = 7.81 μm, 平均宽 W = 7.62 μm, 长宽比 Q = 1.03–1.08 (n = 60/2)。

代表序列: MK625594。

分布、习性和功能: 永德大雪山国家级自然保护区大宝山; 生长在阔叶树枯枝或倒木上; 引起木材白色腐朽。

图 492　高山叉丝革菌 *Vararia montana*

图 493　球孢叉丝革菌 *Vararia sphaericospora*

漫小赞氏革菌

Xenasmatella vaga (Fr.) Stalpers

子实体：担子果一年生，平伏，贴生，新鲜时软革质状，干后膜状，长可达 15 cm，宽可达 5 cm，厚可达 0.2 mm；子实层体表面新鲜时黄色至黄褐色，干后黄褐色，光滑；不育边缘明显，浅黄色，菌索状，宽可达 5 mm；菌肉极薄至几乎无。

显微结构：菌丝系统一体系；生殖菌丝具锁状联合；菌丝组织在 KOH 试剂中变为红色；生殖菌丝无色，薄壁，频繁分枝，IKI–，CB–，直径 2–5 μm；子实层中无囊状体和拟囊状体；担子棍棒形，大小为 13–16×6–7 μm；担孢子椭圆形，无色，薄壁，具刺疣，IKI–，CB(+)，大小为 (4.3–)4.5–5.3(–5.6)×(3–)3.2–4(–4.2) μm，平均长 L = 4.93 μm，平均宽 W = 3.55 μm，长宽比 Q = 1.39 (n = 30/1)。

代表序列：OL470328，OL455713。

分布、习性和功能：屏边县大围山自然保护区；生长在阔叶树倒木上；引起木材白色腐朽。

 ## 多年木革菌

Xylobolus annosus (Berk. & Broome) Boidin

子实体：担子果多年生，平伏，新鲜时和干后坚硬木质，不易与基质分离，长可达 100 cm，宽可达 20 cm，中部厚可达 3 mm；子实层体表面米色、苍白色、黄白色或铁锈色，光滑，后期开裂；不育边缘不明显；菌肉层棕褐色，厚可达 2 mm。

显微结构：菌丝系统二体系；生殖菌丝具简单分隔；菌肉菌丝无色至浅黄色，薄壁，直径 2 μm；骨架菌丝棕黄色，厚壁，直径 2–4 μm；子实层具大量棘状囊状体，无色，棘刺主要在末端，大小为 19–21×4–5 μm；担子棍棒形，大小为 15–26.5×3–5 μm；担孢子椭圆形至圆柱形，无色，薄壁，光滑，IKI+，CB–，大小为 3.1–5.2×2–3 μm，平均长 L = 3.92 μm，平均宽 W = 2.32 μm，长宽比 Q = 1.68 (n = 30/1)。

代表序列：MH121206。

分布、习性和功能：绿春县黄连山国家级自然保护区，金平县分水岭自然保护区，屏边县大围山自然保护区，屏边县南溪河，景洪市西双版纳自然保护区三岔河，西双版纳原始森林公园，西双版纳自然保护区曼搞，勐腊县雨林谷，勐腊县勐腊自然保护区，西双版纳自然保护区尚勇，勐腊县中国科学院西双版纳热带植物园热带雨林，勐腊县望天树景区；生长在阔叶树倒木和树桩上；引起木材白色腐朽；药用。

图 494　漫小赞氏革菌 *Xenasmatella vaga*

图 495　多年木革菌 *Xylobolus annosus*

显趋木革菌

Xylobolus princeps (Jungh.) Boidin

子实体：担子果多年生，偶尔平伏反转，通常数个左右连生，新鲜时木栓质，干后硬木质；菌盖外伸可达 2 cm，宽可达 4 cm，基部厚可达 2 mm，上表面新鲜时锈褐色至红褐色，干后咖啡色、暗锈褐色至黑褐色，具明显黑色环带或环区；子实层体表面灰白色、浅灰色至木材色，光滑或具瘤状突起；菌肉咖啡色，硬木质，厚可达 1 mm。

显微结构：菌丝系统二体系；生殖菌丝具简单分隔；菌丝组织在 KOH 试剂中变黑色；菌肉生殖菌丝少见，无色，薄壁至稍厚壁，偶尔分枝，直径 2–3 μm；骨架菌丝占多数，浅黄色至黄褐色，厚壁至近实心，不分枝，交织排列，IKI–，CB–，直径 3–4.5 μm；子实层具 2 种囊状体，一种为棘状侧丝，无色，厚壁，由骨架菌丝末端形成，直径 3–5 μm；另一种为假囊状体，除末端外其余部分厚壁，直径 3–5 μm；子实层塌陷，担孢子未见。

代表序列：MT274559。

分布、习性和功能：泸水市高黎贡山自然保护区；生长在阔叶树倒木上；引起木材白色腐朽；药用。

 ## 勺木齿菌

Xylodon spathulatus (Schrad.) Kuntze

子实体：担子果一年生，平伏，贴生，不易与基质分离，新鲜时软，干后脆革质，长可达 15 cm，宽可达 4 cm，中部厚可达 1.7 mm；子实层体齿状，新鲜时和干后表面浅黄色；不育边缘明显，奶油色，渐薄；菌齿单生或 2–3 个聚生，每毫米 2–3 个；菌肉层极薄至几乎无；菌齿长可达 1.5 mm。

显微结构：菌丝系统一体系；生殖菌丝具锁状联合；菌丝组织在 KOH 试剂中不变化；菌齿生殖菌丝无色，薄壁至厚壁，偶尔分枝，交织排列，具结晶，IKI–，CB–，直径 2–5 μm；子实层具囊状体，纺锤形，具长颈，大小为 22–38×4–5 μm，担子近棍棒形，大小为 17–34×4–5 μm；担孢子宽椭圆形至近球形，无色，薄壁，光滑，IKI–，CB–，具液泡，大小为 4–6(–6.5)×4–5 μm，平均长 L = 5.09 μm，平均宽 W = 4.24 μm，长宽比 Q = 1.2 (n = 30/1)。

代表序列：OL457974，OL457443。

分布、习性和功能：德钦县白马雪山自然保护区；生长在云杉倒木上；引起木材白色腐朽。

图 496   显趋木革菌 *Xylobolus princeps*

图 497   勺木齿菌 *Xylodon spathulatus*

胶质真菌种类论述

毛木耳

***Auricularia cornea* Ehrenb.**

子实体：担子果一年生，聚生，新鲜时肉质至胶质，盘形、杯状、碗状、碟状、耳状或漏斗状，干后收缩呈不规则形，变硬，脆，角质，浸水后可恢复成新鲜时形态及质地；耳片外伸可达 7 cm，宽可达 9 cm，厚可达 2 mm，上表面被柔毛，初期赭色，后期灰白色、浅灰色、暗灰色，中部收缩呈短柄状，与基质相连；边缘浅裂或全缘，波状，通常上卷；子实层体表面平滑，灰褐色、深褐色至黑色。

显微结构：菌丝具锁状联合和简单分隔；菌肉菌丝无色，薄壁，频繁分枝，平直或弯曲，规则或疏松交织排列，直径 1–4.5 μm；背面柔毛聚生，无色透明，基部略膨大，厚壁至近实心，不分隔，末端渐尖或钝圆，大小为 180–425×6–9 μm；担子棍棒形，具 3 个横向简单分隔和 4 个侧生担孢子梗，大小为 60–75×4–6 μm；担孢子腊肠形，无色，薄壁，光滑，大小为 (13–)13.2–15.3(–16)×(4–)4.5–5.6(–5.8) μm，平均长 L = 14.42 μm，平均宽 W = 5.01 μm，长宽比 Q = 2.73–2.93 (n = 90/3)。

代表序列：MH213361，MH213404。

分布、习性和功能：永德大雪山国家级自然保护区，普洱市太阳河森林公园，屏边县大围山自然保护区，勐腊县望天树景区，西双版纳自然保护区尚勇，勐腊县中国科学院西双版纳热带植物园热带雨林；生长在阔叶树倒木或树桩上；引起木材白色腐朽；食药用。

脆木耳

***Auricularia fibrillifera* Kobayasi**

子实体：担子果一年生，聚生，新鲜时胶质或软胶质，盘状、杯状或耳状，干后收缩呈不规则形，变硬，脆，纸质，浸水后可恢复成新鲜时形态及质地；耳片外伸可达 5 cm，宽可达 6 cm，厚可达 2 mm，上表面被稀疏柔毛，淡红棕色，中部常收缩成一簇似柄，与基质相连；边缘全缘，波状；子实层体表面平滑或具皱褶，深褐色至黑色。

显微结构：菌丝具锁状联合；菌肉菌丝无色，薄壁，频繁分枝，平直或弯曲，规则或疏松交织排列，直径 1–3 μm；背面柔毛单生，无色或淡黄棕色，基部明显膨大，厚壁，明显分隔，末端渐尖或钝圆，大小为 60–100×10–20 μm；担子棍棒形，具 3 个横向简单分隔和 4 个侧生担孢子梗，大小为 41–57×4–6 μm；担孢子腊肠形，无色，薄壁，光滑，大小为 (10.7–)11–14(–14.5)×4–5(–5.6) μm，平均长 L = 12.39 μm，平均宽 W = 4.47 μm，长宽比 Q = 2.45–3.03 (n = 150/5)。

代表序列：KP765615，KP765629。

分布、习性和功能：普洱市太阳河森林公园，西双版纳原始森林公园，勐海县曼搞自然保护区；生长在阔叶树倒木上；引起木材白色腐朽；食用。

图 498　毛木耳 *Auricularia cornea*

图 499　脆木耳 *Auricularia fibrillifera*

黑木耳

***Auricularia heimuer* F. Wu, B.K. Cui & Y.C. Dai**

子实体：担子果一年生，聚生，新鲜时胶质，耳状或不规则形状，干后收缩呈耳状或不规则形状，变硬，脆，角质，浸水后可恢复成新鲜时形态及质地；耳片外伸可达 7 cm，宽可达 12 cm，厚可达 2 mm，上表面暗红棕色、红棕色或浅黄褐色，被白色柔毛，中部常收缩成一簇似柄，与基质相连；边缘全缘，偶浅裂，波状；子实层体表面平滑或略具皱褶，灰褐色至近黑色。

显微结构：菌丝具锁状联合；菌肉菌丝无色，薄壁，频繁分枝，平直或弯曲，规则或疏松交织排列，直径 0.5–3 μm；背面柔毛单生或聚生，无色透明，基部略膨大，厚壁或近实心，末端渐尖或钝圆，大小为 50–150×4–6.5 μm；担子棍棒形，具 3 个横向简单分隔和 4 个侧生担孢子梗，大小为 40–67×3–6.5 μm；担孢子腊肠形，无色，薄壁，光滑，大小为 11–13(–13.1)×4–5(–5.1) μm，平均长 L = 12 μm，平均宽 W = 4.71 μm，长宽比 Q = 2.43–2.74 (n = 120/4)。

代表序列：KM396793，KM396844。

分布、习性和功能：大理苍山洱海国家级自然保护区；生长在阔叶树倒木上；引起木材白色腐朽；食药用。

 宽毛皱木耳

***Auricularia lateralis* Y.C. Dai & F. Wu**

子实体：担子果一年生，单生或聚生，新鲜时胶质，杯状或耳状，干后收缩呈耳状，变硬，呈硬角质，浸水后可恢复成新鲜时形态及质地；耳片外伸可达 4 cm，宽可达 5 cm，厚可达 3 mm，上表面黄棕色至红棕色，被致密白色柔毛，中部或侧部常收缩成一簇似柄，与基质相连；边缘全缘或浅裂，波状；子实层体表面具皱褶或略具皱褶，网状结构，淡黄棕色。

显微结构：菌丝具锁状联合；菌肉菌丝无色，薄壁，频繁分枝，平直或弯曲，规则或疏松交织排列，直径 1–6 μm；背面柔毛单生或聚生，无色透明，中部略膨大，厚壁，具明显分隔，末端渐尖或钝圆，大小为 95–250×9–14 μm；担子棍棒形，具 3 个横向简单分隔和 4 个侧生担孢子梗，大小为 60–70×5–6.5 μm；担孢子腊肠形，无色，薄壁，光滑，大小为 (12.3–)12.9–14.2(–15)×(5–)5.2–6(–6.2) μm，平均长 L = 13.56 μm，平均宽 W = 5.73 μm，长宽比 Q = 2.37 (n = 30/1)。

代表序列：KX022022，KX022053。

分布、习性和功能：永德大雪山国家级自然保护区；生长在阔叶树倒木上；引起木材白色腐朽。

图 500　黑木耳 *Auricularia heimuer*

图 501　宽毛皱木耳 *Auricularia lateralis*

中国皱木耳

Auricularia sinodelicata Y.C. Dai & F. Wu

子实体：担子果一年生，聚生，新鲜时胶质，盘状或耳状，干后收缩呈耳状或不规则形状，硬角质，浸水后可恢复成新鲜时形态及质地；耳片外伸可达 6 cm，宽可达 8 cm，厚可达 2.5 mm，上表面黄棕色至红棕色，具稀疏柔毛，可见皱褶，中部或侧部常收缩成一簇似柄，与基质相连；边缘全缘或浅裂，波状；子实层体表面具明显皱褶，多孔性型网状结构，淡黄棕色。

显微结构：菌丝具锁状联合；菌肉菌丝无色，薄壁，频繁分枝，平直或弯曲，规则或疏松交织排列，直径 1–5 μm；背面柔毛单生，无色透明，基部略膨大，厚壁，具明显分隔，末端渐尖或钝圆，大小为 30–80×6–9 μm；担子棍棒形，具 3 个横向简单分隔和 4 个侧生担孢子梗，大小为 30–45×4–6 μm；担孢子腊肠形，无色，薄壁，光滑，大小为 (9.8–)10–12(–12.2)×(4–)4.3–5.1(–5.5) μm，平均长 L = 10.87 μm，平均宽 W = 4.84 μm，长宽比 Q = 2.2–2.27 (n = 120/4)。

代表序列：MH213379，MZ669909。

分布、习性和功能：腾冲市樱花谷，瑞丽市莫里热带雨林景区，盈江县铜壁关自然保护区，普洱市太阳河森林公园，屏边县大围山自然保护区，勐腊县望天树景区，勐腊县中国科学院西双版纳热带植物园；生长在阔叶树倒木或树桩上；引起木材白色腐朽；食用。

 ## 西藏木耳

Auricularia tibetica Y.C. Dai & F. Wu

子实体：担子果一年生，单生或聚生，新鲜时胶质，盘状或耳状，干后收缩呈耳状，硬角质，浸水后可恢复成新鲜时形态及质地；耳片外伸可达 6 cm，宽可达 9 cm，厚可达 5 mm，上表面红棕色至深棕色，被明显柔毛，中部或侧部常收缩成一簇似柄，与基质相连；子实层体表面常光滑，红棕色。

显微结构：菌丝具锁状联合；菌肉菌丝无色，薄壁，频繁分枝，平直或弯曲，规则或疏松交织排列，直径 0.5–4.5 μm；背面柔毛单生或聚生，无色透明，基部略膨大，厚壁，有时分隔，末端渐尖或钝圆，大小为 75–135×5–8 μm；担子棍棒形，具 3 个横向简单分隔和 4 个侧生担孢子梗，大小为 70–103×4–7 μm；担孢子腊肠形，无色，薄壁，光滑，大小为 (14–)15–18.5(–20)×5.8–6.2(–6.5) μm，平均长 L = 16.22 μm，平均宽 W = 6 μm，长宽比 Q = 2.57–2.96 (n = 90/3)。

代表序列：KT152106，KT152122。

分布、习性和功能：德钦县白马雪山自然保护区，香格里拉市普达措国家公园；生长在云杉、冷杉等针叶树倒木或腐朽木上；引起木材白色腐朽；食用。

图 502　中国皱木耳 *Auricularia sinodelicata*

图 503　西藏木耳 *Auricularia tibetica*

短毛木耳

Auricularia villosula Malysheva

子实体：担子果一年生，聚生，新鲜时胶质，杯状、盘状或耳状，干后收缩呈耳状或不规则形状，变硬，角质或纸状，浸水后可恢复成新鲜时形态及质地；耳片外伸可达 5 cm，宽可达 6 cm，厚可达 2 mm，上表面黄褐色或红棕色，被柔毛，中部或侧部常收缩成一簇似柄，与基质相连；边缘全缘或浅裂，波状；子实层体表面具明显皱褶，红棕色。

显微结构：菌丝具锁状联合；菌肉菌丝无色，薄壁，频繁分枝，平直或弯曲，规则或疏松交织排列，直径 1–3 μm；背面柔毛单生，偶聚生，无色透明，基部略膨大，厚壁，偶具分隔，末端渐尖或钝圆，大小为 40–90×4.5–6 μm；担子棍棒形，具 3 个横向简单分隔和 4 个侧生担孢子梗，大小为 40–61×4–5 μm；担孢子腊肠形，无色，薄壁，光滑，大小为 (12.6–)13–15.5(–16)×5–6.1(–6.3) μm，平均长 L = 14.38 μm，平均宽 W = 5.57 μm，长宽比 Q = 2.39–2.53 (n = 90/3)。

代表序列：KM396812，KM396860。

分布、习性和功能：宾川县鸡足山风景区，昆明市西山森林公园；生长在阔叶树倒木上；引起木材白色腐朽；食用。

 ## 中国胶角耳

Calocera sinensis McNabb

子实体：担子果一年生，聚生，新鲜时棒状，末端钝圆，偶尔尖锐，有时呈二叉状分枝，直径可达 1.5 mm，高可达 10 mm，淡黄色或橙黄色，胶质，质地稍硬；干后橘红棕色，浸水后可恢复部分新鲜时形态及质地。

显微结构：菌丝具简单分隔；菌丝组织在 KOH 试剂中无变化；不育面皮层菌丝无色，薄壁，末端细胞丝状，薄壁，大小为 15.0–30.0×1.5–3.5 μm；菌肉菌丝无色，薄壁，直径 0.8–2.5 μm；侧丝无色，薄壁，平直，与担子产生于同一菌丝；担子音叉状，大小为 15–30×3–5 μm；担孢子肾状，无色，薄壁，光滑，成熟后具 1 个横隔，大小为 (8.9–)9.2–10.8(–11.0)×(4.7–)5.0–6.2(–6.3) μm，平均长 L = 8.9 μm，平均宽 W = 4.7 μm，长宽比 Q = 1.82 (n = 30/1)。

代表序列：OL51893，OL518948。

分布、习性和功能：宾川县鸡足山风景区，牟定县化佛山自然保护区，普洱市太阳河森林公园；生长在针叶树倒木上；引起木材褐色腐朽。

图 504　短毛木耳 *Auricularia villosula*

图 505　中国胶角耳 *Calocera sinensis*

金孢花耳

Dacrymyces chrysospermus Berk. & M.A. Curtis

子实体：担子果一年生，聚生，新鲜时头状，偶尔聚合呈脑状，具圆柱形柄，橘黄色，胶质，质地稍硬，直径可达 30 mm，高可达 15 mm；干后红棕色，浸水后可恢复部分新鲜时形态及质地。

显微结构：菌丝具简单分隔，菌丝组织在 KOH 试剂中无变化；不育面皮层菌丝无色，薄壁，末端细胞圆柱形至膨大状，厚壁，大小为 10–25×4.5–9 μm；菌肉菌丝无色，薄壁，直径 1–3 μm；侧丝无色，薄壁，平直，与担子产生于同一菌丝；担子音叉状，大小为 40–90×4–7 μm；担孢子肾状，无色，薄壁，光滑，成熟后具 7 个横隔，大小为 (18.1–)19.5–24.8(–26.4)×(5.6–)5.9–8.4(–8.9) μm，平均长 L = 22.1 μm，平均宽 W = 7.2 μm，长宽比 Q = 3.07–3.10 (n = 60/2)。

代表序列：OL587809，OL546777。

分布、习性和功能：贡山县丙中洛，腾冲市来凤山森林公园，楚雄市紫溪山森林公园；生长在针叶树倒木上；引起木材褐色腐朽。

 小孢花耳

Dacrymyces microsporus P. Karst.

子实体：担子果一年生，聚生，新鲜时头状，具圆柱形柄，乳白色，胶质，质地稍硬，头部直径可达 3 mm，高可达 2 mm；干后浅褐色，浸水后可恢复部分新鲜时形态及质地。

显微结构：菌丝具简单分隔，菌丝组织在 KOH 试剂中无变化；不育面皮层菌丝无色，薄壁，末端细胞圆柱形，薄壁，大小为 8.5–20×2–3.5 μm；菌肉菌丝无色，薄壁，直径 0.8–2 μm；侧丝无色，薄壁，平直，与担子产生于同一菌丝；担子音叉状，大小为 14.5–30×2–4.5 μm；担孢子肾状，无色，薄壁，光滑，成熟后具 1 个横隔，大小为 9.5–11.2(–12)×4–5(–5.3) μm，平均长 L = 10.4 μm，平均宽 W = 4.1 μm，长宽比 Q = 2.52 (n = 30/1)。

代表序列：OL587811，OL546779。

分布、习性和功能：西双版纳原始森林公园；生长在阔叶树活立木和倒木上；引起木材褐色腐朽。

图 506 金孢花耳 *Dacrymyces chrysospermus*

图 507 小孢花耳 *Dacrymyces microsporus*

脑状花耳

Dacrymyces puniceus Kobayasi

子实体：担子果一年生，单生或聚生，新鲜时垫状至脑状，无柄，橘黄色，胶质，质地稍硬，直径可达 15 mm，高可达 4 mm；干后暗褐色，浸水后可恢复部分新鲜时形态及质地。

显微结构：菌丝具简单分隔，菌丝组织在 KOH 试剂中无变化；不育面皮层菌丝无色，薄壁，末端细胞圆柱形，大小为 10–25×1.5–3 μm；菌肉菌丝无色，薄壁，直径 0.8–2.5 μm；侧丝无色，薄壁，平直，与担子产生于同一菌丝；担子音叉状，大小为 45–80×5–8 μm；担孢子肾状，无色，薄壁，光滑，成熟后具 7 个横隔，大小为 (20–) 20.7–25.1(–26.5)×(6.6–)6.8–8.5(–9) μm，平均长 L = 22.8 μm，平均宽 W = 7.8 μm，长宽比 Q = 2.92–2.96 (n = 60/2)。

代表序列：OL587812，OL546780。

分布、习性和功能：保山市高黎贡山自然保护区百花岭，普洱市太阳河森林公园；生长在阔叶树桩和倒木上；引起木材褐色腐朽。

 狭小花耳

Dacrymyces san-augustinii Kobayasi

子实体：担子果一年生，聚生，新鲜时疱状至垫状，无柄，浅橘色，胶质，质地稍硬，直径可达 3 mm，高可达 2 mm；干后黄褐色，浸水后可恢复部分新鲜时形态及质地。

显微结构：菌丝具简单分隔，菌丝组织在 KOH 试剂中无变化；不育面皮层菌丝无色，薄壁，末端细胞圆柱形，大小为 10–20×3.5–5 μm；菌肉菌丝无色，薄壁，直径 1–3 μm；侧丝无色，薄壁，平直，与担子产生于同一菌丝；担子音叉状，大小为 38–58×5.5–7 μm；担孢子肾状，无色，薄壁，光滑，成熟后具 7 个横隔，大小为 16–27.5×6–10 μm，平均长 L = 21.5 μm，平均宽 W = 7.5 μm，长宽比 Q = 2.87 (n = 30/1)。

代表序列：OL587813，OL546781。

分布、习性和功能：勐腊县雨林谷；生长在阔叶树落枝上；引起木材褐色腐朽。

图 508　脑状花耳 *Dacrymyces puniceus*

图 509　狭小花耳 *Dacrymyces san-augustinii*

中国狭孢花耳

Dacrymyces sinostenosporus F. Wu, Y.P. Lian & Y.C. Dai

子实体：担子果一年生，聚生，新鲜时疱状至垫状或盘状，偶尔聚合呈脑状，无柄，蜂蜜色到橘黄色，胶质，质地稍硬，直径可达 4 mm，高可达 1.2 mm；干后暗棕色，浸水后可恢复部分新鲜时形态及质地。

显微结构：菌丝具简单分隔，菌丝组织在 KOH 试剂中无变化；不育面皮层菌丝无色，薄壁，末端细胞圆柱形至膨大状，薄壁，大小为 7–17×3.5–6 μm；菌肉菌丝无色，薄壁，直径 0.8–3 μm；侧丝无色，薄壁，平直，与担子产生于同一菌丝；成熟担子音叉状，大小为 40–60×4–9 μm；担孢子肾状，无色，薄壁，光滑，成熟后具 7 个横隔，大小为 (17–)18–23.5(–24)×(5.9–)6.3–8(–8.4) μm，平均长 L = 19.3 μm，平均宽 W = 7.1 μm，长宽比 Q = 2.63–2.77 (n = 60/2)。

代表序列：MW540888，MW540890。

分布、习性和功能：文山市老君山自然保护区；生长在阔叶树的落枝上；引起木材褐色腐朽。

 ## 匙盖假花耳

Dacryopinax spathularia (Schwein.) G.W. Martin

子实体：担子果一年生，聚生，新鲜时匙状，橙黄色，胶质，质地稍硬，常分枝，直径可达 1.5 mm，高可达 20 mm；干后黄褐色，浸水后可恢复部分新鲜时形态及质地。

显微结构：菌丝具简单分隔；菌丝组织在 KOH 试剂中无变化；不育面皮层菌丝无色，薄壁，末端细胞圆柱形，薄壁，大小为 9.0–18.0×6.0–5.0 μm；菌肉菌丝无色，薄壁，直径 0.8–2.5 μm；侧丝无色，薄壁，平直，与担子产生于同一菌丝；担子音叉状，大小为 15–30×4–6 μm；担孢子肾状，无色，薄壁，光滑，成熟后具有 1 个横隔，大小为 (7.8–)8.6–10.9(–11.1)×(4.1–)4.2–5.0(–5.1) μm，平均长 L = 9.6 μm，平均宽 W = 4.7 μm，长宽比 Q = 2.04 (n = 30/1)。

代表序列：OL614833，OL616184。

分布、习性和功能：西双版纳原始森林公园；生长在阔叶树腐朽木上；引起木材褐色腐朽。

图 510　中国狭孢花耳 *Dacrymyces sinostenosporus*

图 511　匙盖假花耳 *Dacryopinax spathularia*

黑耳

***Exidia glandulosa* (Bull.) Fr.**

子实体：担子果一年生，聚生，新鲜时胶质，质地软，初期圆形垫状，琥珀色至近黑色，成熟后通常连成一片，干后收缩呈不规则形状，变脆，紧贴在树皮上，非常薄，浸水后可恢复部分新鲜时形态及质地，长可达 15 cm，宽可达 4 cm，厚可达 2 mm；边缘全缘或浅裂，波状；子实层体表面具明显腺体，不规则分布，稀疏，近黑色。

显微结构：菌丝具锁状联合；菌丝组织在 KOH 试剂中无变化；菌肉菌丝无色，薄壁，频繁分枝，平直或弯曲，疏松交织排列，直径 1–2.5 μm；侧丝无色，薄壁，弯曲，末端频繁分枝；担子球形或近球形，具 3 个纵向简单分隔和 4 个顶生担孢子梗，大小为 11.8–12.6×9–13 μm；担孢子腊肠形，无色，薄壁，光滑，大小为 (11–)11.2–15.2(–16.2)×(3.1–)3.2–4.1(–4.2) μm，平均长 L = 13.52 μm，平均宽 W = 3.53 μm，长宽比 Q = 3.83 (n = 30/1)。

代表序列：MN850376，MN850356。

分布、习性和功能：维西县老君山自然保护区，兰坪县罗古箐自然保护区，剑川县金华山，香格里拉市普达措国家公园，镇雄县乌峰山，威信县大雪山自然保护区，永善县细沙乡三江口林场，大关县黄连河森林公园，屏边县大围山自然保护区，普洱市太阳河森林公园，勐腊县中国科学院西双版纳热带植物园；生长在阔叶树枯枝上；引起木材白色腐朽；食用。

 亚黑耳

***Exidia subglandulosa* F. Wu, L.F. Fan & S.Y. Ye**

子实体：担子果一年生，聚生，新鲜时胶质，质地软，初期圆形垫状，近黑色，成熟后黑褐色至黑色，干后收缩呈不规则形状，变脆，紧贴在树皮上，非常薄，浸水后可恢复部分新鲜时形态及质地，长可达 15 cm，宽可达 4 cm，厚可达 2 mm；边缘全缘或浅裂，波状；基部紧贴基质；子实层体表面不具腺体，偶见不规则刻痕，近黑色。

显微结构：菌丝具锁状联合；菌丝组织在 KOH 试剂中无变化；菌肉菌丝无色，薄壁，频繁分枝，平直或弯曲，疏松交织排列，直径 1–2.5 μm；侧丝无色，薄壁，弯曲，末端频繁分枝；担子近球形至卵圆形，具 3 个纵向简单分隔和 4 个顶生担孢子梗，大小为 12–14.6×8.7–10.8 μm；担孢子腊肠形，无色，薄壁，光滑，大小为 (12–)14.2–16.8(–17.2)×(3.1–)3.2–4.6(–4.9) μm，平均长 L = 15.43 μm，平均宽 W = 4.03 μm，长宽比 Q = 3.75–3.91 (n = 60/2)。

代表序列：MN850381，MN850357。

分布、习性和功能：香格里拉市普达措国家公园；生长在阔叶树枯枝上；引起木材白色腐朽。

516

图 512　黑耳 *Exidia glandulosa*

图 513　亚黑耳 *Exidia subglandulosa*

亚东黑耳

Exidia yadongensis F. Wu, Qi Zhao, Zhu L. Yang & Y.C. Dai

子实体：担子果一年生，聚生，新鲜时胶质，质地稍软，红棕色至暗褐色，杯状或耳状，干后收缩呈耳状，变脆，浸水后可恢复新鲜时形态及质地；耳片外伸可达 3 cm，宽可达 5 cm，厚可达 1 mm；上表面黑褐色，具微绒毛；边缘全缘，偶尔浅裂，波状；子实层体表面无明显腺体，深褐色。

显微结构：菌丝具锁状联合；菌丝组织在 KOH 试剂中无变化；菌肉菌丝无色，薄壁，频繁分枝，平直或弯曲，疏松交织排列，直径 1.5–3.5 μm；侧丝无色，薄壁，弯曲，树状或鱼叉状；担子椭圆形至卵圆形，具 3 个纵向简单分隔和 4 个顶生担孢子梗，大小为 12–17×7–9 μm；担孢子腊肠形，无色，薄壁，光滑，大小为 (11.5–)12–16×3–4(–4.2) μm，平均长 L = 13.62 μm，平均宽 W = 3.63 μm，长宽比 Q = 3.62–3.83 (n = 50/2)。

代表序列：MT663375，MT664791。

分布、习性和功能：德钦县白马雪山自然保护区，香格里拉市普达措国家公园；生长在蔷薇科灌木死枝上；引起木材白色腐朽；食用。

 ## 金耳

Naematelia aurantialba (Bandoni & M. Zang) Millanes & Wedin

子实体：担子果一年生，单生，新鲜时胶质至肉质，亮黄色至柠檬黄色，质地稍硬，半球形至不定形块状、脑状，有时分为裂片，干后收缩呈半球形或无规则形，变坚硬，浸水后可恢复新鲜时形态及质地，长可达 12 cm，宽可达 8 cm，厚可达 10 mm；边缘浅裂至深裂，波状。

显微结构：菌丝具锁状联合；菌丝组织在 KOH 试剂中略消解；菌肉菌丝无色，薄壁至稍厚壁，频繁分枝，平直或弯曲，疏松交织排列，直径 1.2–9 μm；侧丝偶尔存在；吸器大量存在；担子球形至近球形或宽椭圆形，具 3 个纵向简单分隔和 4 个顶生担孢子梗，大小为 12–15×13–17 μm；担孢子球形至近球形，无色，薄壁，光滑，大小为 8.8–13.5×8–13 μm，平均长 L = 9.37 μm，平均宽 W = 8.43 μm，长宽比 Q = 1.12–1.19 (n = 60/2)；分生孢子通常卵圆形，无色，薄壁，光滑，大小为 4–5×3–4 μm。

代表序列：OL614834，OL616185。

分布、习性和功能：德钦县白马雪山自然保护区；生长在阔叶树倒木上；引起木材白色腐朽；食药用。

图 514　亚东黑耳 *Exidia yadongensis*

图 515　金耳 *Naematelia aurantialba*

叶状暗色银耳

Phaeotremella frondosa (Fr.) Spirin & V. Malysheva

子实体：担子果一年生，聚生，新鲜时胶质，质地软，黄褐色至深褐色，叶状，单层，干后收缩呈叶状，变脆，黑褐色，浸水后可恢复部分新鲜时形态及质地；叶片外伸可达 6 cm，宽可达 4 cm，厚可达 1 mm；边缘全缘，波状；基部由较窄生长点长出。

显微结构：菌丝具锁状联合；菌丝组织在 KOH 试剂中略消解；菌肉菌丝无色，薄壁，偶尔分枝，平直或弯曲，疏松交织排列，直径 1.5–8 μm；担子球形至近球形，成熟后具 3 个纵向简单分隔和 4 个顶生担孢子梗，大小为 10–14×10–14 μm；担孢子球形至近球形，无色，薄壁，光滑，大小为 5–8(–9)×5–7 μm，平均长 L = 7.12 μm，平均宽 W = 5.9 μm，长宽比 Q = 1.07–1.21 (n = 60/2)。

代表序列：OL631136，OL631140。

分布、习性和功能：香格里拉市普达措国家公园；生长在阔叶树死树上；引起木材白色腐朽；食用。

 ## 蔷薇暗色银耳

Phaeotremella roseotincta (Lloyd) V. Malysheva

子实体：担子果一年生，聚生，新鲜时胶质，质地软，蔷薇色至浅褐色，脑状至叶状，单层，干后收缩呈叶状或不规则形状，变脆，红棕色，浸水后可恢复部分新鲜时形态及质地；叶片外伸可达 4.8 cm，宽可达 3.5 cm，厚可达 1 mm；边缘全缘，波状；基部由较窄生长点长出。

显微结构：菌丝具锁状联合；菌丝组织在 KOH 试剂中略消解；菌肉菌丝无色，薄壁至厚壁，频繁分枝，平直或弯曲，交织排列，直径 1–6.5 μm；担子球形至近球形，成熟后具 3 个纵向简单分隔和 4 个顶生担孢子梗，大小为 15–20(–21)×14–17(–18) μm；担孢子近球形，无色，薄壁，光滑，大小为 (8–)9–11×7(–8)–9.5(–10) μm，平均长 L = 10.03 μm，平均宽 W = 9.15 μm，长宽比 Q = 0.98–1.09 (n = 60/2)；分生孢子椭圆形、肾形或圆柱形，无色，厚壁，光滑，大小为 4–8×3–4 μm。

代表序列：OL631137，OL631141。

分布、习性和功能：兰坪县罗古箐自然保护区；生长在阔叶树枯枝上；引起木材白色腐朽；食用。

图 516　叶状暗色银耳 *Phaeotremella frondosa*

图 517　蔷薇暗色银耳 *Phaeotremella roseotincta*

云南暗色银耳

***Phaeotremella yunnanensis* L.F. Fan, F. Wu & Y.C. Dai**

子实体：担子果一年生，聚生，新鲜时胶质，质地软，灰褐色至深褐色，叶状，单层，干后收缩呈不规则薄膜状，变硬，脆，深褐色，浸水后可恢复部分新鲜时形态及质地；叶片外伸可达 4 cm，宽可达 2 cm，厚可达 0.5 mm；边缘全缘，波状；基部由较窄生长点长出。

显微结构：菌丝具锁状联合和吻合点；菌丝组织在 KOH 试剂中略消解；菌肉菌丝无色至黄褐色，薄壁至厚壁，频繁分枝，平直或弯曲，疏松交织排列，直径 2–9 μm；担子卵形至近球形，成熟后具 3 个纵向简单分隔和 4 个顶生担孢子梗，极少数斜分隔，大小为 12–15×12–16 μm；担孢子球形至近球形，无色，薄壁，光滑，大小为 (6–)7–8(–8.9)×6–7.3(–9) μm，平均长 L = 7.4 μm，平均宽 W = 6.9 μm，长宽比 Q = 1.07–1.10 (n = 60/2)；分生孢子球形或卵圆形，无色，厚壁，光滑，大小为 3.8–5×2.5–3.8 μm。

代表序列：MK559397，MK559399。

分布、习性和功能：永德大雪山国家级自然保护区，景东县哀牢山自然保护区；生长在阔叶树枯枝上；引起木材白色腐朽；食用。

 白色假银耳

***Pseudotremella nivalis* (Chee J. Chen) Xin Zhan Liu, F.Y. Bai, M. Groenew. & Boekhout**

子实体：担子果一年生，单生，新鲜时胶质，质地软，白色至浅黄色，泡状、垫状至脑状，干后收缩呈瘤状，变硬，琥珀色至黄褐色，浸水后可恢复部分新鲜时形态及质地，长可达 3.8 cm，宽可达 1.8 cm，厚可达 12 mm；边缘全缘，波状或无规则形状；基部紧贴在基质上。

显微结构：菌丝具锁状联合；菌丝组织在 KOH 试剂中略消解；菌肉菌丝无色或具褐色填充物，薄壁至稍厚壁，频繁分枝，平直或弯曲，疏松交织排列，直径 1–4.6 μm；侧丝无色，薄壁，平直，生于菌丝末端；具囊泡，纺锤形，薄壁；担子球形至近球形，成熟后具 3 个纵向简单分隔和 4 个顶生担孢子梗，大小为 13–16×12–16 μm；担孢子球形至近球形，无色，薄壁，光滑，大小为 7–9(–10)×6–9(–10) μm，平均长 L = 8.12 μm，平均宽 W = 8.01 μm，长宽比 Q = 1.02–1.14 (n = 60/2)。

代表序列：AF042414，AF042232。

分布、习性和功能：昆明市盘龙区坝箐；生长在阔叶树落枝上；引起木材白色腐朽。

图 518　云南暗色银耳 *Phaeotremella yunnanensis*

图 519　白色假银耳 *Pseudotremella nivalis*

南方银耳

Tremella australe F. Wu, L.F. Fan & Y.C. Dai

子实体：担子果一年生，聚生，新鲜时胶质，质地软，乳白色至米黄色，脑状，干后收缩呈不规则薄膜状，变脆，浅黄色，浸水后可恢复部分新鲜时形态及质地，长可达 4 cm，宽可达 2 cm，厚可达 2 mm；边缘全缘，波状；基部由较宽生长点长出。

显微结构：菌丝具锁状联合、锁状联合复合体和吻合点；菌丝组织在 KOH 试剂中略消解；菌肉菌丝无色，薄壁至稍厚壁，频繁分枝，平直或弯曲，疏松交织排列，直径 1.5–6 μm；侧丝无色，薄壁，平直，与担子产生于同一菌丝；担子球形至近球形，成熟后具 3 个纵向简单分隔和 4 个顶生担孢子梗，大小为 14–19×13–17 μm；担孢子球形至近球形，无色，薄壁，光滑，大小为 8–10×6–8 μm，平均长 L = 8.6 μm，平均宽 W = 7.3 μm，长宽比 Q = 1.18–1.28 (n = 60/2)。

代表序列：MT445848，MT425188。

分布、习性和功能：瑞丽市莫里热带雨林景区；生长在阔叶树枯枝上；引起木材白色腐朽。

 砖红色银耳

Tremella erythrina Xin Zhan Liu & F.Y. Bai

子实体：担子果一年生，聚生，新鲜时胶质，质地软，浅橙色至橙色，叶状至脑状，干后收缩呈不规则形状，变硬，脆，暗褐色，浸水后可恢复部分新鲜时形态及质地，长可达 4 cm，宽可达 2 cm，厚可达 1.5 mm；边缘全缘，波状；基部由较宽生长点长出。

显微结构：菌丝具锁状联合具吻合点；菌丝组织在 KOH 试剂中无变化或略消解；菌肉菌丝无色，薄壁至厚壁，频繁分枝和吻合点，平直或弯曲，疏松交织排列，直径 1–5 μm；侧丝无色，厚壁，平直，产生于菌丝末端或与担子产生于同一菌丝；担子球形至近球形或卵球形，成熟后具 3 个纵向简单分隔和 4 个顶生担孢子梗，大小为 13–18×12–19 μm；担孢子球形至长椭球形，无色，薄壁，光滑，大小为 6–9×5–7 μm，平均长 L = 7.35 μm，平均宽 W = 5.92 μm，长宽比 Q = 1.24–1.33 (n = 60/2)。

代表序列：MH712827，MH712791。

分布、习性和功能：勐腊县中国科学院西双版纳热带植物园；生长在阔叶树腐朽木上；引起木材白色腐朽。

图 520　南方银耳 *Tremella australe*

图 521　砖红色银耳 *Tremella erythrina*

黄色银耳

Tremella flava Chee J. Chen

子实体：担子果一年生，聚生，新鲜时胶质，质地软，黄色至淡黄色，叶状至角状，干后收缩呈不规则形状，变硬，黄色，浸水后可恢复部分新鲜时形态及质地，长可达 8 cm，宽可达 5 cm，厚可达 5 cm；边缘全缘，角状；基部由较宽生长点长出。

显微结构：菌丝具锁状联合；菌丝组织在 KOH 试剂中略消解；菌肉菌丝无色，薄壁至稍厚壁，频繁分枝，平直或弯曲，疏松交织排列，直径 1–6 μm；侧丝无色，薄壁，平直，产生于菌丝末端；膨大细胞大小、形状各异，无色，薄壁；吸器大量存在；担子球形至近球形或卵球形，成熟后具 3 个纵向简单分隔和 4 个顶生担孢子梗，大小为 14–16×10–12 μm；担孢子球形至椭球形，无色，薄壁，光滑，大小为 7–8(–8.2)×6–8(–8.2) μm，平均长 L = 7.7 μm，平均宽 W = 6.8 μm，长宽比 Q = 1.09–1.13 (n = 60/2)。

代表序列：OL518940，OL518949。

分布、习性和功能：泸水市高黎贡山自然保护区，宾川县鸡足山风景区，楚雄市紫溪山森林公园，牟定县化佛山自然保护区，武定县狮子山森林公园；生长在阔叶树死树、倒木和落枝上；引起木材白色腐朽；食用。

 银耳

Tremella fuciformis Berk.

子实体：担子果一年生，单生或聚生，新鲜时胶质，质地软，白色，基部偶尔淡黄色，叶状呈花瓣状，干后收缩呈叶状或花瓣状，变硬，乳白色至淡黄色，浸水后可恢复新鲜时形态及质地，长可达 12 cm，宽可达 5 cm，厚可达 2 mm；边缘深裂，锯齿状或角状；基部由较窄生长点长出。

显微结构：菌丝具锁状联合；菌丝组织在 KOH 试剂中明显消解；菌肉菌丝无色，薄壁至稍厚壁，频繁分枝具吻合点，平直或弯曲，疏松交织排列，直径 1–7 μm；膨大细胞大小、形状各异，无色，薄壁，常位于子实体基部；吸器存在；担子近球形至卵球形，成熟后具 3 个纵向简单分隔和 4 个顶生担孢子梗，大小为 9–12×9–10.5 μm；担孢子近球形至椭球形，无色，薄壁，光滑，大小为 (6–)6.8–7.3(–8)×4–5.2 μm，平均长 L = 7 μm，平均宽 W = 4.9 μm，长宽比 Q = 1.27–1.43 (n = 60/2)。

代表序列：OL631138，OL631142。

分布、习性和功能：勐腊县中国科学院西双版纳热带植物园；生长在阔叶树倒木上；引起木材白色腐朽；食药用。

图 522　黄色银耳 *Tremella flava*

图 523　银耳 *Tremella fuciformis*

宽孢银耳

***Tremella latispora* F. Wu, L.F. Fan & Y.C. Dai**

子实体：担子果一年生，单生或聚生，新鲜时半透明，胶质，质地软，乳白色至灰白色，泡状至不规则脑状，干后收缩呈薄膜状，变硬，脆，白色至浅黄色，浸水后可恢复部分新鲜时形态及质地，长可达 4 cm，宽可达 2 cm，厚可达 10 mm；边缘全缘，波状；基部由宽生长点长出。

显微结构：菌丝具锁状联合、锁状联合复合体和吻合点；菌丝组织在 KOH 试剂中消解；菌肉菌丝无色，薄壁至厚壁，频繁分枝，疏松交织排列，直径 1.5–7.5 μm，子实体基部具厚壁菌丝；侧丝无色，薄壁，平直，与担子产生于同一菌丝；担子球形至近球形，成熟后具 3 个纵向简单分隔和 4 个顶生担孢子梗，大小为 17.2–24×17–23 μm；担孢子球形至近球形，无色，薄壁，光滑，大小为 (9–)10.1–11.8(–12)×(8–)9.9–11.4(–11.7) μm，平均长 L = 11 μm，平均宽 W = 10.7 μm，长宽比 Q = 1.03 (n = 30/1)；分生孢子卵圆形至椭球形或球形至近球形，无色，薄壁，光滑，大小为 2.8–3.6×1–3 μm。

代表序列：MT445852，MT425192。

分布、习性和功能：新平县石门峡森林公园；生长在阔叶树倒木和腐朽木上；引起木材白色腐朽。

 金黄银耳

***Tremella mesenterica* Retz.**

子实体：担子果一年生，聚生，新鲜时胶质，质地软，淡黄色至金黄色，不规则脑状至叶状，干后收缩呈叶状或不规则形状，变硬，黄色，浸水后可恢复新鲜时形态及质地，长可达 5 cm，宽可达 4 cm，厚可达 2 mm；边缘波状；基部由窄生长点长出。

显微结构：菌丝具锁状联合和吻合点；菌丝组织在 KOH 试剂中无变化；菌肉菌丝无色，薄壁至稍厚壁，频繁分枝，平直或弯曲，疏松交织排列，直径 0.8–3.4 μm；侧丝无色，薄壁，平直，末端稍膨大，产生于菌丝末端；担子球形至近球形或宽椭球形，成熟后具 3 个纵向简单分隔和 4 个顶生担孢子梗，大小为 17–26×15–21 μm；担孢子球形至近球形或长椭球形，无色，薄壁，光滑，大小为 (8–)9–11×6–8(–9) μm，平均长 L = 9.8 μm，平均宽 W = 7.2 μm，长宽比 Q = 1.36 (n = 30/1)；分生孢子球形或卵圆形至椭球形，无色，薄壁，光滑，大小为 2.8–4×2.3–3.5 μm。

代表序列：MH712848，MH712812。

分布、习性和功能：屏边县大围山自然保护区；生长在阔叶树落枝上；引起木材白色腐朽；食药用。

图 524　宽孢银耳 *Tremella latispora*

图 525　金黄银耳 *Tremella mesenterica*

萨摩亚银耳

Tremella samoensis Lloyd

子实体：担子果一年生，聚生，新鲜时胶质，质地软，淡黄色至橘红色，不规则脑状至近叶状，干后收缩呈不规则脑状，变硬，脆，深橘红色，浸水后可恢复部分新鲜时形态及质地；长可达 7 cm，宽可达 3 cm，厚可达 2 mm；边缘全缘；基部由较宽生长点长出。

显微结构：菌丝具锁状联合；菌丝组织在 KOH 试剂中无变化或略消解；菌肉菌丝无色，薄壁至稍厚壁，频繁分枝，平直或弯曲，疏松交织排列，直径 1.2–6.5 μm；侧丝无色，薄壁至稍厚壁，平直，产生于菌丝末端或与担子产生于同一菌丝；担子近球形至椭球形，成熟后具 3 个纵向简单分隔和 4 个顶生担孢子梗，大小为 13.2–18×9.3–12 μm；担孢子椭球形至长椭球形，无色，薄壁，光滑，大小为 6–8.3×5–6.3 μm，平均长 L = 7.4 μm，平均宽 W = 5.8 μm，长宽比 Q = 1.28 (n = 30/1)；分生孢子卵圆形至长椭球形，无色，薄壁，光滑，大小为 2.7–4.5×1.8–2.5 μm。

代表序列：OL614835，OL616186。

分布、习性和功能：水富市铜锣坝国家森林公园；生长在阔叶树倒木和落枝上；引起木材白色腐朽；药用。

 台湾银耳

Tremella taiwanensis Chee J. Chen

子实体：担子果一年生，聚生，新鲜时胶质，质地软，白色至乳白色，垫状至脑状，干后收缩呈脑状或不规则形状，变硬，淡黄色，浸水后可恢复部分新鲜时形态及质地，长可达 2.2 cm，宽可达 1.5 cm，厚可达 12 mm；边缘全缘，波状；基部由宽生长点长出。

显微结构：菌丝具锁状联合和吻合点；菌丝组织在 KOH 试剂中略消解；菌肉菌丝无色，薄壁，频繁分枝，平直或弯曲，疏松交织排列，直径 2–4.8 μm；侧丝无色，薄壁，平直，生于菌丝末端；担子近球形至扁球形，成熟后具 3 个纵向简单分隔和 4 个顶生担孢子梗，大小为 23–32×21–32 μm；担孢子球形至近球形，无色，薄壁，光滑，大小为 11–17×12–17 (–18) μm，平均长 L = 13.6 μm，平均宽 W = 14.25 μm，长宽比 Q = 0.95–1.09 (n = 60/2)；分生孢子近球形或椭球形，无色，薄壁，光滑，大小为 4.2–6.8×4.8–7 μm。

代表序列：OL631139，OL631143。

分布、习性和功能：勐腊县雨林谷；生长在阔叶树倒木上；引起木材白色腐朽。

图 526　萨摩亚银耳 *Tremella samoensis*

图 527　台湾银耳 *Tremella taiwanensis*

伞菌种类论述

蜜环菌

Armillaria mellea (Vahl) P. Kumm. *s.l.*

子实体: 担子果一年生,具中生柄,新鲜时肉质,干后脆质;菌盖成熟时圆形,直径可达 6 cm,中部厚可达 8 mm,上表面干后黄褐色至红褐色,粗糙;菌褶表面新鲜时乳白色,干后橙褐色;菌褶密,不等长,略延生,脆质;菌肉干后软木栓质,厚可达 2 mm;菌柄纤维质,与菌盖表面同色,具白色或浅黄色绒毛状菌幕残留物,长可达 7 cm,直径可达 6 mm。

显微结构: 菌丝具锁状联合和简单分隔;菌丝组织在 KOH 试剂中无变化;菌褶菌丝无色,薄壁,频繁分枝和分隔,弯曲,疏松交织排列,KI–,CB–,直径 3–7 μm;有些菌丝膨胀,直径可达 15 μm;担子近棍棒形,大小为 16–40×6–8 μm;担孢子椭圆形,无色,薄壁至厚壁,光滑,具一大液泡,菌盖上孢子常厚壁,IKI–,CB–,大小为 (7–)8–9(–9.5)×(5–)5.2–6 μm,平均长 L = 8.56 μm,平均宽 W = 5.64 μm,长宽比 Q = 1.52 (n = 30/1)。

代表序列: OL587815,OL546782。

分布、习性和功能: 新平县磨盘山森林公园;生长在栲木倒木上;引起木材白色腐朽;食药用。

 金针菇

Flammulina filiformis (Z.W. Ge, X.B. Liu & Zhu L. Yang) P.M. Wang, Y.C. Dai, E. Horak & Zhu L. Yang

子实体: 担子果一年生,具中生柄,聚生至丛生,新鲜时肉质至纤维质,干后革质;菌盖成熟时圆形,直径可达 4.5 cm,中部厚可达 5 mm,上表面新鲜时橙色至黄褐色,中部颜色深,光滑,黏,干后皱褶,黄褐色;菌褶表面新鲜时奶油色至浅黄色,干后橙黄色;菌褶密,近等长,通常直生,脆质,厚达 4 mm;菌肉干后脆质,厚可达 1 mm;菌柄初期黄褐色,后期褐黑色,基部不膨大,纤维质,具细绒毛;菌柄长可达 14 cm,直径可达 8 mm。

显微结构: 菌丝具锁状联合;菌丝组织在 KOH 试剂中无变化;菌褶菌丝无色,薄壁,直径 4–12 μm;具褶缘囊状体,纺锤形,无色,薄壁,大小为 33–52×11–15 μm;具侧生囊状体,瓶状,大小为 42–74×12–18 μm,担子棍棒形,大小为 24–28×4–5.5 μm;担孢子窄椭圆形至圆柱形,末端渐窄,无色,薄壁,光滑,IKI–,CB–,大小为 5–7×3–3.5 μm,平均长 L = 5.97 μm,平均宽 W = 3.35 μm,长宽比 Q = 1.78 (n = 30/1)。

代表序列: KY200201,OL518950。

分布、习性和功能: 大理苍山洱海国家级自然保护区,昆明植物园;生长在柳树等阔叶树死树和倒木上;引起木材白色腐朽;食药用。

图 528　蜜环菌 *Armillaria mellea*

图 529　金针菇 *Flammulina filiformis*

淡色冬菇

Flammulina rossica Redhead & R.H. Petersen

子实体：担子果一年生，具中生柄，单生或数个聚生，新鲜时肉质至纤维质，干后革质；菌盖成熟时圆形，直径可达 4 cm，中部厚可达 3 mm，上表面新鲜时白色至浅黄色，光滑，稍黏，干后皱褶，黄褐色；菌褶表面新鲜时白色至奶油色，干后橙黄色；菌褶密，近等长，通常直生，末端分叉，厚达 2 mm；菌肉白色，厚可达 1 mm；菌柄黑褐色，纤维质，具细绒毛，不黏，长可达 6 cm，直径可达 5 mm。

显微结构：菌丝具锁状联合；菌丝组织在 KOH 试剂中无变化；菌褶菌丝无色，薄壁至稍厚壁，直径 5–15 μm；具侧生囊状体，烧瓶形，大小为 29–50×9–16 μm；具褶缘囊状体，与侧生囊状体形态相似；担子棍棒形，大小为 21–29×5–6 μm；担孢子长椭圆形，无色，薄壁，光滑，IKI–，CB–，大小为 8–11×3.3–4.6 μm，平均长 L = 9.38 μm，平均宽 W = 3.99 μm，长宽比 Q = 2.35（n = 30/1）。

代表序列：OL423519，OL423529。

分布、习性和功能：香格里拉市普达措国家公园；生长在柳树死树上；引起木材白色腐朽；食药用。

 云南冬菇

Flammulina yunnanensis Z.W. Ge & Zhu L. Yang

子实体：担子果一年生，具中生柄，聚生至丛生，新鲜时肉质至纤维质，干后革质；菌盖成熟时圆形，直径可达 3.5 cm，中部厚可达 3 mm，上表面新鲜时浅灰色、黄色、杏黄色至灰黄色，光滑，黏，干后皱褶，黄褐色；菌褶表面新鲜时奶油色至浅黄色，干后橙黄色；菌褶密，不分叉，近等长，通常直生，脆质，厚达 2 mm；菌肉白色，厚可达 1 mm；菌柄上部黄褐色至红褐色，下部黑褐色，纤维质，具细绒毛，不黏，长可达 6 cm，直径可达 7 mm。

显微结构：菌丝具锁状联合；菌丝组织在 KOH 试剂中无变化；菌褶菌丝无色，薄壁，直径 6–15 μm；具侧生囊状体，烧瓶形，大小为 29–45×10–16 μm；具褶缘囊状体，与侧生囊状体形态相似；担子棍棒形，大小为 24–32×9.5–12.5 μm；担孢子长椭圆形，无色，薄壁，光滑，IKI–，CB–，大小为 5.5–7×3–4 μm，平均长 L = 6.48 μm，平均宽 W = 3.7 μm，长宽比 Q = 1.75（n = 30/1）。

代表序列：EF595857。

分布、习性和功能：龙陵县小黑山自然保护区，景东县哀牢山自然保护区；生长在壳斗科树木倒木上；引起木材白色腐朽；食用。

图 530　淡色冬菇 *Flammulina rossica*

图 531　云南冬菇 *Flammulina yunnanensis*

薄爱穆菇

***Heimiomyces tenuipes* (Schwein.) Singer**

子实体：担子果一年生，具中生柄，单生或数个聚生，新鲜时肉质，干后脆质；菌盖成熟时圆形，中部不凹陷，直径可达 5 cm，中部厚可达 1.5 mm，上表面新鲜时浅黄色，具放射状条纹和沟纹；菌褶黄褐色，直生，稀疏，不等长；菌肉浅黄色，易碎，厚可达 1 mm；菌柄圆柱形，黑色，具绒毛，长可达 5 cm，直径可达 4 mm。

显微结构：菌丝具简单分隔和锁状联合；菌丝组织在 KOH 试剂中无变化；菌褶菌丝无色，薄壁，直径 3–5 μm；具拟囊状体，大小为 24–30×4–5.5 μm；担子棍棒形，大小为 19–27×5–6.6 μm；担孢子椭圆形，无色，薄壁，光滑，IKI–，CB–，大小为 7–8.2(–9.5)×4.5–4.8(–6) μm，平均长 L = 7.63 μm，平均宽 W = 4.28 μm，长宽比 Q = 1.78 (n = 30/1)。

代表序列：OL457975，OL457444。

分布、习性和功能：勐腊县中国科学院西双版纳热带植物园；生长在阔叶树腐朽木上；腐朽类型未知。

 勺形亚侧耳

***Hohenbuehelia petaloides* (Bull.) Schulzer**

子实体：担子果一年生，盖形，具侧生收缩基部，偶尔具短柄，数个聚生，左右连生，新鲜时肉质，干后脆质；菌盖成熟时勺形、扇形，平展，外伸可达 3 cm，宽可达 6 cm，厚可达 3 mm，上表面新鲜时初期乳白色，后期浅粉灰色；干后浅黄色，无环区；菌褶表面新鲜时白色，干后奶油色，水浸状；菌褶密，不等长，通常延生；菌肉白色，干后软木栓质，厚可达 2 mm。

显微结构：菌丝具锁状联合；菌丝组织在 KOH 试剂中无变化；菌褶菌丝无色，薄壁，偶尔分枝，IKI–，CB–，直径 3.5–5 μm；具子实层囊状体，锥形，无色，厚壁，具结晶，大小为 43–66×8–14 μm；担子棍棒形，大小为 22–34×5.5–7 μm；担孢子椭圆形至宽椭圆形，无色，薄壁，光滑，IKI–，CB(–)，大小为 (5–)5.1–7.2(–7.5)×(3.9–)4–5.7 μm，平均长 L = 5.97 μm，平均宽 W = 4.42 μm，长宽比 Q = 1.35 (n = 30/1)。

代表序列：OL457976，OL457445。

分布、习性和功能：德钦县白马雪山自然保护区；生长在云杉倒木上；腐朽类型未知；食药用。

图 532 薄爱穆菇 *Heimiomyces tenuipes*

图 533 勺形亚侧耳 *Hohenbuehelia petaloides*

橙黄拟蜡伞

Hygrophoropsis aurantiaca (Wulfen) Maire

子实体：担子果一年生，具偏生柄，通常聚生，新鲜时肉质，干后软木栓质；菌盖近圆形，平展，中部凹陷，直径可达 6 cm，厚可达 3 mm，上表面新鲜时橘红色至橘黄色，中部比边缘颜色深，粗糙，干后红褐色；菌盖边缘偶尔撕裂；菌褶表面初期橘黄色，后期橘红色；菌褶密，延生，具横脉；菌肉浅黄色，厚可达 2 mm；菌柄圆柱形，与菌盖表面几乎同色，具刺状毛，长可达 5 cm，直径达 4 mm。

显微结构：菌丝具锁状联合；菌丝组织在 KOH 试剂中无变化；菌褶菌丝无色，薄壁，频繁分枝，IKI–，CB–，交织排列，直径 5–10 μm；担子棍棒形，大小为 30–37×7–9 μm；担孢子长椭圆形，无色，稍厚壁，光滑，IKI[+]，CB–，大小为 5.5–7(–7.2)×(3.5–)3.8–4.3(–4.5) μm，平均长 L = 6.24 μm，平均宽 W = 4.04 μm，长宽比 Q = 1.54 (n = 30/1)。

代表序列：OL457977。

分布、习性和功能：牟定县化佛山自然保护区；生长在松树腐朽木上；腐朽类型未知；食药用。

 簇生垂暮菇

Hypholoma fasciculare (Huds.) P. Kumm.

子实体：担子果一年生，具中生柄，通常聚生，新鲜时肉质，干后脆质；菌盖初期圆锥形至钟形，成熟时半球形至平展，直径可达 5 cm，厚可达 6 mm，上表面新鲜时乳黄色至硫磺色，顶部橙褐色，光滑，干后暗红褐色；菌盖边缘初期具黄色丝膜状菌幕残片，后期消失；菌褶表面初期硫磺色，后期橄榄绿色；菌褶密，弯曲；菌肉浅黄色至柠檬黄色，厚可达 3 mm；菌柄圆柱形，无菌环，硫磺色至暗红褐色，具黄色绒毛，长可达 6 cm，直径达 8 mm。

显微结构：菌丝具锁状联合；菌丝组织在 KOH 试剂中变红色；菌褶菌丝无色，薄壁至厚壁，频繁分枝，IKI–，CB–，直径 3–10 μm；侧生囊状体棍棒形或者梭形，末端具喙，薄壁，大小为 25–37×8–12 μm；褶缘囊状体棍棒形，末端圆钝，薄壁，大小为 17–22×5.8–6.5 μm；柄生囊状体棍棒形，薄壁，大小为 23–42×6–12 μm；担子棍棒形，大小为 13–22×5.5–8 μm；担孢子长椭圆形，浅黄色，厚壁，光滑，IKI–，CB(+)，大小为 (6.5–)6.7–7.2(–7.5)×3.8–4(–4.2) μm，平均长 L = 7.02 μm，平均宽 W = 3.98 μm，长宽比 Q = 1.76 (n = 30/1)。

代表序列：OL457978，OL457446。

分布、习性和功能：宾川县鸡足山风景区；生长在阔叶树桩上；腐朽类型未知；药用。

图 534　橙黄拟蜡伞 *Hygrophoropsis aurantiaca*

图 535　簇生垂暮菇 *Hypholoma fasciculare*

毛腿库恩菇

Kuehneromyces mutabilis (Schaeff.) Singer & A.H. Sm.

子实体：担子果一年生，具中生柄，聚生，新鲜时肉质，干后脆质；菌盖近半球形，成熟时圆形，直径可达 5 cm，厚可达 5 mm，上表面黄褐色至茶褐色，新鲜时稍黏，光滑；菌盖边缘新鲜时具半透明条纹；菌褶表面初期乳黄色，后期锈褐色；菌褶密，直生或稍延生；菌肉乳白色至浅黄色，厚可达 1 mm；菌柄圆柱形，具菌环，黄褐色至暗褐色，具粉状物和毛状鳞片，长可达 10 cm，直径达 6 mm。

显微结构：菌丝具锁状联合；菌丝组织在 KOH 试剂中不变色；菌褶菌丝无色，薄壁，偶尔分枝，IKI–，CB–，直径 3–8 μm；侧生囊状体不存在；褶缘囊状体圆柱形，基部具锁状联合，大小为 16–21×6–7 μm；担子棍棒形，大小为 15–24.5×6–7 μm；担孢子椭圆形至卵形，黄褐色，厚壁，光滑，IKI–，CB–，大小为 (6–)6.2–7.2(–7.5)×(4–)4.2–5 μm，平均长 L = 6.63 μm，平均宽 W = 4.67 μm，长宽比 Q = 1.42 (n = 30/1)。

代表序列：OL457979，OL457447。

分布、习性和功能：大理苍山洱海国家级自然保护区，兰坪县罗古箐自然保护区；生长在阔叶树落枝、倒木和树桩上；腐朽类型未知；食用。

 香菇

Lentinula edodes (Berk.) Pegler

子实体：担子果一年生，具中生或偏生柄，通常单生，新鲜时肉质，干后革质至软木质；菌盖幼时近半球形，成熟时圆形，平展，直径可达 11 cm，厚可达 15 mm，上表面褐色、深褐色，被褐色鳞片；菌盖边缘鳞片白色或被白色絮状物，后期消失；边缘钝；菌褶表面白色，干后黄褐色；菌褶密，直生，不等长，每毫米 2–3 个；菌肉白色至奶油色，厚可达 1 cm；菌柄圆柱形，奶油色至浅褐色，被毛状鳞片，长可达 6 cm，直径达 15 mm。

显微结构：菌丝具锁状联合；菌丝组织在 KOH 试剂中无变化；菌褶菌丝无色，薄壁至稍厚壁，少分枝，规则排列，IKI–，CB–，直径 3–10 μm；子实层中无囊状体；担子棍棒形，大小为 25–30×4.5–6 μm；担孢子长椭圆形至圆柱形，无色，薄壁，光滑，IKI–，CB–，大小为 (5.5–)6–9(–9.2)×3–3.8(–4) μm，平均长 L = 7.41 μm，平均宽 W = 3.21 μm，长宽比 Q = 2.23–2.39 (n = 60/2)。

代表序列：OL470330，OL455715。

分布、习性和功能：腾冲市高黎贡山自然保护区，宾川县鸡足山风景区，昆明市野鸭湖森林公园，屏边县大围山自然保护区；生长在阔叶树倒木上；引起木材白色腐朽；食药用。

图 536　毛腿库恩菇 *Kuehneromyces mutabilis*

图 537　香菇 *Lentinula edodes*

白微皮伞

***Marasmiellus candidus* (Fr.) Singer**

子实体：担子果一年生，具中生柄，聚生至丛生，新鲜时肉质，干后脆质；菌盖成熟时圆形至钟形，中部凹陷，直径可达 4 cm，中部厚可达 2 mm，上表面新鲜时白色至奶油色或灰白色，具微绒毛，具放射状条纹和沟纹；菌褶白色，直生至略延生，稀疏，不等长，具分枝和横脉；菌肉白色，干后易碎，厚可达 0.2 mm；菌柄圆柱形，与菌褶同色，长可达 3 cm，直径可达 4 mm。

显微结构：菌丝具简单分隔和锁状联合；菌丝组织在 KOH 试剂中无变化；菌褶菌丝无色，薄壁，直径 4–8 μm；具褶缘囊状体，大小为 17–51×8–10 μm；担子棍棒形，大小为 27–33×8–10 μm；担孢子长椭圆形至圆柱形，无色，薄壁，光滑，IKI–，CB–，大小为 (12–)15–17.5(–18)×(4–)4.5–5.4(–5.7) μm，平均长 L = 16.14 μm，平均宽 W = 4.93 μm，长宽比 Q = 3.27 (n = 30/1)。

代表序列：OL473598。

分布、习性和功能：水富市铜锣坝国家森林公园；生长在死竹子上；腐朽类型未知。

 杯伞大金钱菇

***Megacollybia clitocyboidea* R.H. Petersen, Takehashi & Nagas.**

子实体：担子果一年生，具中生柄，聚生，新鲜时肉质，干后脆质；菌盖成熟时圆形，中部凹陷，直径可达 8 cm，中部厚可达 3 mm，上表面新鲜时灰白色至浅灰色，光滑，具放射状条纹；菌褶白色，直生至略延生，稀疏，不等长，具分枝和横脉；菌肉白色，干后易碎，厚可达 0.2 mm；菌柄圆柱形，与菌盖上表面同色，长可达 7 cm，直径可达 4 mm。

显微结构：菌丝具简单分隔和锁状联合；菌丝组织在 KOH 试剂中无变化；菌褶菌丝无色，薄壁，直径 4.5–8 μm；具褶缘囊状体，大小为 27–37×6.8–8 μm；担子棍棒形，大小为 25–38×7–8 μm；担孢子宽椭圆形，无色，薄壁，光滑，IKI–，CB–，大小为 (6.5–)7–7.8(–8.3)×5–6.1(–6.4) μm，平均长 L = 7.23 μm，平均宽 W = 5.68 μm，长宽比 Q = 1.27 (n = 30/1)。

代表序列：OL473599，OL473613。

分布、习性和功能：水富市铜锣坝国家森林公园；生长在阔叶树倒木上；腐朽类型未知；食药用。

图 538　白微皮伞 *Marasmiellus candidus*

图 539　杯伞大金钱菇 *Megacollybia clitocyboidea*

拟黏小奥德蘑

***Oudemansiella submucida* Corner**

子实体：担子果一年生，具中生柄，单生至数个聚生，新鲜时肉质，干后脆质；菌盖成熟时圆形，平展，直径可达 6 cm，中部厚可达 3 mm，上表面新鲜时乳白色、灰白色至污白色，中部比边缘颜色深，光滑，具黏液和脉纹；菌褶表面白色；菌褶直生，稀疏，不等长，具分枝；菌肉白色，干后易碎，厚可达 0.3 mm；菌柄圆柱形，与菌盖上表面同色，长可达 8 cm，直径可达 5 mm。

显微结构：菌丝具锁状联合；菌丝组织在 KOH 试剂中不变色；菌褶菌丝无色，薄壁至厚壁，频繁分枝，IKI–，CB–，直径 4–12 μm；具侧生囊状体，棍棒形或者梭形，末端尖，厚壁，大小为 139–154×40–45 μm；褶缘囊状体棍棒形，末端圆钝，厚壁，大小为 65–129×15–32 μm；担子棍棒形，大小为 80–99×19–21 μm；担孢子近球形，无色，厚壁，光滑，IKI–，CB–，大小为 (17–)18–21(–24.5)×(14.5–)15–19(–20) μm，平均长 L = 19.88 μm，平均宽 W = 17.23 μm，长宽比 Q = 1.15 (n = 30/1)。

代表序列：OL423523，OL423533。

分布、习性和功能：香格里拉市普达措国家公园；生长在栎树活立木上；腐朽类型未知；食药用。

 贝壳状革耳

***Panus conchatus* (Bull.) Fr.**

子实体：担子果一年生，具中生或偏生柄，单生，新鲜时革质，干后韧革质至木栓质；菌盖近圆形至圆形，直径可达 6 cm，厚可达 3 mm，上表面肉桂褐色至黄褐色，具褐色小鳞片和长绒毛或硬毛；菌盖边波状，偶尔浅裂；菌褶表面白色至浅黄色，干后黄褐色至浅紫色；菌褶稀，延生，不等长，通常在菌柄处汇合；菌肉浅黄色，厚可达 1 mm；菌柄圆柱形，与菌盖上表面同色，具长绒毛或硬毛，长可达 2 cm，直径可达 5 mm。

显微结构：菌丝具锁状联合；菌丝组织在 KOH 试剂中无变化；菌褶菌丝无色，薄壁至厚壁，少分枝，规则排列，IKI–，CB–，直径 2–4 μm；子实层具囊状体，棍棒形，厚壁，大小为 25–38×8–11 μm；担子棍棒形，大小为 15–19×5–6 μm；担孢子窄椭圆形，无色，薄壁，光滑，IKI–，CB–，大小为 5–6(–6.2)×3–3.7(–3.8) μm，平均长 L = 5.67 μm，平均宽 W = 3.22 μm，长宽比 Q = 2.76 (n = 30/1)。

代表序列：OL477381，OL477382。

分布、习性和功能：大关县黄连河森林公园；生长在阔叶树倒木和落枝上；引起木材白色腐朽；食药用。

图 540　拟黏小奥德蘑 *Oudemansiella submucida*

图 541　贝壳状革耳 *Panus conchatus*

泡状鳞伞

Pholiota spumosa (Fr.) Singer

子实体：担子果一年生，具中生柄，通常聚生，新鲜时肉质，干后脆质；菌盖初期扁半球形，成熟时平展，直径可达 6 cm，厚可达 3 mm，上表面新鲜时黄褐色，中部比边缘颜色深，湿润时黏滑，干后暗褐色；边缘内卷；菌褶表面新鲜时浅黄色至青黄色；菌褶密，等长，直生；菌肉硫磺色，厚可达 1 mm；菌柄圆柱形，等粗，与菌盖边缘几乎同色，长可达 6 cm，直径达 5 mm。

显微结构：菌丝具索状联合；菌丝组织在 KOH 试剂中无变化；菌褶菌丝无色，薄壁，偶尔分枝，直径 4–6.2 μm；侧生囊状体瓶形至梭形，IKI–，CB(+)，大小为 28.5–55×12.5–19 μm；褶缘囊状体拟纺锤形，IKI–，CB(+)，大小为 35–52×14–17.5 μm；担子棍棒形，大小为 19.5–22.5×6.5–7.5 μm；担孢子椭圆形至长椭圆形，黄褐色，厚壁，光滑，IKI–，CB–，大小为 (5.8–)6.2–7.2(–7.5)×(3.8–)4–4.6(–4.8) μm，平均长 L = 6.81 μm，平均宽 W = 4.23 μm，长宽比 Q = 1.6 (n = 30/1)。

代表序列：OL435148，OL423574。

分布、习性和功能：宁蒗县泸沽湖自然保护区；生长在松树桩上；引起木材白色腐朽；食药用。

 ## 翘多脂鳞伞

Pholiota squarrosoadiposa J.E. Lange

子实体：担子果一年生，具中生柄，通常聚生，新鲜时肉质，干后脆质；菌盖初期钟形至扁半球形，成熟时平展，直径可达 7 cm，厚可达 4 mm，上表面新鲜时黄褐色，中部比边缘颜色深，具褐色鳞片，干后暗褐色；边缘初期具菌幕残片；菌褶表面新鲜时浅黄色至青黄色；菌褶密，等长，直生；菌肉浅黄色，厚可达 2 mm；菌柄圆柱形，与菌盖边缘几乎同色，下部具鳞片，长可达 9 cm，直径达 7 mm。

显微结构：菌丝具索状联合；菌丝组织在 KOH 试剂中无变化；菌褶菌丝无色，薄壁，偶尔分枝，直径 4.0–6.2 μm；褶缘囊状体棒状至拟纺锤形，大小为 11.5–20×6.5–12.8 μm；担子棍棒形至拟纺锤形，大小为 21–28.5×6–9 μm；担孢子椭圆形至长椭圆形，黄褐色，厚壁，光滑，IKI–，CB–，大小为 (6.2–)6.8–8.5(–8.8)×4–4.8(–5) μm，平均长 L = 7.48 μm，平均宽 W = 4.46 μm，长宽比 Q = 1.68 (n = 30/1)。

代表序列：OL423522，OL423532。

分布、习性和功能：宁蒗县泸沽湖自然保护区；生长在冷杉活立木上；引起木材白色腐朽；食药用。

图 542　泡状鳞伞 *Pholiota spumosa*

图 543　翘多脂鳞伞 *Pholiota squarrosoadiposa*

冷杉侧耳

Pleurotus abieticola R.H. Petersen & K.W. Hughes

子实体：担子果一年生，具侧生柄，单生或数个聚生，新鲜时肉质，干后脆质；菌盖成熟时近圆形或扇形，平展，直径可达 7 cm，中部厚可达 6 mm，上表面新鲜时乳黄色至浅黄褐色；干后浅黄色至暗褐色，无环区；菌褶表面新鲜时乳白色，干后浅黄色；菌褶稍密，不等长，通常延生，脆质；菌肉新鲜时乳白色，干后软木栓质，厚可达 3 mm；菌柄长可达 3 cm，上部直径可达 7 mm。

显微结构：菌丝具锁状联合；菌丝组织在 KOH 试剂中不变色；菌褶菌丝无色，薄壁至稍厚壁，偶尔分枝，IKI–，CB–，直径 3–6 μm；具侧生囊状体与褶缘囊状体，形状相似；褶缘囊状体棍棒形，厚壁，大小为 20.5–29×6–8 μm；担子棍棒形，大小为 22–28.5×5–7.2 μm；担孢子圆柱形，无色，薄壁，光滑，IKI–，CB–，大小为(8–)8.2–10.6(–11)×4–5 μm，平均长 L = 9.3 μm，平均宽 W = 4.4 μm，长宽比 Q = 2.11 (n = 30/1)。

代表序列：OL423524，OL423534。

分布、习性和功能：香格里拉市普达措国家公园；生长在冷杉死树上；引起木材白色腐朽；食用。

 ## 糙皮侧耳

Pleurotus ostreatus (Jacq.) P. Kumm.

子实体：担子果一年生，具偏生至侧生柄，数个聚生或覆瓦状叠生，新鲜时肉质，干后脆质；菌盖幼时匙形至近半球形，成熟时近圆形或扇形，平展或稍凹，直径可达 12 cm，中部厚可达 40 mm，上表面新鲜时污白色至深褐色；干后浅黄色至暗褐色，无环带；菌褶表面新鲜时乳白色，干后浅黄色；菌褶稍密，不等长，通常延生，脆质；菌肉新鲜时乳白色，干后软木栓质，厚可达 30 mm；菌柄长可达 5 cm，上部直径可达 15 mm。

显微结构：菌丝具锁状联合；菌丝组织在 KOH 试剂中无变化；菌褶菌丝无色，薄壁至略厚壁，多分枝，较频繁分隔，弯曲，疏松交织排列，IKI–，CB–，直径 4–9 μm；子实层中无囊状体和拟囊状体；担子棍棒形，大小为 23–36×6–7.5 μm；担孢子圆柱形，无色，薄壁，光滑，IKI–，CB–，大小为 8–9.8(–10)×3–4 μm，平均长 L = 8.72 μm，平均宽 W = 3.6 μm，长宽比 Q = 2.42 (n = 30/1)。

代表序列：OL457980，OL457448。

分布、习性和功能：宁蒗县泸沽湖自然保护区，云南轿子山国家级自然保护区；生长在阔叶树倒木上；引起木材白色腐朽；食药用。

图 544　冷杉侧耳 *Pleurotus abieticola*

图 545　糙皮侧耳 *Pleurotus ostreatus*

肺形侧耳

***Pleurotus pulmonarius* (Fr.) Quél.**

子实体：担子果一年生，具侧生柄，数个聚生，新鲜时肉质，干后脆质；菌盖幼时半球形、圆锥形，后期近圆形至扇形，直径可达7 cm，中部厚可达10 mm，上表面灰白色至浅黄色，无环带；菌褶表面新鲜时乳白色，干后浅黄色；菌褶密，不等长，通常延生；菌肉新鲜时乳白色，干后脆质，厚可达6 mm；菌柄基渐细，纤维质，长可达4 cm，上部直径可达12 mm。

显微结构：菌丝具锁状联合；菌丝组织在KOH试剂中无变化；菌褶菌丝无色，薄壁至略厚壁，偶尔分枝，频繁分隔，平直或弯曲，规则排列，IKI–，CB–，直径4–12 μm；具褶缘囊状体，梭形、近圆柱形、长椭圆形至棒状，末端侧面具不规则突起，大小为14–33×5–8.5 μm；担子近棍棒形，大小为22–31×5–7 μm；担孢子圆柱形，无色，薄壁，光滑，IKI–，CB–，大小为(6.1–)6.3–8.8(–9.1)×(3.2–)3.3–4 μm，平均长 L = 7.33 μm，平均宽 W = 3.77 μm，长宽比 Q = 1.95 (n = 30/1)。

代表序列：OL437264，OL434413。

分布、习性和功能：金平县分水岭自然保护区，西畴县小桥沟自然保护区，勐腊县雨林谷，西双版纳自然保护区尚勇；生长在阔叶树倒木和树桩上；引起木材白色腐朽；食药用。

 哀牢山具柄干朽菌

***Podoserpula ailaoshanensis* J.L. Zhou & B.K. Cui**

子实体：担子果一年生，具中生柄，多层，单生，新鲜时肉质，干后脆质；菌盖圆形，直径7 cm，中部厚1.5 mm，上表面黄褐色，边缘白色，干后土黄色，具同心环带；边缘锐，干后略内卷；菌褶表面新鲜时米黄色；菌褶鸡油菌形，下沿至菌柄；菌肉干后软，厚达1 mm；菌柄渐细，长可达6 cm，基部直径4 mm。

显微结构：菌丝系统一体系；生殖菌丝具锁状联合；菌丝组织在KOH试剂中变褐色；菌褶菌丝无色，薄壁，直径2.5–10.5 mm；子实层中无囊状体；担子棍棒形，大小为23–45×4–8 mm；担孢子球形至近球形，无色，厚壁，光滑，IKI–，CB–，大小为(3.8–)4.1–5(–5.1)×(3.7–)3.9–4.8(–4.9) μm，平均长 L = 4.5 μm，平均宽 W = 4.24 μm，长宽比 Q = 1.23 (n = 30/1)。

代表序列：KU324484，KU324487。

分布、习性和功能：景东县哀牢山自然保护区；生长在阔叶树林地下腐朽木上；引起木材褐色腐朽。

图 546 肺形侧耳 *Pleurotus pulmonarius*

图 547 哀牢山具柄干朽菌 *Podoserpula ailaoshanensis*

黑白粉金钱菌

Rhodocollybia badiialba (Murrill) Lennox

子实体：担子果一年生，具中生柄，通常聚生，新鲜时肉质，干后脆质；菌盖初期圆锥形至钟形，成熟时平展，中部凸起，直径可达 5 cm，厚可达 3 mm，上表面新鲜时乳黄色至桃红色，中部比边缘颜色深，光滑，非黏质，干后暗褐色；菌褶表面新鲜时白色；菌褶密，弯曲，直生；菌肉白色，厚可达 1 mm；菌柄圆柱形，中空，与菌盖表面几乎同色，长可达 5 cm，直径达 6 mm。

显微结构：菌丝具锁状联合；菌丝组织在 KOH 试剂中无变化；菌褶菌丝无色，薄壁，频繁分枝，交织排列，IKI–，CB–，直径 5–12 μm；褶缘囊状体棍棒形至近圆柱形，大小为 14–25×2.5–4 μm；担子棍棒形，大小为 26–34×5–6 μm；担孢子近球形，无色，稍厚壁，光滑，IKI–，CB–，大小为 (4.2–)4.5–5.3(–5.5)×(3.2–)3.3–4 μm，平均长 L = 4.93 μm，平均宽 W = 3.79 μm，长宽比 Q = 1.30 (n = 30/1)。

代表序列：OL457981，OL457449。

分布、习性和功能：宾川县鸡足山风景区；生长在阔叶树死树和倒木上；腐朽类型未知。

 耳状小塔氏菌

Tapinella panuoides (Fr.) E.-J. Gilbert

子实体：担子果一年生，盖形或偶尔具收缩基部，数个聚生，新鲜时肉质，干后脆质；菌盖半圆形至扇形，外伸可达 5 cm，宽可达 7 cm，厚可达 6 mm，上表面新鲜时棕褐色至黄褐色，具不明显环带；边缘浅裂；菌褶表面新鲜时奶油色至乳黄色，干后棕褐色；菌褶密，不等长，弯曲，通常延生，具横脉，偶尔形成网状；菌肉灰白色，干后软木栓质，厚可达 2 mm。

显微结构：菌丝具锁状联合；菌丝组织在 KOH 试剂中无变化；菌褶菌丝无色至浅黄色，稍厚壁，频繁分枝，IKI–，CB–，交织排列，直径 5–7 μm；担子棍棒形，大小为 30–37×5–5.5 μm；担孢子椭圆形，黄褐色，厚壁，光滑，IKI–，CB(+)，大小为 (4–)4.3–5×3–4 μm，平均长 L = 4.79 μm，平均宽 W = 3.52 μm，长宽比 Q = 1.35 (n = 30/1)。

代表序列：OL457982，OL457450。

分布、习性和功能：宾川县鸡足山风景区；生长在松树倒木和树桩上；腐朽类型未知。

图 548　黑白粉金钱菌 *Rhodocollybia badiialba*

图 549　耳状小塔氏菌 *Tapinella panuoides*

黄拟口蘑

Tricholomopsis flammula Métrod ex Holec

子实体: 担子果一年生，具中生柄，单生至数个聚生，新鲜时肉质，干后脆质；菌盖成熟时圆形，平展，中部凹陷，直径可达 5 cm，中部厚可达 4 mm，上表面新鲜时浅粉色，中部比边缘颜色深，具红褐色鳞片；菌褶表面白色；菌褶直生，稀疏，等长，末端分枝；菌肉白色，干后易碎，厚可达 2 mm；菌柄圆柱形，弯曲，白色至奶油色，长可达 15 cm，直径可达 6 mm。

显微结构: 菌丝具锁状联合；菌丝组织在 KOH 试剂中不变色；菌褶菌丝无色，薄壁至稍厚壁，频繁分枝，IKI–，CB–，直径 5–8 μm；褶缘囊状体棍棒形至梭形，末端尖，薄壁，大小为 35–67×8–14 μm；担子棍棒形，大小为 25–33×4–6 μm；担孢子椭圆形至肾形，无色，薄壁，光滑，IKI–，CB(+)，大小为 (5.3–)5.5–7×3–4 μm，平均长 L = 6.29 μm，平均宽 W = 3.35 μm，长宽比 Q = 1.88 (n = 30/1)。

代表序列: OL457983，OL457451。

分布、习性和功能: 兰坪县罗古箐自然保护区；生长在针叶树倒木上；腐朽类型未知。

图 550　黄拟口蘑 *Tricholomopsis flammula*

参 考 文 献

崔宝凯, 戴玉成. 2021. 中国真菌志 58 卷多孔菌科 (续 I) [M]. 北京: 科学出版社, 1–226.

戴玉成. 2012. 中国木本植物病原木材腐朽菌研究 [J]. 菌物学报, 31: 493–509.

戴玉成, 杨祝良. 2008. 中国药用真菌名录及部分名称的修订 [J]. 菌物学报, 27: 801–824.

戴玉成, 杨祝良, 崔宝凯, 等. 2021. 中国森林大型真菌重要类群多样性和系统学研究 [J]. 菌物学报, 40: 770–805.

李玉, 李泰辉, 杨祝良, 等. 2016. 中国大型菌物资源图鉴 [M]. 郑州: 中原农民出版社, 1–1351 .

王向华. 2020. 红菇科可食真菌的若干分类问题 [J]. 菌物学报, 39: 1617–1639.

Badalyan SM, Gharibyan NG. 2016. Diversity of polypore bracket mushrooms, Polyporales (Agaricomycetes), recorded in Armenia and their medicinal properties [J]. International Journal of Medicinal Mushrooms, 18: 347–354.

Balandaykin ME, Zmitrovich IV. 2015. Review on Chaga medicinal mushroom, *Inonotus obliquus* (higher basidiomycetes): Realm of medicinal applications and approaches on estimating its resource potential [J]. International Journal of Medicinal Mushrooms, 17: 95–104.

Baldrian P, Lindahl B. 2011. Decomposition in forest ecosystems: after decades of research still novel findings [J]. Fungal Ecology, 4: 359–361.

Bhardwaj A, Srivastava M, Pal M, et al. 2016. Screening of Indian Lingzhi or Reishi medicinal mushroom, *Ganoderma lucidum* (Agaricomycetes): A UPC2-SQD-MS approach [J]. International Journal of Medicinal Mushrooms, 18: 177–189.

Binder M, Larsson KL, Hibbett DS. 2010. Amylocorticiales ord. nov. and Jaapiales ord. nov.: Early diverging clades of Agaricomycetidae dominated by corticioid forms [J]. Mycologia, 102: 865–880.

Brazee NJ, Ortiz-Santana B, Banik MT, et al. 2012. *Armillaria altimontana*, a new species from the western interior of North America [J]. Mycologia, 104: 1200–1205.

Brummitt PK, Powell CE. 1992. Authors of Plant Names [M]. Kew: Royal Botanic Gardens, 1–732.

Camarero S, Martínez MJ, Martínez AT. 2014. Understanding lignin biodegradation for the improved utilization of plant biomass in modern biorefineries [J]. Biofuels, Bioproducts and Biorefining, 8: 615–625.

Chen JJ, Cui BK, Dai YC. 2016a. Global diversity and phylogeny of *Wrightoporia* (Russulales, Basidiomycota) [J]. Persoonia, 37: 21–36.

Chen JJ, Cui BK, He SH, et al. 2016b. Molecular phylogeny and global diversity of the remarkable genus *Bondarzewia* (Basidiomycota, Russulales) [J]. Mycologia, 108: 697–708.

Chen Q, Du P, Vlasák J, et al. 2020. Global diversity and phylogeny of *Fuscoporia* (Hymenochaetales, Basidiomycota) [J]. Mycosphere, 11: 1477–1513.

Cleary M, Morrison DJ, van der Kamp B. 2021. Symptom development and mortality rates caused by *Armillaria ostoyae* in juvenile mixed conifer stands in British Columbia's southern interior region [J]. Forest Pathology, 51: e12675.

Coconi-Linares N, Ortiz-Vázquez E, Fernández F, et al. 2015. Recombinant expression of four oxidoreductases in *Phanerochaete chrysosporium* improves degradation of phenolic and non-phenolic substrates [J]. Journal of Biotechnology, 209: 76–84.

Cui BK, Dai YC. 2012. Wood-decaying fungi in eastern Himalayas 3. Polypores from Laojunshan Mountains, Yunnan Province [J]. Mycosystema, 31: 485–492.

Dai YC. 2010. Hymenochaetaceae (Basidiomycota) in China [J]. Fungal Diversity, 45: 131–343.

Dai YC. 2011. A revised checklist of corticioid and hydnoid fungi in China for 2010 [J]. Mycoscience, 52: 69–79.

Dai YC. 2012. Polypore diversity in China with an annotated checklist of Chinese polypores [J]. Mycoscience, 53: 49–80.

Dai YC, Cui BK, He SH, et al. 2014. Wood-decaying fungi in eastern Himalayas 4. Species from Gaoligong Mountains, Yunnan Province, China [J]. Mycosystema, 33: 611–620.

Dai YC, Zhou LW, Steffen K. 2011. Wood-decaying fungi in eastern Himalayas 1. Polypores from Zixishan Nature Reserve, Yunnan Province [J]. Mycosystema, 30: 674–679.

Farr DF, Rossman AY, Palm ME. 2007. Fungal databases, systematic botany and mycology laboratory, On-line publication [M]. ARS, USDA.

Floudas D, Binder M, Riley, et al. 2012. The paleozoic origin of enzymatic lignin decomposition reconstructed from 31 fungal genomes [J]. Science, 336: 1715–1719.

Fukasawa Y, Gilmartin EC, Savoury M, et al. 2020. Inoculum volume effects on competitive outcome and wood decay rate of brown- and white-rot basidiomycetes [J]. Fungal Ecology, 45: 100938.

Garcia-Sandoval R, Wang Z, Binder M, et al. 2011. Molecular phylogenetics of the Gloeophyllales and relative ages of clades of Agaricomycotina producing a brown rot [J]. Mycologia, 103: 510–524.

Ginns J. 1998. Genera of the North American Corticiaceae *sensu lato* [J]. Mycologia, 90: 1–35.

Ginns J, Lefebvre MNL. 1993. Lignicolous corticioid fungi (Basidiomycota) of North America. Systematics, distribution, and ecology [J]. Mycologica Memoir, 19: 1–247.

Hall IR, Lyon A, Wang Y, et al. 2011. A list of putative edible or medicinal ectomycorrhizal mushrooms (revised) [M]. Dunedin: Trufflfles and Mushrooms (Consulting) Limited, 1–38.

Hall IR, Lyon A, Wang Y, et al. 2016. A list of putative edible or medicinal ectomycorrhizal mushrooms (revised) [M]. Dunedin: Truffles and Mushrooms (Consulting) Limited, 1–41.

Hansen L, Knudsen H. 1997. Nordic Macromycetes 3. Heterobasidioid, aphyllophoroid and gastromycetoid Basidiomycetes [M]. Copenhagen: Nordsvamp, 1–474.

Hibbett DS, Bauer R, Binder M, et al. 2014. Agaricomycetes. *In*: McLaughlin DJ, Spatafora JW. The mycota, Vol. 7, Part A. Systematics and evolution, 2nd ed [M]. Berlin: Springer Berlin Heidelberg, 373–429 .

Hibbett DS, Binder M, Bischoff JF, et al. 2007. A higher-level phylogenetic classification of the Fungi [J]. Mycological Research, 111: 509–547.

Hjortstam K. 1998. A checklist to genera and species of corticioid fungi (Basidiomycotina, Aphyllophorales) [J]. Windahlia, 23: 1–54.

Hobbie EA, Rinne-Garmston KT, Penttilä R, et al. 2021. Carbon and nitrogen acquisition strategies by wood decay fungi influence their isotopic signatures in *Picea abies* forests [J]. Fungal Ecology, 52: 101069.

Ji XH, He SH, Chen JJ, et al. 2017. Global diversity and phylogeny of *Onnia* (Hymenochaetaceae) species on gymnosperms [J]. Mycologia, 109: 27–34.

Jülich W. 1982. Higher taxa of Basidiomycetes [J]. Bibliotheca Mycologica, 85: 1–485.

Keong CY, Vimala B, Daker M, et al. 2016. Fractionation and biological activities of water-soluble polysaccharides from sclerotium of tiger milk medicinal mushroom, *Lignosus rhinocerotis* (Agaricomycetes) [J]. International Journal of Medicinal Mushrooms, 18: 141–154.

Kim YH. 2014. Accelerated degradation of lignin by lignin peroxidase isozyme H8 (LiPH8) from *Phanerochaete chrysosporium* with engineered 4-O-methyltransferase from *Clarkia breweri* [J]. Enzyme and Microbial Technology, 66: 74–79.

Kim IH, Chung MY, Shin JY, et al. 2016. Protective effects of black hoof medicinal mushroom from Korea, *Phellinus linteus* (Higher Basidiomycetes), on osteoporosis *in vitro* and *in vivo* [J]. International Journal of

Medicinal Mushrooms, 18: 39–47.

Kirk PM, Cannon PF, Minter DW, et al. 2008. Dictionary of the fungi (10th ed) [M]. Oxon: CAB International, 1–771.

Kotiranta H, Saarenoksa R, Kytövuori I. 2009. Aphyllophoroid fungi of Finland, a checklist with ecology, distribution, and threat categories [J]. Norrlinia, 19: 1–223.

Li H, Tian Y, Menolli N, et al. 2021. Reviewing the world's edible mushroom species: A new evidence-based classificationsystem [J]. Comprehensive Reviews in Food Science and Food Safety: 1–33.

Liu ZB, Zhou M, Yuan Y, et al. 2021. Global diversity and taxonomy of *Sidera* (Hymenochaetales, Basidiomycota): four new species and keys to species of the genus [J]. Journal of Fungi, 7: 251.

Miettinen O, Larsson KH. 2011. *Sidera*, a new genus in Hymenochaetales with poroid and hydnoid species [J]. Mycological Progress, 10: 131–141.

Miettinen O, Larsson E, Sjokvist E, et al. 2012. Comprehensive taxon sampling reveals unaccounted diversity and morphological plasticity in a group of dimitic polypores (Polyporales, Basidiomycota) [J]. Cladistics, 28: 251–270.

Miettinen O, Rajchenberg M. 2012. *Obba* and *Sebipora*, new polypore genera related to *Cinereomyces* and *Gelatoporia* (Polyporales, Basidiomycota) [J]. Mycological Progress, 11: 131–147.

Nagy LG, Riley R, Tritt A, et al. 2016. Comparative genomics of early-diverging mushroom-forming fungi provides insights into the origins of lignocellulose decay capabilities [J]. Molecular Biology and Evolution, 33: 959–970.

Niemelä T. 2016. The polypores of Finland [J]. Norrlinia, 31: 1–430.

Niemelä T, Larsson K, Dai YC, et al. 2007. *Anomoloma*, a new genus separated from *Anomoporia* on the basis of decay type and nuclear rDNA sequence data [J]. Mycotaxon, 100: 305–317.

Ohiri RC, Bassey EE. 2016. Gas chromatography–mass spectrometry analysis of constituent oil from Lingzhi or Reishi medicinal mushroom, *Ganoderma lucidum* (Agaricomycetes), from Nigeria [J]. International Journal of Medicinal Mushrooms, 18: 365–369.

Ortiz-Santana B, Lindner DL, Miettinen O, et al. 2013. A phylogenetic overview of the antrodia clade (Basidiomycota, Polyporales) [J]. Mycologia, 105: 1391–1411.

Palacio M, Drechsler-Santos ER, Menolli Jr. N, et al. 2021. An overview of *Favolus* from the Neotropics, including four new species [J]. Mycologia, 113: 759–775.

Parmasto E, Saar I, Larsson E, et al. 2014. Phylogenetic taxonomy of *Hymenochaete* and related genera (Hymenochaetales) [J]. Mycological Progress, 13: 55–64.

Petersen JH. 1996. Farvekort. The Danish Mycological Society colour-chart [M]. Greve: Foreningen til Svampekundskabens Fremme, 1–6.

Purhonen J, Ovaskainen O, Halme P, et al. 2020. Morphological traits predict host-tree specialization in wood-inhabiting fungal communities [J]. Fungal Ecology, 46: 100863.

Rayner RW. 1970. A mycological colour chart [M]. Kew: Commonwealth Mycological Institute, 1–98.

Ryvarden L. 2016. Neotropical polypores 3 [J]. Synopsis Fungorum, 36: 1–613.

Ryvarden L. 1991. Genera of polypores. Nomenclature and taxonomy [J]. Synopsis Fungorum, 5: 1–363.

Ryvarden L, Melo I. 2014. Poroid fungi of Europe [J]. Synopsis Fungorum, 31: 1–455.

Ryvarden L, Melo I. 2017. Poroid fungi of Europe, 2nd ed [J]. Synopsis Fungorum, 37: 1–430.

Ryvarden L, Tutka S. 2014. *Perplexostereum* Ryvarden & Tutka nov. gen. [J]. Synopsis Fungorum, 32: 72–75.

Schulze S, Bahnweg G. 1998. Critical review of identification techniques for *Armillaria* spp. and *Heterobasidion annosum* root and butt rot diseases [J]. Journal of Phytopathology, 146: 61–72.

Si J, Dai YC. 2016. Wood-decaying fungi in eastern Himalayas 5. Polypore diversity [J]. Mycosystema, 35: 252–278.

Sommerkamp Y, Paz AM, Guzmán G. 2016. Medicinal mushrooms in Guatemala [J]. International Journal of Medicinal Mushrooms, 18: 9–12.

Song J, Chen YY, Cui BK, et al. 2014. Morphological and molecular evidence for two new species of *Laetiporus* (Basidiomycota, Polyporales) from southwestern China [J]. Mycologia, 106: 1039–1050.

Spirin V, Ryvarden L, Miettinen O. 2015. Notes on Heterobasidiomycetes of St. Helena. [J]. Synopsis Fungorum, 33: 25–31.

Štursová M, Šnajdr J, Koukol O, et al. 2020. Long-term decomposition of litter in the montane forest and the definition of fungal traits in the successional space [J]. Fungal Ecology, 46: 100913.

Tomšovský M. 2008. Molecular phylogeny and taxonomic position of *Trametes cervina* and description of a new genus *Trametopsis* [J]. Czech Mycology, 60: 1–11.

Vunduk J, Klaus A, Kozarski M. 2015. Did the iceman know better? Screening of the medicinal properties of the birch polypore medicinal mushroom, *Piptoporus betulinus* (Higher Basidiomycetes) [J]. International Journal of Medicinal Mushrooms, 17: 1113–1125.

Wu F, Zhou LW, Yang ZL, et al. 2019. Resource diversity of Chinese macrofungi: Edible, medicinal and poisonous species [J]. Fungal Diversity, 98: 1–76.

Yuan HS, Dai YC. 2008. Polypores from northern and central Yunnan Province, southwestern China [J]. Sydowia, 60: 147–159.

Yuan HS, Lu X, Dai YC, et al. 2020. Fungal diversity notes 1277–1386: taxonomic and phylogenetic contributions to fungal taxa [J]. Fungal Diversity, 104: 1–266.

Yuan Y, Chen JJ, Korhonen K, et al. 2021. An updated global species diversity and phylogeny in the forest pathogenic genus *Heterobasidion* (Basidiomycota, Russulales) [J]. Frontiers in Microbiology, 11: 596393.

Zhou M, Dai YC, Vlasák J, et al. 2021. Molecular phylogeny and global diversity of the genus *Haploporus* (Polyporales, Basidiomycota) [J]. Journal of Fungi, 7: 96.

Zhou LW, Vlasák J, Dai YC. 2016. Taxonomy and phylogeny of *Phellinidium* (Hymenochaetales, Basidiomycota): a redefinition and the segregation of *Coniferiporia* gen. nov. for forest pathogens [J]. Fungal Biology, 120: 988–1001.

中文名索引

563

拉丁名索引